普通高等教育"十二五"土木工程系列教材

基 础 工 程

陈小川　刘华强　张玲玲　等编著

陶沛红　主审

机 械 工 业 出 版 社

本书按照高等院校土木工程专业基础工程教学大纲的要求，结合土木工程专业教学特点及现代基础工程发展趋势，考虑土木工程中各个层次技术工作的需要，紧紧围绕高级应用型人才培养目标，根据国家最新的技术规范规程编写。本书共6章，包括绪论、岩土工程勘察、天然地基上的浅基础设计、桩基础、软弱土地基处理、特殊土地基。同时为了便于学生自学，加深学生对所学知识的理解，每个章节中均设有大量例题，各章后附有相应的复习思考题和习题。附录为柱下独立基础课程设计和桩基础课程设计。

本书可作为土木工程专业及相关专业的基础工程课程教材，也可作为相关设计、施工及管理人员的参考书。

图书在版编目（CIP）数据

基础工程/陈小川，刘华强，张玲玲等编著．—北京：机械工业出版社，2013.12（2026.1重印）
普通高等教育“十二五”土木工程系列教材
ISBN 978-7-111-44511-1

Ⅰ.①基…　Ⅱ.①陈…　②刘…　③张…　Ⅲ.①基础（工程）—高等学校—教材　Ⅳ.①TU47

中国版本图书馆CIP数据核字（2013）第251209号

机械工业出版社（北京市百万庄大街22号　邮政编码100037）
策划编辑：马军平　责任编辑：马军平　邓海平
版式设计：霍永明　责任校对：申春香
封面设计：张　静　责任印制：邓　博
涿州市般润文化传播有限公司印刷
2026年1月第1版第11次印刷
184mm×260mm·18.75印张·465千字
标准书号：ISBN 978-7-111-44511-1
定价：59.00元

电话服务　　　　　　　　　　网络服务
客服电话：010-88361066　　机 工 官 网：www.cmpbook.com
　　　　　010-88379833　　机 工 官 博：weibo.com/cmp1952
　　　　　010-68326294　　金 书 网：www.golden-book.com
封底无防伪标均为盗版　　　机工教育服务网：www.cmpedu.com

前　言

基础工程是土建类专业的一门主要专业课程，其目的是通过系统的学习，使学生能够掌握基础工程设计的基本概念和基本理论，并在此基础上进行基础设计、计算和工程应用，具有初步的基础工程设计能力和管理能力。

本书按照高等院校土木工程专业基础工程教学大纲的要求，结合土木工程专业教学特点及现代基础工程发展趋势，考虑土木工程中各个层次技术工作的需要，紧紧围绕高级应用型人才培养目标，根据国家最新的技术规范规程编写而成。全书系统介绍了基础工程设计原理和设计方法，将概念设计、计算方法和相关规范有机结合。在介绍基本理论的同时，强调应用，与实际工程需要紧密联系，概念清晰，图文并茂。由于本课程实践性非常强，附录中包括了柱下独立基础和桩基础课程设计，设计任务书做到了一人一题。每份任务书的设计任务有所不同，这样可以减少学生间的相互依赖，促使他们主动思考，自行完成设计任务。设计实例中不但有完整的计算书，还有非常接近实际工程的施工图，可以使学生更好地熟悉基础工程设计的整个过程和相关设计内容，并学会用施工图表达设计思想。

本书共6章，包括绪论、岩土工程勘察、天然地基上的浅基础设计、桩基础、软弱土地基处理、特殊土地基。同时为了便于学生自学，加深学生对所学知识的理解，每个章节中均设有大量例题，各章后附有相应的复习思考题和习题。附录为柱下独立基础和桩基础的课程设计任务书以及实例。

作为土木类专业应用型本科系列教材之一，本书主要有以下突出特点：①以设计人员视角，多处用图片诠释难点、重点和构造要求，制图规范，实用性强；②合理结合注册土木工程师考试大纲，在各章节中引入例题，使理论知识和工程实际密切结合，突出应用性；③本书参照国家最新的规范和标准进行编写，全面阐释了新老规范变更中基础工程设计的不同之处；④本书排版突出基本理论和知识重点，使读者一目了然。

本书由西南科技大学陈小川（副教授、一级注册结构工程师、注册岩土工程师）、西南科技大学刘华强（注册岩土工程师）、西南科技大学张玲玲（注册岩土工程师）等编著。具体分工如下：第1章由张玲玲编写；第2章由刘华强、王宁编写；第3章由陈小川、张玲玲、戴烽滔编写；第4章由张玲玲、陈小川、田文高编写；第5章由刘华强、陈小川、杨东升编写；第6章由陈棠茵、刘华强编写；附录由陈小川、张玲玲编写。昆明理工大学陶沛红（副教授、一级注册结构工程师）审阅了书稿，提出了许多宝贵意见和建议，在此表示衷心感谢。

在本书编写过程中，参考了大量的文献资料，均在参考文献中列出。在此，谨向这些文献的作者表示衷心的感谢。由于编者水平有限，疏漏之处在所难免，敬请读者批评指正。

作　者

目录

第1章　绪　论

1.1　地基、基础的概念

各类建（构）筑物（如房屋、道路、桥梁、大坝、油罐等）都坐落在地层上，它们一般包括三部分，即上部结构、基础和地基（图 1-1）。房屋建筑、桥梁桥跨及其他构筑物等结构的最下面那部分称为基础。基础由砖石、混凝土或钢筋混凝土等建筑材料建造，其作用是将上部结构荷载扩散，减小应力强度，传递到地基；而承受上部结构荷载的地层称为地基，它在上部结构的荷载作用下会产生附加应力和变形。

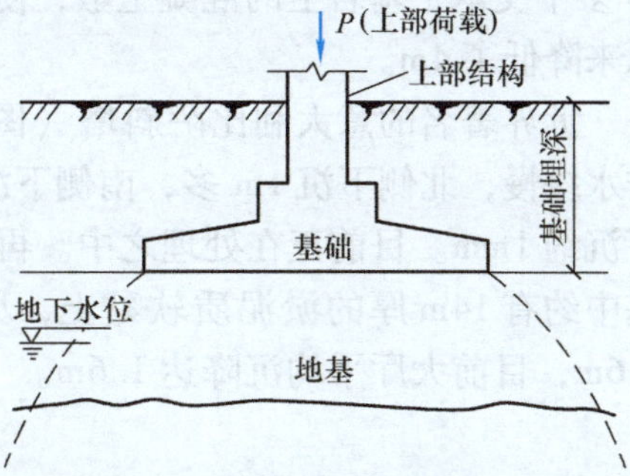

图 1-1　基础与地基示意图

当地基由多层土组成时，地基直接与基础底面接触，承受主要荷载的那部分土层称为持力层，持力层以下的其他土层称为下卧层。当持力层和下卧层的土质坚实、性能较好时，上部结构对地基的强度、变形和稳定的要求容易得到满足。

地基可分为天然地基和人工地基两类。天然地基是不加处理就能满足设计要求，可直接在上面进行修建的天然土层，如密实的砂土层、老黏土层等；人工地基是经过人工处理后才满足要求的土层，如经过处理后的软黏土地基或其他不良地基。显然，当能满足基础工程的要求时，采用天然地基是最“快、好、省”的。

由于持力层位置的深浅不同，导致基础的埋深也有深浅之分，即基础又可分为浅基础和深基础两大类。浅基础通常埋置深度小于 5m，只需经过简单的挖槽、排水等施工工序就可以建造起来，如扩展基础、柱下条形基础等。反之，若基础埋置较深，要借助于特殊的施工方法才能建造，则称为深基础，如桩基础、沉井、地下连续墙等。

地基与基础设计必须满足三个基本条件：① 作用于地基上的作用效应（基底压应力）不得超过地基允许承载力或地基承载力特征值，保证建筑物不因地基承载力不足造成整体破坏或影响正常使用，具有足够防止整体破坏的安全储备；② 基础沉降不得超过地基变形允许值，保证建筑物不因地基变形而损坏或影响其正常使用；③ 挡土墙、边坡以及地基基础保证具有足够防止失稳破坏的安全储备。地基、基础和上部结构三部分虽然各自功能不同、研究方法相异，然而对一个建筑物来说，三部分却是彼此联系、相互制约的整体。基础设计时应根据地质勘察资料，综合考虑地基、基础、上部结构的相互作用与施工条件，进行经济技术比较，选取安全可靠、经济合理、技术先进和施工简便的地基基础方案。

地基与基础是建筑物的根本，统称为基础工程，其勘察、设计和施工质量的好坏将直接影响到建筑物的安危、经济和正常使用。由于基础工程是在地下或水下进行，施工难度大，在一般高层建筑中，其造价约占总造价的25%，工期占总工期的25%～30%。当需采用深基础或人工地基时，其造价和工期所占比例更大。此外，基础工程为隐蔽工程，一旦出事，不仅损失巨大，且补救十分困难，因此基础工程在土木工程中具有十分重要的作用。

随着我国基本建设的发展，大型、重型、高层建筑和有特殊要求的建筑物日益增多，在基础工程设计与施工方面积累了不少成功的经验。国外也有不少成功的典范，然而也有不少失败的教训。例如，1913年建造的加拿大特朗斯康谷仓（图1-2），由65个圆柱形筒仓组成，高31m，宽23.5m，其下为筏形基础，由于事前不了解基础下埋藏有厚达16m的软黏土层，建成后初次贮存谷物，使基底平均压力（320kPa）超过了地基极限承载力，致使谷仓西侧突然陷入土中8.8m，东侧则抬高1.5m，仓身倾斜26°53′。这是地基发生整体滑动、建筑物丧失了稳定性的典型范例。由于该谷仓整体性很强，筒仓完好无损。事后在筒仓下增设70多个支承于基岩上的混凝土墩，使用388个50t千斤顶，才把筒仓纠正过来，但其标高比原来降低了4m。

世界著名的意大利比萨斜塔（图1-3），1173年动工，高约55m，因地基压缩层不均、排水缓慢，北侧下沉1m多，南侧下沉近3m。1932年曾灌注1000t水泥，也未奏效，每年仍下沉约1mm。目前正在处理之中。再如我国1954年兴建的上海工业展览馆中央大厅，因地基中约有14m厚的淤泥质软黏土，尽管采用了7.27m的箱形基础，建成后当年仍下沉了0.6m，目前大厅平均沉降达1.6m。

图1-2　加拿大特朗斯康谷仓的地基破坏情况

图1-3　比萨斜塔

大量事故表明，对基础工程必须慎重对待。只有深入了解地基情况，掌握勘察资料，经过精心设计与施工，才能使基础工程做到既经济合理，又能保证质量。

1.2 本学科发展概况

基础工程是人类在长期的生产实践中不断发展起来的一门应用科学，在世界各文明古国数千年的建造活动中，人类很早就懂得了广泛利用土体进行工程建设，有很多关于基础工程的技术成就。我国古代劳动人民在基础工程方面，也早就表现出高超的技艺和创造才能，许多宏伟壮丽的中国古代建筑逾千百年仍安然留存至今的事实就充分说明了这一点。例如，1300多年前隋代工匠李春主持修建的赵州安济石拱桥，不仅建筑结构独特，防洪能力强，而且在地基基础的处理上也非常合理。该桥桥台坐落在两岸较浅的密实粗砂土层上，沉降很小，充分利用了天然地基的承载力。另外在桩基础和地基加固方面，我国古代也已有广泛运用，如秦代所建渭桥、隋代郑州超化寺等都以木桩为基础。

国外在18世纪产业革命以后，城建、水利、道路等建设规模的扩大促使人们对基础工程日益重视，对有关问题开始寻求理论上的解答。在此阶段，作为基础工程学科的理论基础——土力学方面，有相当多的成就。例如，1773年法国的库仑（Coulomb）根据试验创立了著名的砂土抗剪强度公式，提出了计算挡土墙土压力的滑楔理论；1875年英国的朗肯（Rankine）又从另一途径提出了挡土墙土压力的理论，这对后来土体强度理论的发展起了很大的促进作用。此外，法国的布辛奈斯克（Boussinesq，1885年）求得了在弹性半无限空间表面作用竖向集中力的应力和变形的理论解答；瑞典费兰纽斯（Fellenius，1922年）为解决铁路塌方问题提出了土坡稳定分析法。基础工程也随着这些理论和工业技术的发展而得到新的发展，如19世纪中叶利用气压沉箱法修建深水基础。20世纪20年代，基础工程领域开始有比较系统、比较完整的专著问世，许多国家和地区兴办了多种土力学和基础工程的杂志期刊，这些都对本学科的发展起到了推动作用。现代科学新成就的渗入，使基础工程技术与理论得到更进一步的发展与充实，成为一门较成熟的独立的现代学科。

近年来，我国在勘察和现场观测的技术、基础及其他土工建筑物设计与施工方法、地基处理、新设备、新材料、新工艺的研究和应用方面，取得了很大的进展。例如，静力和动力触探仪、现场孔隙水压力仪、测斜仪、土体内部和建筑结构内部以及界面上的应力应变传感器等新的试验仪器日益增多，且开始采用近代物理技术测定土的物理性质等。我国对全国各地区的特殊土类（如西北、华北的黄土，东北、西北及西藏的冻土，西南的红黏土，华东沿海地区的软土淤泥以及散布在全国不少省份的膨胀土等）都进行了大量的勘察、试验、研究和调查总结工作，积累了大量资料，制定了一些切实可行的条例和规程。我国设计单位对常用的主要基础类型结构设计已有较完备的计算机辅助设计系统，基本上实现了电算化。在桥梁基础工程方面，为充分利用天然地基承载力，改进和发展了多种结构形式的浅基础，以适应不同地基土质、不同荷载性质及上部结构使用要求。为缩短工期，降低造价和适应大型加大跨度桥梁的建设，大力发展了深基础技术。随着在各种土层、不同深度中施工经验和设计技术的积累，桩基础尤其是钻孔灌注桩成为我国最广泛采用的深基础形式。已建成的桥梁钻孔桩最大桩径达4.0m，钻孔深度超过百米；沉井基础在轻型、薄壁、助沉技术、机械化施工及沉井与桩、管柱组合式深水基础等方面开展了许多工作。如我国1999年9月建成通车的江阴长江公路大桥，为一跨过江的大跨径钢箱梁悬索桥，主跨1385m，大桥南北锚采用重力式锚方案，其中北锚碇采用大型沉井，将大桥主缆64万kN的拉力传给地基，整体规模目前居世界第一。在地基处理方面，深层搅拌、高压旋喷、真空预压、强夯以及各种土工合成材料等在土建、水利、桥隧、港口、海洋等有关工程中得到广泛应用，并取得了较好的经济技术效果。

目前，基础工程的发展，包括在设计计算理论和方法方面的研究探讨，如考虑上部结构、基础与地基共同工作的理论和设计方法，概率极限状态设计理论和方法，优化设计方法，数值分析方法和计算机技术的应用等。对于复杂地质条件下的基础工程，如在高重建筑物、大型桥梁、水工结构、近海工程中，深入研究了地震、风和波浪冲击作用理论，以及发展深基础的设计和施工方法。在地基处理方面，包括进一步完善复合地基理论，深入研究对各类地基处理方法的机理，改进施工及检测技术等。

随着我国经济建设的发展，将遇到更多的基础工程问题，也会不断出现新的热点和难点需要解决，而基础工程将在克服这些难点的基础上得到新的发展。

1.3 课程特点及学习要求

1.3.1 基础工程课程特点

（1）基础工程是重要的专业课程　基础埋置于地下，属于隐蔽工程。基础工程的优劣，直接关系到建筑物的安危，因此，基础工程是十分重要的工程。同样，基础工程课程是土木工程专业的重要专业基础课。学好这门课程，对于将来从事地基基础工程的设计、施工、检测与维护，是十分重要的。

（2）基础工程课程内容广泛，综合性强　基础工程课程涉及诸多的土木工程专业技术基础课及专业课，又由于地基土的复杂多变决定基础工程设计的非标准性。因此，要具有综合应用土木工程各个学科理论知识的能力，同时要全面掌握和正确应用基础工程的基本原理、方法、技术来解决基础工程中的复杂多变的实际问题。

（3）基础工程涉及的规范多　土木工程中各行业之间没有统一的地基基础设计规范，同时各行业又存在一定的差别，有许多不协调之处，因此学习时要注意区分异同点。

1.3.2 学习要求

基础工程涉及工程地质、土力学、结构设计和施工等领域。由于地基土的成分、成因和构造不同，其性质是比较复杂的，加之土的性质随含水量及外力的变化而改变，使得不同建筑场地的地基性质相差很大，这就要求设计者以土力学基本理论为基础，以工程勘察结果为依据，灵活采用合适的基础形式和选用最佳的处理方案去解决基础工程问题。同样，在本课程的学习中，也应善于从基础设计和地基处理的方法中找出有关材料力学、结构力学和土力学的理论根据，加强计算能力的训练，学好这门实践性很强的专业基础课。

学习基础工程课程时，要求应用已学习过的基本知识，结合有关结构知识及施工技术知识合理分析和解决地基基础问题，注重理论联系实际，培养分析和解决地基基础工程问题的能力。学习时要注意：基础工程课程具有不同性及经验性。不同性体现在本学科中因为没有完全相同的地基，几乎找不到完全相同的工程实例。在处理基础工程问题时，必须注意不同情况进行不同的分析。经验性体现在解决地基基础问题时，注意有一定程度的经验性。因此，本课程有较多的经验公式，而且有关地基及基础方面的规范就是理论及经验的总结。学习时，除了学习全国性地基基础设计规范外，还要了解地区性的规范及规程，并注意世界各国的规范各有不同。讲究学习方法，要仔细分析各种理论及公式的基本假定及使用条件，对于公式的推导只作了解，要把注意力放在理解、应用公式上，并结合当地的基础工程实践经验加以应用，避免千篇一律地不分地区而机械套用理论公式、规范。

本课程的学习要求：注意搞清概念，掌握原理，抓住重点，理论联系实际，学会设计计算，重在工程应用。

第2章 岩土工程勘察

[本章提要]

各项建设工程在设计和施工之前，必须按基本建设程序进行岩土工程勘察。本章主要介绍了勘察的目的、任务、勘察等级的划分及勘察工作的前期准备工作，重点讲述了勘察工作各阶段的内容和要求、勘探方法、地基土的鉴别及原位测试工作，并结合实际工程的勘察报告介绍了勘察报告的主要内容。验槽工作作为岩土工程勘察工作的最后一个重要环节，本章也做了简述。

[教学要求]

了解勘察的目的、任务和勘察等级的划分；掌握勘察工作各阶段的要求和工作内容，能够根据勘察等级和勘察阶段合理安排相应的勘探工作内容；了解现场的勘探方法和原位测试方法；掌握地基土的鉴别；掌握勘察报告的内容并学会阅读勘察报告，并能从勘察报告中正确的提取基础设计所需信息；了解地基验槽工作的主要内容和要点。

2.1 概述

2.1.1 岩土工程勘察的目的

岩土工程勘察是建筑工程的先行工作，也是建（构）筑物基础设计和施工前的一项非常重要的工作。其目的在于以各种勘察手段和方法，了解和探明建筑物场地和地基的工程地质条件，为建（构）筑物选址、设计和施工提供所需的基本资料，以充分利用有利的自然地质条件，避开或改造不利的地质条件，保证建（构）筑物安全和正常施工。

在工程实践中，如果不进行现场勘察就直接设计，有可能造成严重的工程事故。常见的事故是贪快求省、勘察不详或分析结论有误，以至延误建设进度，浪费大量资金，甚至遗留后患。从事设计和施工的工程技术人员务必重视建筑场地和地基的勘察工作，正确地向勘察单位提出勘察任务和要求，并能正确地分析和应用岩土工程勘察报告，防止地基事故的发生，确保工程质量。

2.1.2 岩土工程勘察的任务

岩土工程勘察的基本任务是按照建（构）筑物不同勘察阶段的要求，为工程的设计、施工以及岩土体治理加固、开挖支护和降水等工程，提供地质资料和必要的技术参数，对相关的岩土工程问题作出论证和评价，其具体任务可归纳如下：

1）查明与场地的稳定性和适宜性相关的不良地质现象，如强震区的重大工程场地的断裂类型，尤其是断裂的活动及其地震效应；岩溶及其伴生土洞的发育规律和发育程度，预测其危害性；滑坡的范围、规模、稳定程度，进而预测其发展趋势和危害程度；崩塌的产生条件、范围、规模与危害性；泥石流的产生及其类型、规模、发育程度和活动规律，以及地下采空区、大面积地面沉降、河岸冲刷、沼泽相沉积等。

2）查明场地的地层类型、成分、厚度和坡度变化等，特别是基础下持力层和软弱下卧层的工程地质性质。

3）查明场地的水文地质条件，包括河流水位及其变化、地表径流条件、地下水的埋藏类型、蓄存方式、补给来源、排泄途径、水力特征、化学成分及污染程度等。

4）提供满足设计、施工所需要的土的物理力学性质和力学性质指标等。

5）在地震设防区划分场地土类型和场地类别，并进行场地与地基的地震效应评价。

6）推荐承载力和变形计算参数，提出地基基础设计和施工建议，对岩土体加固处理和不良地质作用整治等具体方案作出论证和建议。

7）预测工程施工和运行过程中对地质环境和周围建筑物的影响，并提出保护措施的建议。

2.1.3 岩土工程勘察的等级

各项工程建设的岩土工程勘察任务大小不同，工作内容、工作量及勘察方法也不一样，包括钻孔的数量、孔深、取原状土试验项目与原位测试种类的多少等。为此，首先要确定岩土工程勘察等级。

按照 GB 50021—2001《岩土工程勘察规范》（2009 版）（以下简称《勘察规范》）的规定，岩土工程勘察的等级由工程安全等级、场地和地基的复杂程度三项因素决定。首先应分别对这三项因素进行分级，在此基础上进行综合分析，以确定岩土工程勘察的等级划分。下面分别介绍三项因素等级划分的依据及具体规定，随后介绍综合划分岩土工程勘察等级的方法。

1. 工程安全等级

工程的安全等级，根据工程的规模和特征，以及由于岩土工程问题造成工程破坏或影响正常使用的后果，可分为三级，见表 2-1。

表 2-1 工程安全等级

安全等级	破坏后果	工程类型
一级	很严重	重要工程
二级	严重	一般工程
三级	不严重	次要工程

2. 场地复杂程度等级

场地复杂程度是由建筑抗震稳定性、不良地质现象发育情况、地质环境破坏程度和地形地貌条件四个条件衡量的，也划分为三个等级。

（1）符合下列条件之一者为一级场地（复杂场地）

1）对建筑抗震危险的地段。

2）不良地质作用强烈发育。

3）地质环境已经或可能受到强烈破坏。

4）地形地貌复杂。

5）有影响工程的多层地下水、岩溶裂隙水或其他水文地质条件复杂，需专门研究的场地。

（2）符合下列条件之一者为二级场地（中等复杂场地）

1）对建筑抗震不利的地段。

2）不良地质作用一般发育。

3）地质环境已经或可能受到一般破坏。

4）地形地貌较复杂。

5）基础位于地下水位以下的场地。

（3）符合下列条件者为三级场地（简单场地）

1）抗震设防烈度等于或小于6度，或对建筑抗震有利的地段。

2）不良地质作用不发育。

3）地质环境基本未受破坏。

4）地形地貌简单。

5）地下水对工程无影响。

3. 地基复杂程度等级

地基复杂程度等级也分为三级：

（1）符合下列条件之一者为一级地基

1）岩土种类多，很不均匀，性质变化大，且需要特殊处理。

2）严重湿陷、膨胀、盐滞、污染的特殊性岩土，以及其他情况复杂，需作专门处理的岩土。

（2）符合下列条件之一者为二级地基

1）岩土种类较多，不均匀，性质变化较大。

2）除上述规定之外的特殊性岩土。

（3）符合下列条件者为三级地基

1）岩土种类单一，性质变化不大，地下水对工程无影响。

2）无特殊性岩土。

4. 岩土工程勘察等级

（1）甲级　根据工程重要性等级、场地复杂程度和地基复杂程度等级中，有一项或多项为一级。

（2）乙级　除勘察等级为甲级和丙级以外的勘察项目。

（3）丙级　工程重要性、场地复杂程度和地基复杂程度等级均为三级。

注：建筑在岩质地基上的一级工程，当场地复杂程度等级和地基复杂程度等级均为三级时，岩土工程勘察等级可定为乙级。

2.2 野外勘察的准备工作

当收到业主或建设单位委托的岩土工程勘察任务书后，应当立即进行岩土工程勘察的各项准备工作，具体如下所述。

2.2.1 搜集资料

搜集岩土工程勘察相关的资料，主要包括建筑场地的地形图、建筑规划的平面图与建筑层数（包括地下室层数），建筑场地是否三通一平，是否存在旧建筑以及未拆建筑物和堆物堆料。对地下隐蔽工程（包括各类管线、防空洞室、地铁隧道）的位置与走向需要查明。需要搜集的资料详见表2-2。

表2-2 岩土工程勘察需要搜集的资料

资料名称	选 址	初 勘	详 勘
地形图	区域	1:1000 ~ 1:5000，带坐标	大比例尺，建筑总平面布置图，带坐标
建筑物	性质、用途、平面尺寸、层数、高度、结构形式、荷载大小、有无地下室及深度		可能采取的基础形式、尺寸、埋深及特殊要求
已有资料	大面积普查、地质、地形地貌、地震、矿产等	邻近钻孔及试验资料，建筑经验	
现场条件	历史变迁，古河道、塘、沟、井、坟、填土等	地下管道、结构物、地下电缆、水管、煤气管、防空洞室、地铁隧道等位置	邻近建筑物

2.2.2 编制岩土工程勘察纲要

勘察工程主持人根据搜集的建筑物的规模、用途、平面尺寸，结合当地条件，把建筑物的总平面图套在地形图上，布设勘探孔位、间距、孔深、技术孔取原状土样部位及原位测试数量等。钻孔布设要求见第2.3节。

勘察纲要中还应包括：①拟用钻机型号与数量；②拟用原位测试设备、动力触探、静力触探及旁压仪等；③拟用原状取土器、铁皮衬筒及密封设备；④人员配备；⑤交通运输；⑥进度计划。

由勘察工程主持人（工程师）召集全体人员，讲解勘察纲要，经讨论通过后执行。

根据勘察纲要准备机具，落实人员安排。

2.2.3 现场踏勘定位

在进行或完成上述各项准备工作时，勘察工程主持人应约机长和测量人员到勘察场地现场踏勘，查明现场环境，进行钻孔定位。排查现场有无障碍物，是否影响正常勘察工作。如因现场障碍物影响无法施工的钻孔，应对原定勘探点孔位进行适当的移位或调整，并作记录。

2.3 岩土工程勘察各阶段的内容与要求

岩土工程勘察阶段的划分是与设计阶段的划分是一致的，一定的设计阶段需要相应的岩土工程勘察工作。在我国建筑工程中，岩土工程勘察阶段可分为可行性研究勘察阶段、初步勘察阶段、详细勘察阶段和施工勘察。可行性研究勘察应符合选择场址方案的要求；初步勘察应符合初步设计的要求；详细勘察应符合施工图设计的要求；场地条件复杂或有特殊要求的工程，宜进行施工勘察。

场地较小且无特殊要求的工程可合并勘察阶段。当建筑物平面布置已经确定，且场地或其附近已有岩土工程资料时，可根据实际情况，直接进行详细勘察。

每个岩土工程勘察阶段都应具有该阶段的具体任务、拟解决的问题、重点工作内容和工作方法以及工作量等，这在各有关岩土工程勘察规范或工作手册中都有明确规定。在这里仅介绍建筑物各个岩土工程勘察阶段的基本要求与内容。

2.3.1 可行性研究勘察阶段（选址勘察）

可行性研究勘察阶段，也是选址阶段，该阶段应对各个场址的稳定性和建筑的适宜性作出正确的评价。为此，在确定建筑场地时，在工程地质条件方面，宜避开下列地区或地段：

1）不良地质现象发育且对场地稳定性有直接危害或潜在威胁的。

2）地基土性质严重不良的。

3）对建（构）筑物抗震有危险的。

4）洪水或地下水对建（构）筑物场地有严重不良影响的。

5）地下有未开采的有价值矿藏或未稳定的地下采空区的。

本阶段的工程勘察工作要求：

1）搜集区域地质、地形地貌、地震、矿产、当地的工程地质、岩土工程和建筑经验等资料。

2）在充分搜集和分析已有资料的基础上，通过踏勘了解场地的地层、构造、岩性、不良地质作用和地下水等工程地质条件。

3）当拟建场地工程地质条件复杂，已有资料不能满足要求时，应根据具体情况进行工程地质测绘和必要的勘探工作。

4）当有两个或两个以上拟选场地时，应进行比选分析。

2.3.2 初步勘察阶段

1. 勘察工作内容

初步勘察应对场地内拟建建筑地段的稳定性作出岩土工程评价。本阶段的岩土工程勘察工作有：

1）搜集拟建工程的有关文件、工程地质和岩土工程资料以及工程场地范围的地形图。

2）初步查明地质构造、地层结构、岩土工程特性、地下水埋藏条件。

3）查明场地不良地质作用的成因、分布、规模、发展趋势，并对场地的稳定性作出评价。

4）对抗震设防烈度等于或大于6度的场地，应对场地和地基的地震效应作出初步评价。

5）季节性冻土地区，应调查场地土的标准冻结深度。

6）初步判定水和土对建筑材料的腐蚀性。

7）高层建筑初步勘察时，应对可能采取的地基基础类型、基坑开挖与支护、工程降水方案进行初步分析评价。

2. 勘探线、勘探点间距

勘探线、勘探点间距的布置原则是：勘探线应垂直地貌单元、地质构造和地层界线布置；每个地貌单元均应布置勘探点，在地貌单元交接部位和地层变化较大的地段，勘探点应予加密；在地形平坦地区，可按网格布置勘探点。

初步勘察阶段的勘探线、勘探点的间距可根据岩土工程勘察等级按表2-3取值。

表2-3　初步勘察勘探线、勘探点的间距

地基复杂程度等级	勘探线间距/m	勘探点间距/m
一级（复杂）	50～100	30～50
二级（中等复杂）	75～150	40～100
三级（简单）	150～300	75～200

注：1. 表中间距不适用于地球物理勘探。

2. 控制性勘探点宜占勘探点总数的1/5～1/3，且每个地貌单元均应设有控制性勘探点。

3. 勘探孔深度

勘探孔的深度取决于拟建建筑物的荷载大小、分布及地基土的特性。勘探孔分为一般性勘探孔和控制性勘探孔两类，其深度可根据岩土工程勘察等级和勘探孔类别按表2-4确定。

表2-4　初步勘察勘探孔深度

工程重要性等级	一般性勘探孔深度/m	控制性勘探孔深度/m
一级（重要工程）	≥15	≥30
二级（一般工程）	10～15	15～30
三级（次要工程）	6～10	10～20

注：1. 勘探孔包括钻孔、探井和原位测试孔。

2. 特殊用途的钻孔除外。

当遇下列情形之一时，应适当增减勘探孔深度：

1）当勘探孔的地面标高与预计整平地面标高相差较大时，应按其差值调整勘探孔深度。

2）在预定深度内遇基岩时，除控制性勘探孔仍应钻入基岩适当深度外，其他勘探孔达到确认的基岩后即可终止钻进。

3）在预定深度内有厚度较大，且分布均匀的坚实土层（如碎石土、密实砂、老沉积土等）时，除控制性勘探孔应达到规定深度外，一般性勘探孔的深度可适当减小。

4）当预定深度内有软弱土层时，勘探孔深度应适当增加，部分控制性勘探孔应穿透软弱土层或达到预计控制深度。

5）对重型工业建筑应根据结构特点和荷载条件适当增加勘探孔深度。

4. 采取土试样和原位测试数量

初步勘察采取土试样和进行原位测试应符合下列要求：

1）采取土试样和进行原位测试的勘探点应结合地貌单元、地层结构和土的工程性质布置，其数量可占勘探点总数的1/4～1/2。

2）采取土试样的数量和孔内原位测试的竖向间距，应按地层特点和土的均匀程度确定；每层土均应采取土试样或进行原位测试，其数量不宜少于6个。

2.3.3 详细勘察阶段

1. 勘察工作内容

详细勘察应按单体建筑物或建筑群提出详细的岩土工程资料和设计、施工所需的岩土参数；对建筑地基作出岩土工程评价，并对地基类型、基础形式、地基处理、基坑支护、工程降水和不良地质作用的防治等提出建议。主要应进行下列工作：

1）搜集附有坐标和地形的建筑总平面图，场区的地面整平标高，建筑物的性质、规模、荷载、结构特点、基础形式、埋置深度、地基允许变形等资料。

2）查明不良地质作用的类型、成因、分布范围、发展趋势和危害程度，提出整治方案的建议。

3）查明建筑范围内岩土层的类型、深度、分布、工程特性，分析和评价地基的稳定性、均匀性和承载力。

4）需进行沉降计算的建筑物，提供地基变形计算参数，预测建筑物的变形特征。

5）查明埋藏的河道、沟浜、墓穴、防空洞、孤石等对工程不利的埋藏物。

6）查明地下水的埋藏条件，提供地下水位及其变化幅度。

7）在季节性冻土地区，提供场地土的标准冻结深度。

8）判定水和土对建筑材料的腐蚀性。

工程需要时，详细勘察应论证地基土和地下水在建筑施工和使用期间可能产生的变化及其对工程和环境的影响，提出防治方案、防水设计水位和抗浮设计水位的建议。

2. 勘探点间距及布置

详细勘察勘探点的间距可按表2-5确定。

表2-5 详细勘察勘探点的间距

地基复杂程度等级	勘探点间距/m
一级（复杂）	10～15
二级（中等复杂）	15～30
三级（简单）	30～50

详细勘察的勘探点布置，应符合下列规定：

1）勘探点宜按建筑物周边线和角点布置，对无特殊要求的其他建筑物可按建筑物或建筑群的范围布置。

2）同一建筑范围内的主要受力层或有影响的下卧层起伏较大时，应加密勘探点，查明其变化。

3）重大设备基础应单独布置勘探点，重大的动力机器基础和高耸构筑物，勘探点不宜少于3个。

4）勘探手段宜采用钻探与触探相配合，在复杂地质条件、湿陷性土、膨胀岩土、风化岩和残积土地区、宜布置适量探井。

5）详细勘察的单栋高层建筑勘探点的布置，应满足对地基均匀性评价的要求，且不应少于4个；对密集的高层建筑群，勘探点可适当减少，但每栋建筑物至少应有1个控制性勘探点。

3. 勘探孔深度

详细勘察的勘探深度自基础底面算起，应符合下列规定：

1）勘探孔深度应能控制地基主要受力层，当基础底面宽度不大于5m时，勘探孔的深度对条形基础不应小于基础底面宽度的3倍，对单独柱基础不应小于1.5倍，且不应小于5m。

2）对高层建筑和需作变形计算的地基，控制性勘探孔的深度应超过地基变形计算深度；高层建筑的一般性勘探孔应达到基底下0.5～1.0倍的基础宽度，并深入稳定分布的地层。

3）对仅有地下室的建筑或高层建筑的裙房，当不能满足抗浮设计要求，需设置抗浮桩或锚杆时，勘探孔深度应满足抗拔承载力评价的要求。

4）当有大面积地面堆载或软弱下卧层时，应适当加深控制性勘探孔的深度。

5）在上述规定深度内当遇基岩或厚层碎石土等稳定地层时，勘探孔深度应根据情况进行调整。

详细勘察的勘探孔深度，除应符合上述要求外，尚应符合下列规定：

1）地基变形计算深度，对中、低压缩性土可取附加压力等于上覆土层有效自重压力20%的深度；对于高压缩性土层可取附加压力等于上覆土层有效自重压力10%的深度。

2）建筑总平面内的裙房或仅有地下室部分（或当基底附加压力 $p_0 \leqslant 0$ 时）的控制性勘探孔的深度可适当减小，但应深入稳定分布地层，且根据荷载和土质条件不宜少于基底下0.5～1.0倍基础宽度。

3）当需进行地基整体稳定性验算时，控制性勘探孔深度应根据具体条件满足验算要求。

4）当需确定场地抗震类别而邻近无可靠的覆盖层厚度资料时，应布置波速测试孔，其深度应满足确定覆盖层厚度的要求。

5）大型设备基础勘探孔深度不宜小于基础底面宽度的2倍。

6）当需进行地基处理时，勘探孔的深度应满足地基处理设计与施工要求；当采用桩基时，勘探孔的深度应满足规范中有关桩基础勘察的要求。

详细勘察采取土试样和进行原位测试应符合下列要求：

1）采取土试样和进行原位测试的勘探点数量，应根据地层结构、地基土的均匀性和设计要求确定，对地基基础设计等级为甲级的建筑物每栋不应少于3个。

2）每个场地每一主要土层的原状土试样或原位测试数据不应少于6件（组）。

3）在地基主要受力层内，对厚度大于0.5m的夹层或透镜体，应采取土试样或进行原位测试。

4）当土层性质不均匀时，应增加取土数量或原位测试工作量。

上述各勘察阶段的勘察任务和要求都不相同，若为单项工程或中小型工程，则往往简化勘察阶段，一次完成详细勘察，以节省时间和费用。

2.3.4 施工勘察阶段

施工勘察不是一个固定的勘察阶段，应根据工程需要而定。它是为配合设计、施工或解决施工有关的岩土工程问题而提供相应的岩土工程特性参数。当遇到下列情况之一时，应配合设计、施工进行施工勘察：

1）对安全等级为甲级、乙级建筑物应进行验槽。

2）基槽开挖后岩土条件与勘察资料不符时，进行补充勘察。

3）在地基处理或深基坑开挖施工中进行过检验和监测。

4）地基中有溶洞、土洞时应查明并提出处理建议。

5）施工中出现边坡失稳危险时，查明原因，进行监测并提出处理建议。

2.4 岩土工程勘察方法

2.4.1 测绘与调查

工程地质测绘的基本方法，是在地形图上布置一定数量的观察点和观测线，以便按点和线进行观测和描绘。

工程地质测绘与调查的目的是通过对场地的地形地貌、地层岩性、地质构造、地下水、地表水、不良地质现象进行调查研究和测绘，为评价场地工程地质条件及合理确定勘探工作提供依据。对建筑场地的稳定性进行研究，是工程地质调查和测绘的重点。

在选址阶段进行工程地质测绘与调查时，应搜集、研究已有的地质资料，进行现场踏勘；在初勘阶段，当地质条件较复杂时，应继续进行工程地质测绘；详勘阶段，仅在初勘测绘基础上，对某些专门地质问题作必要的补充，测绘与调查的范围应包括场地及其附近与研究内容有关的地段。

2.4.2 勘探方法

常用的勘察方法有地球物理勘探、坑探和钻探。地球物理勘探只在弄清某些地质问题时才采用。

勘探是工程地质勘察过程中查明地下地质情况的一种必要手段，它是在地面的工程地质测绘和调查所取得的各项定性资料基础上，进一步对场地的工程地质条件进行定量的评价。

1. 坑探

坑探是在建筑场地挖探井、探槽和探洞以取得直观资料和原状土样的勘探方法，当钻探方法难以查明地下情况时，利用坑探可以直接观察地层的结构和变化（图 2-1），但坑探可达的深度较浅。坑探的种类有探槽、探坑和探井三种。

探槽是地表挖掘成长条状且两壁常为倾斜上宽下窄的槽，其断面有梯形和阶梯状两种，

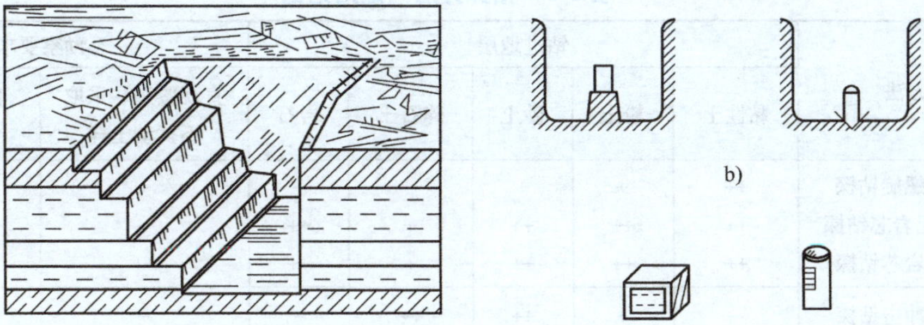

a)　b)　c)

图 2-1　坑探示意图

a）探井　b）在探井中取原状土样　c）原状土样

较深的探槽两壁要进行必要的支护以策安全，探槽一般在覆盖土层小于 3m 时使用。它适用于了解地质构造线、断裂破碎带宽度、地层分界线、岩脉宽度及其延伸方向和采取原状土试样等。

凡挖掘深度不大且形状不一的坑，或者成矩形的较短的探槽状坑，称为探坑。探坑的深度一般为 1～2m，与探槽的目的相同。

探井一般深度都大于 3m，其断面形状为方形、矩形和圆形，探井的深度不宜超过地下水位。

在坝址、地下工程、大型边坡等勘察中，当需详细查明深部岩层性质、构造特征时，可采用竖井或平洞。竖井和平洞的深度、长度、断面按工程要求确定。

对探井、探槽和探坑除文字描述记录外，还应以剖面图、展示图等反映井、槽、洞壁和底部的岩性、地层分界、构造特征、取样和原位试验位置，并辅以代表性部位的彩色照片。

2. 钻探

钻探是指在地表下用钻头钻进地层的勘探方法。钻孔的直径、深度、方向等，应根据工程要求、地质条件和钻探方法综合确定。为了鉴别和划分地层，终孔直径不宜小于 33mm；为了采取原状土样，取样段的孔径不宜小于 108mm；为了采取岩石试样，取样段的孔径对于软质岩不宜小于 108mm，对于硬质岩不宜小于 89mm。当需要确定岩石质量指标 RQD 时，应采用 75mm 口径（N 形）双层岩芯管金钢石钻头。钻孔深度由数米至上百米，钻孔的方向一般为垂直的，也有的打成倾斜的钻孔，这种孔称为斜钻孔。在地下工程中还有打成水平的，甚至倒直立向的钻孔。定向钻进的钻孔应分段进行孔斜测量，倾角和方位的测量精度应分别为 ±0.1°或 ±3.0°。钻探方法可根据岩土类别和勘察要求按表 2-6 选用。钻探方法一般分为回转式和冲击式两种。回转式钻机是利用钻机的回转器带动钻具旋转，磨削孔底地层而钻进的，通常使用管状钻具，能取柱状岩芯样品。冲击式钻机则利用卷扬机使钢丝绳带动有一定质量的钻具上下反复冲击，使钻头击碎孔底地层而形成钻孔后，用抽筒提取岩石碎块或扰动土样。

钻孔的记录和编录应符合下列要求：

1）野外记录应由经过专业训练的人员承担；记录应真实及时，按钻进回次逐段填写，严禁事后追记。

表 2-6 钻探方法的适用范围

钻探方法		钻进地层					勘察要求	
		黏性土	粉土	砂土	碎石土	岩石	直观鉴别、采取不扰动土样	直观鉴别、采取扰动土样
回转	螺旋钻探	++	+	+	-	-	+	+
	无岩芯钻探	++	++	++	+	++	-	-
	岩芯钻探	++	++	++	+	++	++	++
冲击	冲击钻探	-	+	++	++	-	-	-
	锤击钻探	++	++	++	+	-	++	++
振动钻探		++	++	++	+	-	+	++
冲洗钻探		+	++	++	-	-	-	-

注：++ 表示适用，+ 表示部分适用，- 表示不适用。

2）钻探现场可采用肉眼鉴别和手触方法，有条件或勘察工作有明确要求时，可采用微型贯入仪等定量化、标准化的方法。

3）钻探成果可用钻孔野外柱状图或分层记录表示；岩土芯样可根据工程要求保存一定期限或长期保存，也可拍摄岩芯、土芯彩照纳入勘察成果资料。

2.5 地基土的野外鉴别与描述

1. 碎石类土的描述与鉴别

碎石类土应描述碎屑物的成分，指出碎屑是由哪类岩石组成的；碎屑物的大小，其一般直径和最大直径如何，并估计其含量；碎屑物的形状，其形状可分为圆形、亚圆形或棱角形；碎屑的坚固程度。

当碎石类土有充填物时，应描述充填物的成分，并确定充填物的土类，估计其含量。如果没有充填物，应研究其孔隙的大小，颗粒间的接触是否稳定等现象。

碎石土还应描述其密实度，密实度是反映土颗粒排列的紧密程度。越是紧密的土，其强度大，结构稳定，压缩性小；反之，若密实度小，则工程性质就相应较差。一般碎石土的密实度分为密实、中密、稍密等三种，其野外鉴别方法见表 2-7。

表 2-7 碎石土密实度野外鉴别方法

密实度	骨架颗粒含量及排列	可挖性		可钻性	
		充填物以砂土为主	充填物以黏土为主	充填物以砂土为主	充填物以黏土为主
密实	骨架颗粒含量大于总重的 70%，为交错排列，连续接触	颗粒间孔隙填充密实或有胶结性，镐锹挖掘困难，用撬棍方能松动，井壁稳定	颗粒间充填以坚硬和硬塑状态之黏性土为主，开挖较困难	钻进极困难，冲击钻探时，钻杆和吊锤跳动剧烈，孔壁稳定	同左，但碎屑物较易取土
中密	骨架颗粒含量等于总重的 60% ~ 70%，为交错排列，大部分接触	颗粒间孔隙被充填，用手可松动颗粒，镐锹可挖掘，井壁有掉块现象	颗粒间充填以可塑状黏性土为主，锹可开挖，但不易掉块	钻进较困难，冲击钻探时，钻杆和吊锤有跳动现象，孔壁有时坍塌	同左，但孔壁不易坍塌

（续）

密实度	骨架颗粒含量及排列	可挖性		可钻性	
		充填物以砂土为主	充填物以黏土为主	充填物以砂土为主	充填物以黏土为主
稍密	骨架颗粒含量小于总重的60%，排列混乱，大部分不接触	颗粒间孔隙部分被充填，颗粒有时被充填物隔开，用手一触即松动掉落，锹可挖，井壁易坍落	颗粒间充填以软塑或流塑之黏性土为主，锹可开挖，井壁有坍塌现象	钻进较易，钻杆和吊锤跳动不明显，孔隙易坍塌，有时有翻砂现象	同左，但孔壁较稳定

注：1. 骨架颗粒系指各碎石土相应的粒径颗粒。

2. 密实度按表列各项要求综合确定。

2. 砂土的描述与鉴别

砂类土按其颗粒的粗细可分为砾砂、粗砂、中砂、细砂和粉砂。其特征见表2-8。

表2-8 砂土的野外鉴别方法

鉴别方法	砂土分类				
	砾砂	粗砂	中砂	细砂	粉砂
	鉴别特征				
颗粒粗细	约有1/4以上的颗粒比荞麦或高粱大	约有一半以上的颗粒比小米粒大	约有一半以上的颗粒与砂糖、菜籽近似	大部分颗粒与玉米粉近似	大部分颗粒近似面粉
干燥时状态	颗粒完全分散	颗粒仅有个别有胶结	颗粒基本分散，部分胶结，一碰即散	颗粒少量胶结，稍加碰击即散	颗粒大部分胶结稍压即散
湿润时用手拍的状态	表面无变化	表面无变化	表面偶有水印	表面有水印（翻浆）	表面有显著翻浆现象
黏着程度	无黏着感	无黏着感	无黏着感	偶有轻微黏着感	有轻微黏着感

砂类土应描述其粒径和含量、颗粒的主要矿物成分及有机质和包含物。当含大量有机质时，土呈黑色，含量不多时呈灰色；含多量氧化铁时，土呈红色，含少量时呈黄色或橙黄色；含SiO_2、$CaCO_3$及$Al(OH)_3$和高岭土时，土常呈白色或浅色。

3. 黏性土和粉土的描述与鉴别

黏性土与粉土的野外鉴别可按其湿润时状态、手捏时的感觉、黏着程度和能否搓条的粗细区分，见表2-9。

表2-9 黏性土与粉土的野外鉴别方法

土名	干土状态	手搓时感觉	湿土状态	湿土手搓时情况	小刀切削湿土
黏土	坚硬，用锤才能打碎	极细的均质土块	可塑，滑腻，黏着性大	易搓成$d<0.5$mm长条，易滚成小土球	切面光滑，不见砂粒
粉质黏土	手压土块可碎散	无均质感，有砂粒感	可塑，略滑，有黏性	能搓成$d\approx1$mm长条，能滚成小土球	切面平整，有砂粒
粉土	手压土块散成粉末	土质不均可见砂粒	稍可塑，不滑腻，黏性弱	难搓成$d<2$mm细条，能滚成小土球易裂	切面粗糙

黏性土应描述其颜色、状态、湿度和包含物。在描述颜色时、应注意其副色，一般记录时应将副色写在前面，主色写在后面，如“黄褐色”表示以褐色为主，以黄色为副。

黏性土的状态是指其在含有一定量的水分时，所表现出来的黏稠稀薄不同的物理状态。它说明了土的软硬程度，反映土的天然结构受破坏后，土粒之间的联结强度以及抵抗外力所引起的土粒移动的能力。土的状态可分为坚硬、硬塑、可塑、软塑、流塑等。野外测定土的状态时，其判断标准见表 2-10。

表 2-10　黏性土的状态野外判定标准

土的状态	鉴别特征
坚硬	手钻很费力，难以钻进，钻头取出土样用手捏不动，加力土不变形，只能捏碎
硬塑	手钻较费力，钻头取出土样用手捏时，要用较大的力才略有变形，并即碎散
可塑	钻头取出的土样，手指用力不大就能按入土中，土可捏成各种形状
软塑	钻头取出的土样还能成形，手指按入土中毫不费力，可把土捏成各种形状
流塑	钻进很容易，钻头不易取出土样，取出的土样已不能成形，放在手中不能成块

4. 人工填土及淤泥质土的描述

人工填土应描述其成分、颜色、堆积方式、堆积时间、有机物含量、均匀性及密实度。淤泥质土尚需描述颜色、嗅味等特性。

人工填土与淤泥质土的野外鉴别见表 2-11。

表 2-11　人工填土与淤泥质土的野外鉴别方法

鉴别方法	人工填土	淤泥质土
颜　　色	没有固定颜色，主要决定于夹杂物	灰黑色有臭味
夹杂物	一般含砖瓦砾块、垃圾、炉灰等	池沼中有半腐朽的细小动植物遗体，如草根、小螺壳等
构　　造	夹杂物质显露于外，构造无规律	构造常为层状，但有时不明显
浸入水中的现象	浸水后大部分物质变为稀软的淤泥，其余部分则为砖瓦炉灰渣，在水中单独出现	浸水后外观无明显变化，在水面有时出现气泡
湿土搓条情况	一般情况能搓成 3mm 的土条，但易折断，遇有灰砖杂质甚多时，即不能搓条	能搓成 3mm 的土条，但易折断
干燥后的强度	干燥后部分杂质脱落，固态时无定性形，稍微施加压力即行破碎	干燥体积缩小，强度不大，锤击时成粉末，用手指能搓散

5. 含有物

土中含有非本层土成分的其他物质称为含有物，例如：碎砖、炉渣、石灰渣、植物根、有机质、贝壳、氧化铁、氧化锰等。有些地区粉质黏土或粉土中含有坚硬的姜石，海滨或古池塘往往含有贝壳。记录表中应注明含有物的大小和数量。

6. 其他

碎石土与砂土应描述级配、砾石含量、最大粒径、主要矿物成分。

黏性土应描述断面形态、孔隙大小、粗糙程度、是否有层理等。

土中若有特殊气味，如海滨有鱼腥味等，应加以注明。

邻近设施对土质的影响，如管道漏水使黏性土稠度变软、地下水位抬高。

2.6　岩土工程原位测试

岩土工程现场原位测试就是在岩土层原来所处的位置上基本保持天然结构、天然含水量以及天然应力状态下，测定岩土的工程力学性质指标。工程地质现场原位测试的主要方法有静荷载试验、触探试验、剪切试验和地基土动力特性试验等。选择现场原位测试方法应根据建筑类型、岩土条件、设计要求、地区经验和测试方法的适用性等因素选用。

2.6.1　静荷载试验

静荷载试验包括平板荷载试验（PLT）和螺旋板荷载试验（SPLT）。平板荷载试验适用于浅部各类地层，螺旋板荷载试验适用于深部或地下水位以下的地层。静荷载试验可用于确定地基土的承载力、变形模量、不排水抗剪强度、基床反力系数及固结系数等。荷载试验应布置在有代表性的地点，每个场地不宜少于3个，当场地内岩土体不均匀时，应适当增加。浅层平板荷载试验应布置在基础底面标高处。下面主要以平板荷载试验为例介绍静荷载试验的基本原理和方法。

1. 静荷载试验装置和基本技术要求

静荷载试验的主要设备有三个部分，即加荷与传压装置、变形观测系统及承压板（图2-2）。试验时将试坑挖到基础的预计埋置深度，整平坑底，放置承压板，在承压板上施加荷重进行试验。

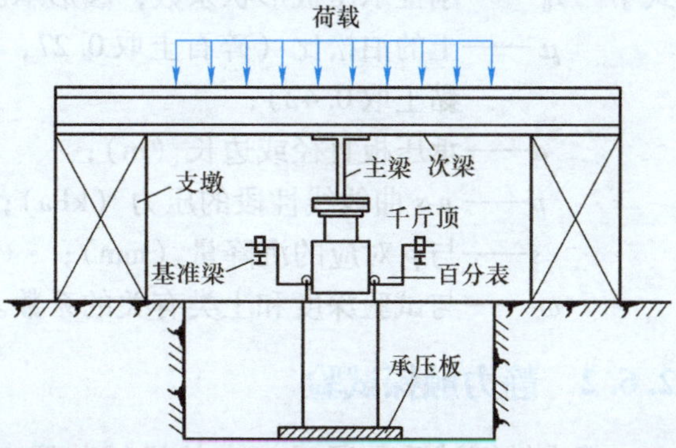

图2-2　静荷载试验装置

基坑宽度不应小于承压板的宽度或直径的3倍。注意保持试验土层的原状结构和天然温度，并铺设不超过20mm的砂垫层，找平后尽快安装设备。承压板应为刚性圆形板或方形板，其面积为0.25～0.50m²。加荷等级不应少于8级，最大加载量不少于荷载设计值的2倍。每级加载后按时间间隔5min、5min、10min、10min、15min、15min测读沉降量，以后每隔30min测读一次沉降量。当连续2h内，每小时的沉降量小于0.1mm时，则认为已趋稳定。

出现下列情况之一时，即可终止加载：

1）承压板周围的土明显侧向挤出。

2）沉降量 s 急剧增大，荷载—沉降曲线（p-s 曲线）出现陡降段。

3）在某一级荷载下，24h内沉降速率不能达到稳定标准。

4）相对沉降量 $s/b \geq 0.06$（b 为承压板的宽度或直径）。

2. 静荷载试验资料的应用

（1）确定地基承载力　根据静荷载试验成果绘制出的 p-s 曲线（图2-3）。按下述方法确定地基承载力特征值：

1）当 p-s 曲线上有明显的比例界限时，取该拐点所对应的荷载值 p_b 作为地基承载力的特征值。

2）当极限荷载（p_u）能够确定，且该值小于对应的比例界限荷载 p_b 的 2 倍时，取极限荷载值的一半作为地基承载力的特征值。

3）不能按上述两点确定时，如承压板面积为 0.25 ~ 0.50m²，可取 $s/b=0.01 \sim 0.015$ 所对应的荷载值，但其值不应大于最大加载量的一半。

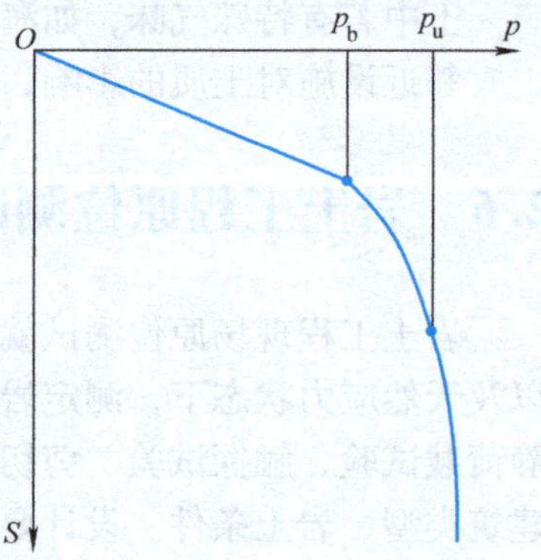

图 2-3　静荷载试验 p-s 曲线

（2）确定地基土的变形模量　根据 p-s 曲线的初始直线段，可按均质各向同性半无限弹性介质的弹性理论计算。浅层平板荷载试验的变形模量 E_0 可按下式计算

$$E_0 = I_0(1-\mu^2)\frac{pd}{s} \tag{2-1}$$

深层荷载试验和螺旋板荷载试验的变形模量 E_0 可按下式计算

$$E_0 = \omega\frac{pd}{s} \tag{2-2}$$

式中　I_0——刚性承压板形状系数，圆形承压板取 0.785，方形承压板取 0.886；

μ——土的泊松比（碎石土取 0.27，砂土取 0.30，粉土取 0.35，粉质黏土取 0.38，黏土取 0.42）；

d——承压板直径或边长（m）；

p——p-s 曲线线性段的压力（kPa）；

s——与 p 对应的沉降量（mm）；

ω——与试验深度和土类有关的系数。

2.6.2　静力触探试验

静力触探试验是通过一定的机械装置，将某种规格的金属探头用静力压入土层中，同时用传感器或直接量测仪表测试土层对触探头的贯入阻力，以此来判断、分析、确定地基土的物理力学性质。静力触探试验适用于软土、黏性土、粉土和砂土，主要用于划分土层，估算地基土的物理力学指标参数，评定地基土的承载力，估算单桩承载力及判定砂土地基的液化等级等。图 2-4 所示为静力触探仪。

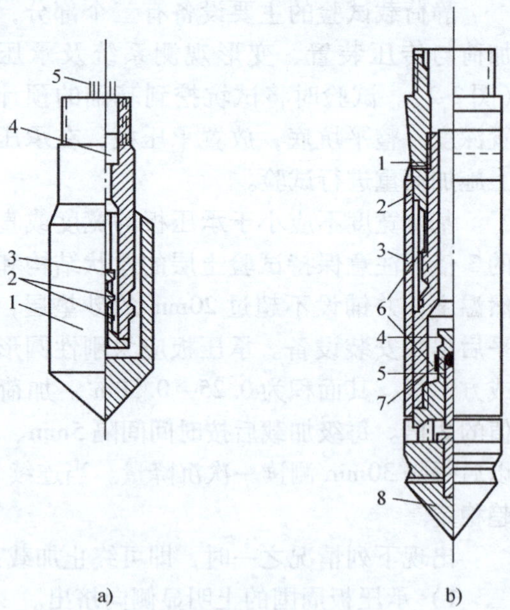

图 2-4　静力触探仪示意图

a）单桥探头　b）双桥探头

a）1—顶柱　2—电阻应变片　3—传感器　4—密封垫圈套　5—四芯电缆

b）1—传力杆　2—摩擦传感器　3—摩擦筒　4—锥尖传感器　5—顶柱　6—电阻应变片　7—钢珠　8—锥尖头

1. 静力触探试验的技术要求

探头圆锥底面截面积应采用 10cm² 或 15cm²，单桥探头侧壁高度应分别采用 57mm 或 70mm，双桥探头侧壁面积应采用 150 ~ 300cm²，锥尖锥角应为 60°；探头应匀速垂直压入土中，

贯入速率为1.2m/min。

静力触探可根据工程需要采用单桥探头、双桥探头，或带孔隙水压力量测的单、双桥探头，可测定比贯入阻力p_s、锥尖阻力q_c、侧壁摩阻力f_s和贯入时的孔隙水压力。

（1）单桥探头　单桥探头能测定一个触探指标——比贯入阻力p_s。p_s值是指总贯入阻力p与探头锥尖底面积A的比值，即

$$p_s = \frac{p}{A} \tag{2-3}$$

这一贯入阻力对应于一定几何形状的探头，因而是相对贯入阻力。

（2）双桥探头　双桥探头能测定两个触探指标——锥尖阻力q_c和侧壁摩阻力f_s，其定义如下

$$q_c = \frac{Q_c}{A} \tag{2-4}$$

$$f_s = \frac{P_f}{F} \tag{2-5}$$

式中　Q_c、P_f——锥尖总阻力和侧壁总摩阻力（N）；

A、F——锥底截面面积和摩擦筒表面积（cm^2）。

在静力触探的整个过程中，探头应匀速、垂直地压入土层中，贯入速率一般控制在（1.2±0.3）m/min。静力触探探头传感器必须事先进行率定，室内率定非线性误差、重复性误差、滞后误差、温度漂移，归零误差范围应为±（0.5~1.0)%。在现场试验时，应检验现场的归零误差不得超过±3%，它是试验质量的重要指标。触探时，深度记录误差一般为±1%。当贯入深度大于30m时，应量测触探孔的偏斜度，校正土的分层界线。

2. 静力触探试验成果的应用

（1）根据贯入阻力曲线的形态特征或数值变化幅度划分土层　根据静力触探曲线（图2-5）对地基土进行力学分层，或参照钻孔分层结合静力触探p_s、f_s值的大小和曲线形态特征进行地基土的力学分层，并确定分层界线。

（2）评定地基土的强度参数　对于黏性土，由于静力触探试验的贯入速率较快，因此用于测量黏性土的不排水抗剪强度是一种可行的方法。经过大量的试验和研究，探头锥尖阻力基本上与黏性土的不排水抗剪强度成某种确定的函数关系，而且将大量的测试数据经数理统计分析，其相关性都很理想。其典型的实用关系式见表2-12。

此外，静力触探试验成果根据当地经验还能来估算浅基础或桩基础的承载力、砂土或粉土的液化。

2.6.3　圆锥动力触探

圆锥动力触探是利用锤击动能，将一定规格的圆锥探头打入土中，根据打入土中的阻抗大小判别土层的变化，对土层进行力学分层，并确定土层的物理力学性质，对地基土作出工程地质评价的一种方法。通常以打入土中一定距离所需的锤击数来表示土的阻抗。圆锥动力触探的优点是设备简单、操作方便、工效高、适应性广，并且具有连续贯入的特性。对于难以取样的砂土、粉土和碎石土等，圆锥动力触探是十分有效的探测手段。按贯入能量的大小，我国将圆锥动力触探划分为三类，详见表2-13。

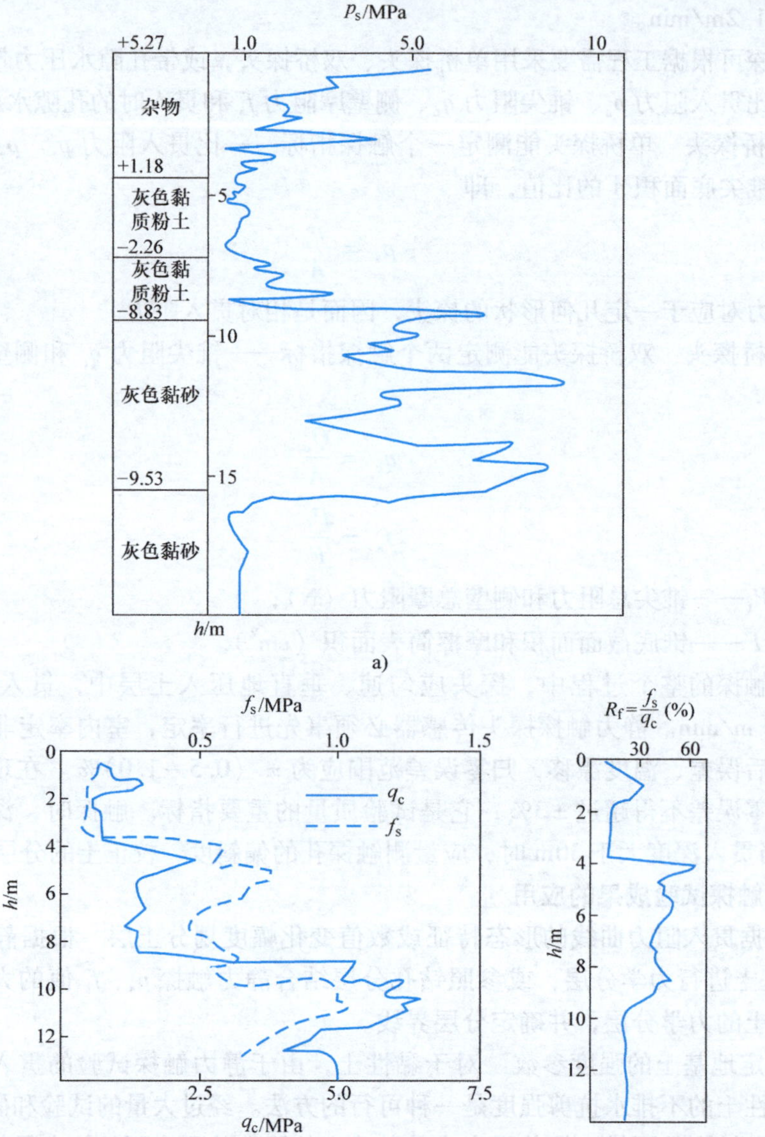

图 2-5 静力触探曲线

a) 静力触探 p_s-h 曲线 b) 静力触探 q_c-h 和 f_s-h 曲线 c) 静力触探 R_f-h 曲线

表 2-12 用静力触探估算黏性土的不排水抗剪强度

实用关系式	适 用 条 件	来 源
$C_u = 0.071q_c + 1.28$	q_c <700kPa 的滨海相软土	同济大学
$C_u = 0.039q_c + 2.7$	q_c <800kPa	铁道部
$C_u = 0.0308p_s + 4.0$	p_s =100 ~1500kPa 的新港软黏土	一般设计研究院
$C_u = 0.0696p_s - 2.7$	p_s =300 ~1200kPa 的饱和软黏土	武汉静探联合组
$C_u = 0.1q_c$	φ =0 纯黏土	日本
$C_u = 0.105q_c$		MeyerHof

表 2-13 国内圆锥动力触探类型及规格

触探类型	落锤质量/kg	落锤距离/cm	探头规格	触探指标	触探杆外径/mm
轻型	10	50	圆锥头，锥角60°，锥底直径4.0cm，锥底面积12.6cm^2	贯入30cm的锤击数N_{10}	25
重型	63.5	76	圆锥头，锥角60°，锥底直径7.4cm，锥底面积43cm^2	贯入10cm的锤击数$N_{63.5}$	42
超重型	120	100	圆锥头，锥角60°，锥底直径7.4cm，锥底面积43cm^2	贯入10cm的锤击数N_{120}	50～60

动力触探试验主要成果是锤击数与贯入深度关系曲线，下面简要介绍圆锥动力触探试验成果的应用。根据圆锥动力触探试验指标和地区经验，可进行力学分层，评定土的均匀性和物理性质（状态、密实度）、土的强度、变形参数、地基承载力、单桩承载力，查明土洞、滑动面、软硬土层界面，检测地基处理效果等。

2.6.4 标准贯入试验

1. 标准贯入试验设备及技术要求

标准贯入试验是动力触探试验类型之一。它利用规定质量的穿心锤，从恒定高度上自由落下，将一定规格的探头打入土中，根据打入土层中的难易程度判别土的性质。

标准贯入试验的仪器设备如图2-6所示，主要由三部分组成：

1）触探头，标准贯入试验探头为两个一定规格的半圆合成的圆筒，称为标准贯入器。

2）触探杆，国内统一使用直径42mm的圆形钻杆，国外有使用直径50mm或60mm的钻杆。

3）穿心锤，标准贯入试验穿心锤质量为63.5kg，规定自由落距为76cm。

该试验按上述规定的穿心锤质量和落距，将贯入器连续贯入土中30cm所需的锤击数，称为标准贯入试验锤击数N。遇到硬土层，贯入击数较大，当锤击数已达50击，而仍未贯入30cm时，可记录50击的实际贯入深度，按式（2-6）换算成相当于30cm标准贯入试验锤击数N，并终止试验。

$$N = 30 \times \frac{50}{\Delta s} \tag{2-6}$$

式中 Δs——50击时的贯入度（cm）。

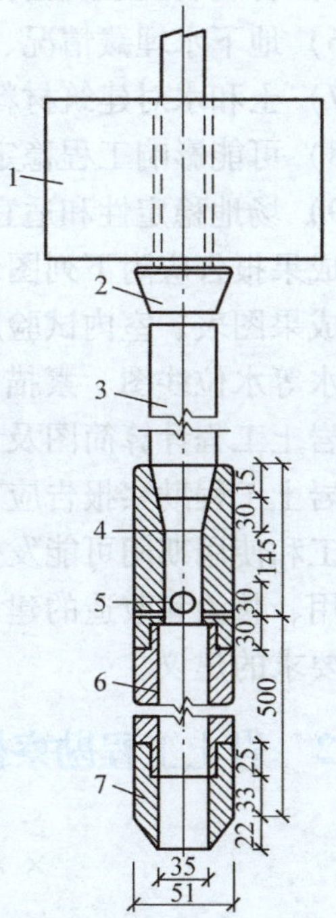

图2-6 标准贯入试验设备

1—穿心锤 2—锤垫 3—钻杆 4—贯入器头 5—出水孔 6—由两半圆形管合并而成的贯入器身 7—贯入器靴

2. 标准贯入试验成果的应用

根据标准贯入试验的锤击数，可以评价砂土的密实程度，结合地区经验可以确定地基土承载力，判定黏性土的物理状态，对土的强度、变形参数、单桩承载力、砂土和粉土的液化、成桩的可能性等作出评价。应用 N 时是否修正和如何修正，应根据建立统计关系的具体情况确定。

2.7 岩土工程勘察成果报告

2.7.1 岩土工程勘察报告的基本内容

岩土工程勘察报告是地基勘察的正式成果。它将现场勘察得到的工程地质资料进行统计、归纳和分析，编制成图件、表格并对场地工程地质条件和问题作出系统的分析和评价，以正确全面地反映场地的工程地质条件和提供地基土物理力学性质指标，结论有据，建议合理，供建设单位、设计单位和施工单位使用。

岩土工程勘察报告应根据任务要求、勘察阶段、工程特点和地质条件等具体情况编写，并应包括下列内容：

1）勘察目的、任务要求和依据的技术标准。

2）拟建工程概况。

3）勘察方法和勘察工作布置。

4）场地地形、地貌、地层、地质构造、岩土性质及其均匀性。

5）各项岩土性质指标，岩土的强度参数、变形参数、地基承载力的建议值。

6）地下水埋藏情况、类型、水位及其变化。

7）土和水对建筑材料的腐蚀性。

8）可能影响工程稳定的不良地质作用的描述和对工程危害程度的评价。

9）场地稳定性和适宜性的评价。

成果报告应附下列图件：勘探点平面布置图、工程地质柱状图、工程地质剖面图、原位测试成果图表、室内试验成果图表。当需要时，还可附综合工程地质图、综合地质柱状图、地下水等水位线图、素描、照片、综合分析图表以及岩土利用、整治和改造方案的有关图表、岩土工程计算简图及计算成果图表等。

岩土工程勘察报告应对岩土利用、整治和改造的方案进行分析论证，并提出建议；对工程施工和使用期间可能发生的岩土工程问题进行预测，提出监控和预防措施的建议。对岩土的利用、整治和改造的建议，宜进行不同方案的技术经济论证，并提出对设计、施工和现场监测要求的建议。

2.7.2 岩土工程勘察报告实例

××大学重点实验室岩土工程勘察报告（详勘）

1. 概况

受××大学的委托，由四川省××勘察设计院承担了××大学重点实验室工程拟建场地详勘阶段的岩土工程勘察工作。

（1）工程概况　拟建××大学重点实验室工程，建筑物北部建筑层高为6F（局部2F），地下－1F，建筑物高度11～30m；建筑物南部建筑层高为5F（局部2F），无地下室，建筑物高度 11 ~27m。总建筑面积约 30400m²（其中地上 26224m²，地下 4176m²），初步拟定场地整平标高 474.10m。主要拟建建筑物基本特征见表 2-14。

表 2-14 重点实验室主要拟建物基本特征一览表

建筑名称	层数/层	建筑面积/m²	结构类型	基础形式	地下室
重点实验楼北部	6（2）	30400	框架	独立基础	地下一层
重点实验楼南部	5（2）		框架	独立基础	无

拟建工程场地位于××大学新校区东南侧。拟建场地西侧原为学校试验田，东侧为弃土场，试验田部分较弃土场低 1.0 ~2.0m；场地北侧学校道路，与东六教学隔路相对；南侧为护校河，与拟建二环路相邻。

（2）勘察目的、任务及技术依据　本工程重要性等级为二级，场地等级为二级，地基等级为三级，根据 GB 50021—2001《岩土工程勘察规范》（2009 版）第 3.1.1 ~3.1.4 条划分，岩土工程勘察等级属乙级。

1）勘察目的、任务。本次勘察要求查明：拟建场地范围内建（构）筑物地基的地层结构、性状特征、软弱夹层的埋藏与分布情况及不良地质作用；地基主要持力层与受力层的物理、力学性质；场区地下水埋藏情况、分布特征及其对建筑材料的腐蚀性；进行场地岩土工程分析评价，提出经济合理的地基基础方案建议，对影响建筑物及地基基础的不良地质作用提出处理方案建议，为施工图设计提供地质依据。

2）本次详勘工作执行依据及技术标准：GB 50021—2001《岩土工程勘察规范》（2009 版）、GB 50007—2002《建筑地基基础设计规范》、JGJ 94—2008《建筑桩基技术规范》、JGJ 79—2002《建筑地基处理技术规范》、GB 50011—2001《建筑抗震设计规范》（2008 修订版）、GB 18306—2001《中国地震动参数区划图》（2008 修订版）、GBJ 112—1987《膨胀土地区建筑技术规范》、JGJ 72—2004《高层建筑岩土工程勘察规程》。

2. 勘察方法和工作布置

（1）勘察方法　依据规范及勘察技术要求，采用取芯钻探、标准贯入与超重型 N_{120} 圆锥动力触探原位测试等综合勘察手段。勘察工作量详见表 2-15。

表 2-15 报告使用工作量一览表

测绘		勘探					标贯原位测试/次	取土（岩）样/件	取水样/件	图件/幅
剖面地质 km/条	孔点/个	土层/m	卵石土/m	基岩/m	N_{120}动探/m	总进尺/m				
1.210/14	38	204.66	227.41	58.03	218.80	490.1	12	18	3	17

（2）勘察工作布置　本次以建筑物轮廓及主要柱列线布点的原则，共布设勘探钻孔 38 个，其中控制性技术孔 7 个、一般性技术孔 10 个、一般性孔 11 个；勘探线 14 条。钻孔布置详见《勘探点平面布置图》。

（3）测量系统及引测依据　本次勘察采用××城市坐标系与黄海高程系统。勘探点采用中海达 RTK 型 GPS 定位，北京 DZS3-1 型自动安平水准仪进行高程校测，高程控制点采用“A26”号点（高程 474.10m）。

3. 岩土工程条件

（1）地形地貌　勘察场区位于××大学新校区东南侧，地处涪江一级阶地中部，属第四系全新统河流冲洪积地貌类型。场区东部原为弃土场，场地表面被建筑垃圾等弃土覆盖；场区西部为试验田，场地表面为耕植土。总体地形东高西低，地形起伏变化不大，因人为改造略具阶梯状倾斜。地面高程471.74～473.90m，相对高差2.06m。

（2）地层结构及岩土特征　场地勘察范围内地层从上至下为第四系全新统人工堆积物（Q_4^{ml}），第四系全新统河流冲洪积层（Q_4^{al+pl}）及侏罗系上统七曲寺组（J_{3q}）。地层结构由上至下依次为人工填土、粉土、卵石、砂质泥岩。现自上而下进行分述。

1）第四系全新统人工堆积层（Q_4^{ml}）。

杂填土①：杂色，以砂石、粉质黏土为主，稍湿，松散多孔，富含建筑垃圾、生活垃圾、腐质物及植物根系。区内填土大多属近期填土，自重固结尚未完成，局部构成高度不大的斜坡。厚度一般0.4～2.9m。本层土主要分布在场区东侧及北侧校园道路旁。

耕植土①$_1$：以粉质黏土为主，深褐黄色，稍湿，松散多孔，富含植物根系，呈软塑状。夹有腐质物、植物根系及黑色有机物。断面不平整。厚度一般0.3～0.5m。本层土主要分布在场区西侧试验田内。

2）第四系全新统河流冲洪积层（Q_4^{al+pl}）。

粉土②：黄褐、浅黄，稍湿～湿，松散～稍密状态；土质较均匀，分布黑褐色铁锰质斑点及条纹，少量炭质颗粒，底部含砂质重，局部分布薄层状带透镜体状粉砂层。无光泽，干强度低，韧性低，摇震反应中等。厚度一般3.2～6.3m；顶面埋深一般0.0～2.9m，顶面高程469.24～473.39m。本层土厚度变化较大，场区均有分布，构成场地浅部主要地层，顶面坡度一般小于10%。

卵石土③：杂色，卵石含量50%～65%，粒径以2～8cm居多，大者10～15cm，含有5%～10%粒径20～30cm的漂石；骨架颗粒成分以石英砂岩、灰岩、石英岩为主，磨圆度中等，亚圆形；空隙中充填砾石砂混合物。卵石含量不均，部分地段卵砾石含量减少而土砂混合物明显增多。

据钻探揭示及超重型N_{120}动力触探原位测试资料，将卵石土划分为砾砂及松散、稍密、中密、密实卵石五个亚层。

卵石层顶面埋深3.70～8.90m，顶面高程465.00～468.04m，顶面坡度一般小于10%。

3）侏罗系上统七曲寺组（J_{3q}）。

砂质泥岩④：红棕色，岩性软弱，属软质岩类。结构不均一，砂质呈条带状分布，常见灰绿色条带，薄层状、叶状产出，水平层理。根据风化程度可分为：

强风化层：主要分布在岩层顶部，岩性极软，手捏可碎，锤击声哑。本层风化裂隙网状发育，裂面呈铁锈色，岩芯呈碎块状、短柱状，强风化厚度一般0.8～1.5m。

中风化层：分布在强风化层下，本层岩芯较新鲜、完整，裂隙较少，岩性相对较硬，中风化厚度一般1.5～2.2m。

微风化层：新鲜、完整，裂隙很少，岩芯呈长柱状。此次勘探未穿透。

（3）水文　经钻孔揭露拟建场区内有一层地下水，潜水，主要分布在卵石土和粉土中，其埋深为3.40～9.50m，静止水位标高介于464.40～468.36m。其来源受大气降水和场地东侧涪江入渗补给。据调查，场地地下水变化幅度为2.00m。

（4）不利埋藏物　拟建场地内不存在墓穴、暗浜、防空洞等不利埋藏物。

4. 岩土工程分析评价

（1）场地和地基稳定性与适宜性评价　勘察场区位于四川盆地川北台陷西侧河边—石马坝背斜的南翼，该背斜两翼开阔对称，地层倾角2°~5°，场地范围及邻近区域内无断裂构造通过，地质构造简单，区域相对稳定。拟建场地范围内及其周边震陷、地裂缝、滑坡、崩塌等不良地质作用不发育，场地稳定，适宜建筑。

（2）地基土均匀性评价

1）杂填土、耕植土：组成物不均匀，松散，杂乱，属不良地基土。

2）粉土：层厚3.2~6.3m，厚度变化较大，松散~稍密，承载力较低。

3）卵石土：顶面坡度一般小于10%，厚度较大，但层中有软弱的砾砂分布，岩性纵、横向变化较大，不同密实度的土层相互交错、穿插，均匀性一般。

4）砂质泥岩：厚度大、稳定，顶面坡度一般小于10%，属均匀地基土。

（3）地震效应评价　工程区场地范围及邻近区域内无断裂构造通过，地质构造简单，区域相对稳定。

1）场地土类别。拟建场地覆盖层主要为人工填土、粉土、卵石土，下伏砂质泥岩，根据现场取扰动土样试验，粉土中黏粒含量大于10%，为不液化土。按照《建筑抗震设计规范》第4.1.3~4.1.6条之规定，结合本次勘察中钻孔波速测试结果，等效剪切波速v_{se}为222m/s，介于140~250m/s，场地土的类型为中软土。场地覆盖层厚度一般10.5~13.7m，根据GB 50011—2001《建筑抗震设计规范》第4.1.6条划分原则，场地覆盖层厚度介于3~50m，场地类别属Ⅱ类。波速资料详见波速测试成果报告。

2）建筑抗震地段。拟建工程场地地处涪江右岸一级阶地中部。场地较为平整，开阔，无断裂带通过，依据《建筑抗震设计规范》条文说明第4.1.1条，拟建工程场地为可进行建设的一般场地。

3）抗震设防烈度。本区抗震设防烈度为7度，地震动峰值加速度值0.10g，所属的设计地震分组为第二组。

4）特征周期值。依据GB 50011—2001《建筑抗震设计规范》第5.1.4条，设计特征周期值为0.40s。

（4）岩土参数统计与选用

1）粉土室内试验及标准贯入原位测试。本次采集6组不扰动粉土土样，粉土室内试验成果详见表2-16。

表2-16　粉土土工试验成果统计表

项目	代号	单位	频数（n）	范围值	平均值	标准差 σ_f	变异系数 δ	修正系数 γ_s	标准值
含水率	w_0	%	6	22.3~25.1	23.60	1.068	0.045	1.037	24.50
密度	ρ	g/cm³	6	1.75~1.83	1.79	0.031	0.018	0.986	1.77
孔隙比	e		6	0.824~0.923	0.867	0.041	0.048	1.039	0.901
饱和度	Sr	%	6	69.8~78.3	73.7	3.101	0.042	1.035	76.3
塑性指数	I_P		6	8.6~9.4	9.0	0.286	0.032	0.974	8.8

（续）

项目	代号	单位	频数（n）	范围值	平均值	标准差 σ_f	变异系数 δ	修正系数 γ_s	标准值
液性指数	I_L		6	0.34～0.46	0.40	0.048	0.122	1.101	0.44
内摩擦角	φ	度	6	13.7～16.3	14.7	0.924	0.063	0.948	14.0
黏聚力	C	kPa	6	14.0～26.0	18.8	4.875	0.259	0.786	14.8
压缩系数	$a_{0.1-0.2}$	MPa^{-1}	6	0.300～0.410	0.357	0.044	0.124	1.102	0.393
压缩模量	E_s	MPa	6	4.60～6.10	5.28	0.618	0.117	0.903	4.77

本次勘察在粉土中进行了标准贯入原位测试12次，标贯击数平均值$N=3.9$击，计算击数$N=3.8$击，由标贯试验成果查表计算承载力标准值为123kPa（见表2-17）。

表2-17　标准贯入原位测试成果统计表

土　名	统计频数	标贯击数/击		标准差 σ_f	变异系数	统计修正系数	计算击数	承载力标准值（kPa）
		区间值	平均值					
粉土	12	3.7～4.0	3.9	0.094	0.024	0.987	3.8	123

2）卵石土超重型N_{120}圆锥动力触探原位测试。砾砂$N_{120}=1.2$击，属中压缩性土，计算承载力标准值为170kPa；松散卵石$N_{120}=3.0$击，属中压缩性土，计算承载力标准值为240kPa；稍密卵石$N_{120}=5.6$击，属低压缩性土，计算承载力标准值为440kPa；中密卵石$N_{120}=8.9$击，属低压缩性土，计算承载力标准值为700kPa；密实卵石$N_{120}=17.6$击，属低压缩性土，计算承载力标准值为850kPa（见表2-18）。

表2-18　超重型N_{120}圆锥动力触探原位测试成果统计表

岩土名称	统计数	锤击数/击		标准差 σ	变异系数 δ	统计修正系数 γ	计算击数/击	变形模量/MPa	承载力标准值/kPa
		区间值	平均值						
砾　砂	31	0.6～3.1	1.2	0.577	0.446	0.861	1.1	11	170
松散卵石	86	2.0～4.3	3.0	0.571	0.189	0.965	2.9	14	240
稍密卵石	336	4.0～7.0	5.6	1.131	0.200	0.981	5.5	26	440
中密卵石	803	5.2～11.8	8.9	1.167	0.131	0.992	8.8	37	700
密实卵石	531	7.3～98.0	17.6	10.565	0.598	0.956	16.8	48	850

3）砂质泥岩室内试验。本次6组采集中风化砂质泥岩不扰动岩样的室内试验成果详见于表2-19。根据岩石试验成果统计，中风化砂质泥岩天然块体密度2.38g/cm^3，天然单轴抗压强度6.72MPa，饱和单轴抗压强度4.37MPa。砂质泥岩属极软岩，岩体基本质量等级为Ⅴ级。

（5）场地环境及水、土对建筑材料的腐蚀性

1）场地环境类型。场地属湿润区，场地土为含水量≥20%的强透水层，建筑结构在土中具干湿交替。依据GB 50021—2001《岩土工程勘察规范》附录G的划分原则，场地环境类型属Ⅱ类。

表 2-19 砂质泥岩岩石试验成果统计表

岩石名称	指标值	密度/（g/cm³）		极限抗压强度 f_{RC}/MPa	
		天然	饱和	天然	饱和
中风化砂质泥岩	频数	6	6	6	6
	最大值	2.43	2.45	9.18	5.97
	最小值	2.37	2.40	5.73	3.79
	平均值	2.40	2.42	7.70	4.98
	标准差	0.022	0.021	1.190	0.739
	变异系数	0.009	0.085	0.155	0.148
	统计修正系数	0.992	0.995	0.872	0.878
	标准值	2.38	2.41	6.72	4.37

2）地下水腐蚀性评价。根据本次3组水质检测成果，场地地下水对混凝土及混凝土中钢筋无腐蚀性，对钢结构具弱腐蚀性。

3）场地土腐蚀性评价。本次共采取了3组土样进行了土样腐蚀性试验，场地土对混凝土、钢筋混凝土结构中的钢筋、钢结构无腐蚀性。

5. 地基基础分析及方案论证

（1）基础形式选择

1）拟建实验楼北部（六层，局部二层，一层地下室，框架结构）。拟建场区地表为0.3～2.9m厚的杂填土和耕植土，粉土层厚3.4～6.3m，卵石土层厚3.2～7.3m，下伏砂质泥岩。

① 独立基础。采用独立基础，粉土较松散，承载力较低，不适合作为基础持力层，应以稍密及以上卵石作为基础持力层。场地局部存在软弱下卧层，应进行变形验算，若不能满足要求，应以下部稍密及以上卵石为基础持力层，或者对下部软弱层进行加固处理。此方案开挖量大（一般超过3.0～4.0m），经济性不高，仅建议地下室基础采用。

② 桩基础。由于粉土厚度较厚，建议采用人工挖孔扩底灌注桩，选择稍密以上的卵石作桩端持力层，桩端嵌入持力层中不小于一倍桩身直径。此方案可避免土方大开挖，建议进行技术经济比较。但施工时会遇到地下水，建议施工前采取降水措施。

③ CFG桩复合地基。根据现场土质及地下水情况，可采用CFG桩复合地基处理，与周围软弱土共同作用构成一个强度高，压缩变形较低的复合地基，从而满足上部荷载对地基强度及变形的要求。采用该法应以下部稍密以上卵石作为其桩端持力层，且桩端应进入持力层深度不小于0.50m。

2）拟建实验楼南部（五层，局部二层，无地下室，框架结构）。拟建场区地表为0.3～1.7m厚的杂填土和耕植土，粉土层厚3.2～4.8m，卵石土层厚3.8～7.9m，下伏砂质泥岩。

① 桩基础：由于人工填土及粉土厚度较厚且承载力低，若采用天然地基，开挖深度较深，建议采用人工挖孔扩底灌注桩，选择稍密以上的卵石作桩端持力层，桩端嵌入持力层中不小于一倍桩身直径。施工时会遇到地下水，建议施工前采取降水措施。

② CFG桩复合地基：根据现场土质及地下水情况，可采用CFG桩复合地基处理，施工前应将上部松散杂填土及耕植土清除，CFG桩复合地基处理与周围粉土共同作用构成一个强度高，压缩变形较低的复合地基，从而满足上部荷载对地基强度及变形的要求。采用该法应以下部稍密以上卵石作为其桩端持力层，且桩端应进入持力层深度不小于0.50m。

(2) 建筑基坑工程评价　拟建建筑物北部有一层地下室，北侧为校园道路，基础施工开挖深度约3.5~4.2m，如不具放坡条件，建议进行基坑支护，建议采用土钉墙支护措施。拟建建筑物南部无地下室，若采用复合地基处理方案，北部地下室开挖后将较南部低，建议采用永久性支护措施或加强地下室外墙结构设计，消除土压力差，避免土压力对地下室外墙破坏。

6. 结论与建议

1）拟建工程场地范围及邻近区域内无断裂构造通过，地质构造简单，区域相对稳定。

2）拟建工程场地属于可进行建设的一般场地。场区不存在可液化土，场地土的类型为中软土，场地类别属Ⅱ类。本区抗震设防烈度为7度，地震动峰值加速度值0.10g，第二组，设计特征周期值0.40s。

3）拟建场地范围内及其周边滑坡、崩塌等不良地质作用不发育，适宜建筑。

4）拟建实验楼北部（六层，局部二层，一层地下室，框架结构），建议采用人工挖孔扩底灌注桩，选择稍密以上的卵石作桩端持力层，桩端嵌入持力层中不小于一倍桩身直径。施工时会遇到地下水，建议施工前采取降水措施。

5）拟建实验楼南部部分（五层，局部二层，无地下室，框架结构）建议采用人工挖孔扩底灌注桩，选择稍密以上的卵石作桩端持力层，桩端嵌入持力层中不小于一倍桩身直径。施工时会遇到地下水，建议施工前采取降水措施。

6）拟建建筑物北部有一层地下室，建议对基坑采用土钉墙支护措施。

7）拟建场区内有一层地下水，其埋深为3.40~9.50m，静止水位标高介于464.40~468.36m之间。场地地下水变化幅度为2.00m。本区地下水对混凝土结构及钢筋混凝土结构中的钢筋无腐蚀性，对钢结构具弱腐蚀性。环境土对建筑材料无腐蚀性。

8）根据原位测试成果，结合当地经验综合分析，提出地基岩土物理力学参数建议值于表2-20。

9）本岩土工程勘察报告可作施工图设计之依据。

表2-20　地基岩土参数建议值表

岩土名称	重度 γ /(kN/m^3)	黏聚力 C /kPa	内摩擦角 φ (°)	压缩模量 E_s /MPa	变形模量 E_0 /MPa	承载力特征值 f_{ak} /kPa	施工临时边坡	人工挖孔桩周极限摩阻力标准值 q_{sik} /kPa	人工挖孔桩的极限端阻力标准值 q_{pk} /kPa
杂填土	17.2	0	10	4.0		90	1:1.50		
粉土	17.7	14	14	4.7		120	1:1.0	40	
砾砂	18.3	0	16		11	170	1:1.0	50	
松散卵石	20.0	0	22		15	240	1:0.75	60	
稍密卵石	21.0	0	30		25	440	1:0.75	80	2000
中密卵石	21.5	0	35		35	700	1:0.5	100	3200
密实卵石	23	0	40		48	850	1:0.5	120	5000
强风化砂质泥岩						300			
中风化砂质泥岩						800			

7. 图表部分

1）××大学重点实验室工程钻孔布置图，详见图2-7。

2）工程地质剖面图（部分），详见图2-8、图2-9，剖面图图例如图2-10所示。

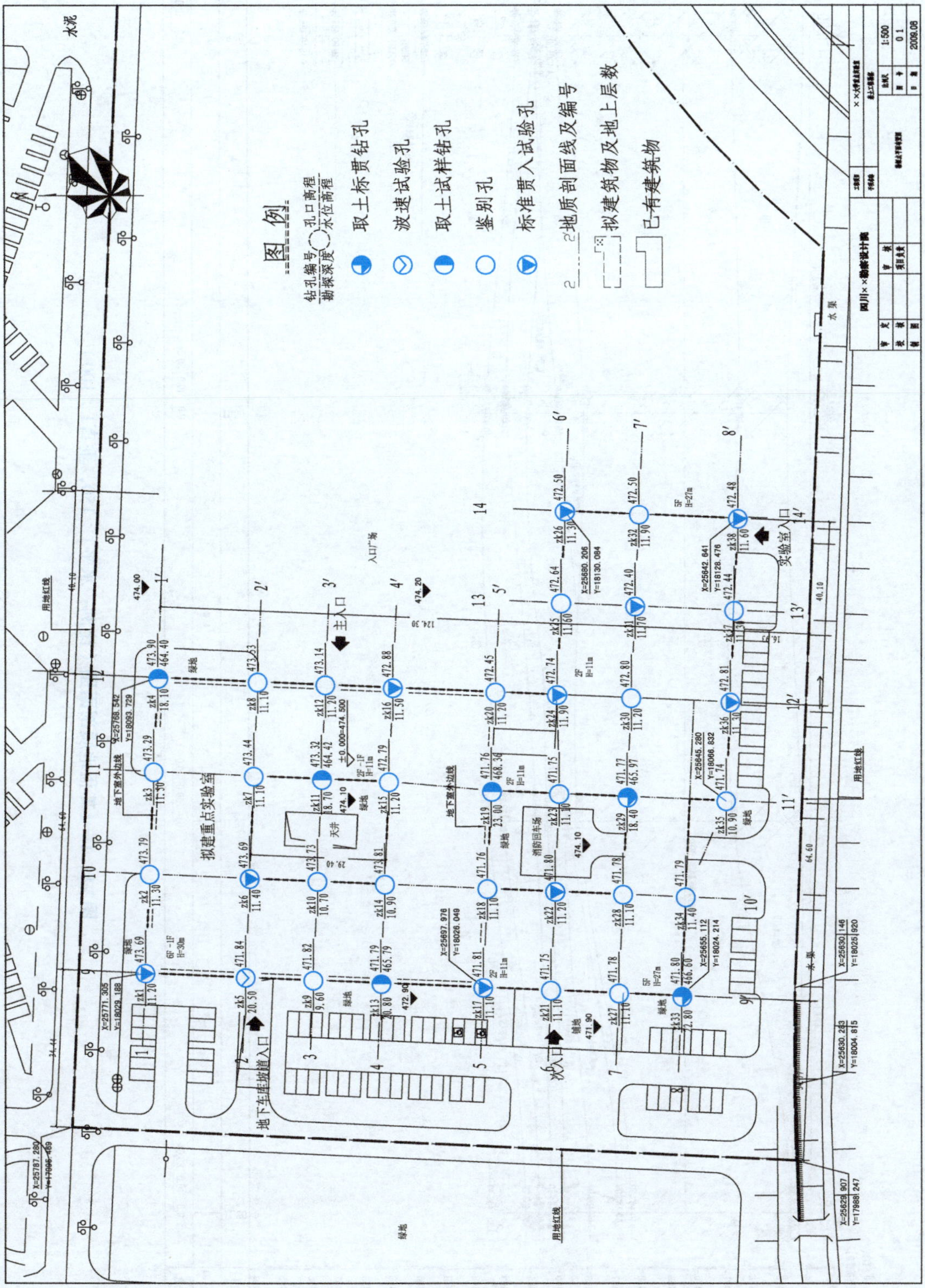

图2-7 ××大学重点实验室工程钻孔布置图

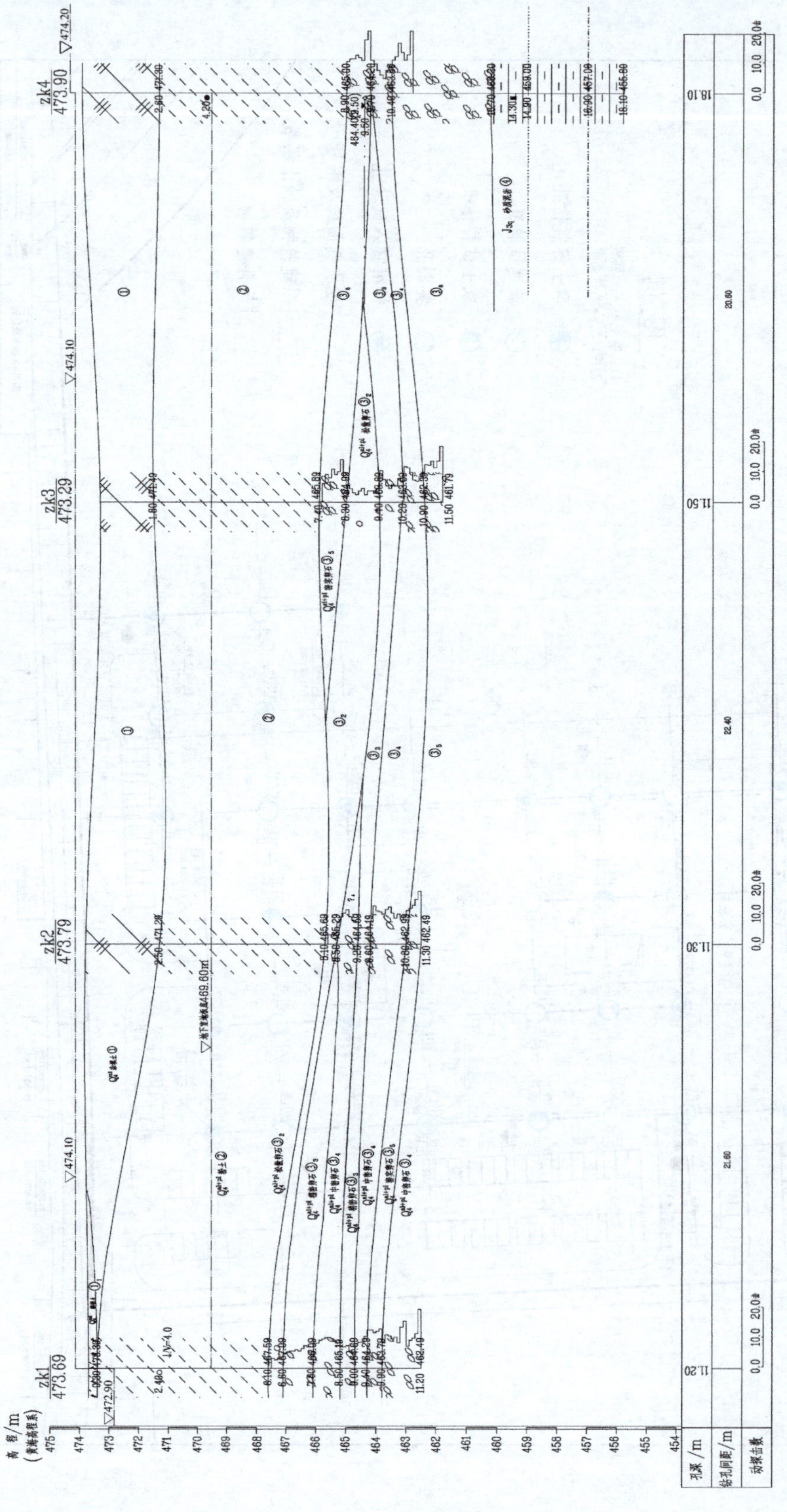

图2-8 1—1工程地质剖面图（比例：水平1：150，垂直1：100）

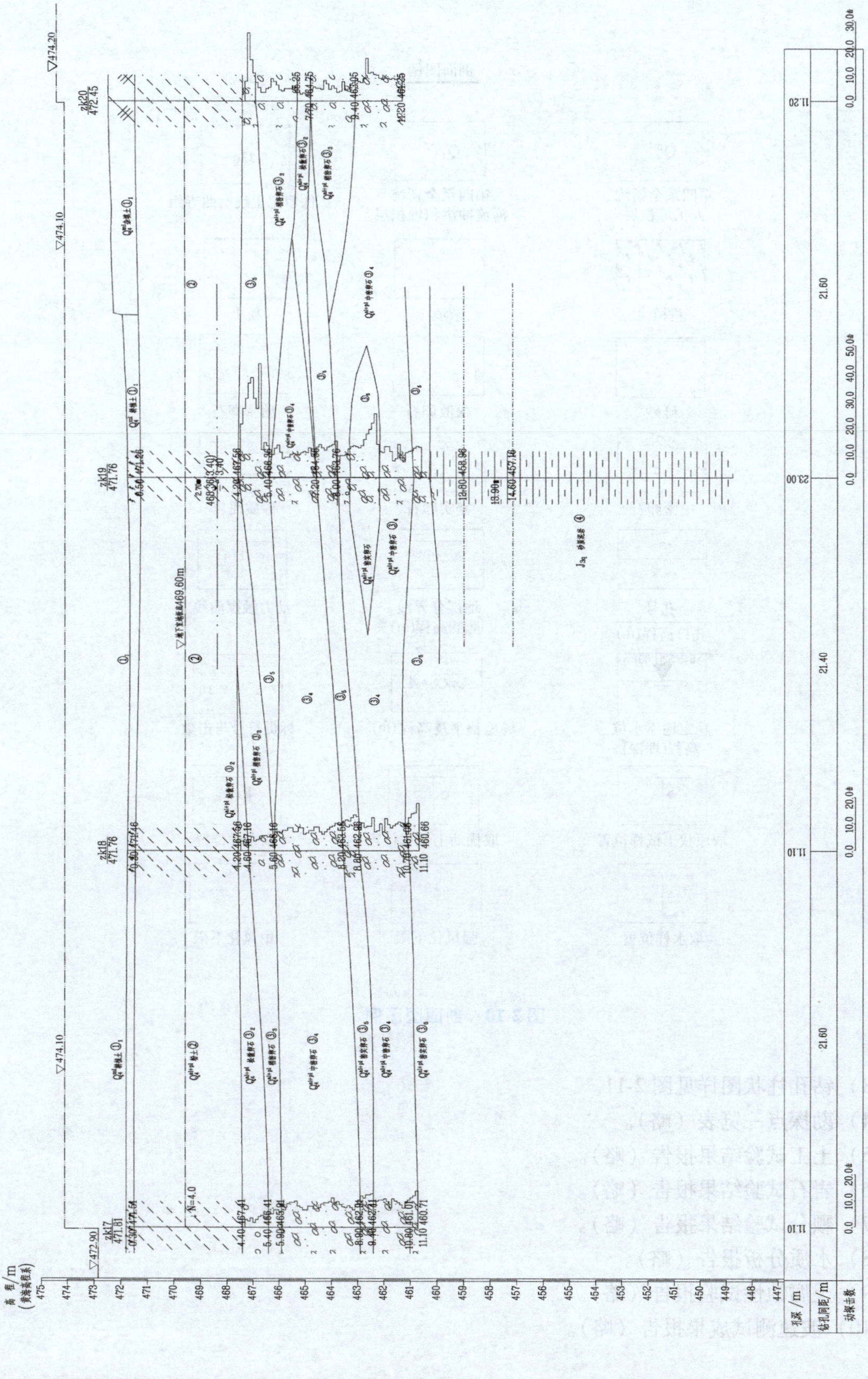

图2-9 5—5工程地质剖面图（比例：水平1：150，垂直1：100）

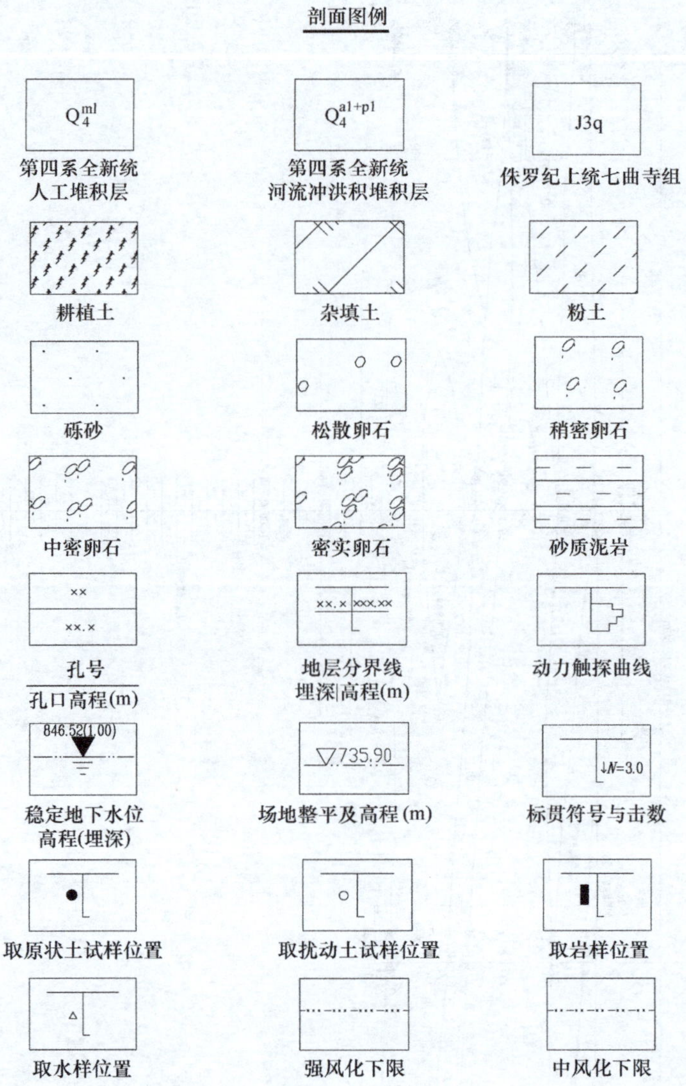

图 2-10　剖面图图例

3）钻孔柱状图详见图 2-11。

4）勘探点一览表（略）。

5）土工试验结果报告（略）。

6）岩石试验结果报告（略）。

7）颗分试验结果报告（略）。

8）水质分析报告（略）。

9）土腐蚀性试验报告（略）。

10）波速测试成果报告（略）。

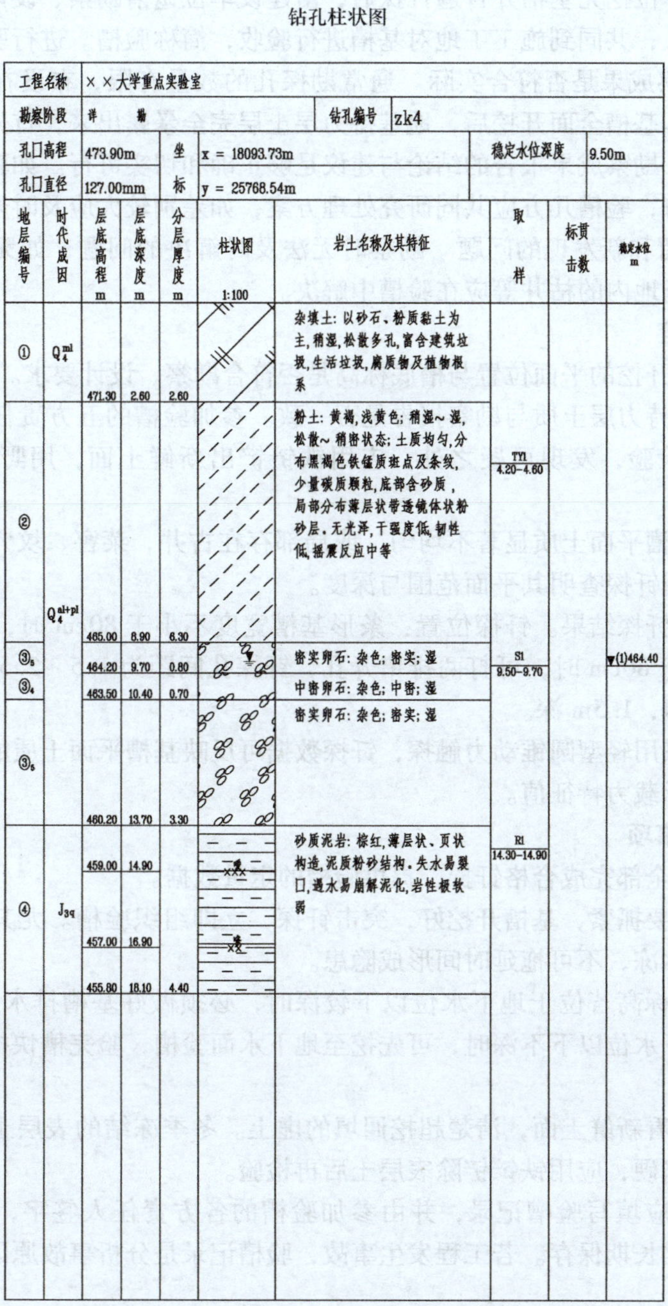

图 2-11 钻孔柱状图

2.8 验槽

1. 验槽的目的

验槽是建筑物施工第一阶段基槽开挖后的重要工序，也是一般岩土工程勘察工作最后一个环节。当施工单位挖完基槽并普遍钎探后，由建设单位邀请勘察、设计、施工、质检等相关单位技术负责人，共同到施工工地对基槽进行验收，简称验槽。进行验槽的主要目的为：

（1）检验勘察成果是否符合实际　通常勘探孔的数量有限，布设在建筑物外围轮廓线四角与长边线上。基槽全面开挖后，地基持力层土层完全暴露出来，首先检验勘察成果与实际情况是否一致，勘察成果报告的结论与建议是够正确和切实可行。如验槽发现现场地质情况与勘察成果不符，验槽几方应共同研究处理方案，如差别较大应及时开展补充勘察工作。

（2）解决遗留和新发现的问题　勘察时无法及时解决的问题，如无法正常开展勘察工作的小段场地，场地内的枯井等应在验槽中解决。

2. 验槽的内容

1）校核基槽开挖的平面位置与槽底标高是否符合勘察、设计要求。

2）检验槽底持力层土质与勘察报告是否一致。参加验槽的五方责任主体负责人需下到槽底，依次逐段检验，发现可疑之处，应用铁铲铲出新鲜土面，用野外鉴别的方法进行鉴定。

3）当发现基槽平面土质显著不均匀，或局部存在古井、菜窖、坟穴、古河沟、防空洞等不良地基，可用钎探查明其平面范围与深度。

4）检查基槽钎探结果。钎探位置：条形基槽宽度不小于 80cm 时，可沿中心线打一排钎探孔；槽宽大于 80cm 时，可打两排错开孔，钎探孔间距为 1.5 ~2.5m。深度每 30cm 为一组，通常为 5 组，1.5m 深。

钎探工具可采用轻型圆锥动力触探，钎探数据可反映基槽平面土质的均匀性，而且可以校核地基各点的承载力特征值。

3. 验槽注意事项

1）验槽前应全部完成合格钎探，提供验槽的定量数据。

2）验槽时间要抓紧，基槽开挖好，突击钎探，立即组织验槽。尤其在夏季要避免下雨泡槽，冬季要防冰冻，不可拖延时间形成隐患。

3）槽底设计标高若位于地下水位以下较深时，必须做好基槽排水，保证槽底不泡水。如槽底标高在地下水位以下不深时，可先挖至地下水面验槽，验完槽快挖快填，做好垫层与基础。

4）验槽时应看新鲜土面，清楚超挖回填的虚土。冬季冻结的表层土看似很坚硬，夏季日晒后干土也很坚硬，应用铁铲铲除表层土后再检验。

5）验槽结果应填写验槽记录，并由参加验槽的各方责任人签字，作为施工处理的依据，验槽记录存档长期保存。若工程发生事故，验槽记录是分析事故原因的重要线索。

[本章小结]

1. 根据拟建建筑物的工程安全等级、场地和地基的复杂程度，可将岩土工程勘察分为甲级、乙级和丙级三个等级。

2. 岩土工程勘察阶段的划分是与设计阶段的划分相一致的，可分为可行性研究勘察阶段、初步勘察阶段、详细勘察阶段和施工勘察，但场地较小且无特殊要求的工程可合并勘察阶段。

3. 常见的岩土工程勘察方法包括测绘与调查和勘探，其中勘探方法又包括坑探、钻探和其他地球物理勘探。

4. 岩土工程原位测试包括静载荷试验、静力触探试验、圆锥动力触探、标准贯入试验，是测定岩土的工程力学性质指标的必要手段。

5. 岩土工程勘察报告包括正文和图表两部分，正文部分将现场勘察得到的工程地质资料进行统计、归纳和分析，对场地工程地质条件和问题作出系统的分析和评价，正确全面地反映场地的工程地质条件，提供地基土物理力学性质指标，提出合理建议；图表部分主要通过图和表的形式直观表述拟建场地的工程地质特征。

[思考题]

2-1 简述地基勘察的目的和各勘察阶段的一般要求。

2-2 简述勘察与勘探的关系。

2-3 现场原位测试方法主要有哪些？静荷载试验、静力触探、动力触探、标准贯入的用途分别是什么？

2-4 静荷载试验的终止条件有哪些？

2-5 简述标准贯入试验的技术要点。

2-6 确定地基承载力的方法有哪几种？

2-7 地基勘察报告主要包括哪些内容？

[习 题]

2-1 某开发公司计划修建一栋7层住宅楼，拟建建筑物长度90m，宽度14m，框架结构，柱下独立基础，场地地质条件复杂。试布置钻孔类型、数量、间距和深度。

2-2 某高层建筑物，东西长30m，南北宽20m，地上18层，地下2层，基础埋深约11m，地下水位埋深约6m，年变化幅度1m，筏形基础，试设计勘探工作量。

2-3 某办公楼长度50m，宽度15m，高度18m，为5层框架结构，柱下独立基础。勘探时在楼房四角与长边中点各布置一个钻孔，各钻孔的地层情况见表2-21。试绘制工程地质剖面图。

表2-21 办公楼土层及性质

钻孔编号	ZK1	ZK2	ZK3	ZK4	ZK5	ZK6	e	w（%）	I_L	N	N_{10}
地面高程/m	48.62	48.75	48.50	48.80	48.72	48.29					
①杂填土厚/m	1.3	1.2	1.25	1.3	1.3	1.0					
②粉土厚/m	0.8	1.0	1.5	0.5	0.6	0.5	0.80	20		7	23
③粉细砂厚/m	2.5	2.0	1.8	2.2	2.3	2.5	0.69	10.7		12	52
④黏土厚/m	2.3	2.1	2.7	2.9	3.0	2.7	0.9	23.3	0.62	7	
⑤粉质黏土厚/m	2.7	3.2	2.8	2.5	2.4	2.1	0.8	23.7	0.75	8	
⑥粉土厚/m	>1.8	>2.0	>2.0	>2.4	>1.5	>1.4	0.7	22		9	
地下水位/m	44.78	45.05	44.95	45.10	44.86	44.87					

第 3 章 天然地基上的浅基础设计

[本章提要]

天然地基浅基础是最常见的基础形式，本章主要介绍了地基基础设计的设计原则和基本规定，并以工程实践为出发点，参照国家最新规范和标准，重点讲述了天然地基上浅基础的类型、基础埋置深度的选择、地基承载力的确定、基础底面尺寸的确定、地基持力层和软弱下卧层承载力验算、地基变形验算、无筋扩展基础设计、扩展基础设计、地基、基础与上部结构的相互作用、柱下钢筋混凝土条形基础设计和筏形基础设计，最后结合前述地基基础设计，分别从建筑、结构和施工三个方面阐述减轻不均匀沉降损害的措施。

[教学要求]

熟悉天然地基上浅基础的设计原则和基本规定，掌握天然地基上浅基础设计步骤和相应的内容，包括基础选型、基础埋置深度的选择、地基承载力特征值的确定、基础底面积的确定、地基承载力（包括持力层和软弱下卧层）和变形验算、扩展基础高度验算和结构设计等。了解地基与基础的共同作用概念和地基模型，熟悉柱下条形基础的简化设计方法和步骤，了解筏形基础的设计方法，掌握减轻不均匀沉降危害的建筑、结构和施工措施。

3.1 概述

地基基础设计是土木工程结构设计的重要组成部分，为了贯彻落实国家的技术经济政策，我国制定了相应的设计规范，并经过了数十年的工程实践和几次大的修改、完善。但因种种原因，我国现行地基基础设计规范仍然分行业制定和执行。例如，GB 50007—2011《建筑地基基础设计规范》（以下简称《建筑地基规范》），适用于工业与民用建筑（包括构筑物）的地基基础设计，并要求与 GB 50009—2012《建筑结构荷载规范》、GB 50010—2010《混凝土结构设计规范》、GB 50003—2011《砌体结构设计规范》等的有关规定配套执行；中华人民共和国交通部标准 JTG D63—2007《公路桥涵地基与基础设计规范》，并要求与《公路桥涵设计通用规范》《公路砖石及混凝土桥涵设计规范》《公路钢筋混凝土及预应力混凝土桥涵设计规范》的有关规定配套执行。为了便于阐述，若无特殊说明，本章将以《建筑地基规范》为主。

地基基础设计必须根据上部结构条件（建筑物的用途和安全等级、建筑布置、上部结构类型等）和工程地质条件（建筑场地、地基岩土和气候条件等），结合考虑其他方面的要求（工期、施工条件、造价和节约资源等），合理选择地基基础方案，因地制宜，精心设计，以确保建筑物和构筑物的安全和正常使用。天然地基上的浅基础设计的原则和方法，基本上适用于人工地基上的浅基础，只是选用人工地基上的浅基础方案时，还须对选择的地基处理方法进行设计，并处理好人工地基与浅基础之间的连接与相互影响。

3.1.1 地基基础的设计原则

为保证地基基础在设计使用年限内能满足功能要求，地基基础设计应遵循以下三项基本原则：①在防止地基土体剪切破坏和丧失稳定性方面，应具有足够的安全度；②应控制地基的特征变形量，使之不超过建筑物的地基特征变形允许值；③基础的形式、构造和尺寸，除应能适应上部结构、符合使用需要、满足地基承载力（稳定性）和变形要求外，还应满足对基础结构的强度、刚度和耐久性的要求。

地基基础的设计遵循《结构可靠性总原则》（ISO 2394）的要求，采用以概率理论为基础的极限状态设计方法。以结构的可靠度指标（或失效概率）来度量结构的可靠度，并且建立结构可靠度与结构极限状态方程关系，这种设计方法就是以概率论为基础的极限状态设计方法。该方法一般要已知基本变量的统计特征，然后根据预先规定的可靠度指标求出所需的结构抗力平均值，并选择截面，能比较充分地考虑各有关影响因素的客观变异性。但是，对一般常见的结构使用这种方法设计工作量很大，尤其是在地基基础设计中，其中有些参数因为统计资料不足，在很大程度上还要凭经验确定。

整个结构或结构的一部分（构件）超过某一特定状态就不能满足设计规定的某一功能要求，这一特定状态称为该功能的极限状态。对于结构的极限状态，均应规定明确的标志及限值。极限状态可分为承载能力极限状态和正常使用极限状态两类。承载能力极限状态对应于结构或构件达到最大承载能力或不适于继续承载的变形，如地基丧失承载能力而失稳破坏（整体剪切破坏）。正常使用极限状态对应于结构或构件达到正常使用或耐久性能的某项规定限值，如影响建筑物正常使用或外观的地基变形。

结构极限状态采用结构极限状态方程 $g(x_1,x_2,\cdots,x_n)=0$ 描述，其中，结构功能函数 $g(x_i)$ 中的基本变量 x_i 系指结构上的各种作用和材料性能、几何参数等。结构按极限状态设计应满足下列要求

$$g(x_1,x_2,\cdots,x_n)\geqslant 0 \tag{3-1}$$

进行结构可靠度分析时，当仅有作用效应和结构抗力两个基本变量时，也可采用作用效应和结构抗力作为综合的基本变量。

此时，对于承载能力极限状态，应按作用的基本组合或偶然组合计算作用效应设计值，并应满足下列要求

$$R_d-\gamma_0 S_d\geqslant 0 \tag{3-2}$$

式中 γ_0——结构重要性系数，应按各有关建筑结构设计规范规定取值，但不应小于1.0；

S_d——基本组合的作用效应设计值；

R_d——结构抗力设计值。

对于正常使用极限状态，应根据不同的设计要求，采用作用的标准组合、准永久组合或

频遇组合，并应满足下列要求

$$C - S_k \geqslant 0 \tag{3-3}$$

式中 S_k——标准组合的作用效应设计值；

C——结构或结构构件达到正常使用要求的规定限值，如变形、裂缝、振幅、加速度、应力等的限值，应按各有关建筑结构设计规范规定采用。

对由永久作用控制的基本组合，也可采用简化规则，基本组合的作用效应设计值 S_d 可按下式确定

$$S_d = 1.35S_k \tag{3-4}$$

3.1.2 地基基础设计基本规定

1. 地基基础设计等级

根据地基复杂程度、建筑物规模和功能特征以及由于地基问题可能造成建筑物破坏或影响正常使用的程度，将地基基础设计分为三个设计等级，见表 3-1。

表 3-1 地基基础设计等级

设计等级	建筑和地基类型
甲级	重要的工业与民用建筑物 30 层以上的高层建筑 体型复杂，层数相差超过 10 层的高低层连成一体建筑物 大面积的多层地下建筑物（如地下车库、商场、运动场等） 对地基变形有特殊要求的建筑物 复杂地质条件下的坡上建筑物（包括高边坡） 对原有工程影响较大的新建建筑物 场地和地基条件复杂的一般建筑物 位于复杂地质条件及软土地区的二层及二层以上地下室的基坑工程 开挖深度大于 15m 的基坑工程 周边环境条件复杂、环境保护要求高的基坑工程
乙级	除甲级、丙级以外的工业与民用建筑物 除甲级、丙级以外的基坑工程
丙级	场地和地基条件简单、荷载分布均匀的七层及七层以下民用建筑及一般工业建筑物；次要的轻型建筑物 非软土地区且场地地质条件简单、基坑周边环境条件简单、环境保护要求不高、开挖深度小于 5.0m 的基坑工程

2. 地基基础设计的一般要求

根据建筑物地基基础设计等级及长期荷载作用下地基变形对上部结构的影响程度，地基基础设计应符合下列规定：

1）所有建筑物的地基计算均应满足承载力计算的有关规定。

2）设计等级为甲级、乙级的建筑物，均应按地基变形设计。

3）表 3-2 所列范围内的丙级建筑物可不作变形验算，如有下列情况之一时，仍应作变形验算：① 地基承载力特征值小于 130kPa，且体型复杂的建筑；② 在基础上及其附近有地面堆载或相邻基础荷载差异较大，可能引起地基产生过大的不均匀沉降时；③ 软弱地基上

的建筑物存在偏心荷载时；④ 相邻建筑距离近，可能发生倾斜时；⑤地基内有厚度较大或厚薄不均的填土，其自重固结未完成时。

表 3-2　可不作地基变形计算的设计等级为丙级建筑物范围

地基主要受力层的情况	地基承载力特征值 f_{ak}/kPa			$80 \leqslant f_{ak} < 100$	$100 \leqslant f_{ak} < 130$	$130 \leqslant f_{ak} < 160$	$160 \leqslant f_{ak} < 200$	$200 \leqslant f_{ak} < 300$
	各土层坡度（%）			≤5	≤10	≤10	≤10	≤10
建筑类型	砌体承重结构、框架结构（层数）			≤5	≤5	≤6	≤6	≤7
	单层排架结构（6m 柱距）	单跨	起重机额定起重量/t	10～15	15～20	20～30	30～50	50～100
			厂房跨度/m	≤18	≤24	≤30	≤30	≤30
		多跨	起重机额定起重量/t	5～10	10～15	15～20	20～30	30～75
			厂房跨度/m	≤18	≤24	≤30	≤30	≤30
	烟囱		高度/m	≤40	≤50	≤75		≤100
	水塔		高度/m	≤20	≤30	≤30		≤30
			容积/m^3	50～100	100～200	200～300	300～500	500～1000

注：1. 地基主要受力层系指条形基础底面下深度为 $3b$（b 为基础底面宽度），独立基础下为 $1.5b$，且厚度均不小于 5m 的范围（二层以下一般的民用建筑除外）。

2. 地基主要受力层中如有承载力特征值小于 130kPa 的土层时，表中砌体承重结构的设计，应符合《建筑地基规范》第 7 章的有关要求。

3. 表中砌体承重结构和框架结构均指民用建筑。对于工业建筑可按厂房高度、荷载情况折合成与其相当的民用建筑层数。

4. 表中起重机额定起重量、烟囱高度和水塔容积的数值系指最大值。

4）对经常受水平荷载作用的高层建筑、高耸结构和挡土墙等，以及建造在斜坡上或边坡附近的建筑物和构筑物，尚应验算其稳定性。

5）基坑工程应进行稳定性验算。

6）建筑地下室或地下构筑物存在上浮问题时，尚应进行抗浮验算。

3. 荷载取值与抗力限值

地基基础设计时，所采用的作用效应与相应的抗力限值应按下列规定采用：

1）按地基承载力确定基础底面积及埋深或按单桩承载力确定桩数时，传至基础或承台底面上的作用效应按正常使用极限状态下作用的标准组合；相应的抗力应采用地基承载力特征值或单桩承载力特征值。

2）计算地基变形时，传至基础底面上的作用效应应按正常使用极限状态下作用的准永久组合，不应计入风荷载和地震作用；相应限值应为地基变形允许值。

3）计算挡土墙、地基或滑坡稳定以及基础抗浮稳定时，作用效应应按承载能力极限状态下作用的基本组合，但其分项系数均为 1.0。

4）在确定基础或桩基承台高度、支挡结构截面、计算基础或支挡结构内力、确定配筋和验算材料强度时，上部结构传来的作用效应和相应的基底反力、挡土墙土压力以及滑坡推力，应按承载力极限状态下作用的基本组合，采用相应的分项系数；当需要验算基础裂缝宽度时，应按正常使用极限状态下作用的标准组合。

3.1.3 浅基础的设计内容和步骤

天然地基上浅基础设计的内容和一般步骤是：

1）充分掌握拟建场地的工程地质条件和地质勘察资料，如不良地质现象和地震层的存在及其危害性、地基土层分布的均匀性和软弱下卧层的位置和厚度、各层土的类别及其工程特性指标。

2）在研究地基勘察资料的基础上，结合上部结构的类型，荷载的性质、大小和分布，建筑布置和使用要求以及拟建基础对原有建筑设施或环境的影响，并充分了解当地建筑经验、施工条件、材料供应、保护环境、先进技术的推广应用等其他有关情况，综合考虑选择基础类型和平面布置方案。

3）选择持力层，确定合适的基础埋置深度。

4）确定修正的地基承载力特征值。

5）按地基承载力确定基础的初步底面尺寸。

6）根据地基等级，进行必要的地基验算，包括地基持力层和软弱下卧层的承载力验算，地基变形验算以及地基稳定性验算；当地下水位埋藏较浅，地下室或地下构筑物存在上浮问题时，还应进行抗浮验算。依据验算结果，必要时修改基础尺寸甚至埋置深度。

7）进行基础的结构设计，按基础结构布置进行结构的内力分析、强度计算，并满足构造设计要求，以保证基础具有足够的强度、刚度和耐久性。

8）绘制基础施工图，并提出工程设计技术说明。

上述各方面内容密切关联、相互制约，很难一次考虑周详。因此，地基基础设计工作往往需反复多次才能取得满意的结果。设计人员可根据具体工程情况，采用优化设计方法，以提高设计质量。

3.1.4 浅基础设计所需资料

1）建筑场地的地形图。

2）岩土工程勘察成果报告。

3）建筑物平面图、立面图及剖面图，荷载，特殊结构物的布置与标高。

4）建筑场地环境，邻近建筑物基础类型与埋深，地下管线分布等。

5）工程总投资与当地建筑材料供应情况。

6）施工队伍技术力量与工期的要求。

3.2 浅基础类型

了解浅基础的类型和适用条件，有助于基础设计的合理选型。浅基础的类型很多，但名称不统一。本节主要依据现行的《建筑地基规范》，将常用浅基础的类型和使用条件简介如下。

3.2.1 无筋扩展基础

无筋扩展基础通常指由砖、块石、毛石、素混凝土、三合土和灰土等材料组成的墙下条形基础或柱下独立基础。由以上材料组成的基础的相对高度一般都比较大，几乎不会发生弯曲变形，习惯上称为刚性基础。

砖基础施工简便，其剖面一般做成台阶式，俗称“大放脚”（图3-1）。砖基础各部分的尺寸应符合砖的模数。其砌筑方式有两皮一收和二一间隔收（又称两皮一收与一皮一收相间）两种。两皮一收是每砌两皮砖，即120mm，收进1/4砖长，即60mm；二一间隔收是从底层开始，先砌两皮砖，收进1/4砖长，再砌一皮砖，收进1/4砖长，如此反复。

毛石基础是用未经人工加工的石材和砂浆砌筑而成（图3-2）。其优点是易于就地取材，价格低，但施工劳动强度大。

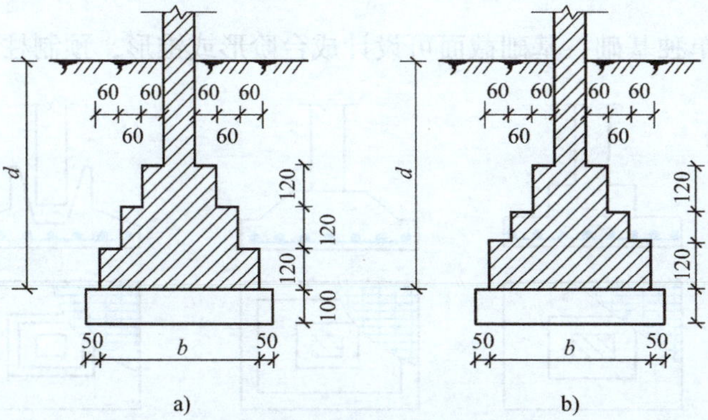

图3-1　砖基础剖面图

a）两皮一收砌法　b）二一间隔收砌法

图3-2　毛石基础

三合土基础是用石灰、砂、骨料（矿渣、碎砖或碎石）三合一材料加适量的水分充分搅拌均匀后，铺在基槽内分层夯实而成（图3-3）。三合土基础常用于我国南方地区，地下水位较低的四层及四层以下的民用建筑工程中。

灰土基础由熟化后的石灰和黏性土按比例拌和并夯实而成，如图3-4所示。施工时每层须铺灰土220~250mm，夯实至150mm，称为“一步灰土”。根据需要可设计成二步灰土或三步灰土。

混凝土和毛石混凝土基础的强度、耐久性与抗冻性都优于砖石基础，因此，当荷载较大或位于地下水位以下时，可考虑选用混凝土基础（图3-5）。混凝土基础水泥用量大，造价稍高，当基础体积较大时，可设计成毛石混凝土基础。毛石混凝土基础是在浇筑混凝土过程中，投入30%左右的毛石（30%为毛石与混凝土的体积比），以节约水泥用量，降低造价。投石时，注意毛石周围要包有足够的混凝土，以保证毛石混凝土的强度。

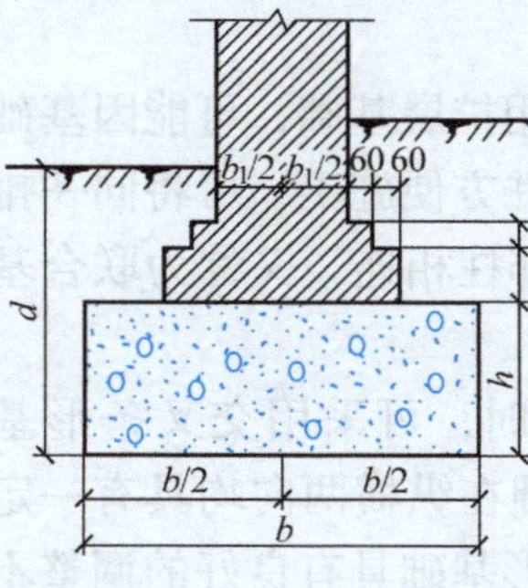

图3-3　三合土基础

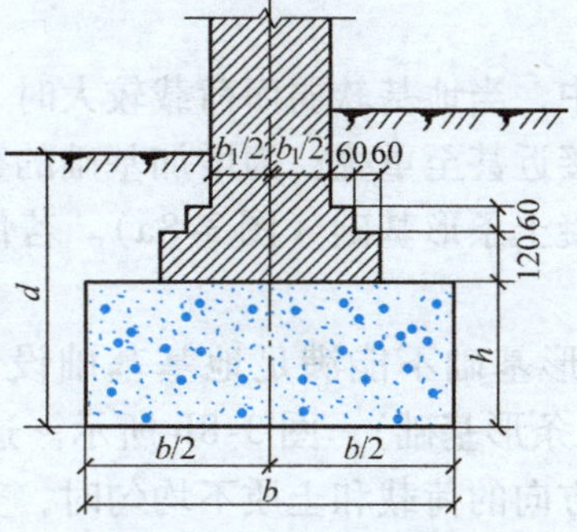

图3-4　灰土基础

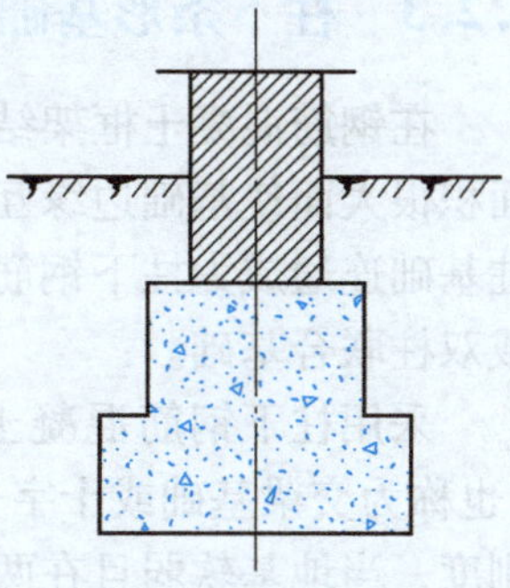

图3-5　混凝土基础

无筋扩展基础也可由两种材料叠合组成，如上层用砖砌体，下层用混凝土。

3.2.2 钢筋混凝土扩展基础

钢筋混凝土扩展基础指柱下钢筋混凝土独立基础和墙下钢筋混凝土条形基础。由于钢筋混凝土扩展基础有很好的抗弯能力，因此也称为柔性基础。这种基础能发挥钢筋的抗拉性能及混凝土的抗压性能，应用范围十分广泛。

1. 柱下钢筋混凝土独立基础

柱下钢筋混凝土独立基础又称单独基础，基础截面可设计成台阶形或锥形，预制柱下一般采用杯形基础，基础形式如图3-6所示。轴心受压柱下的基础底面形状一般为方形，偏心受压柱下的基础底面形状一般为矩形。

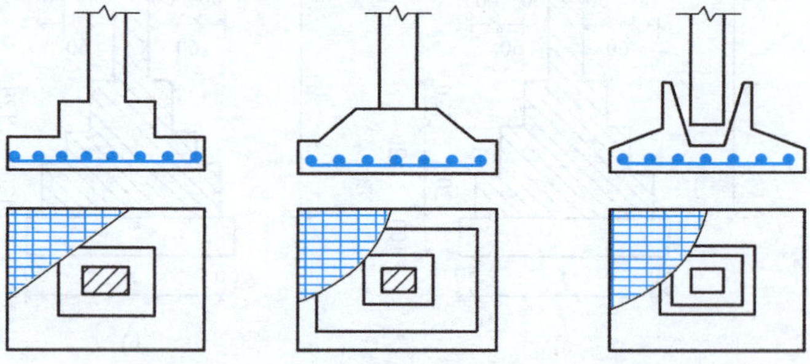

图 3-6 钢筋混凝土柱下单独基础

a）台阶形基础 b）锥形基础 c）杯形基础

2. 墙下钢筋混凝土条形基础

条形基础是指长度远大于其宽度（$l/b \geqslant 10$）的一种基础形式，按上部结构形式，可分为墙下条形基础和柱下条形基础两种。墙下无筋扩展基础在砌体结构中得到广泛应用，材料及构造要求按3.8.1设计。当上部墙体荷重较大而土质较差时，可考虑采用“宽基浅埋”的墙下钢筋混凝土条形基础。墙下钢筋混凝土条形基础一般做成板式（或称“无肋式”），如图3-7a所示，但当基础延伸方向的墙上荷载及地基土的压缩性不均匀时，为了增强基础的整体性和纵向抗弯能力，减小不均匀沉降，常采用带肋的墙下钢筋混凝土条形基础（图3-7b）。

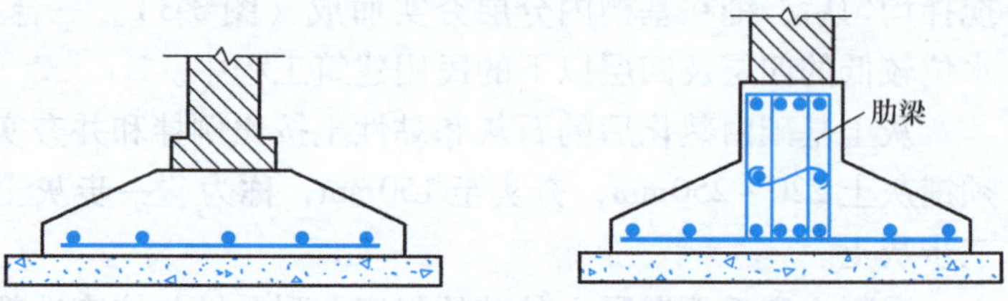

图 3-7 墙下钢筋混凝土条形基础

a）无肋式 b）有肋式

3.2.3 柱下条形基础

在钢筋混凝土框架结构中，当地基软弱而荷载较大时，若采用扩展基础，可能因基础底面积很大而使基础边缘互相接近甚至重叠；为增加基础的整体性并方便施工，可将同一排的柱基础连通成为柱下钢筋混凝土条形基础（图3-8a）。若仅是相邻柱相连，又称为联合基础或双柱联合基础。

采用柱下钢筋混凝土条形基础不能满足地基基础设计要求时，可采用交叉条形基础（也称为交梁基础或十字交叉条形基础），图3-8b所示。这种基础在纵横两向均具有一定的刚度，当地基软弱且在两个方向的荷载和土质不均匀时，交叉条形基础具有良好的调整不均匀沉降的能力。

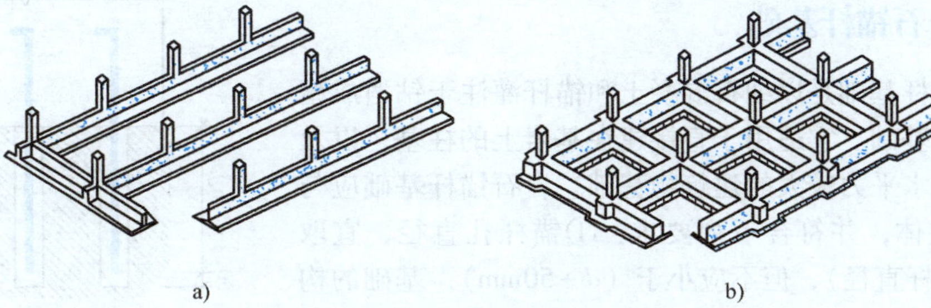

图3-8　柱下条形基础

a）柱下钢筋混凝土条形基础　b）柱下十字交叉条形基础

3.2.4　筏形基础

筏形基础也称为片筏基础、筏板基础。当建筑物上部荷载较大而地基承载能力又比较弱时，用简单的独立基础或条形基础已不能适应地基变形的需要，这时常将墙或柱下基础连成一片，使整个建筑物的荷载承受在一块整板上，这种满堂式的板式基础称为筏形基础。筏形基础在构造上好像倒置的钢筋混凝土楼盖，比十字交叉钢筋混凝土条形基础有更大的整体刚度，有利于调整地基的不均匀沉降。除此之外，筏形基础能提供宽敞的地下使用空间，当设置地下室时具有补偿功能。

筏形基础分为平板式和梁板式两种。平板式筏形基础是在地基上做一块钢筋混凝土底板，柱子通过柱脚支承在底板上（图3-9a）或柱脚尺寸局部放大（图3-9b）。梁板式基础分为上梁板式（图3-9c）和下梁板式（图3-9d），下梁板式基础底板顶面平整，可作为建筑物底层地面。

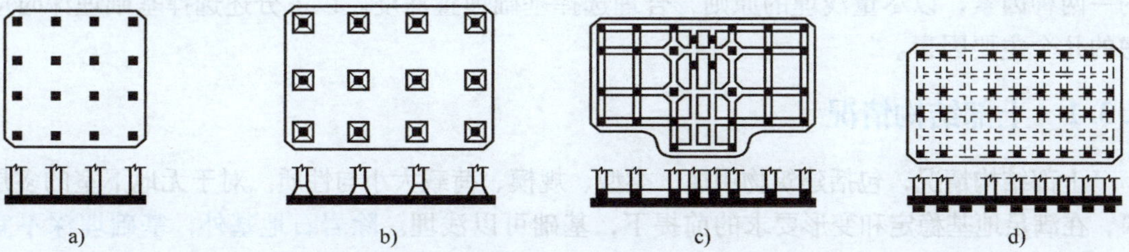

图3-9　筏形基础

a、b）平板式　c、d）梁板式

3.2.5　箱形基础

箱形基础是由钢筋混凝土底板、顶板和内外纵横隔墙组成的，有一定高度的整体空间结构（图3-10）。箱形基础比筏形基础具有更大的抗弯刚度，可视为绝对刚性基础。箱形基础埋深较深，基础空腹，开挖卸除基底原有的自重应力，减小了作用于基础底面的附加应力，降低了基础的沉降。另外，箱形基础的抗震性能较好。

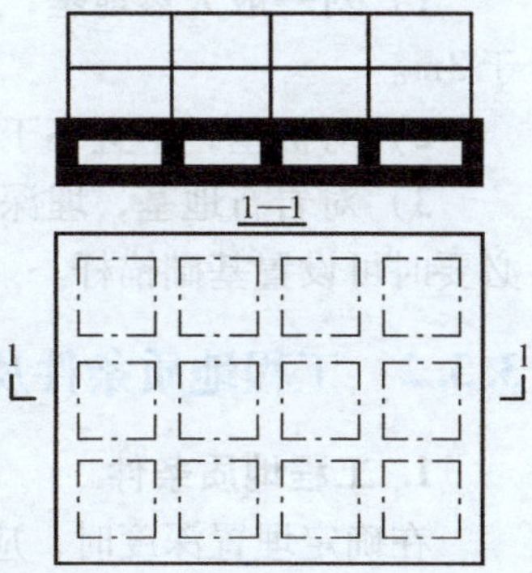

图3-10　箱形基础

3.2.6 岩石锚杆基础

岩石锚杆基础是以细石混凝土和锚杆灌注于钻凿成型的岩孔内的基础。它适用于直接建在基岩上的柱基，以及承受拉力或水平力较大的建筑物基础。岩石锚杆基础应与基岩连成整体，并符合下列要求：①锚杆孔直径，宜取 $3d$（d 为锚杆直径），但不应小于（d+50mm），基础的构造要求可按图 3-11 采用；②锚杆插入上部结构的长度，应符合钢筋的锚固长度要求；③锚杆宜采用热轧带肋钢筋，水泥砂浆强度不宜低于 30MPa，细石混凝土强度等级不宜低于 C30。灌浆前，应将锚杆孔清理干净。

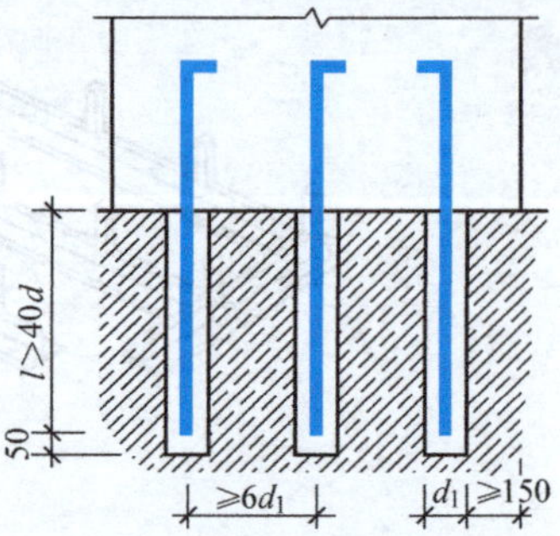

图 3-11 岩石锚杆基础
d_1—锚杆孔直径 l—锚杆的有效锚固长度 d—锚杆直径

3.3 基础埋置深度的选择

基础埋置深度是指基础底面至设计地面（一般指室外设计地面）的垂直距离。选择基础埋置深度也就是选择合适的地基持力层。

基础埋置深度的大小对于建筑物的安全和正常使用、基础施工技术措施、施工工期和工程造价等影响很大，因此，确定基础埋置深度是基础设计工作中的重要环节。设计时必须综合考虑建筑物自身条件（如使用条件、结构形式、荷载的大小和性质等）以及所处的环境（如地质条件、气候条件、邻近建筑的影响等），善于从实际出发，抓住其中起决定性作用的一两种因素，以尽量浅埋的原则，合理选择基础埋置深度。以下分述选择基础埋深时应考虑的几个主要因素。

3.3.1 上部结构情况

上部结构情况，包括建筑物用途、类型、规模、荷载大小与性质。对于无地下室的多层建筑，在满足地基稳定和变形要求的前提下，基础可以浅埋。除岩石地基外，基础埋深不宜小于 0.5m。如建筑物需要地下室作地下车库、地下商店或人防设施时，基础埋深至少大于 3m。

高层建筑由于使用要求及地基持力层承载力需要，一般均设置地下室，高层建筑基础的埋深除应考虑这些因素外，一般尚应考虑下述要求：

1）对一般天然地基，不宜小于 $H/15$（H 为建筑物室外地坪至檐口的高度），且不宜小于 3m。

2）对桩基，不宜小于 $H/18$（埋深指室外地坪至承台底）。

3）对岩石地基，埋深不受第 1）条限值，但当建筑物高宽比大于 4 时，应验算倾覆，必要时可设置基础锚杆。

3.3.2 工程地质条件及水文地质条件

1. 工程地质条件

在确定埋置深度时，应当详细分析地质勘察资料，尽量把基础埋置在好土层上。天然地基土因土层性质不同，大体上可以分为下列四种典型情况。

1）地基内部都是承载力高，分布均匀，压缩性小的好土层（图3-12a），土层性质对基础埋深影响不大，埋深由其他因素确定，基础尽可能浅埋。

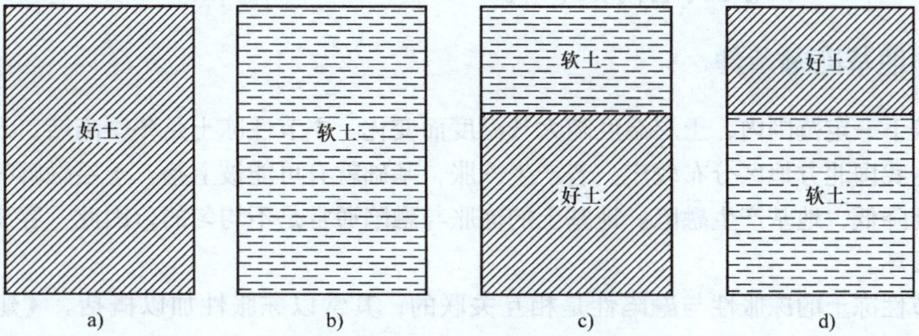

图3-12　地基土层的组成类型

2）地基内部都是软土（图3-12b），压缩性高，承载力小，一般不能采用天然地基上的浅基础。对于低层房屋，可采用浅基础，但应采用相应的措施以减轻地基变形过大产生的危害。

3）地基表层土软弱，下层土坚实（图3-12c），需要区别对待：

①软土厚度在2m以内时，宜挖除，将基础放置于下层坚实土层上。

②软土厚度为2～4m时，低层建筑物可考虑将基础扩大基底面积，放置于软土上，但应加强上部结构刚度；重要建筑物和带有地下室的建筑物应将基础放置在好土层上，当地下水位较高时，考虑采用深基础。

③软土厚度大于5m时，除筏形基础、箱形基础等大尺寸基础以及地下室基础外，一般可按第②种情况处理。

4）地基表层土坚实，下层土软弱时（图3-12d），基础应尽量浅埋，利用表层好土作为持力层，以减少软弱下卧层所受的压力。若好土层很薄，则属于第2）种情况。

2. 水文地质条件

当地基中有地下水时，基础应尽量置于地下水位以上，以便于施工。当基础必须置于地下水位以下时，应考虑基坑排水、坑壁围护等措施以及地下水有无侵蚀性等。此外，设计时还应考虑地下室防渗、抗浮等问题。

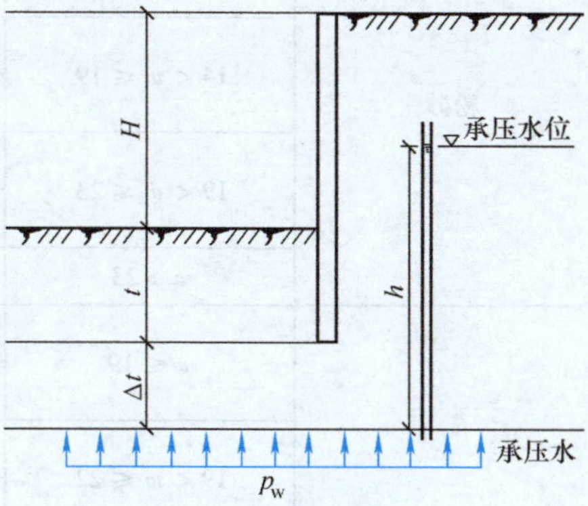

图3-13　基坑下埋藏有承压含水层的情况

对埋藏有承压含水层的地基（图3-13），确定基础埋深时，必须控制基坑开挖深度，防止基坑坑底发生渗流破坏。一般要求基底至承压含水层顶面之间保留的土层厚度（槽底安全厚度）应满足

$$\frac{\gamma_{sat}(t+\Delta t)}{p_w} \geqslant 1.1 \tag{3-5}$$

式中　$(t+\Delta t)$——槽底安全厚度（m）；

γ_{sat}——承压含水层顶面以上土的饱和重度（kN/m^3）；

p_w——承压含水层水压力（kPa），$p_w = \gamma_w h$，γ_w 为水的重度（kN/m^3），h 为承压水位高度（m）。

3.3.3 地基冻融条件

地表下一定范围内，土层温度随大气温度而变化。季节性冻土是冬季冻结、天暖融解的土层，在我国北方地区分布较广。若产生冻胀，基础就有可能被上抬；土层融解时，土体软化，强度降低，地基产生融陷。地基土的冻胀与融陷通常是不均匀的，因此，容易引起建筑物开裂损坏。

季节性冻土的冻胀性与融陷性是相互关联的，其常以冻胀性加以概括。《建筑地基规范》（附录G）根据冻土层的平均冻胀率 η 的大小，按表3-3将地基土的冻胀性划分为不冻胀、弱冻胀、冻胀、强冻胀和特强冻胀五类。

表3-3 地基土的冻胀性分类

土的名称	冻前天然含水量 w（%）	冻结期间地下水位距冻结面的最小距离 h_w/m	平均冻胀率 η（%）	冻胀等级	冻胀类别
碎（卵）石，砾、粗、中砂（粒径小于0.075mm颗粒含量大于15%），细砂（粒径小于0.075 mm颗粒含量大于10%）	$w \leqslant 12$	>1.0	$\eta \leqslant 1$	Ⅰ	不冻胀
		≤1.0	$1 < \eta \leqslant 3.5$	Ⅱ	弱冻胀
	$12 < w \leqslant 18$	>1.0			
		≤1.0	$3.5 < \eta \leqslant 6$	Ⅲ	冻胀
	$w > 18$	>0.5			
		≤0.5	$6 < \eta \leqslant 12$	Ⅳ	强冻胀
粉砂	$w \leqslant 14$	>1.0	$\eta \leqslant 1$	Ⅰ	不胀冻
		≤1.0	$1 < \eta \leqslant 3.5$	Ⅱ	弱冻胀
	$14 < w \leqslant 19$	>1.0			
		≤1.0	$3.5 < \eta \leqslant 6$	Ⅲ	冻胀
	$19 < w \leqslant 23$	>1.0			
		≤1.0	$6 < \eta \leqslant 12$	Ⅳ	强冻胀
	$w > 23$	不考虑	$\eta > 12$	Ⅴ	特强冻胀
粉土	$w \leqslant 19$	>1.5	$\eta \leqslant 1$	Ⅰ	不冻胀
		≤1.5	$1 < \eta \leqslant 3.5$	Ⅱ	弱冻胀
	$19 < w \leqslant 22$	>1.5	$1 < \eta \leqslant 3.5$	Ⅱ	弱冻胀
		≤1.5	$3.5 < \eta \leqslant 6$	Ⅲ	冻胀
	$22 < w \leqslant 26$	>1.5			
		≤1.5	$6 < \eta \leqslant 12$	Ⅳ	强冻胀
	$26 < w \leqslant 30$	>1.5			
		≤1.5	$\eta > 12$	Ⅴ	特强冻胀
	$w > 30$	不考虑			

（续）

土的名称	冻前天然含水量 w（%）	冻结期间地下水位距冻结面的最小距离 h_w/m	平均冻胀率 η（%）	冻胀等级	冻胀类别
黏性土	$w \leqslant w_p + 2$	>2.0	$\eta \leqslant 1$	Ⅰ	不冻胀
		≤2.0	$1 < \eta \leqslant 3.5$	Ⅱ	弱冻胀
	$w_p + 2 < w \leqslant w_p + 5$	>2.0			
		≤2.0	$3.5 < \eta \leqslant 6$	Ⅲ	冻胀
	$w_p + 5 < w \leqslant w_p + 9$	>2.0			
		≤2.0	$6 < \eta \leqslant 12$	Ⅳ	强冻胀
	$w_p + 9 < w \leqslant w_p + 15$	>2.0			
		≤2.0	$\eta > 12$	Ⅴ	特强冻胀
	$w > w_p + 15$	不考虑			

注：1. w_p 为塑限含水量（%），w 为在冻土层内冻前天然含水量的平均值（%）。
2. 盐渍化冻土不在表列。
3. 塑性指数大于22时，冻胀性降低一级。
4. 粒径小于0.005 mm的颗粒含量大于60%时，为不冻胀土。
5. 碎石类土当充填物大于全部质量的40%时，其冻胀性按充填物土的类别判断。
6. 碎石土、砾砂、粗砂、中砂（粒径小于0.075 mm颗粒含量不大于15%）、细砂（粒径小于0.075 mm颗粒含量不大于10%）均按不冻胀考虑。

季节性冻土地基的场地冻结深度应按下式进行计算

$$z_d = z_0 \psi_{zs} \psi_{zw} \psi_{ze} \tag{3-6}$$

式中　z_d——场地冻结深度（m）；

z_0——标准冻结深度（m），当无实测资料时，按《建筑地基规范》附录F采用；

ψ_{zs}——土的类别对冻结深度的影响系数，按表3-4采用；

ψ_{zw}——土的冻胀性对冻结深度的影响系数，按表3-5采用；

ψ_{ze}——环境对冻结深度的影响系数，按表3-6采用。

表3-4　土的类别对冻结深度的影响系数

土的类别	影响系数 ψ_{zs}	土的类别	影响系数 ψ_{zs}
黏性土	1.00	中、粗、砾砂	1.30
细砂、粉砂、粉土	1.20	大块碎石土	1.40

表3-5　土的冻胀性对冻结深度的影响系数

土的类别	影响系数 ψ_{zw}	土的类别	影响系数 ψ_{zw}
不冻胀	1.00	强冻胀	0.85
弱冻胀	0.95	特强冻胀	0.80
冻胀	0.90		

表 3-6　环境对冻结深度的影响系数

周围环境	影响系数 ψ_{ze}
村、镇、旷野	1.00
城市近郊	0.95
城市市区	0.90

注：环境影响系数一项，当城市市区人口为 20 万～50 万时，按城市近郊取值；当城市市区人口大于 50 万小于或等于 100 万时，只计入市区影响；当城市市区人口超过 100 万时，除计入市区影响外，尚应考虑 5km 以内的郊区近郊影响系数。

当建筑基础底面之下允许有一定厚度的冻土层，基础的最小埋深可用下式确定

$$d_{\min} = z_d - h_{\max} \tag{3-7}$$

式中　$h_{\max}$——基础底面下允许残留冻土层的最大厚度（m），可按表 3-7 查取，当有充分依据时，也可按当地经验确定。

表 3-7　建筑基底下允许残留冻土层厚度 $h_{\max}$　（单位：m）

			基底平均压力/(kPa)					
地基土的冻胀性	基础形式	采暖情况	110	130	150	170	190	210
弱冻胀土	方形基础	采暖	0.90	0.95	1.00	1.10	1.15	1.20
		不采暖	0.70	0.80	0.95	1.00	1.05	1.10
	条形基础	采暖	>2.50	>2.50	>2.50	>2.50	>2.50	>2.50
		不采暖	2.20	2.50	>2.50	>2.50	>2.50	>2.50
冻胀土	方形基础	采暖	0.65	0.70	0.75	0.80	0.85	—
		不采暖	0.55	0.60	0.65	0.70	0.75	—
	条形基础	采暖	1.55	1.80	2.00	2.20	2.50	—
		不采暖	1.15	1.35	1.55	1.75	1.95	—

注：1. 本表只计算法向冻胀力，如果基侧存在切向冻胀力，应采取防切向力措施。
2. 基础宽度小于 0.6m 时不适用，矩形基础取短边尺寸按方形基础计算。
3. 表中数据不适用于淤泥、淤泥质土和欠固结土。
4. 计算基底平均压力时取永久作用的标准组合值乘以 0.9，可以内插。

3.3.4 场地环境条件

为了保护基础不受人类和其他生物活动等的影响，基础宜埋置在地表以下，基础顶面宜低于设计地面 0.3m 以上，以避免基础外露，同时又要便于周围排水沟的布置。

当土层分布明显不均匀，或建筑物各部分荷载差别较大时，同一建筑物可采用不同的埋深来调整不均匀沉降。对于持力层顶面倾斜的墙下条形基础可做成台阶状，如图 3-14 所示。

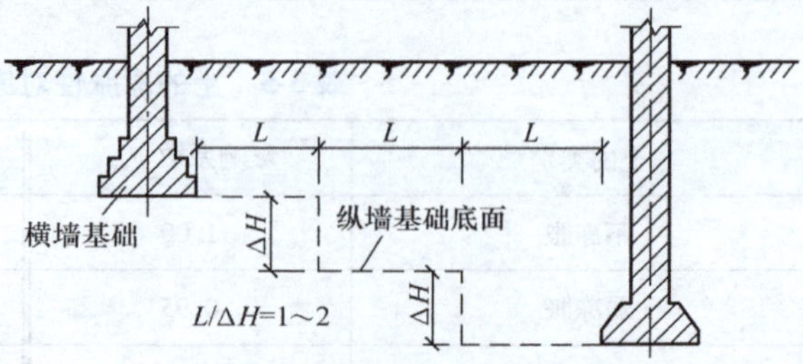

图 3-14　埋置深度不同的基础

当存在相邻建筑物时，新基础的埋深不宜超过原有建筑物基础底面，否则应有一定间距，即 $L/\Delta H=1\sim2$(图 3-15)。若不能满足上述要求，则应在施工期间对原有建筑物采取保护措施。

位于稳定土坡坡顶上的建筑，当垂直于坡顶边缘线的基础底面边长小于或等于 3m 时，其基础底面外边缘线至坡顶的水平距离（图 3-16）应符合下式要求，但不得小于 2.5m：

条形基础 $$a \geqslant 3.5b-\frac{d}{\tan\beta} \tag{3-8}$$

矩形基础 $$a \geqslant 2.5b-\frac{d}{\tan\beta} \tag{3-9}$$

式中 a——基础底面外边缘线至坡顶的水平距离（m）；
b——垂直于坡顶边缘线的基础底面边长（m）；
d——基础埋置深度（m）；
β——边坡坡角。

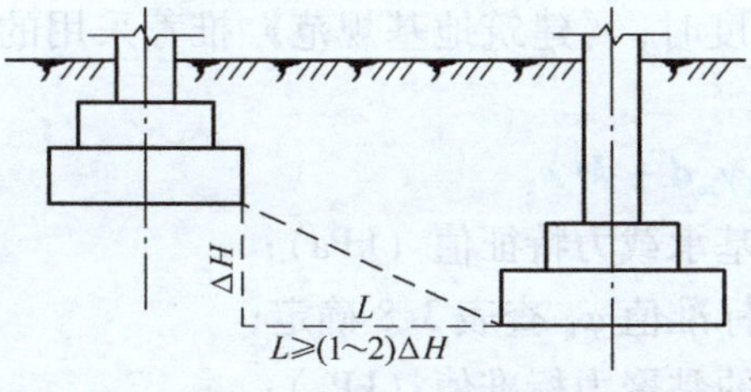

图 3-15 相邻基础的埋深

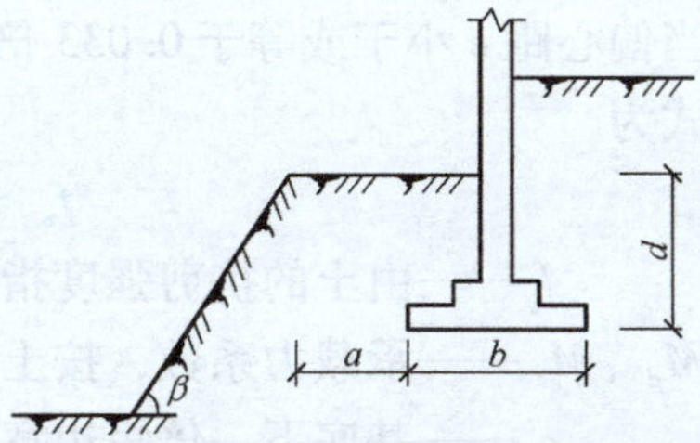

图 3-16 土坡坡顶处基础的最小埋深

当基础底面外边缘线至坡顶的水平距离不满足式（3-8）、式（3-9）的要求时，根据稳定性验算方法圆弧滑动面法确定基础距坡顶边缘的距离和基础埋深。当边坡坡角大于 45°、坡高大于 8m 时，还应进行坡体稳定性验算。

3.4 地基承载力

地基承载力是指地基所能承受的荷载，一般分为极限承载力和承载力特征值。地基处于极限平衡状态时所能承受的荷载即为极限承载力。从结构设计出发，不仅要考虑建筑地基是否处于安全状态，同时还应考虑是否发生过大的沉降和不均匀沉降，在确保地基稳定性的前提下同时满足建筑物实际所能承受的变形能力，此时的承载力通常称为承载力特征值（或允许承载力）。

地基承载力特征值，指由荷载试验测定的地基土压力变形曲线线性变形段内规定的变形所对应的压力值，其最大值为比例界限值。

在地基承载力特征值的确定过程中强调变形控制，地基承载力不再是单一的强度概念，而是一个满足正常使用要求（即与变形控制相关）的土的综合特征指标。

地基承载力特征值的确定在地基基础设计中是一个非常重要而又十分复杂的问题，它不仅与土的物理、力学性质指标有关，而且还与基础形式、底面尺寸、埋深、建筑类型、结构特点和施工等因素有关。确定地基承载力特征值的方法可归纳为三类：

1）根据地基土的抗剪强度指标以理论公式计算。

2）根据地基载荷试验的 p-s 曲线或其他原位试验结果确定。

3）根据当地工程实践经验确定。

以上三类方法各有所长，互为补充，必要时可按多种方法综合确定，确定的精度宜按建筑物安全等级以及地质条件并结合当地经验适当选择。

3.4.1 按地基土的抗剪强度指标确定地基承载力

根据地基承载力理论可知，按土的抗剪强度指标 c、φ 计算地基临塑荷载 p_{cr}、极限荷载 p_u 以及塑性荷载 $p_{1/4}$（或 $p_{1/3}$）等，均可用来衡量地基承载能力。地基从开始出现塑性区到整体剪切破坏，相应的荷载有一个相当大的变化范围，因此，以 p_{cr} 作为地基承载力设计值显得过于保守。实践表明，地基中出现小范围的塑性区域，对安全并无妨碍，而且与极限荷载 p_u 相比，一般具有足够的安全度。一些国家建议采用理论计算的 $p_{1/4}$ 或极限荷载 p_u 除以安全系数后作为地基承载力特征值。

当偏心距 e 小于或等于 0.033 倍基础底面宽度时，《建筑地基规范》推荐采用的理论计算公式为

$$f_a = M_b \gamma b + M_d \gamma_m d + M_c c_k \tag{3-10}$$

式中 f_a——由土的抗剪强度指标确定的地基承载力特征值（kPa）；

M_b、M_d、M_c——承载力系数，按土的内摩擦角标准值 φ_k 查表 3-8 确定；

c_k——基底下一倍短边宽的深度内土的黏聚力标准值（kPa）；

γ_m——基础底面以上土的加权平均重度，地下水位以下取浮重度（kN/m^3）；

γ——基础底面以下土的重度，地下水位以下取浮重度（kN/m^3）；

b——基础底面宽度（m），大于 6m 时按 6m 考虑，对于砂土，小于 3m 时按 3m 考虑；

d——基础埋置深度（m）。

表 3-8 承载力系数表

土的内摩擦角标准值 φ_k/（°）	M_b	M_d	M_c	土的内摩擦角标准值 φ_k/（°）	M_b	M_d	M_c
0	0.00	1.00	3.14	22	0.61	3.44	6.04
2	0.03	1.12	3.32	24	0.80	3.87	6.45
4	0.06	1.25	3.51	26	1.10	4.37	6.90
6	0.10	1.39	3.71	28	1.40	4.93	7.40
8	0.14	1.55	3.93	30	1.90	5.59	7.95
10	0.18	1.73	4.17	32	2.60	6.35	8.55
12	0.23	1.94	4.42	34	3.40	7.21	9.22
14	0.20	2.17	4.69	36	4.20	8.25	9.97
16	0.36	2.43	5.00	38	5.00	9.44	10.80
18	0.43	2.72	5.31	40	5.80	10.84	11.73
20	0.51	3.06	5.66				

注：φ_k 为基底下一倍短边宽的深度内土的内摩擦角标准值（°）。

说明：

1）按理论公式计算地基承载力，关键是土的抗剪强度指标 c_k、φ_k 的取值。对甲级建筑物，要求采取原状土样以三轴剪切试验测定，一般要求在建筑场地范围内布置6个以上的取土钻孔，各孔中同一层土的试验不少于三组；对于一般建筑物，如无条件进行三轴剪切试验，也可用直接剪切试验代替。

2）确定抗剪强度指标 c_k、φ_k 的试验方法必须和地基土的工作状态相适应。例如，对饱和软土，取不固结不排水内摩擦角 $\varphi_k = \varphi_u = 0$，由表3-8知，$M_b = 0$，$M_d = 1.0$，$M_c = 3.14$，将式（3-10）中的 c_k 改为 c_u，则地基承载力设计值 $f_a = \gamma_m d + 3.14c_u$；这时，增大基底尺寸不可能提高地基承载力。但对 $\varphi_k > 0$ 的土，增大基底宽度，承载力将随着 φ_k 的提高而逐渐增大。

3）系数 $M_d \geqslant 1.0$，故承载力随埋深 d 线性增加，但对设置后回填土的实体基础，因埋深增大而提高的那一部分承载力将被基础和回填土重 G 的相应增加而抵消；尤其是对 $\varphi_k = 0$ 的软土，$M_d = 1.0$，由于 $\gamma_G \approx \gamma_m$，这两方面几乎相抵而收不到明显的效果。

4）式（3-10）仅适用于 $e \leqslant 0.033b$ 的情况，这是因为用该式确定承载力时相应的理论模式是基底压力呈条形均匀分布。当受到较大水平荷载而使合力的偏心距过大时，地基反力就会很不均匀，为了使理论计算的地基承载力符合其假定的理论模式，故而对该式使用时增加了以上限制条件。

5）按土的抗剪强度确定地基承载力时，没有考虑建筑物对地基变形的要求。因此按式（3-10）求得的承载力确定基础底面尺寸后，还应进行地基变形特征验算。

3.4.2　按地基载荷试验确定地基承载力

地基载荷试验是确定地基承载力最可靠的方法。在现场通过一定的载荷板对扰动较小的地基土体直接施加荷载，所得的成果一般能反映相当于1～2倍载荷板宽度的深度以内的土体的平均性质。对地基进行载荷试验，整理试验记录可以得到图3-17所示的荷载 p 与沉降 s 的关系曲线，由此来确定地基承载力特征值。

对于密实砂土、硬塑黏土等低压缩性土，其 p-s 曲线通常有比较明显的起始直线段和极限值，曲线呈"陡降型"（图3-17a），《建筑地基规范》规定，取图中比例界限所对应的荷载 p_b 作为地基承载力特征值。当极限荷载小于对应比例界限的荷载值的2倍时，取极限荷载值的1/2作为地基承载力特征值。

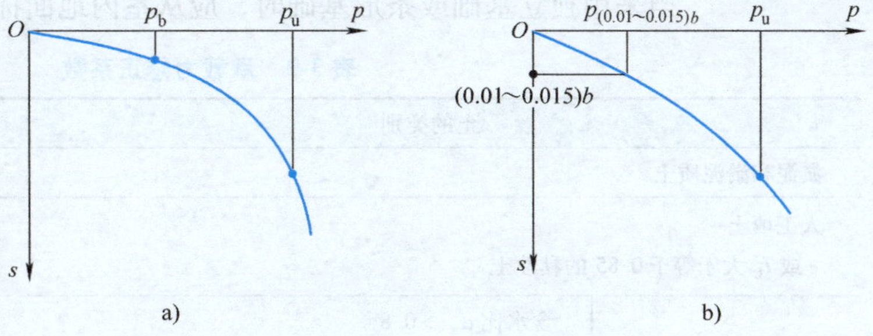

图3-17　按载荷试验结果确定地基承载力

a）低压缩性土　b）高压缩性土

对于有一定强度的中、高压缩性土，如松砂、填土、可塑黏土等，其 p-s 曲线无明显转折点，但曲线的斜率随荷载的增大而逐渐增大，最后稳定在某个最大值，即呈渐进破坏的"缓变型"（图3-17b），当加载板面积为 $0.25 \sim 0.5\text{m}^2$，可取，$s/b = 0.01 \sim 0.015$ 所对应的荷载作为地基承载力特征值，但其值不大于最大加载量的1/2。

同一土层参加统计的试验点数不应少于三点，当试验实测值的极差（即最大值与最小值之差）不超过平均值的30%时，取此平均值作为地基承载力特征值f_{ak}；当极差超过平均值的30%时，应分析极差过大的原因，并增加测点，重新评价。

载荷板的尺寸一般比实际基础小，影响深度较小，试验只反映这个范围内土层的承载力。如果载荷板影响深度之下存在软弱下卧层，而该层又处于基础的主要受力层内（图3-18），此时除非采用大尺寸载荷板做试验，否则意义不大。

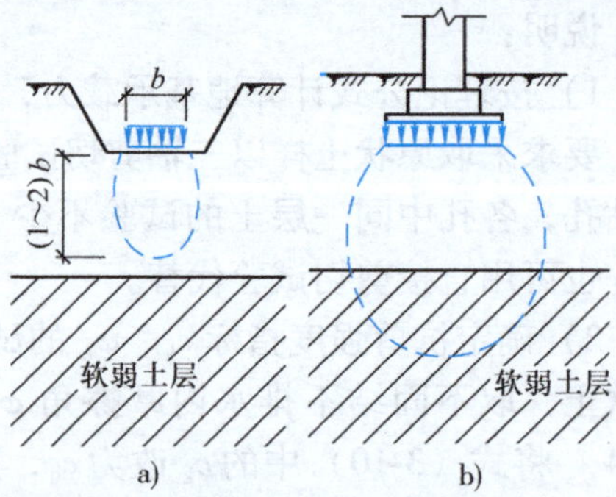

图3-18 载荷板与实际基础对地基影响深度比较
a）载荷试验 b）实际基础

3.4.3 地基承载力特征值的深宽修正

由于建筑物基础面积、埋置深度及影响深度与载荷试验承压板面积和测试深度差别很大，当基础宽度大于3m或埋置深度大于0.5m时，从载荷试验或其他原位测试、经验值等方法确定的地基承载力特征值f_{ak}，尚应按下式修正

$$f_a = f_{ak} + \eta_b \gamma (b-3) + \eta_d \gamma_m (d-0.5) \tag{3-11}$$

式中 f_a—— 修正后的地基承载力特征值（kPa）；

f_{ak}—— 地基承载力特征值（kPa）；

η_b、η_d——基础宽度和埋深的地基承载力修正系数，按基底下土的类别查表3-9；

γ——基底以下土的重度，地下水位以下取浮重度（kN/m^3）；

γ_m——基底以上土的加权平均重度，地下水位以下取浮重度（kN/m^3）；

b——基础底面宽度（m），当宽度小于3m按3m取值，大于6m按6m取值；

d——基础埋置深度（m），宜自室外地面标高算起，在填方整平地区，可自填土地面标高算起，但填土在上部结构施工后完成时，应从天然地面标高算起，对于地下室，如采用箱形基础或筏形基础时，基础埋置深度自室外地面标高算起，当采用独立基础或条形基础时，应从室内地面标高算起。

表3-9 承载力修正系数

土的类别		η_b	η_d
淤泥和淤泥质土		0	1.0
人工填土 e或I_L大于等于0.85的黏性土		0	1.0
红黏土	含水比α_w >0.8	0	1.2
	含水比α_w ≤0.8	0.15	1.4
大面积压实填土	压实系数大于0.95、黏粒含量ρ_c≥10%的粉土	0	1.5
	最大干密度大于2100kg/m^{3}的级配砂石	0	2.0
粉土	黏粒含量ρ_c≥10%的粉土	0.3	1.5
	黏粒含量ρ_c<10%的粉土	0.5	2.0

（续）

土的类别	η_b	η_d
e 或 I_L 均小于0.85的黏性土	0.3	1.6
粉砂、细砂（不包括很湿与饱和时的稍密状态）	2.0	3.0
中砂、粗砂、砾砂和碎石土	3.0	4.4

注：1. 强风化和全风化的岩石，可参照所风化成的相应土类取值，其他状态下的岩石不修正。
2. 地基承载力特征值按《建筑地基规范》附录D深层平板载荷试验确定时 η_d 取0。
3. 含水比是指土的天然含水量与液限的比值。
4. 大面积压实填土是指填土范围大于两倍基础宽度的填土。

注意：此处的基础埋深是指地基承载力修正所需的数值，不完全等同于基础的实际埋深，为便于与实际埋深相区别，此处可称其为计算埋深。为方便应用，基础埋置深度的取值，也可直观地按图3-19取。

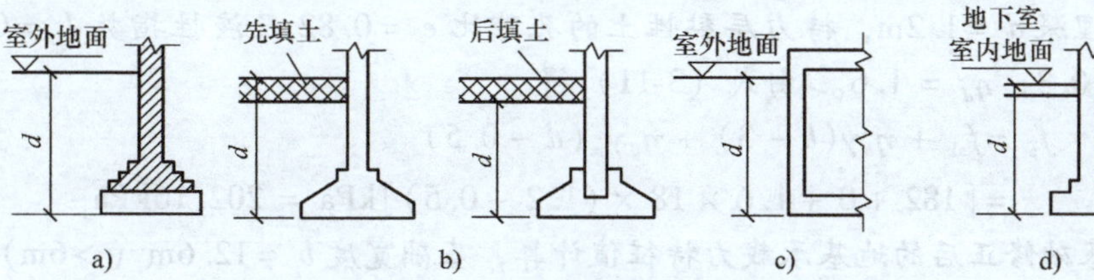

图3-19 基础埋置深度计算取值
a）一般基础 b）填土基础 c）箱形基础 d）地下室柱基或条基

3.4.4 岩石地基承载力特征值的确定方法

岩石地基承载力特征值，可按载荷试验确定，对应于 p-s 曲线上起始直线的终点为比例界限，符合终止加载条件（《建筑地基规范》附录H）的前一级荷载为极限荷载。将极限荷载除以3的安全系数，所得值与对应于比例界限的荷载相比较，取二者最小值。每个场地荷载试验的数量不少于3个，取最小值作为岩石地基承载力特征值 f_a（不再对承载力进行深度修正）。

对完整、较完整和较破碎的岩石地基承载力特征值，可根据室内饱和单轴抗压试验强度按下式计算

$$f_a = \psi_r \cdot f_{rk} \tag{3-12}$$

式中 f_a——岩石地基承载力特征值（kPa）；

f_{rk}——岩石饱和单轴抗压强度标准值（kPa）；

ψ_r——折减系数。

式（3-12）中，ψ_r 根据岩石完整程度以及结构面的间距、宽度、产状和组合，由地区经验确定，无经验时，完整岩石取0.5，较完整岩石取0.2～0.5，较破碎岩石取0.1～0.2。此系数未考虑施工因素及建筑物使用后风化作用影响。

对破碎、极破碎的岩石地基承载力特征值，可根据地区经验取值，无地区经验时，可根据平板载荷试验确定。

【例 3-1】 某柱下独立基础，基础底宽 $b=1.5\text{m}$，埋深 $d=1.6\text{m}$，基底反力的偏心距 $e=0.01\text{m}$。地基土为粉土，重度 $\gamma=17.8\text{kN/m}^3$，内摩擦角标准值 $\varphi_k=22°$，黏聚力标准值 $c_k=1.2\text{kPa}$，试确定地基承载力特征值。

解：由 $\varphi_k=22°$ 查表 3-8 可得，$M_b=0.61$，$M_d=3.44$，$M_c=6.04$

因为 $0.033b=(0.033\times1.5)\text{m}=0.05\text{m}>e$，故根据式（3-10）得

$$f_a=M_b\gamma b+M_d\gamma_m d+M_c c_k$$
$$=(0.61\times17.8\times1.5+3.44\times17.8\times1.6+6.04\times1.2)\text{kPa}=121.5\text{kPa}$$

【例 3-2】 已知某拟建建筑物场地地质条件，第①层：杂填土，层厚 1.2 m，$\gamma=18\text{kN/m}^3$；第②层：黏性土，层厚 5.2m，$\gamma=18.5\text{kN/m}^3$，$e=0.82$，$I_L=0.78$，地基承载力特征值 $f_{ak}=182\text{kPa}$。试按以下基础条件分别计算修正后的地基承载力特征值：

1）当基础底面尺寸为 2.8 m×4.2 m 的矩形独立基础，埋深 1.2m。

2）当基础底面尺寸为 12.6 m×33.9 m 的箱形基础，埋深 3.5 m。

解：1）矩形独立基础修正后的地基承载力特征值计算。基础宽度 $b=2.8\text{m}$（$<3\text{m}$），按 3m 考虑；埋深 $d=1.2\text{m}$，持力层黏性土的孔隙比 $e=0.82$ 及液性指数 $I_L=0.78$，查表 3-9 可得 $\eta_b=0.3$，$\eta_d=1.6$。由式（3-11）得

$$f_a=f_{ak}+\eta_b\gamma(b-3)+\eta_d\gamma_m(d-0.5)$$
$$=[182+0+1.6\times18\times(1.2-0.5)]\text{kPa}=202.16\text{kPa}$$

2）箱形基础修正后的地基承载力特征值计算，基础宽度 $b=12.6\text{m}$（$>6\text{m}$），按 6m 考虑，埋深 $d=3.5\text{m}$，持力层仍为黏性土

$$\gamma_m=[(18\times1.2+18.5\times2.3)/3.5]\text{kN/m}^3=18.33\text{kN/m}^3$$

由式（3-11）得

$$f_a=f_{ak}+\eta_b\gamma(b-3)+\eta_d\gamma_m(d-0.5)$$
$$=[182+0.3\times18.5\times(6-3)+1.6\times18.33\times(3.5-0.5)]\text{kPa}=286.63\text{kPa}$$

3.5 基础底面尺寸的确定

在初步选择基础类型和埋置深度后，就可以根据修正后的持力层承载力特征值确定基础底面尺寸。若持力层下存在软弱下卧层时，尚需对软弱下卧层进行承载力验算；其次，对部分建（构）筑物，仍需进行地基变形和稳定性的验算。

3.5.1 按地基持力层承载力计算基底面积

1. 轴心荷载作用下的基础

当基础承受轴心荷载作用时（图 3-20），地基反力为均匀分布，按基底压力的简化计算方法，可按下式计算

$$p_k=\frac{F_k+G_k}{A} \tag{3-13}$$

式中 p_k——相应于荷载效应标准组合时，基础底面处的平均压力值（kPa）；

F_k——相应于荷载效应标准组合时，上部结构传至基础顶面的竖向力值（kN）；

A——基础底面积（m^2）；

G_k——基础自重和回填土自重标准值（kN），可近似地取 $G_k = \gamma_G A\bar{d}$（γ_G 为基础及回填土的平均重度，可取 $\gamma_G = 20\text{kN/m}^3$，但在地下水位以下部分应扣除浮托力；$\bar{d}$ 为基础自重计算高度，外墙、外柱基础应从室内设计地面与室外设计地面平均标高处算起，内墙、内柱基础应从室内设计地面标高处算起）。

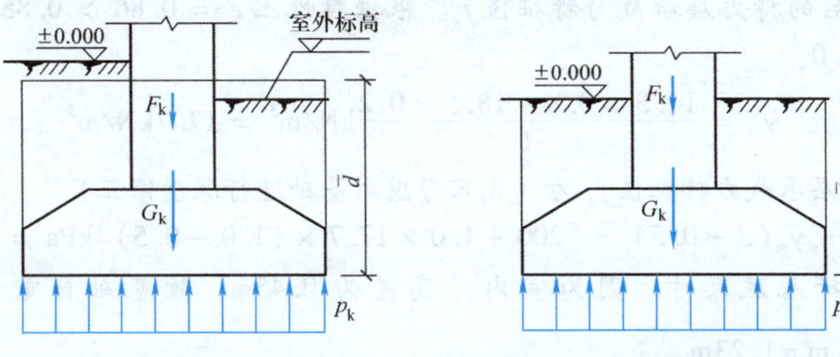

图 3-20　轴心受压基础

a）外墙、外柱基础　b）内墙、内柱基础

按地基承载力设计时，要求作用在基础底面上的压力不超过修正后的地基承载力特征值，即

$$p_k \leqslant f_a \tag{3-14}$$

将式（3-13）代入式（3-14）后即得基础底面积的计算公式

$$A \geqslant \frac{F_k}{f_a - \gamma_G \bar{d}} \tag{3-15}$$

对于单独基础，按上式计算出 A 后，先选定 b 或 l，确定出 b 和 l 的比值，再计算另一边长，使 $A = lb$，一般取 $l/b = 1.0 \sim 2.0$。

对条形基础，沿基础长度方向取1m 作为计算单元，式（3-15）可变为

$$b \geqslant \frac{F_k}{f_a - \gamma_G \bar{d}} \tag{3-16}$$

式中　b——条形基础基底宽度（m）。

由式（3-15）和式（3-16）可以看出，要求基础底面宽度 b，需要知道地基土承载力特征值 f_a，而 f_a 又与基础底面尺寸 b 有关。因此，一般来说，应当采用试算法计算，即先假定 $b \leqslant 3\text{m}$，这时仅按埋深修正地基承载力特征值，然后按式（3-15）或式（3-16）算出基础宽度 b。如 $b \leqslant 3\text{m}$，表示假设正确，算得的基础宽度即为所求，如 $b > 3.0\text{m}$，需重新修正地基承载力特征值，再验算基底尺寸是否满足地基承载力要求。但工业与民用建筑基础的宽度多小于3m，故大多数情况下不需再进行第二次计算。

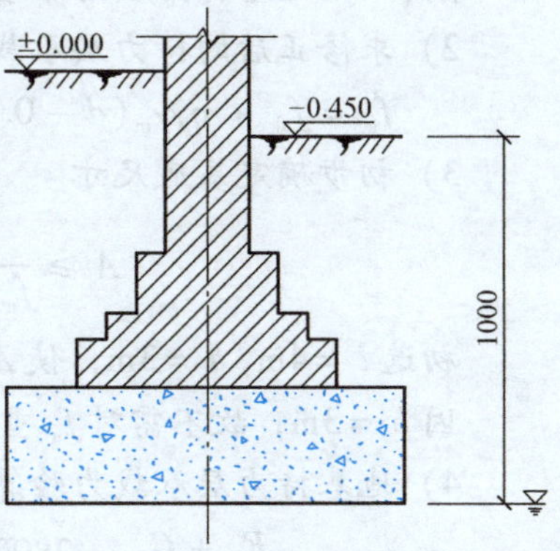

图 3-21　例 3-3 图

【例 3-3】　某住宅承重墙厚240mm，采用墙下条形基础，如图 3-21 所示。地基土表层为杂填土，厚度 0.80m，重度 $\gamma = 17.5\text{kN/m}^3$；其下为黏土层，重度 $\gamma = 18.5\text{kN/m}^3$，

承载力特征值$f_{ak}=200\text{kPa}$，孔隙比$e=0.86$。地下水位在地表下1.0m处。若已知上部墙体传来的竖向荷载标准值为$F_k=195\text{kN/m}$。试确定基础底面尺寸。

解：1）选择基础埋深。为了便于施工，基础宜建在地下水位以上，故选择黏土层作为持力层，初步选择基础埋深$d=1\text{m}$。

2）求修正后的持力层承载力特征值f_a。根据黏性土$e=0.86>0.85$，查表3-9得，$\eta_b=0$，$\eta_d=1.0$。

$$\gamma_m=\frac{17.5\times0.8+18.5\times0.2}{1}\text{kN/m}^3=17.7\text{kN/m}^3$$

则修正后的持力层承载力特征值f_a为（先只考虑对基础进行深度修正）

$$f_a=f_{ak}+\eta_d\gamma_m(d-0.5)=[200+1.0\times17.7\times(1.0-0.5)]\text{kPa}=208.9\text{kPa}$$

3）初步选择基底尺寸。因为室内外高差为0.45m，故基础自重计算高度$\bar{d}=\left(1+0.45\times\frac{1}{2}\right)\text{m}=1.23\text{m}$

沿长度方向取1m作为计算单元。

$$b\geqslant\frac{F_k}{f_a-\gamma_G\bar{d}}=\frac{195}{208.9-20\times1.23}\text{m}=1.06\text{m}$$

取该承重墙下条形基础宽度为1.1m。

因$b=1.1\text{m}<3\text{m}$，故不需对f_a再进行宽度修正。

4）验算持力层地基承载力。基底平均压力p_k为

$$p_k=\frac{F_k+G_k}{b}=\frac{F_k}{b}+\gamma_G\bar{d}=\left(\frac{195}{1.1}+20\times1.23\right)\text{kPa}=201.87\text{kPa}<f_a=208.9\text{kPa}$$

持力层承载力满足要求。

最后确定该条形基础底面宽度为1.1m。

【例3-4】 某柱下独立基础，如图3-22所示，埋深$d=1.8\text{m}$，相应于荷载效应标准组合传至基础顶面的荷载$F_k=2800\text{kN}$，基础埋深范围内土的重度$\gamma=18\text{kN/m}^3$，地基持力层为中砂，地基承载力特征值$f_{ak}=170\text{kPa}$。试确定基底面积。

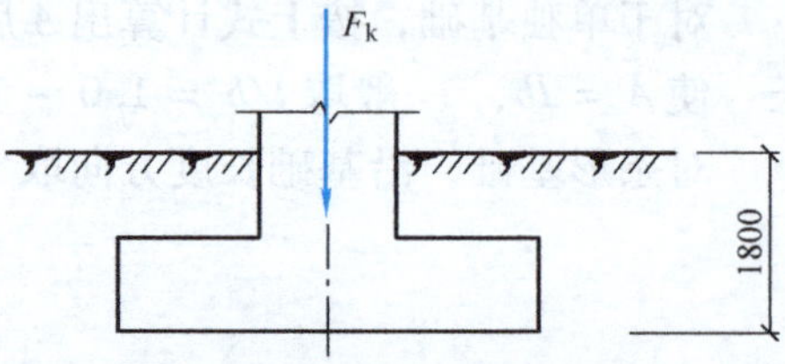

图3-22 例3-4图

解：1）地基持力层为中砂，则查表3-9可知$\eta_b=3.0$，$\eta_d=4.4$。

2）求修正后的持力层承载力特征值f_a（先只考虑对基础进行深度修正）

$$f_a=f_{ak}+\eta_d\gamma_m(d-0.5)=[170+4.4\times18\times(1.8-0.5)]\text{kPa}=273\text{kPa}$$

3）初步确定基底尺寸

$$A\geqslant\frac{F_k}{f_a-\gamma_G d}=\frac{2800}{273-20\times1.8}\text{m}^2=11.8\text{m}^2$$

初选$l=4\text{m}$，$b=3\text{m}$，使$A=b\times l=(3\times4)\text{m}^2=12\text{m}^2>11.8\text{m}^2$。

因$b=3\text{m}$，故不需对f_a重新修正。

4）地基持力层承载力验算

$$p_k=\frac{F_k+G_k}{A}=\frac{2800+3\times4\times1.8\times20}{3\times4}\text{kPa}=269.3\text{kPa}<f_a=273\text{kPa}$$

满足要求，故基础底面尺寸为 $l=4\text{m}$，$b=3\text{m}$。

2. 偏心荷载作用下的基础

当作用在基底形心处的荷载不仅有竖向荷载，而且有力矩或水平荷载存在时，为偏心受压基础（图3-23）。偏心荷载作用下基底压力分布仍假设为线性分布，在满足 $p_{\text{kmin}} \geqslant 0$ 的条件下，基底压力为梯形分布或三角形分布，基底边缘最大、最小基底压力为

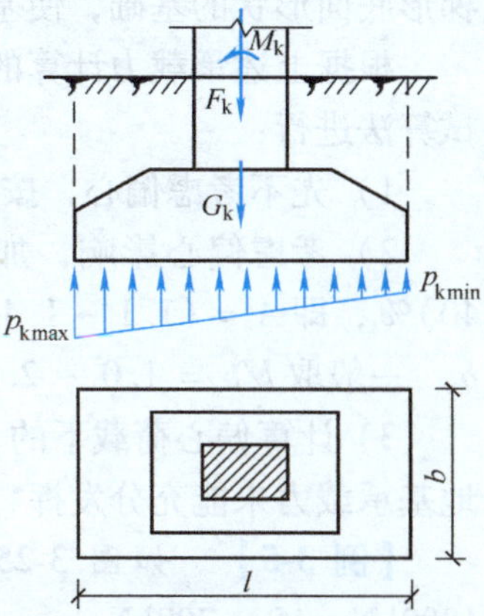

图3-23 偏心荷载作用下的基础

$$p_{\substack{\text{kmax}\\\text{kmin}}} = \frac{F_k + G_k}{A} \pm \frac{M_k}{W} \tag{3-17}$$

对于矩形基础

$$p_{\substack{\text{kmax}\\\text{kmin}}} = \frac{F_k + G_k}{A}\left(1 \pm \frac{6e_k}{l}\right) \tag{3-18}$$

其中
$$e_k = \frac{M_k}{F_k + G_k} \tag{3-19}$$

式中 p_{kmax}——相应于荷载效应标准组合时，基础底面边缘的最大压力值（kPa）；

p_{kmin}——相应于荷载效应标准组合时，基础底面边缘的最小压力值（kPa）。

M_k——相应于荷载效应标准组合时，作用于基础底面的力矩值（kN·m）；

W——基础底面的抵抗矩（m^3）。

l——偏心受压基础力矩作用方向的边长（m）；

e_k——偏心距（m）。

对于矩形基础，式（3-17）的适用条件为 $e_k \leqslant l/6$；当偏心矩 $e_k > l/6$ 时，基础一侧底面与地基土脱开，这种情况下，基底的压力分布如图3-24所示，基础边缘的最大压力按下式计算

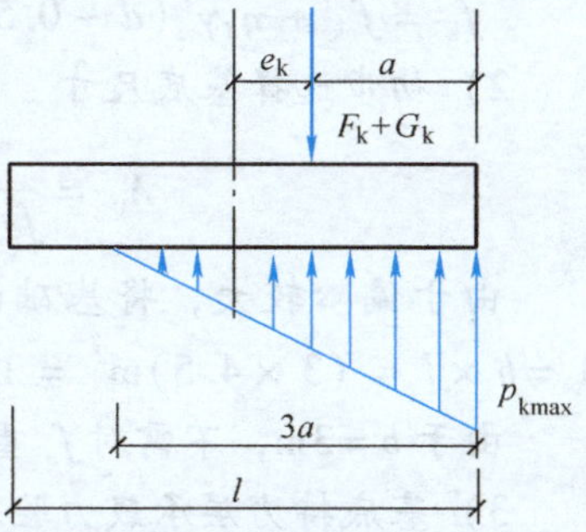

图3-24 偏心荷载 $e_k > l/6$ 下基底压力计算示意

$$p_{\text{kmax}} = \frac{2(F_k + G_k)}{3ba} \tag{3-20}$$

式中 b——垂直于力矩作用方向的基础底面边长（m）；

a——合力作用点至基础底面最大压力边缘的距离（m），$a = \dfrac{l}{2} - e_k$。

偏心荷载作用下，基底压力除应满足 $p_k \leqslant f_a$ 的要求，尚应满足

$$p_{\text{kmax}} \leqslant 1.2 f_a \tag{3-21}$$

其中
$$p_k = \frac{F_k + G_k}{A} \tag{3-22}$$

必须指出的是，设计时应尽量避免由于基底压力分布不均匀（即 $p_{\text{kmin}}/p_{\text{kmax}}$ 之值很小）所引起的过大不均匀沉降而导致基础倾斜，因此 p_{kmax} 和 p_{kmin} 相差不宜过于悬殊。一般认为，在高、中压缩性地基土上的基础，或有起重机的厂房柱基础，偏心距 e_k 不宜大于 $l/6$；对低压缩性地基土上的基础，当考虑短期作用的偏心荷载时，对偏心矩 e_k 的要求可以适当放宽，但也应控制在 $l/4$ 以内；对高层建筑的箱形和筏形基础，还要求 $p_{\text{kmin}} \geqslant 0$。若考虑地震组合，则允许基础底面可以局部与地基土脱离，但零应力区面积不应超过基础底面积的15%，高耸结构的基础设计也有类似要求。若上述条件不能满足时，应调整基础底面尺寸，或者做成

梯形底面形状的基础，使基础底面形心与荷载重心尽量重合。

根据上述承载力计算的要求，在计算偏心荷载作用下的基础底面尺寸时，通常可按下述试算法进行：

1）先不考虑偏心，按轴心荷载条件初步估算所需的基础底面积 A_0。

2）考虑偏心影响，加大 A_0。一般可根据偏心距的大小，将基础底面积增大（10～40)%，即 $A=(1.1\sim1.4)A_0$。对矩形底面的基础，按 A 初步选择相应的基础长度 l 和宽度 b，一般取 $l/b=1.0\sim2.0$。

3）计算偏心荷载下的 p_{kmax} 和 p_{kmin}，并验算是否满足要求。如不满足要求或压力过小，地基承载力未能充分发挥，应调整基础尺寸，直至最后确定合适的基础底面尺寸。

【例 3-5】 如图 3-25 所示柱下独立基础，$F_k=1800\text{kN}$，$M_k=700\text{kN}\cdot\text{m}$，$F_H=200\text{kN}$，基础埋深 $d=1.5\text{m}$，基础及上覆土重 $\gamma_G=20\text{kN/m}^3$，地基持力层 $\gamma=18.5\text{kN/m}^3$，$f_{ak}=180\text{kPa}$，$\eta_b=0.3$，$\eta_d=1.6$。试确定基础底面尺寸。

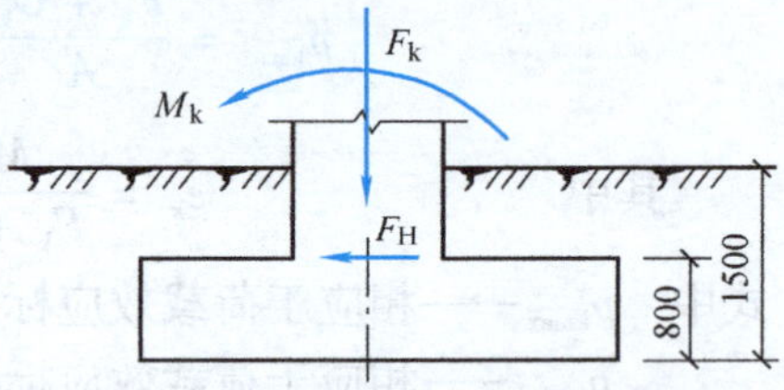

图 3-25 例 3-5 图

解：1）求修正后的持力层承载力特征值 f_a（先只考虑对基础进行深度修正）

$$f_a=f_{ak}+\eta_d\gamma_m(d-0.5)=[180+1.6\times18.5\times(1.5-0.5)]\text{kPa}=209.6\text{kPa}$$

2）初步选择基底尺寸

$$A_0=\frac{F_k}{f_a-\gamma_G d}=\frac{1800}{209.6-20\times1.5}\text{m}^2=10.02\text{m}^2$$

由于偏心较大，将基础面积放大 30%，则 $A_1=13.03\text{m}^2$，初选 $l=4.5\text{m}$，$b=3\text{m}$，使 $A=b\times l=(3\times4.5)\text{m}^2=13.5\text{m}^2\approx A_1$。

由于 $b=3\text{m}$，不需对 f_a 重新修正。

3）基底持力层承载力验算。

$$e_k=\frac{\sum M_k}{F_k+G_k}=\frac{700+200\times0.8}{1800+20\times3\times4.5\times1.5}\text{m}=\frac{860}{2205}\text{m}=0.39\text{m}<\frac{l}{6}=\frac{4.5}{6}\text{m}=0.75\text{m}$$

$$p_k=\frac{F_k+G_k}{A}=\frac{1800+3\times4.5\times1.5\times20}{3\times4.5}\text{kPa}=163.3\text{kPa}<f_a=209.6\text{kPa}$$

$$p_{kmax}=p_k\left(1+\frac{6e_k}{l}\right)=163.3\text{kPa}\times\left(1+\frac{6\times0.39}{4.5}\right)=248.2\text{kPa}<1.2f_a=251.5\text{kPa}$$

$$p_{kmin}=p_k\left(1-\frac{6e_k}{l}\right)=163.3\text{kPa}\times\left(1-\frac{6\times0.39}{4.5}\right)=78.4\text{kPa}>0$$

满足要求。

所以基础底面尺寸为 $l=4.5\text{m}$，$b=3\text{m}$。

3.5.2 软弱下卧层的验算

当地基受力层范围内存在软弱下卧层（承载力显著低于持力层的高压缩性土层）时，除按持力层承载力确定基底尺寸外，还必须对软弱下卧层进行验算，要求作用在软弱下卧层顶面处的附加应力与自重应力之和不超过它的承载力特征值，即

$$p_z + p_{cz} \leqslant f_{az} \tag{3-23}$$

式中　p_z——相应于荷载效应作用的标准组合时，软弱下卧层顶面处的附加压力值（kPa）；

p_{cz}——软弱下卧层顶面处土的自重压力值（kPa）；

f_{az}——软弱下卧层顶面处经深度修正后的地基承载力特征值（kPa）。

计算附加应力 p_z 时，一般采用简化方法，即参照双层地基中附加应力分布的理论解答，按压力扩散角的概念计算（图3-26）。

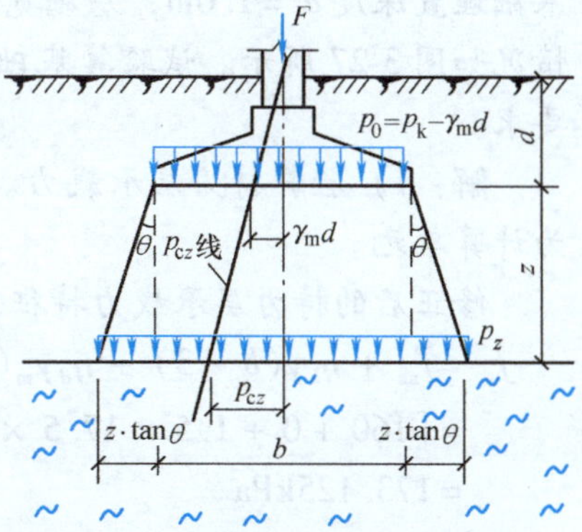

图 3-26　软弱下卧层验算

当持力层与软弱下卧土层的压缩模量比值 $E_{s1}/E_{s2} \geqslant 3$ 时，对矩形和条形基础，假设基底处的附加压力（$p_0 = p_k - \gamma_m d$）向下传递时按某一角度 θ 向外扩散分布于较大面积上，根据基底与软弱下卧层顶面处扩散面积上的附加压力相等的条件，可得

矩形基础
$$p_z = \frac{bl(p_k - \gamma_m d)}{(l + 2z\tan\theta)(b + 2z\tan\theta)} \tag{3-24}$$

条形基础
$$p_z = \frac{b(p_k - \gamma_m d)}{b + 2z\tan\theta} \tag{3-25}$$

式中　b——矩形和条形基础底边的宽度（m）；

l——矩形基础底边的长度（m）；

γ_m——基底以上土的加权平均重度，地下水位以下取浮重度（kN/m^3）；

z——基础底面至软弱下卧层顶面的距离（m）；

θ——地基压力扩散角，可按表3-10采用。

表 3-10　地基压力扩散角 θ

E_{s1}/E_{s2}	z/b	
	0.25	0.50
3	6°	23°
5	10°	25°
10	20°	30°

注：1. E_{s1} 为上层土压缩模量，E_{s2} 为下层土压缩模量。

2. $z/b < 0.25$ 时取 $\theta = 0°$，必要时，宜由试验确定；$z/b > 0.50$ 时 θ 值不变。

3. z/b 在0.25与0.50之间可按内插法取值。

由式（3-24）可知，如要减小作用于软弱下卧层表面的附加应力 p_z，可以采取加大基底面积或减小基础埋深的措施。前一措施虽然可以有效地减小 p_z，但却可能使基础的沉降量增加。因为附加应力的影响深度会随着基底面积的增加而加大，从而可能使软弱下卧层的沉降量明显增加。反之，减小基础埋深可以增加基底到软弱下卧层的距离，使附加应力在软弱下卧层中的影响减小，因而基础沉降随之减小。因此，当存在软弱下卧层时，基础宜浅埋，这样不仅可使“硬壳层”充分发挥应力扩散作用，同时也减小了基础沉降。

【例 3-6】 已知某承重外墙，墙体传至室内外设计地坪平均标高处的荷载 $F_k = 160\text{kN/m}$，$M_k = 16\text{kN}\cdot\text{m}$。基础埋置深度 $d = 1.0\text{m}$，基础宽度为 1.3m，地基土层情况如图 3-27 所示。试验算基础宽度是否满足承载力要求。

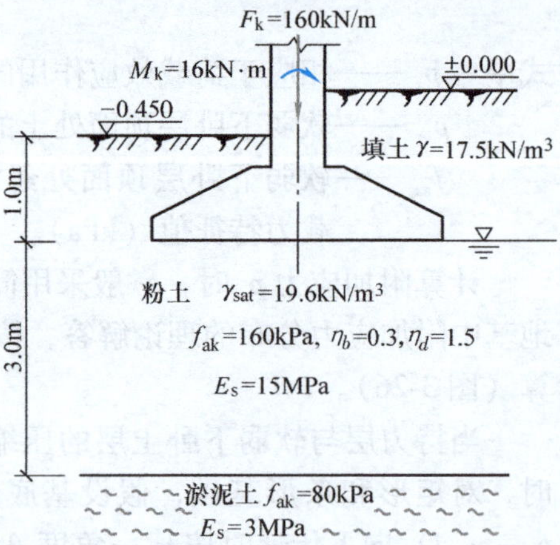

图 3-27 例 3-6 图

解：1）验算持力层承载力。沿长度方向取 1m 作为计算单元。

修正后的持力层承载力特征值 f_a 为

$$f_a = f_{ak} + \eta_b\gamma(b-3) + \eta_d\gamma_m(d-0.5)$$
$$= [160 + 0 + 1.5\times17.5\times(1.0-0.5)]\text{kPa}$$
$$= 173.125\text{kPa}$$

基础自重计算高度为

$\bar{d} = \left(\dfrac{1+1.45}{2}\right)\text{m} = 1.225\text{m}$，则基础及回填土重 G_k 为

$$G_k = \gamma_G\bar{d}b = (20\times1.225\times1.3)\text{kN/m} = 31.85\text{kN/m}$$

合力偏心距 e_k 为

$$e_k = \frac{M_k}{F_k+G_k} = \frac{16}{160+31.85}\text{m} = 0.083\text{m} < \frac{b}{6} = 0.22\text{m}$$

即 $p_{kmin} > 0$。

基底最大压力 p_{kmax} 为

$$p_{kmax} = \frac{F_k+G_k}{A}\left(1+\frac{6e_k}{b}\right) = \frac{160+31.85}{1.3\times1}\text{kPa}\times\left(1+\frac{6\times0.083}{1.3}\right)$$
$$= 204.1\text{kPa} < 1.2f_a = 207.75\text{kPa}$$

基底平均压力 p_k 为

$$p_k = \frac{F_k+G_k}{A} = \frac{160+31.85}{1.3\times1}\text{kPa} = 147.6\text{kPa} < f_a = 173.125\text{kPa}$$

故持力层承载力满足要求。

2）软弱下卧层验算。由 $\dfrac{E_{s1}}{E_{s2}} = \dfrac{15}{3} = 5$，$\dfrac{z}{b} = \dfrac{3}{1.3} = 2.3 > 0.5$，查表 3-10 得 $\theta = 25°$。

软弱下卧层顶面处的附加应力值 p_z 为

$$p_z = \frac{b(p_k-\gamma_m\bar{d})}{b+2z\tan\theta} = \frac{1.3\times(147.6-17.5\times1.225)}{1.3+2\times3\times\tan25°}\text{kPa} = 40.02\text{kPa}$$

软弱下卧层顶面处的自重应力值 p_{cz} 为

$$p_{cz} = \sum_{i=1}^{n}\gamma_i h_i = [17.5\times1.225 + (19.6-10)\times3]\text{kPa} = 50.24\text{kPa}$$

软弱下卧层顶面以上土的加权平均重度为

$$\gamma_m = \frac{17.5\times1+9.6\times3}{4}\text{kN/m}^3 = 11.575\text{kN/m}^3$$

修正后的软弱下卧层地基承载力 f_{az} 为

$$f_{az} = f_{ak} + \eta_d\gamma_m(d+z-0.5)$$
$$= [80 + 1.0\times11.575\times(1.0+3.0-0.5)]\text{kPa} = 120.5\text{kPa}$$

$$p_z + p_{cz} = (40.02 + 50.24)\text{kPa} = 90.26\text{kPa} < f_{az} = 120.5\text{kPa}$$

软弱下卧层承载力满足要求。

3.6　地基变形验算

3.6.1　地基变形的分类

地基在建筑物荷载作用下要产生变形，变形过大会危及建筑物的安全或正常使用，为了防止出现这种情况，地基还应进行变形验算。不同类型的建筑物，对地基变形的适应性是不同的，因此，验算地基变形时，要考虑不同建筑物采用不同的地基变形特征来进行比较与控制。

《建筑地基规范》将地基变形依其特征分为以下四种：

（1）沉降量　指独立基础中心点的沉降值或整幢建筑物基础的平均沉降值（图 3-28a）。沉降量若过大，将影响建筑物的正常使用。对于单层排架结构柱基、高层建筑和高耸结构基础须计算沉降量，并使其小于允许沉降值。

（2）沉降差　指两相邻单独基础沉降量之差（图 3-28b）。相邻柱基沉降差过大，就会导致上部结构产生附加应力，严重时，建筑物将发生裂缝、倾斜甚至破坏。对于建筑物地基不均匀，有相邻载荷影响和荷载差异较大的框架结构、单层排架结构，需验算基础沉降差，并把它控制在允许值以内。

（3）倾斜　指单独基础在倾斜方向上两端点的沉降差与其距离之比（图 3-28c）。对于

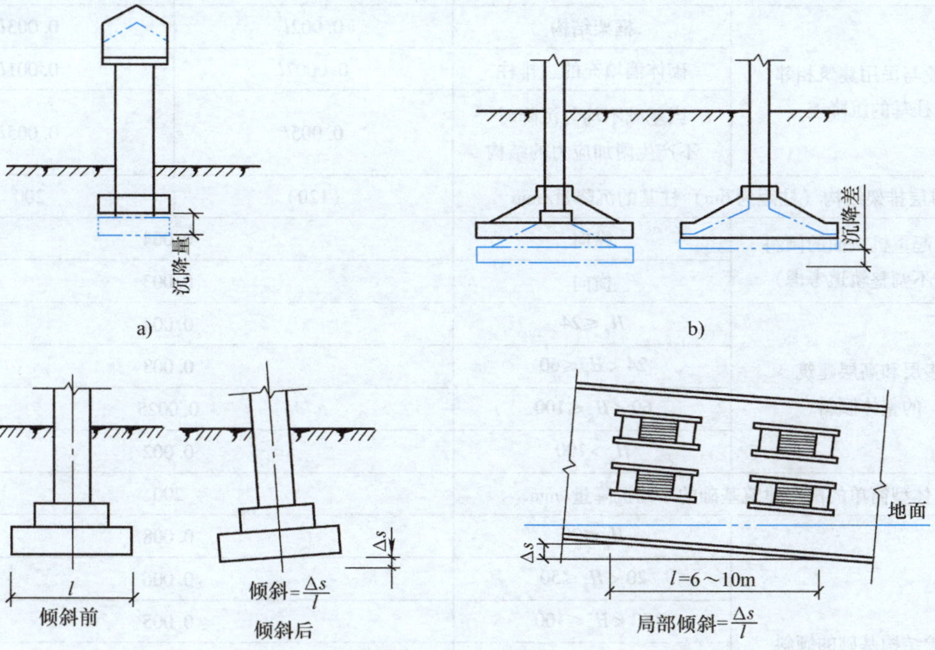

图 3-28　地基变形特征

a）沉降量　b）沉降差　c）倾斜　d）局部倾斜

高耸结构及长高比很小的高层建筑，需验算基础的倾斜。

（4）局部倾斜　砌体承重结构沿纵墙 6～10m 内基础两点的沉降差与其距离的比值（图 3-28d）。根据调查分析，砌体结构墙身开裂，大多数情况下都是由于墙身局部倾斜超过允许值所致。所以，当地基不均匀、荷载差异较大、建筑体型（平面形状，建筑长高比）复杂时，就需要验算墙身的局部倾斜。

在地基计算中，有时需要分别预估房屋和结构物在施工期间与使用期间地基的变形值，以便预留房屋和结构物有关部分之间的净空，考虑连接方法及施工顺序。此时，一般建筑物在施工期间完成的沉降量，对于砂土可认为其最终沉降量已基本完成；对于低压缩性粉土和黏性土可认为已完成最终沉降量的 50%～80%；对于中压缩性粉土和黏性土可认为已完成 20%～50%；对于高压缩性的粉土和黏土可认为已完成最终沉降量的 5%～20%。

3.6.2 地基变形验算

《建筑地基规范》要求：建筑物的地基变形计算值不应大于地基变形允许值，即

$$s \leqslant [s] \tag{3-26}$$

式中　s——地基变形计算值（mm）；

$[s]$——地基变形允许值（mm），查表 3-11 确定。

表 3-11　建筑物的地基变形允许值

<table>
<tr><th colspan="2" rowspan="2">变形特征</th><th colspan="2">地基土类别</th></tr>
<tr><th>中、低压缩性土</th><th>高压缩性土</th></tr>
<tr><td colspan="2">砌体承重结构基础的局部倾斜</td><td>0.002</td><td>0.003</td></tr>
<tr><td rowspan="3">工业与民用建筑相邻柱基的沉降差</td><td>框架结构</td><td>$0.002l$</td><td>$0.003l$</td></tr>
<tr><td>砌体墙填充的边排柱</td><td>$0.0007l$</td><td>$0.001l$</td></tr>
<tr><td>当基础不均匀沉降时不产生附加应力的结构</td><td>$0.005l$</td><td>$0.005l$</td></tr>
<tr><td colspan="2">单层排架结构（柱距为 6m）柱基的沉降量/mm</td><td>（120）</td><td>200</td></tr>
<tr><td rowspan="2">桥式起重机轨面的倾斜（按不调整轨道考虑）</td><td>纵向</td><td colspan="2">0.004</td></tr>
<tr><td>横向</td><td colspan="2">0.003</td></tr>
<tr><td rowspan="4">多层和高层建筑的整体倾斜</td><td>$H_g \leqslant 24$</td><td colspan="2">0.004</td></tr>
<tr><td>$24 < H_g \leqslant 60$</td><td colspan="2">0.003</td></tr>
<tr><td>$60 < H_g \leqslant 100$</td><td colspan="2">0.0025</td></tr>
<tr><td>$H_g > 100$</td><td colspan="2">0.002</td></tr>
<tr><td colspan="2">体型简单的高层建筑基础的平均沉降量/mm</td><td colspan="2">200</td></tr>
<tr><td rowspan="6">高耸结构基础的倾斜</td><td>$H_g \leqslant 20$</td><td colspan="2">0.008</td></tr>
<tr><td>$20 < H_g \leqslant 50$</td><td colspan="2">0.006</td></tr>
<tr><td>$50 < H_g \leqslant 100$</td><td colspan="2">0.005</td></tr>
<tr><td>$100 < H_g \leqslant 150$</td><td colspan="2">0.004</td></tr>
<tr><td>$150 < H_g \leqslant 200$</td><td colspan="2">0.003</td></tr>
<tr><td>$200 < H_g \leqslant 250$</td><td colspan="2">0.002</td></tr>
</table>

（续）

变形特征		地基土类别	
		中、低压缩性土	高压缩性土
高耸结构基础的沉降量/mm	$H_g \leqslant 20$	400	
	$150 < H_g \leqslant 200$	300	
	$200 < H_g \leqslant 250$	200	

注：1. 本表数值为建筑物地基实际最终变形允许值。
2. 有括号者仅适用于中压缩性土。
3. l为相邻柱基的中心距离（mm）；H_g为自室外地面起算的建筑物高度（m）。

式（3-26）中的地基变形计算值s，可按土力学中的分层总和法以及《建筑地基规范》方法计算沉降量后求得。计算地基变形时，传到基础底面上的作用效应应按正常使用极限状态下作用的准永久组合值计算，风荷载及地震作用均不参加组合。

对不同的建筑结构类型应控制不同的地基特征变形值，使其不超过变形允许值。《建筑地基规范》通过对各类建筑物的实际沉降观测资料的分析和综合，提出了地基变形允许值，见表3-11。

当地基特征变形验算不满足允许值要求时，通常先考虑能否适当调整基础底面尺寸（如增大基底面积或调整基底形心位置）或埋深予以解决。如仍未满足要求，再考虑是否可从建筑、结构、施工等方面采取有效措施以防止不均匀沉降对建筑物的损害，或改用其他地基基础设计方案。

3.7 无筋扩展基础设计

3.7.1 无筋扩展基础的适用范围

无筋扩展基础可用于六层和六层以下（三合土基础不宜超过四层）的民用建筑和砌体承重的轻型厂房。其优点是施工技术简单，材料可就地取材，造价低廉；主要缺点是自重大，对于荷载大或上部结构对沉降差较敏感的情况，当持力层为深厚软土时，无筋扩展基础作为浅基础是不适宜的。

3.7.2 无筋扩展基础的设计及构造要求

由于无筋扩展基础使用的材料抗压强度较高，而抗拉和抗剪强度很低，受弯后容易发生弯曲破坏，因此要求基础有一定的高度，使弯曲所产生的拉应力不会超过材料的抗拉强度。

图3-29所示为墙下条形基础的截面形状，上部结构传来的纵向力N与基础自重和基础底面压应力p的合力处于平衡状态。由图可以看出，从墙体大放脚边算起的基础挑出部分，其受力状态和悬臂结构类似。

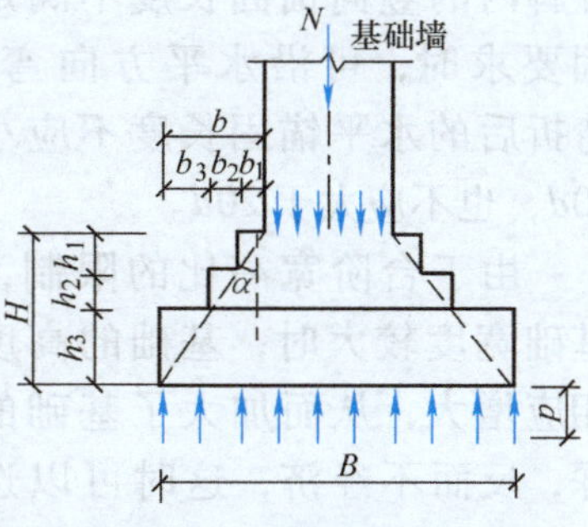

图3-29 刚性基础受力分析

如果基础挑出部分的尺寸符合一定条件

$$\frac{b}{H} \leqslant \left[\frac{b}{H}\right] \tag{3-27a}$$

$$\frac{b_1}{h_1}, \frac{b_2}{h_2}, \cdots \leqslant \left[\frac{b}{H}\right] \tag{3-27b}$$

可以认为基础本身的抗弯强度是足够的，不必再进行验算。$\left[\frac{b}{H}\right]$为刚性基础挑出部分宽高比的允许最大值，也可用图中角度 α 的正切 $\tan\alpha$ 表示，其相应的角度 α 称为刚性角。试验表明，$\left[\frac{b}{H}\right]$值和两个因素有关：基础的材料强度、基底应力大小。各种基础材料的$\left[\frac{b}{H}\right]$值见表 3-12 。

表 3-12 无筋扩展基础台阶宽高比的允许值

基础材料	质量要求	台阶宽高比的允许值		
		$p_k \leqslant 100\text{kPa}$	$100\text{kPa} < p_k \leqslant 200\text{kPa}$	$200\text{kPa} < p_k \leqslant 300\text{kPa}$
混凝土基础	C15 混凝土	1:1.00	1:1.00	1:1.25
毛石混凝土基础	C15 混凝土	1:1.00	1:1.25	1:1.50
砖基础	砖不低于 MU10、砂浆不低于 M5	1:1.50	1:1.50	1:1.50
毛石基础	砂浆不低于 M5	1:1.25	1:1.50	—
灰土基础	体积比为 3:7 或 2:8 的灰土，其最小干密度：粉土 1550kg/m^3，粉质黏土 1500kg/m^3，黏土 1450kg/m^3	1:1.25	1:1.50	—
三合土基础	体积比 1:2:4 ~ 1:3:6（石灰:砂:骨料），每层约虚铺 220mm，夯至 150mm	1:1.50	1:2.00	—

注：1. p_k 为作用的标准组合时基础底面处的平均压力值（kPa）。
2. 阶梯形毛石基础的每阶伸出宽度不宜大于 200mm。
3. 当基础由不同材料叠合组成时，应对接触部分作抗压验算。
4. 混凝土基础单侧扩展范围内基础底面平均压力超过 300kPa 时，尚应进行抗剪验算；对基底反力集中于立柱附近的岩石地基，应进行局部受压承载力验算。

图 3-30 所示为无筋扩展基础构造示意图。采用无筋扩展基础的钢筋混凝土柱，其柱脚高度 h_1 不得小于 b_1（图 3-30b），且不应小于 300mm 以及不小于 $20d$（d 为柱中的纵向受力钢筋的最大直径）。当柱纵向钢筋在柱脚内的竖向锚固长度不满足锚固要求时，可沿水平方向弯折，弯折后的水平锚固长度不应小于 $10d$，也不应大于 $20d$。

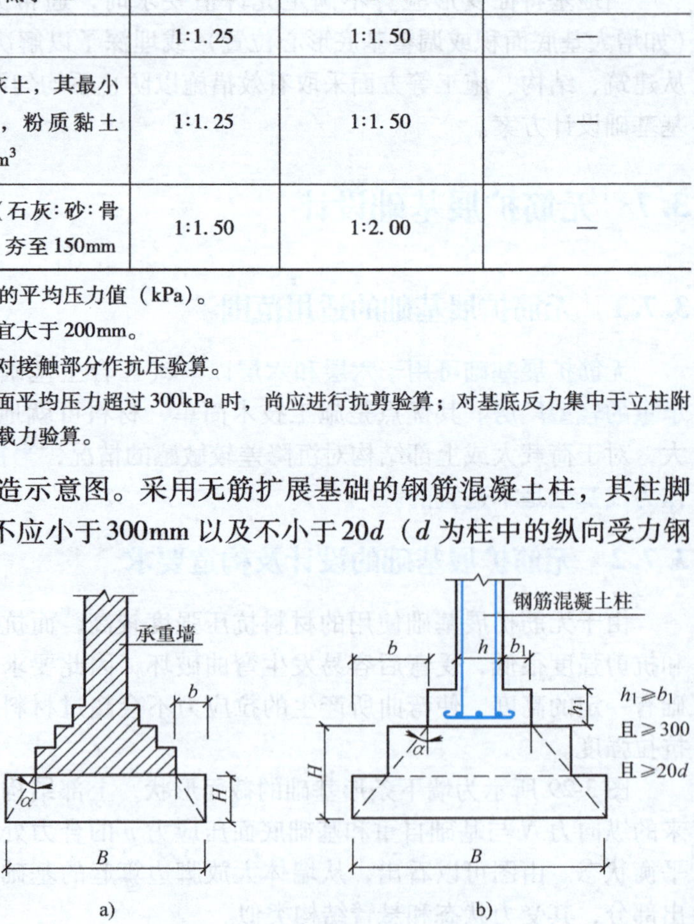

图 3-30 无筋扩展基础构造示意图

由于台阶宽高比的限制，当基础宽度较大时，基础的高度也相应增大，从而加大了基础的埋深，反而不经济，这时可以选择刚性角较大的基础类型（如混凝土基础)，如仍不满足，则应采用钢筋混凝土基础。一般情况下，当基础宽度≥2.5m 时，不宜采用刚性基础。

【例 3-7】 某砖混住宅楼外墙厚 240 mm，基础埋深 1.2 m。上部结构传至基础顶面的竖向力 $F_k = 150 kN/m$（图 3-31）。地基土经深度修正后的承载力特征值 $f_a = 140 kN/m^2$，室内外高差为 0.45m。试设计此外墙基础。

解： 1）确定基础宽度。设基础采用 C15 毛石混凝土基础。基础自重计算高度为

$$\bar{d} = \left(1.2 + \frac{0.45}{2}\right)m = 1.425m$$

按式（3-16）计算基底宽度

$$b = \frac{F_k}{f_a - \gamma_G \bar{d}} = \frac{150}{140 - 20 \times 1.425}m = 1.345m$$

取 $b = 1.40m$，由于基础宽度小于 3 m，地基承载力特征值不需要进行宽度修正。

2）确定台阶宽高比允许值。基底压力为

$$p_k = \frac{F_k + G_k}{A} = \frac{F_k}{b} + \gamma_G \bar{d} = \left(\frac{150}{1.4} + 20 \times 1.425\right)kPa = 135.6kPa$$

查表 3-12，毛石混凝土基础台阶宽高比允许值为 1:1.25。

3）基础高度的确定

$$H \geqslant \frac{b}{\tan\alpha} = \frac{(1.4 - 0.24)/2}{1/1.25}m = 0.725m, 取 H = 0.75m$$

3）确定基础剖面尺寸。基础可以做成三阶，也可以做成二阶，如图 3-31a、b 所示。

4）验算台阶宽高比。

三阶剖面每阶宽高比为

$$\frac{b}{H} = \frac{580}{750} = \frac{1}{1.29} < \frac{1}{1.25}, \frac{b_1}{h_1} = \frac{180}{250} = \frac{1}{1.39} < \frac{1}{1.25}, \frac{b_2}{h_2} = \frac{200}{250} = \frac{1}{1.25}（满足要求）$$

二阶剖面：每阶宽高比

$$\frac{b}{H} = \frac{580}{750} = \frac{1}{1.29} < \frac{1}{1.25}, \frac{b_2}{h_2} = \frac{300}{375} = \frac{1}{1.25}（满足要求）$$

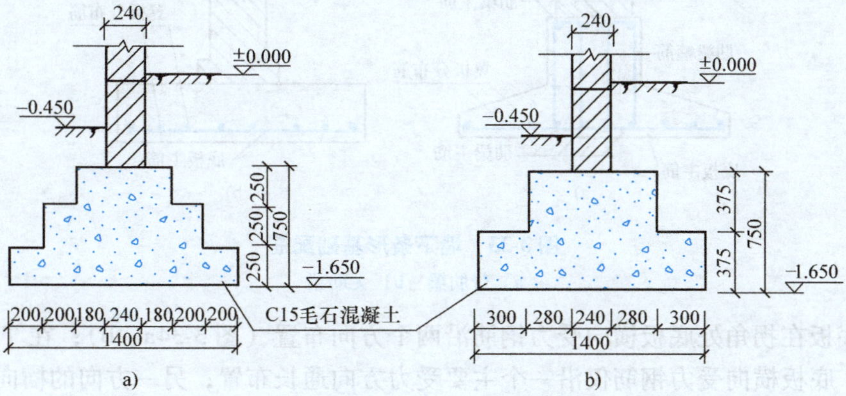

图 3-31　例 3-7 图
a）三阶剖面　b）二阶剖面

3.8 扩展基础设计

扩展基础是配筋扩展基础的简称，是指柱下钢筋混凝土独立基础和墙下钢筋混凝土条形基础。在荷载作用下，这种钢筋混凝土构件采用钢筋承担弯曲所产生的拉应力，因此扩展基础可以不满足刚性角要求，但需要满足抗弯、抗剪和抗冲切破坏的要求。

3.8.1 扩展基础构造

1. 墙下条形基础构造要求

（1）剖面形式　墙下钢筋混凝土条形基础剖面形式及构造要求如图 3-32 所示。基础高度按剪切计算确定，但不应小于 200mm。当底板厚度不大于 250mm 时，基础高度可以做成等厚度；当底板厚度大于 250mm 时，基础高度可以做成变厚度；锥形基础的边缘高度不宜小于 200mm，且两个方向的坡度不宜大于 1:3。带肋条形基础适用于荷载沿墙长分布不均匀或地基中有局部软弱土层时。

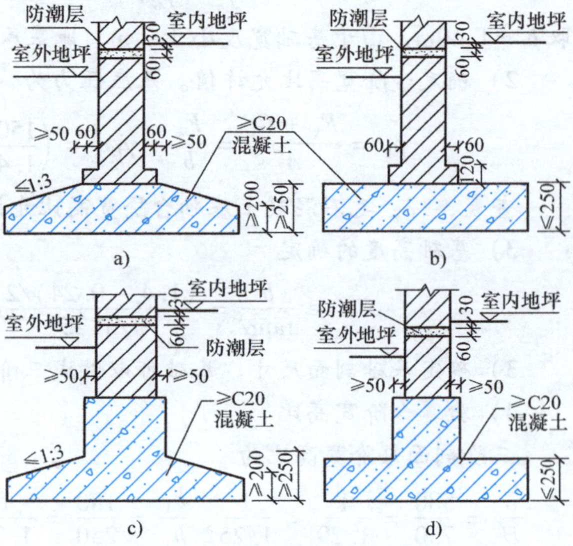

图 3-32　墙下条形基础剖面形式
a）锥形　b）平板式　c）带肋锥形　d）带肋平板式

（2）底板配筋　底板受力钢筋面积由计算确定，最小配筋率不应小于 0.15%。钢筋的最小直径不宜小于 10mm，间距不宜大于 200mm，也不宜小于 100mm。纵向分布钢筋的直径不小于 8mm，间距不大于 300mm；每延米分布钢筋的面积应不小于受力钢筋面积的 15%，底板配筋如图 3-33 所示。

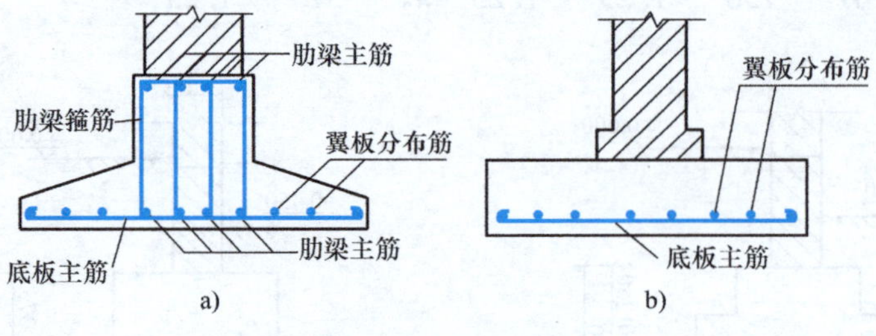

图 3-33　墙下条形基础配筋
a）带肋梁　b）无肋梁

基础底板在拐角处底板横向受力钢筋沿两个方向布置（图 3-34a、b）；在 T 形交接和十字交叉处，底板横向受力钢筋仅沿一个主要受力方向通长布置；另一方向的横向受力钢筋可布置到主要受力方向底板宽度 1/4 处（图 3-34c、d）。

（3）混凝土强度等级　《建筑地基规范》规定，混凝土强度等级不应低于 C20，而

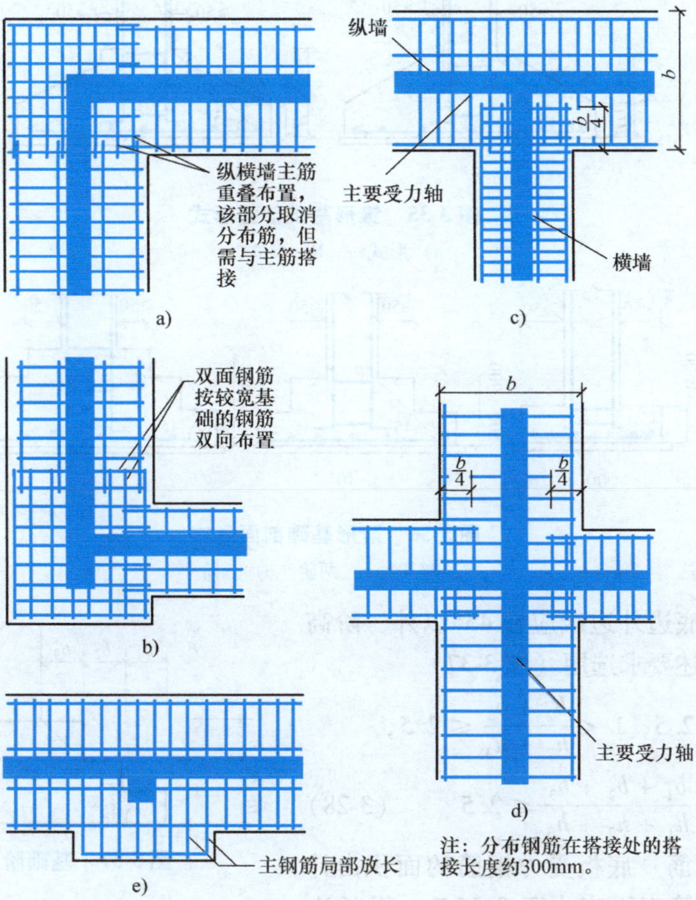

图 3-34　墙下条形基础底板受力钢筋的布置

a）L 形交接处　b）马头墙处　c）T 形交接处　d）十字交叉处　e）砖垛处

GB 50010—2011《混凝土结构设计规范》[㊀]规定，在室内潮湿环境下，混凝土强度最低等级不应低于 C25。基础埋于地下，应属室内潮湿环境，综合以上两个规范，混凝土强度等级不应低于 C20，不宜低于 C25。垫层一般采用 C10。

（4）钢筋保护层　当有垫层时钢筋保护层的厚度不小于 40mm；无垫层时不小于 70mm。

（5）垫层要求　垫层的厚度一般取 100mm，每边伸出 50 ~ 100mm。

2. 柱下独立基础构造要求

（1）平面形式　轴心受压基础底板一般宜用正方形，偏心受压基础一般采用矩形（弯矩方向为长边），长短之边比不宜大于 3。

（2）剖面形式　基础剖面形式分锥形和阶梯形两种。锥形基础的边缘高 H_1 不宜小于 200mm，且两个方向的坡度不宜大于 1∶3（图 3-35）；阶梯形基础的每阶高度，宜为 300 ~ 500mm（图 3-36）。

㊀ 本书中《混凝土结构设计规范》如未作特殊说明，均指 GB 50010—2011。

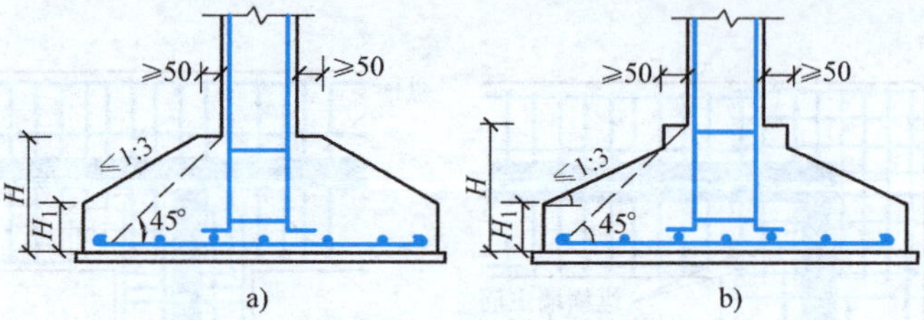

图 3-35　锥形基础剖面形式

a）形式一　b）形式二

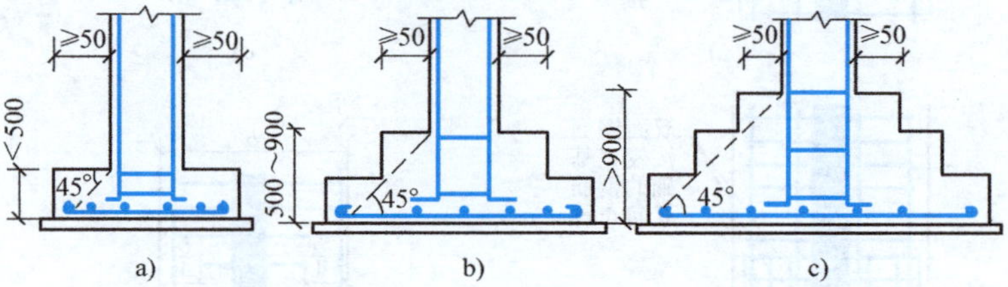

图 3-36　阶形基础剖面形式

a）单阶　b）两阶　c）三阶

阶梯形基础底边外边线应在 45°以外，阶高与阶宽可参照下述要求选用（图 3-37）

$$1 < \frac{b_3}{h_3} \leqslant 2.5,\ 1 < \frac{b_2 + b_3}{h_2 + h_3} \leqslant 2.5,$$

$$1 < \frac{b_1 + b_2 + b_3}{h_1 + h_2 + h_3} \leqslant 2.5 \qquad (3\text{-}28)$$

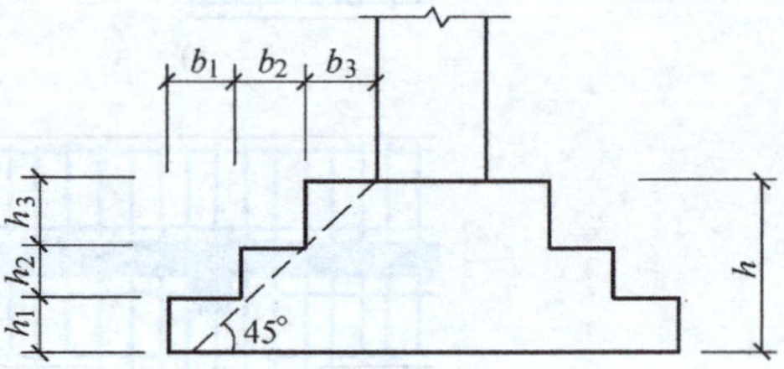

图 3-37　基础阶高与阶宽

（3）底板配筋　底板受力钢筋的面积由计算确定，最小配筋率不应小于 0.15%。沿长边和短边方向均匀布置，长边方向的钢筋设置在下排。钢筋最小直径不宜小于 10mm，间距不宜大于 200mm，也不宜小于 100mm。当独立基础底板长度≥2500mm 时，除外侧钢筋外，底板配筋长度可取相应方向底板长度的 0.9 倍（图 3-38）。

（4）插筋　现浇柱的基础，其插筋的数量、直径及钢筋种类应与柱内纵向受力钢筋相同。一般应伸至基础底面。插筋的下端宜作成直钩放在基础底板钢筋网上，并满足锚入基础长度大于锚固长度 l_a（l_a 应符合《混凝土结构设计规范》的规定）。当基础高度 h 较大时，可仅将四角的插筋伸至底板钢筋网上，其余插筋锚固在基础顶面下 l_a 处。

当基础高度小于 l_a 时，纵向受力钢筋的最小直锚段的长度不应小于 $20d$，弯折段的长度不应小于 150mm。

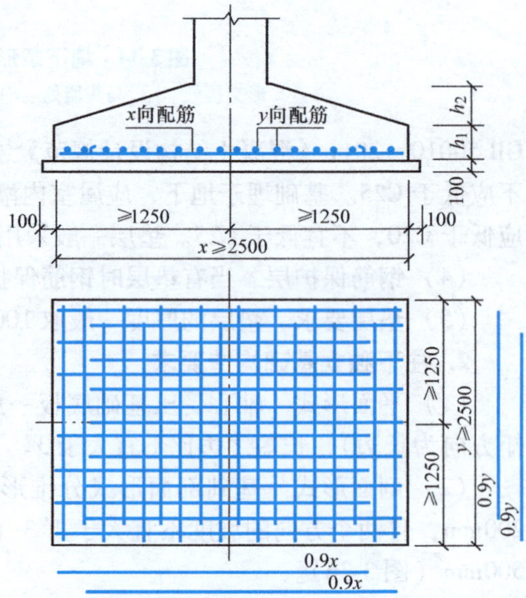

图 3-38　独立基础地板配筋长度减短 10% 构造

箍筋直径、间距应与上部柱内的箍筋相同，有抗震设防要求时，在柱的根部及首层地面处的箍筋应按规定加密，在基础内箍筋不少于两个箍筋。

柱下独立基础插筋构造如图3-39所示。

（5）其他 混凝土强度等级、钢筋保护层及垫层要求与墙下钢筋混凝土条形基础相同。

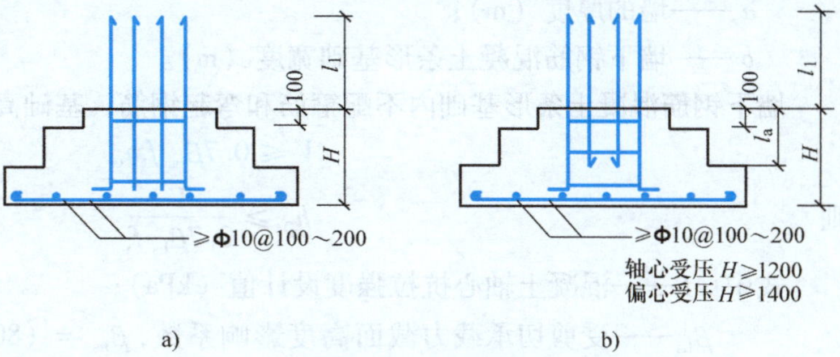

图3-39 插筋构造

a）一般基础之一 b）一般基础之二

3.8.2 扩展基础的计算

在进行扩展基础结构计算，确定基础配筋和验算材料强度时，上部结构传来的作用效应应按承载能力极限状态下作用的基本组合；相应的基底反力为净反力（不计基础与上覆土重所引起的反力）。

3.8.2.1 墙下钢筋混凝土条形基础的计算

1. 轴心荷载作用

墙下钢筋混凝土条形基础受力如图3-40所示。它的受力情况如同一倒置的悬臂梁。这个悬臂梁在基础底面净反力设计值作用下，使基础底板发生向上的弯曲变形，在截面Ⅰ—Ⅰ将产生弯矩 M。如果 M 过大，配筋不足，基础底板就会沿截面Ⅰ—Ⅰ裂开。

此外，在基底净反力设计值作用下，在截面Ⅰ—Ⅰ将产生剪力 V，使截面Ⅰ—Ⅰ右边这段基础板发生向上错动的趋势。底板在剪力 V 作用下，如果基础板厚度不够，将使底板发生斜的裂缝。

根据上面的分析，为了防止基础板破坏，基础板应具有足够的厚度和配筋。

（1）基础高度的确定 墙下钢筋混凝土条形基础的内力计算一般按平面应变问题处理，计算时沿墙长度方向取1m作为计算单元，则

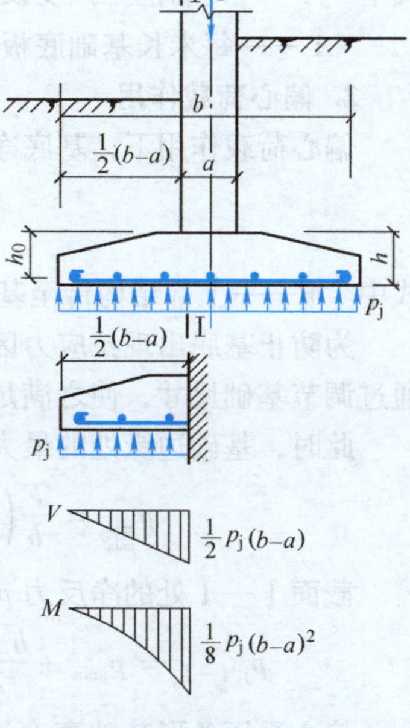

图3-40 墙下条形基础受轴心荷载作用的计算

$$p_j = \frac{F}{b} \tag{3-29}$$

截面Ⅰ—Ⅰ剪力设计值为

$$V = \frac{1}{2}p_j(b-a) \tag{3-30}$$

式中 p_j——相应于荷载效应基本组合时的地基净反力设计值（kPa）；

F——上部结构传至基础顶面的竖向力设计值（kN/m）；

a——墙的厚度（m）；

b——墙下钢筋混凝土条形基础宽度（m）。

墙下钢筋混凝土条形基础内不配箍筋和弯起钢筋，基础高度应满足混凝土的剪切条件

$$V \leqslant 0.7\beta_{hs} f_t h_0 \tag{3-31}$$

则

$$h_0 \geqslant \frac{V}{0.7\beta_{hs} f_t} \tag{3-32}$$

式中 f_t——混凝土轴心抗拉强度设计值（kPa）；

β_{hs}——受剪切承载力截面高度影响系数，$\beta_{hs} = (800/h_0)^{1/4}$：当 $h_0 < 800$mm 时，取 $h_0 = 800$mm；当 $h_0 > 2000$mm 时，取 $h_0 = 2000$mm；

h_0——基础底板有效高度（m）。

（2）基础底板配筋计算　截面Ⅰ—Ⅰ的弯矩设计值为

$$M = \frac{1}{8} p_j (b - a)^2 \tag{3-33}$$

墙下条形基础底板配筋应符合《混凝土结构设计规范》正截面受弯承载力计算公式，也可按简化矩形截面单向板进行计算。当取 $\xi = x/h_0 = 0.2$ 时，按下式简化计算

$$A_s = \frac{M}{0.9 f_y h_0} \tag{3-34}$$

式中 f_y——钢筋抗拉强度设计值（kPa）；

A_s——每米长基础底板受力钢筋截面积（mm^2）。

2. 偏心荷载作用

偏心荷载作用下，基底净反力的偏心距 e_{j0} 为

$$e_{j0} = \frac{M}{F} \tag{3-35}$$

式中 M——上部结构传至基础顶面的弯矩设计值（kN·m/m）。

为防止基底出现拉应力区而在基础顶面设置负筋，要求 $e_{j0} \leqslant b/6$；若 $e_{j0} > b/6$，一般通过调节基础尺寸，使之满足要求。

此时，基础边缘处的最大和最小地基净反力为

$$p_{\substack{jmax\\jmin}} = \frac{F}{b}\left(1 \pm \frac{6e_{j0}}{b}\right) \tag{3-36}$$

截面Ⅰ—Ⅰ处的净反力 $p_{j,\,Ⅰ-Ⅰ}$ 为

$$p_{j,\,Ⅰ-Ⅰ} = p_{jmin} + \frac{b+a}{2b}(p_{jmax} - p_{jmin}) \tag{3-37}$$

偏心受压条形基础高度计算与中心受压基础基本相同，但式（3-30）中 p_j 应以基底边缘最大净反力 p_{jmax} 和截面Ⅰ—Ⅰ处的净反力 $p_{j,\,Ⅰ-Ⅰ}$ 的平均值（图 3-41）代换。

偏心受压条形基础截面Ⅰ—Ⅰ处弯矩设计值可按下式计算

$$M = \frac{1}{24}(b - a)^2 (2p_{jmax} + p_{j,\,Ⅰ-Ⅰ}) \tag{3-38}$$

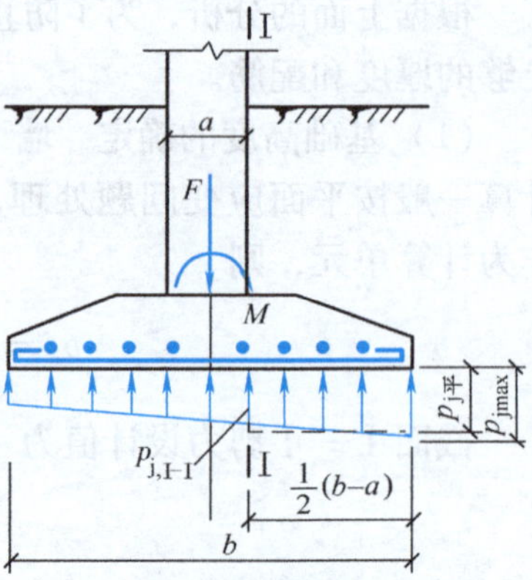

图 3-41　墙下条形基础受偏心荷载作用的计算

【例 3-8】　某多层住宅的承重砖墙厚 240mm，上部

结构作用于基础顶面的荷载标准值 $F_k=240\text{kN/m}$，荷载设计值 $F=324\text{kN/m}$，基础埋深 $d=0.8\text{m}$，经深度修正后的地基承载力特征值 $f_a=150\text{kPa}$。试设计钢筋混凝土条形基础。

解：(1) 选择基础材料　拟采用混凝土为C25（$f_t=1.27\text{N/mm}^2$），钢筋HRB335级（$f_y=300\text{N/mm}^2$），并设置100mm厚的C10混凝土垫层，如图3-42所示。

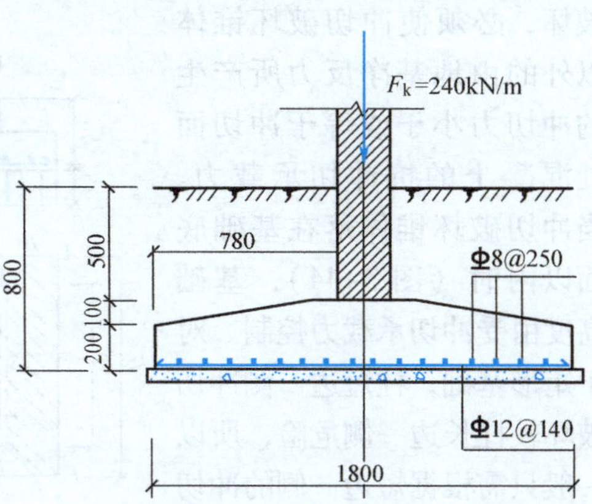

图3-42　例3-8图

(2) 确定条形基础宽度

$$b \geqslant \frac{F_k}{f_a-\gamma_G d}=\frac{240}{150-20\times0.8}\text{m}=1.79\text{m},$$

取 $b=1.8\text{m}$。

(3) 确定基础高度

地基净反力 $p_j=F/b=(324/1.8)\text{kPa}=180\text{kPa}$

控制截面剪力设计值 $V=p_j\dfrac{b-a}{2}=\left[180\times\left(\dfrac{1.8-0.24}{2}\right)\right]\text{kN/m}=140.4\text{kN/m}$

根据经验假设 $h=b/8=1800\text{mm}/8=225\text{mm}$，条形基础构造要求基础最小高度≥200mm，取 $h=300\text{mm}$，则 $h_0=(300-40-10/2)\text{ mm}=255\text{mm}$（底板受力钢筋按Φ10直径估计）。

混凝土抗剪承载力验算

$0.7\beta_{hs}f_th_0=(0.7\times1\times1.27\times255)\text{kN/m}=226.7\text{kN/m}>V=140.4\text{kN/m}$（满足要求）

(4) 计算底板配筋

控制截面弯矩 $M=\dfrac{1}{8}p_j(b-a)^2=\left[\dfrac{1}{8}\times180\times(1.8-0.24)^2\right]\text{kN}\cdot\text{m}=54.8\text{kN}\cdot\text{m}$

底板配筋为 $A_s=\dfrac{M}{0.9f_yh_0}=\dfrac{54.8\times10^6}{0.9\times300\times255}\text{mm}=796\text{mm}^2$

选Φ12@140，实际配 $A_s=808\text{mm}^2$，分布钢筋选Φ8@250。

基础配筋如图3-42所示。

3.8.2.2　柱下钢筋混凝土独立基础的设计计算

柱下钢筋混凝土独立基础的底面积由地基承载力确定之后，应进行基础的截面设计。基础截面设计包括基础高度和基础配筋计算。

1. 轴心荷载作用

(1) 基础高度的确定　在柱中心荷载 F 作用下，如果基础底板面积较大而基础高度（或阶梯高度）不足，基础将发生冲切破坏，即基础从柱的周边开始沿45°斜面拉裂，形成冲切角锥体，如图3-43所示。在基础变阶处也可以发生同样的破坏。因此，柱下钢筋混凝土独立基础的高度由抗冲切验算确定。

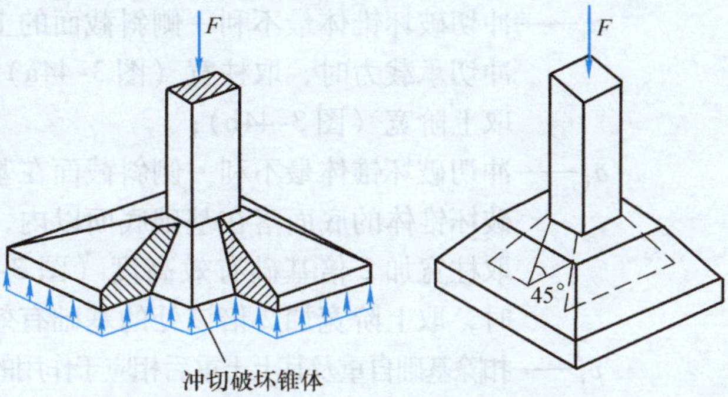

图3-43　冲切破坏

为保证基础不发生冲切破坏，必须使冲切破坏锥体以外的由地基净反力所产生的冲切力小于或等于冲切面处混凝土的抗冲切承载力。当冲切破坏锥体落在基础底面以内时（图3-44），基础高度由受冲切承载力控制。对于矩形基础，柱短边一侧冲切破坏较柱长边一侧危险，所以一般只需根据短边一侧的冲切破坏条件来确定基础高度，即要求对矩形截面柱的矩形基础，应验算柱与基础交接处（图3-44a）以及基础变阶处（图3-44b）的受冲切承载力，按以下公式验算

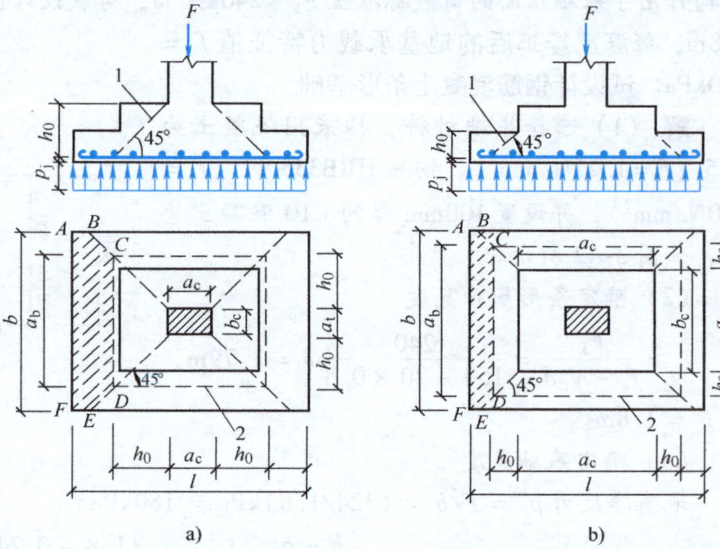

图3-44　中心受压柱下独立基础冲切破坏验算

a）柱与基础交接处　b）基础变阶处

1—冲切破坏锥体最不利一侧的斜截面　2—冲切破坏锥体的底面线

$$F_l \leqslant 0.7\beta_{hp} f_t a_m h_0 \tag{3-39}$$

$$a_m = (a_t + a_b)/2 \tag{3-40}$$

$$F_l = p_j A_l \tag{3-41}$$

$$p_j = \frac{F}{bl} \tag{3-42}$$

$$A_l = \left(\frac{l}{2} - \frac{a_c}{2} - h_0\right)b - \left(\frac{b}{2} - \frac{b_c}{2} - h_0\right)^2 \tag{3-43}$$

式中　F_l——相应于荷载效应基本组合时作用在 A_l 上的地基土净反力设计值（kN）；

β_{hp}——受冲切承载力截面高度影响系数，当 $h \leqslant 800$mm 时，$\beta_{hp} = 1.0$；当 $h \geqslant 2000$mm 时，$\beta_{hp} = 0.9$，其间按线性内插法取用；

f_t——混凝土轴心抗拉强度设计值（kPa）；

h_0——基础冲切破坏锥体的有效高度（m）；

a_m——冲切破坏锥体最不利一侧计算长度（m）；

a_t——冲切破坏锥体最不利一侧斜截面的上边长（m），当计算柱与基础交接处的受冲切承载力时，取柱宽（图3-44a），当计算基础变阶处的受冲切承载力时，取上阶宽（图3-44b）；

a_b——冲切破坏锥体最不利一侧斜截面在基础底面积范围内的下边长（m），当冲切破坏锥体的底面落在基础底面以内，计算柱与基础交接处的受冲切承载力时，取柱宽加2倍基础有效高度（图3-44a）；计算基础变阶处的受冲切承载力时，取上阶宽加2倍该处的基础有效高度（图3-44b）；

p_j——扣除基础自重及其上土重后相应于作用的基本组合时的地基土单位面积净反力（kPa）；

A_l——冲切验算时取用的部分基底面积（图3-44a、b 中的阴影面积）（m^2）；

a_c——图3-44a中为柱长（m），图3-44b中为上阶长；

b_c——图3-44a中为柱宽（m），图3-44b中为上阶宽。

（2）柱下独立基础的受剪切验算　当冲切破坏锥体落在基础底面以外时，即基础底面短边尺寸小于或等于柱宽加两倍基础有效高度时，柱与基础（或阶形基础上阶与下阶）交接处不存在受冲切问题，仅需对基础进行斜截面受剪承载力验算（图3-45），基础高度由受剪切承载力控制，按下式验算

$$V_s \leqslant 0.7\beta_{hs} f_t A_0 \tag{3-44}$$

式中　V_s——相应于荷载效应基本组合时，柱与基础交接处的剪力设计值（kN），图3-45中的阴影面积乘以基底净反力；

A_0——验算截面处基础的有效截面面积（m^2），当验算截面为阶形或锥形时，可将其截面折算成矩形截面，截面的折算宽度和截面的有效高度计算方法见后面注解；

β_{hs}——受剪切承载力截面高度影响系数，当 $h_0 < 800$mm 时，取 $h_0 = 800$mm，当 $h_0 >$ 2000mm 时，取 $h_0 = 2000$mm；

其余符号同前。

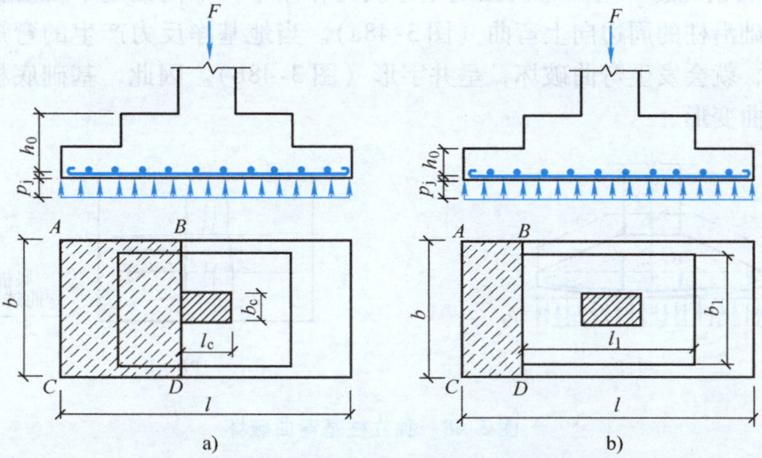

图3-45　中心受压柱下独立基础剪切破坏验算

a）柱与基础交接处　b）基础变阶处

设计时一般先按经验假定基础高度，得出 h_0，再代入式（3-39）或式（3-44）进行验算，直至受冲切或受剪切满足要求为止。

注解：阶形或锥形基础截面的折算宽度和截面的有效高度计算方法

对于阶梯形基础，计算变阶处 A_1—A_1 截面的斜截面受剪承载力时（图3-46），截面有效高度为 h_{01}，截面折算宽度为 b_{y1}；计算柱边截面 A_2—A_2 的斜截面受剪承载力时，截面有效高度为（$h_{01}+h_{02}$），截面折算宽度按下式进行计算［其本质是阶形截面的面积与高度为（$h_{01}+h_{02}$）的矩形面积相等］

$$b_{y0} = \frac{b_{y1}h_{01} + b_{y2}h_{02}}{h_{01} + h_{02}} \tag{3-45}$$

对于锥形基础，计算 A—A 截面的斜截面受剪承载力时（图3-47），截面有效高度为 h_0，截面的折算宽度按下式计算（其本质是锥形截面的面积与高度为 h_0 的矩形面积相等）

$$b_{y0} = \left[1 - 0.5\frac{h_1}{h_0}\left(1 - \frac{b_{y2}}{b_{y1}}\right)\right]b_{y1} \tag{3-46}$$

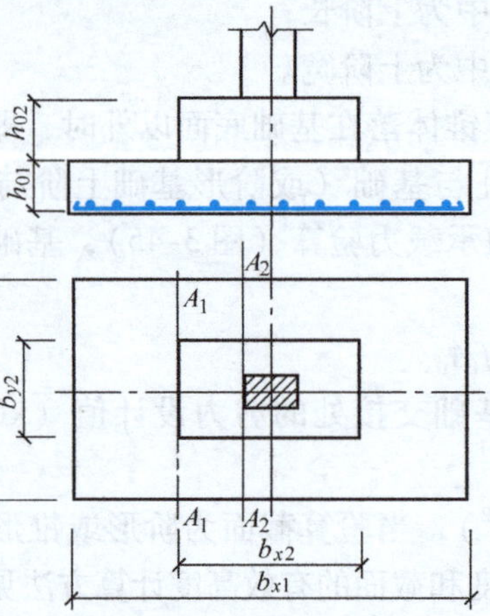

图 3-46　阶梯形基础折算宽度和有效高度

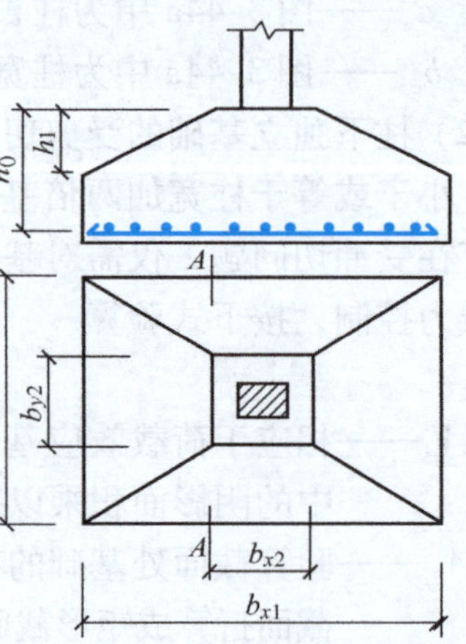

图 3-47　锥形基础折算宽度和有效高度

(3) 基础底板配筋　基础底板在地基净反力作用下，如同固定于台阶根部或柱边的倒置悬臂板，基础沿柱的周边向上弯曲（图 3-48a）。当地基净反力产生的弯矩超过基础的截面抗弯强度时，就会发生弯曲破坏，呈井字形（图 3-48b）。因此，基础底板应配置足够的钢筋以抵抗弯曲变形。

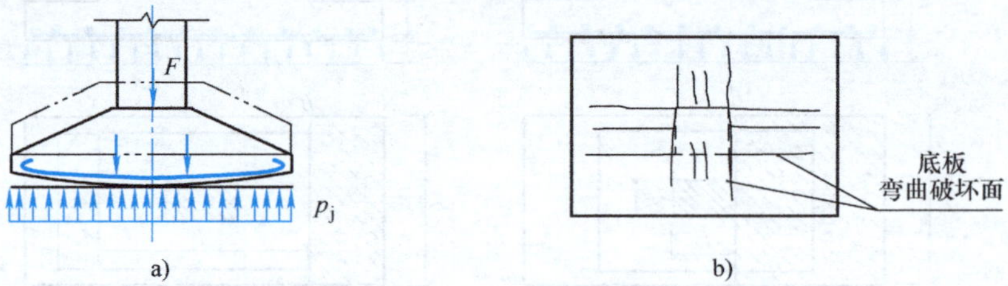

图 3-48　独立柱基弯曲破坏

1）独立柱基础底面长短边之比 $\omega<2$。一般矩形基础的长宽比小于 2，属于双向受弯构件，弯矩控制截面在柱边缘处或变阶处，所以两个方向都要配受力钢筋，钢筋面积按两个方向的最大弯矩分别计算。配筋计算时，应符合《混凝土结构设计规范》正截面受弯承载力计算公式，也可按式（3-34）简化计算。

当基础台阶的宽高比小于或等于 2.5 时，图 3-49 中各种情况的最大弯矩可按下列公式计算：

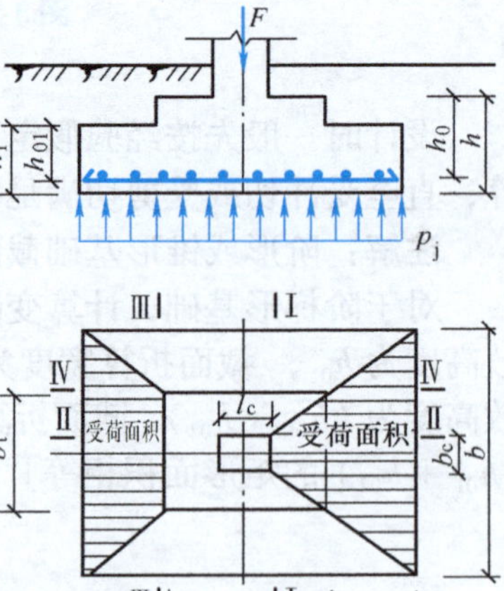

图 3-49　轴心受压时阶梯形基础底板弯矩计算

柱边（Ⅰ—Ⅰ截面）　$$M_{\mathrm{I}}=\frac{p_j}{24}(l-l_c)^2(2b+b_c) \tag{3-47}$$

柱边（Ⅱ—Ⅱ截面）　$$M_{\mathrm{II}}=\frac{p_j}{24}(b-b_c)^2(2l+l_c) \tag{3-48}$$

阶梯高度变化处（Ⅲ—Ⅲ截面） $M_{Ⅲ} = \frac{p_j}{24}(l - l_1)^2(2b + b_1)$ (3-49)

阶梯高度变化处（Ⅳ—Ⅳ截面） $M_{Ⅳ} = \frac{p_j}{24}(b - b_1)^2(2l + l_1)$ (3-50)

值得注意的是：当基础台阶的宽高比大于 2.5 时，基底反力不呈线性分布，上述公式不再适用。为此，可在保持基底尺寸不变的基础上，调整基础台阶宽度或增大基础高度，使之满足要求。

2）独立柱基础底面长短边之比 $2 \leqslant \omega \leqslant 3$。此时，基础底板以长边受力为主。基础底板短边钢筋应按下述方法布置：将短边全部钢筋面积乘以 λ 后求得的钢筋，均匀分布在与柱中心线重合的宽度等于基础短边的中间带宽范围内（图 3-50），其余的短边钢筋则均匀分布在中间带宽的两侧。长边配筋应均匀分布在基础全宽范围内。λ 按下式计算

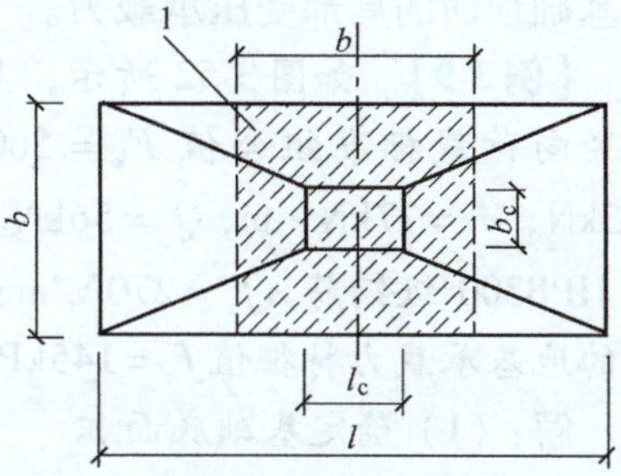

图 3-50 基础底板短边钢筋布置示意

1—λ 倍短边全部钢筋面积均匀配置在阴影范围内

$$\lambda = 1 - \frac{\omega}{6} \tag{3-51}$$

2. 偏心荷载作用下

（1）基础高度的确定 偏心荷载作用下，基础底面净反力呈梯形分布（图 3-51）。为保证基底反力呈线性分布且基础底面与地基土之间不出现零应力区，必须使基础台阶的宽高比小于或等于 2.5 且偏心距小于或等于 1/6 基础长度，此时，基础边缘处的最大和最小地基净反力为

$$p_{\text{jmin}}^{\text{jmax}} = \frac{F}{A}\left(1 \pm \frac{6e_{j0}}{l}\right) \tag{3-52}$$

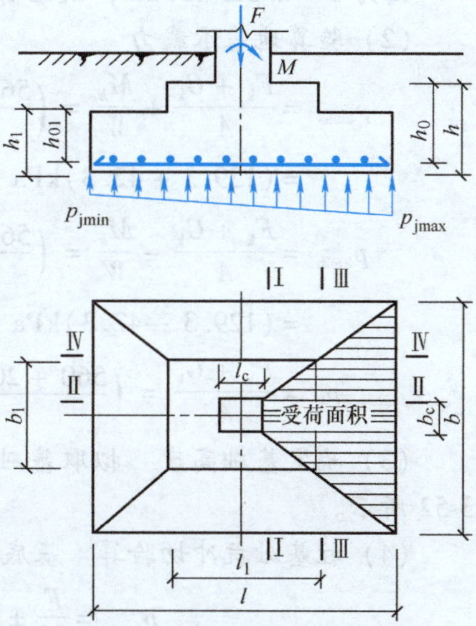

图 3-51 偏心荷载作用下基底净反力分布

偏心受压基础高度计算与轴心受压情况基本相同。只需在基础受冲切和剪切验算时，将公式 $F_l = p_j A_l$ 中的 p_j 用 p_{jmax} 代替即可。

（2）基础底板配筋计算 图 3-51 中各种情况的最大弯矩可按下列公式计算：

柱边（Ⅰ—Ⅰ截面）

$$M_{Ⅰ} = \frac{(l - l_c)^2}{48}[(2b + b_c)(p_{\text{jmax}} + p_{\text{j,Ⅰ—Ⅰ}}) + (p_{\text{jmax}} - p_{\text{j,Ⅰ—Ⅰ}})b] \tag{3-53}$$

柱边（Ⅱ—Ⅱ截面）

$$M_{Ⅱ} = \frac{1}{48}(b - b_c)^2(2l + l_c)(p_{\text{jmax}} + p_{\text{jmin}}) \tag{3-54}$$

阶梯高度变化处（Ⅲ—Ⅲ截面）

$$M_{Ⅲ} = \frac{(l - l_1)^2}{48}[(2b + b_1)(p_{\text{jmax}} + p_{\text{j,Ⅲ—Ⅲ}}) + (p_{\text{jmax}} - p_{\text{j,Ⅲ—Ⅲ}})b] \tag{3-55}$$

阶梯高度变化处（Ⅳ—Ⅳ截面）

$$M_{Ⅳ}=\frac{1}{48}(b-b_1)^2(2l+l_1)(p_{jmax}+p_{jmin}) \tag{3-56}$$

除此之外，当扩展基础的混凝土强度等级小于柱的混凝土强度等级时，尚应验算柱下扩展基础顶面的局部受压承载力。

【例3-9】 如图3-52所示，某多层框架结构柱截面尺寸为400mm×600mm，传至地面处的竖向荷载标准组合值 $F_k=560kN$，$M_k=55kN\cdot m$，$H_k=40kN$；基本组合设计值 $F=785kN$，$M=77kN\cdot m$，$Q=56kN$。已知基础埋深1.8m，采用C25混凝土（$f_t=1.27N/mm^2$）和HPB300级钢筋（$f_y=270N/mm^2$），设置C10厚100mm的混凝土垫层。已知经深度修正后的地基承载力特征值 $f_a=145kPa$，试设计该柱基础。

解：(1) 确定基础底面积

$$A=(1.1\sim1.4)\frac{F_k}{f_a-\gamma_G d}=(1.1\sim1.4)\times\frac{560}{145-20\times1.8}m^2=(5.7\sim7.2)m^2$$

取 $b=2.0m$，$l=3.0m$。

因为 $b=2.0m<3.0m$，故无需对 f_a 重新修正。

(2) 验算地基承载力

$$p_{kmax}=\frac{F_k+G_k}{A}+\frac{M_k}{W}=\left(\frac{560+20\times2\times3\times1.8}{3\times2}+\frac{55+40\times1.8}{2\times3^2/6}\right)kPa$$

$$=(129.3+42.3)kPa=171.6kPa<1.2f_a=174kPa$$

$$p_{kmin}=\frac{F_k+G_k}{A}-\frac{M_k}{W}=\left(\frac{560+20\times2\times3\times1.8}{3\times2}-\frac{55+40\times1.8}{2\times3^2/6}\right)kPa$$

$$=(129.3-42.3)kPa=87kPa>0$$

$$p_k=\frac{F_k+G_k}{A}=\left(\frac{560+20\times2\times3\times1.8}{3\times2}\right)kPa=129.3kPa<f_a(\text{满足要求})$$

(3) 确定基础高度　拟取基础高度 $h=600mm$，初步拟定采用二级台阶形基础，如图3-52所示。

(4) 柱基础抗冲切验算　基底净反力为

$$p_{\substack{jmax\\jmin}}=\frac{F}{bl}\pm\frac{M}{W}=\left(\frac{785}{3\times2}\pm\frac{77+56\times1.8}{2\times3^2/6}\right)kPa$$

$$=(130.8\pm59.3)kPa=\begin{matrix}190.1\\71.5\end{matrix}kPa$$

1）验算柱边冲切。

$$h_0=(600-40-10)mm=550mm=0.55m,\ a_t=0.4m$$

$$a_b=a_t+2h_0=(0.4+2\times0.55)m=1.50m<b=2m$$

$$a_m=(a_t+a_b)/2=(0.4+1.5)m/2=0.95m$$

则 $F_l=p_{jmax}A_l=190.1kPa\times[(1.5-0.3-0.55)\times2-(1-0.2-0.55)^2]m^2$

$$=190.1kPa\times(1.3-0.0625)m^2=235.2kN$$

$$0.7\beta_{hp}f_t a_m h_0=(0.7\times1.0\times1.27\times10^3\times0.95\times0.55)kN$$

$$=464.5kN>F_l235.2kN(\text{满足要求})$$

2）验算台阶处的冲切。

$$h_{01} = (300 - 40 - 10)\text{mm} = 250\text{mm} = 0.25\text{m}, a_t = 1.2\text{m}$$

$$a_b = a_t + 2h_{01} = (1.2 + 2 \times 0.25)\text{m} = 1.70\text{m} < b = 2\text{m}$$

$$a_m = (a_t + a_b)/2 = (1.2 + 1.7)\text{m}/2 = 1.45\text{m}$$

则 $$F_l = p_{\text{jmax}} A_l = 190.1\text{kPa} \times [(1.5 - 0.9 - 0.25) \times 2 - (1 - 0.6 - 0.25)^2]\text{m}^2$$

$$= 190.1\text{kPa} \times (0.7 - 0.02)\text{m}^2 = 129.3\text{kN}$$

$$0.7\beta_{hp} f_t a_m h_{01} = (0.7 \times 1.0 \times 1.27 \times 10^3 \times 1.45 \times 0.25)\text{kN}$$

$$= 322.3\text{kN} > 129.3\text{kN}(\text{满足要求})$$

（5）基础底板配筋　柱边如阶宽高比为 $1.2/0.6 = 2 < 2.5$，变阶处宽高比为 $0.6/0.3 = 2 < 2.5$，且 $p_{\text{jmax}} > 0$，满足要求。

1）基础长边方向。

Ⅰ—Ⅰ截面（柱边）的净反力为

$$p_{j,\text{I—I}} = p_{\text{jmin}} + \frac{l + a_c}{2l}(p_{\text{jmax}} - p_{\text{jmin}}) = \left[71.5 + \frac{3 + 0.6}{2 \times 3} \times (190.1 - 71.5)\right]\text{kPa} = 142.7\text{kPa}$$

Ⅰ—Ⅰ截面（柱边）的弯矩为

$$M_{\text{I}} = \frac{(l - l_c)^2}{48}[(2b + b_c)(p_{\text{jmax}} + p_{j,\text{I—I}}) + (p_{\text{jmax}} - p_{j,\text{I—I}})b]$$

$$= \frac{(3 - 0.6)^2}{48} \times [(2 \times 2 + 0.4)(190.1 + 142.7)$$

$$+ (190.1 - 142.7) \times 2]\text{kN} \cdot \text{m} = 187\text{kN} \cdot \text{m}$$

Ⅲ—Ⅲ截面（阶梯高度变化处）的净反力为

$$p_{j,\text{III}} = p_{\text{jmin}} + \frac{l + a_1}{2l}(p_{\text{jmax}} - p_{\text{jmin}})$$

$$= \left[71.5 + \frac{3 + 1.8}{2 \times 3} \times (190.1 - 71.5)\right]\text{kPa} = 166.4\text{kPa}$$

Ⅲ—Ⅲ截面（阶梯高度变化处）的弯矩为

$$M_{\text{III}} = \frac{(l - l_1)^2}{48}[(2b + b_1)(p_{\text{jmax}} + p_{j,\text{III—III}}) + (p_{\text{jmax}} - p_{j,\text{III—III}})b]$$

$$= \frac{(3 - 1.8)^2}{48} \times [(2 \times 2 + 1.2)(190.1 + 166.4)$$

$$+ (190.1 - 166.4) \times 2]\text{kN} \cdot \text{m} = 57\text{kN} \cdot \text{m}$$

$$A_{s\text{I}} = \frac{M_{\text{I}}}{0.9h_0 f_y} = \frac{187 \times 10^6}{0.9 \times 550 \times 270}\text{mm}^2 = 1400\text{mm}^2$$

$$A_{s\text{III}} = \frac{M_{\text{III}}}{0.9h_{01} f_y} = \frac{55.6 \times 10^6}{0.9 \times 250 \times 270}\text{mm}^2 = 939\text{mm}^2$$

比较 $A_{s\text{I}}$ 和 $A_{s\text{III}}$，应按 $A_{s\text{I}}$ 配置钢筋，实际配Φ14@200。

钢筋根数为　$n = \frac{2000}{200} + 1 = 11$，$A_s = 1692\text{mm}^2 > A_{s\text{I}}$。

2）短边方向。因该基础受单向偏心荷载作用，所以在基础短边方向的基底反力可按均布荷载计算 $p_j = \frac{p_{\text{jmax}} + p_{\text{jmin}}}{2} = \left(\frac{190.1 + 71.5}{2}\right)\text{kPa} = 130.8\text{kPa}$。

$$h_0 = (600 - 40 - 14 - 10)\text{mm} = 536\text{mm}$$

$$h_{01} = (300 - 40 - 14 - 10)\text{mm} = 236\text{mm}$$

Ⅱ—Ⅱ截面（柱边）

$$M_{\text{Ⅱ}} = \frac{p_j}{24}(b - b_c)^2(2l + a_c) = \left[\frac{130.8}{24} \times (2 - 0.4)^2 \times (2 \times 3 + 0.6)\right]\text{kN} \cdot \text{m} = 92\text{kN} \cdot \text{m}$$

$$A_{s\text{Ⅱ}} = \frac{M_{\text{Ⅱ}}}{0.9h_0 f_y} = \frac{92 \times 10^6}{0.9 \times 536 \times 270}\text{mm}^2 = 707\text{mm}^2$$

Ⅳ—Ⅳ截面（变阶处）

$$M_{\text{Ⅳ}} = \frac{p_j}{24}(b - b_1)^2(2l + a_1) = \left[\frac{130.8}{24} \times (2 - 1.2)^2 \times (2 \times 3 + 1.8)\right]\text{kN} \cdot \text{m} = 27.2\text{kN} \cdot \text{m}$$

$$A_{s\text{Ⅳ}} = \frac{M_{\text{Ⅳ}}}{0.9h_{01} f_y} = \frac{27.2 \times 10^6}{0.9 \times 236 \times 270}\text{mm}^2 = 475\text{mm}^2$$

比较 $A_{s\text{Ⅱ}}$ 和 $A_{s\text{Ⅳ}}$，应按 $A_{s\text{Ⅱ}}$ 配置钢筋，实际配Φ10@200。

钢筋根数　$n = \frac{3000}{200} + 1 = 16$，$A_s = 1256\text{mm}^2 > 707\text{mm}^2$。

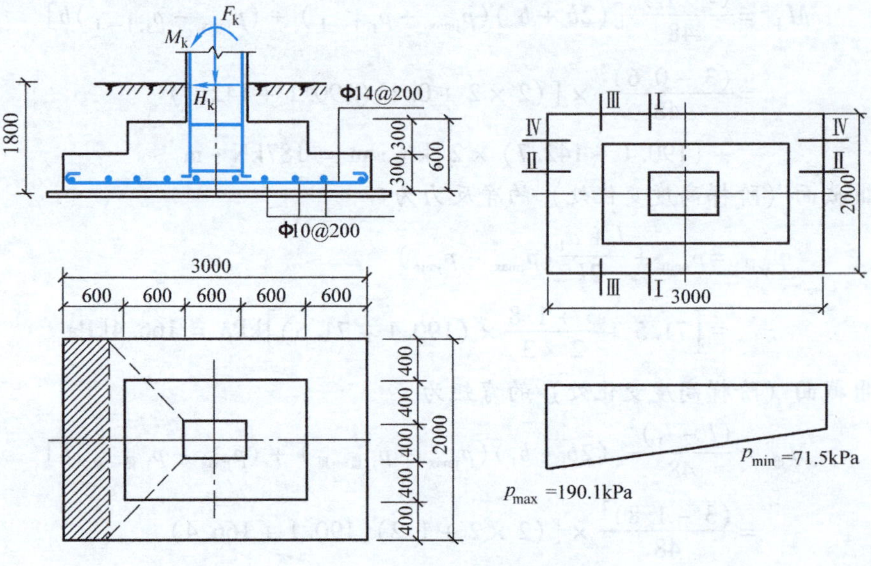

图 3-52　例 3-9 图

【例 3-10】　某钢筋混凝土柱下独立基础，已知混凝土柱截面尺寸 400mm × 700mm，根据地基承载力计算的基础底面尺寸为 $l \times b = 4.5\text{m} \times 2\text{m}$。相应于荷载效应基本组合时，作用于基础顶面的竖向力 $F = 2250\text{kN}$，$H = 80\text{kN}$，$M = 450\text{kN} \cdot \text{m}$。基础采用混凝土等级为 C25（$f_t = 1.27\text{N/mm}^2$），下设垫层。初拟基础高度 $h = 900\text{mm}$。试验算基础高度能否满足设计要求？如基础底板钢筋等级采用 HRB335 级（$f_y = 300\text{N/mm}^2$），试对该基础底板进行配筋计算并画出基础配筋图。

解：已知基础高度 $h = 900\text{mm}$，分为两个台阶，每阶高度为 450mm，基础平面及剖面尺寸如图 3-53 所示。

（1）基础底板净反力计算　作用于基础底面形心的力矩设计值为

$$\sum M = (450 + 80 \times 0.9)\text{kN} \cdot \text{m} = 522\text{kN} \cdot \text{m}$$

基底净反力设计值为

$$\left.\begin{matrix} p_{\text{jmax}} \\ p_{\text{jmin}} \end{matrix}\right\} = \frac{F}{A} \pm \frac{\sum M}{W} = \left(\frac{2250}{2 \times 4.5} \pm \frac{522}{2 \times 4.5^2/6}\right)\text{kPa} = \begin{matrix} 327.33 \\ 172.67 \end{matrix}\text{kPa}$$

平均净反力为 $p_j = \dfrac{F}{A} = \dfrac{2250}{2 \times 4.5}\text{kPa} = 250\text{kPa}$

基底净反力如图 3-54 所示。

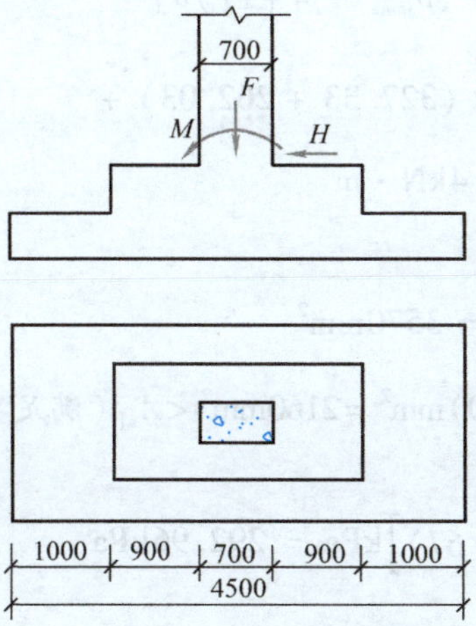

图 3-53 例 3-10 基础平剖面图

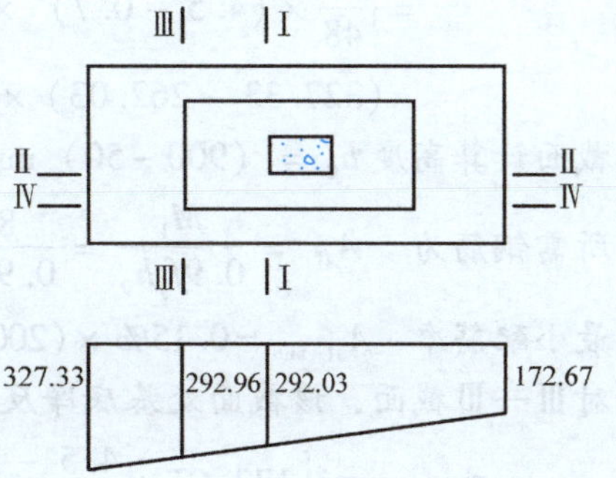

图 3-54 例 3-10 基底净反力示意图（单位：kPa）

（2）验算基础高度 $h_0 = (900 - 50)\text{ mm} = 850\text{mm}$，因为基础短边

$$a_t + 2h_0 = (0.4 + 2 \times 0.85)\text{m} = 2.10\text{m} > b(b = 2.0\text{m})$$

所以冲切破坏锥体落在基础底面以外，基础高度应按抗剪承载力要求进行验算。

1）Ⅰ—Ⅰ截面受剪承载力验算（柱边与基础交接处截面）。$b_{y1} = 2000\text{mm}$，$h_{01} = (850 - 450)\text{ mm} = 400\text{mm}$，$b_{y2} = (400 \times 3)\text{ mm} = 1200\text{mm}$，$h_{02} = 450\text{mm}$。

截面计算宽度 $b_{y0} = \dfrac{b_{y1}h_{01} + b_{y2}h_{02}}{h_{01} + h_{02}} = \dfrac{2000 \times 400 + 1200 \times 450}{400 + 450}\text{mm} = 1576.47\text{mm}$

剪力设计值 $V_s = p_j A = 250 \times 1.9 \times 2\text{kN} = 950\text{kN}$

$h_0 = 850\text{ mm} > 800\text{mm}$，$\beta_{hs} = \left(\dfrac{800}{850}\right)^{1/4} = 0.98$，则

$$0.7\beta_{hs}f_tA_0 = (0.7 \times 0.98 \times 1.27 \times 1576.47 \times 850 \times 10^{-3})\text{kN}$$
$$= 1167.43\text{kN} > V_s = 950\text{kN}(\text{满足要求})$$

2）Ⅲ—Ⅲ截面受剪承载力验算（变阶处截面）。截面计算宽度 $b_{y0} = b_{y1} = 2000\text{mm}$，截面计算高度 $h_{01} = (450 - 50)\text{ mm} = 400\text{mm}$。

剪力设计值 $V_s = p_j A = (250 \times 1 \times 2)\text{kN} = 500\text{kN}$

$h_{01} = 400\text{mm} < 800\text{mm}$，$\beta_{hs} = 1$，则

$$0.7\beta_{hs}f_tA_0 = (0.7 \times 1.0 \times 1.27 \times 2000 \times 400 \times 10^{-3})\text{kN}$$
$$= 711.2\text{kN} > V_s = 500\text{kN}(\text{满足要求})$$

所以基础高度 $h=900\text{mm}$ 满足要求。

(3) 基础底板配筋计算

1) 基础长边方向配筋计算。

对Ⅰ—Ⅰ截面，该截面处基底净反力设计值为

$$p_{j,\text{I}-\text{I}}=\left[172.67+\frac{4.5-1.9}{4.5}\times(327.33-172.67)\right]\text{kPa}=262.03\text{kPa}$$

该截面弯矩设计值为

$$M_{\text{I}}=\frac{1}{48}(l-l_c)^2[(2b+b_c)(p_{j\max}+p_{j,\text{I}-\text{I}})+(p_{j\max}-p_{j,\text{I}-\text{I}})b]$$

$$=\{\frac{1}{48}\times(4.5-0.7)^2\times[(2\times2+0.4)\times(327.33+262.03)+(327.33-262.03)\times2]\}\text{kN}\cdot\text{m}=819.4\text{kN}\cdot\text{m}$$

截面计算高度 $h_0=(900-50)\ \text{mm}=850\text{mm}$

所需钢筋为 $A_{s\text{I}}=\dfrac{M_{\text{I}}}{0.9f_yh_0}=\dfrac{819.4\times10^6}{0.9\times300\times850}\text{mm}^2=3570\text{mm}^2$

最小配筋率 $A_{s\text{I},\min}=0.15\%\times(2000\times450+1200\times450)\text{mm}^2=2160\text{mm}^2<A_{s\text{I}}$（满足要求）

对Ⅲ—Ⅲ截面，该截面处基底净反力设计值为

$$p_{j,\text{III}-\text{III}}=\left[172.67+\frac{4.5-1}{4.5}\times(327.33-172.67)\right]\text{kPa}=292.96\text{kPa}$$

该截面弯矩设计值

$$M_{\text{III}}=\frac{1}{48}(l-l_1)^2[(2b+b_1)(p_{j\max}+p_{j,\text{III}-\text{III}})+(p_{j\max}-p_{j,\text{III}-\text{III}})b]$$

$$=\{\frac{1}{48}\times(4.5-2.5)^2\times[(2\times2+1.2)\times(327.33+292.96)+(327.33-292.96)\times2]\}\text{kN}\cdot\text{m}=276.3\text{kN}\cdot\text{m}$$

所需钢筋为 $A_{s\text{III}}=\dfrac{M_{\text{III}}}{0.9f_yh_{01}}=\dfrac{276.3\times10^6}{0.9\times300\times400}\text{mm}^2=2558\text{mm}^2$

比较以上Ⅰ—Ⅰ截面和Ⅲ—Ⅲ截面计算结果，长边方向配筋面积取 $A_{s长边}=A_{s\text{I}}=3570\text{mm}^2$，分布在 $b=2\text{m}$ 范围内。选用Φ18@150 钢筋，则钢筋根数 $n=\dfrac{2000}{150}+1=15$，实配钢筋

$$A_s=(254.5\times15)\text{mm}^2=3817\text{mm}^2>3570\text{mm}^2$$

2) 基础短边方向配筋计算。

对Ⅱ—Ⅱ截面，该截面弯矩设计值为

$$M_{\text{II}}=\frac{1}{48}(b-b_c)^2(2l+l_c)(p_{j\max}+p_{j\min})$$

$$=\left[\frac{1}{48}\times(2-0.4)^2\times(2\times4.5+0.7)\times(327.33+172.67)\right]\text{kN}\cdot\text{m}=258.7\text{kN}\cdot\text{m}$$

截面计算高度 $h_0=[900-(40+20+10)]\ \text{mm}=830\text{mm}$

所需钢筋为 $A_{s\text{II}}=\dfrac{M_{\text{II}}}{0.9f_yh_0}=\dfrac{258.7\times10^6}{0.9\times300\times830}\text{mm}^2=1154\text{mm}^2$

最小配筋率为 $A_{s\text{II},\min} = 0.15\% \times (4500 \times 450 + 2500 \times 450)\text{mm}^2 = 4725\text{mm}^2$

$$A_{s\text{II}} < A_{s\text{II},\min}，取 A_{s\text{II}} = A_{s\text{II},\min} = 4725\text{mm}^2$$

对Ⅳ—Ⅳ截面，该截面弯矩设计值为

$$M_{\text{IV}} = \frac{1}{48}(b - b_1)^2(2l + l_1)(p_{\text{jmax}} + p_{\text{jmin}})$$

$$= \left[\frac{1}{48} \times (2 - 1.2)^2 \times (2 \times 4.5 + 2.5) \times (327.33 + 172.96)\right]\text{kN} \cdot \text{m} = 76.7\text{kN} \cdot \text{m}$$

截面计算高度 $h_{01} = (450 - 70)\ \text{mm} = 380\text{mm}$

所需钢筋为 $A_{s\text{IV}} = \dfrac{M_{\text{IV}}}{0.9 f_y h_{01}} = \dfrac{76.7 \times 10^6}{0.9 \times 300 \times 380}\text{mm}^2 = 748\text{mm}^2$

短边方向配筋面积取 $A_{s短边} = A_{s\text{II}} = 4725\text{mm}^2$。

基础长短边之比 $\omega = l/b = 2.25$，因为 $2 < \omega < 3$，在与柱中心线重合且宽度为 $b = 2\text{m}$ 的板带范围内配筋面积为 $\lambda A_{s短边}$，其中 $\lambda = 1 - \dfrac{\omega}{6} = 0.625$，故 $\lambda A_{s短边} = 0.625 \times 4725\text{mm}^2 = 2953\text{mm}^2$。选用Φ16@150钢筋，则钢筋根数 $n = \dfrac{2000}{150} + 1 = 15$，实配钢筋面积

$$A_{s1} = (201.1 \times 15)\text{mm}^2 = 3016.5\text{mm}^2 > 2953\text{mm}^2$$

该板带两侧的配筋面积为

$$A_{s短边} - \lambda A_{s短边} = (4725 - 2953)\text{mm}^2 = 1772\ \text{mm}^2$$

选用Φ14@200钢筋，则钢筋根数 $n = \dfrac{4500 - 2000}{200} + 1 = 14$，实配钢筋面积

$$A_{s2} = (153.9 \times 14)\text{mm}^2 = 2154\text{mm}^2 > 1772\text{mm}^2$$

基础配筋大样如图3-55所示。

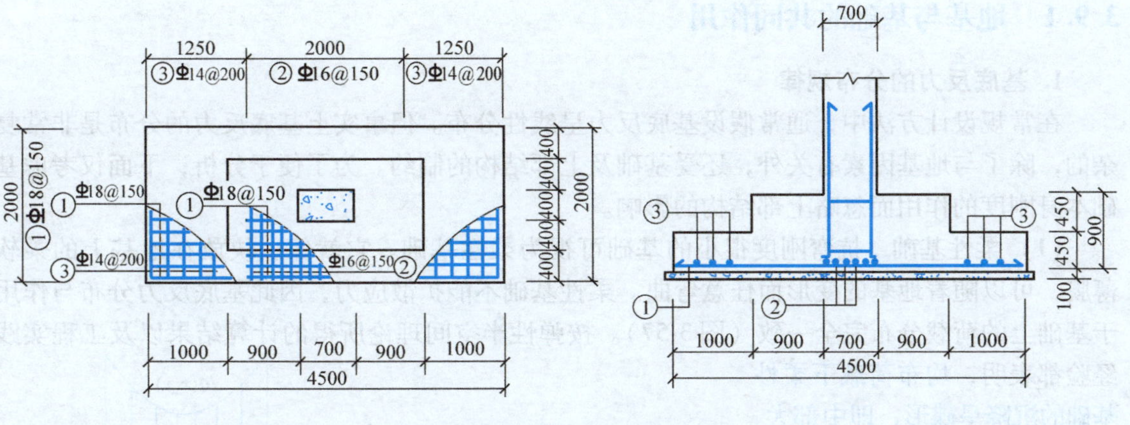

图 3-55 例 3-10 基础配筋大样

3.9 地基、基础与上部结构的相互作用

上部结构通过墙、柱与基础相连接，基础底面直接与地基相接触，三者组成一个完整的体系，在接触处既传递荷载，又相互约束和相互作用。若将三者在界面处分开，则不仅均要

满足静力平衡条件，还应在界面处满足变形协调条件。但常规的简化设计方法未能充分考虑这一点，如图3-56a所示的条形基础上多层平面框架结构的常规设计的步骤是：

1）上部结构计算简图为固接（或铰接）在不动支座上的平面框架（图3-56b），求得框架内力进行框架截面设计，支座反力则作为条形基础的荷载。

2）按直线分布假设计算在上述荷载下条形基础的基底反力，然后按倒置的梁板或静定分析方法计算基础内力（图3-56c），进行基础截面设计。

3）将基底反力反向作用在地基上计算地基变形（图3-56d），验算建筑物是否符合变形要求。

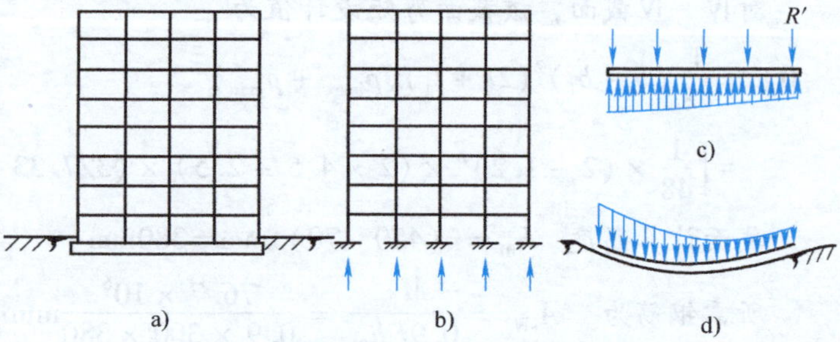

图3-56　条形基础上平面框架结构分析
a）框架建筑物　b）框架计算简图
c）基础计算简图　d）地基变形计算简图

可以看出，上述方法虽满足了上部结构、基础与地基三者之间的静力平衡条件，但三者的变形是不连续、不协调的。这种常规设计方法用于刚性基础以及扩展基础设计时，由于建筑物规模较小，结构较简单，而引起的计算误差一般不至于影响结构的安全，因此为工程界所接受。然而这一简化对于条形、筏形和箱形等规模较大，荷载性质或上部结构复杂的基础，将上部结构、基础与地基离散，仅满足静力平衡条件而不考虑变形协调，常会引起较大误差，因此此类基础设计基于三者的相互作用分析更为合理。

上部结构、基础与地基之间相互作用的效果主要取决于它们的刚度。下面将分别分析上部结构、基础与地基如何通过各自的刚度在整个受力体系的共同工作中发挥作用。

3.9.1　地基与基础的共同作用

1. 基底反力的分布规律

在常规设计方法中，通常假设基底反力呈线性分布。但事实上基底反力的分布是非常复杂的，除了与地基因素有关外，还受基础及上部结构的制约。为了便于分析，下面仅考虑基础本身刚度的作用而忽略上部结构的影响。

（1）柔性基础　抗弯刚度很小的基础可视为柔性基础。它就像一块放在地基上的柔软薄膜，可以随着地基的变形而任意弯曲。柔性基础不能扩散应力，因此基底反力分布与作用于基础上的荷载分布完全一致（图3-57）。按弹性半空间理论所得的计算结果以及工程实践经验都表明，均布荷载下柔性基础的沉降呈碟形，即中部大、边缘小（图3-57a）。显然，若要使柔性基础的沉降趋于均匀，就必须增大基础边缘的荷载，并使中部的荷载相应减少，这样，荷载和反力就变成了图3-57b所示的非均布的形状。

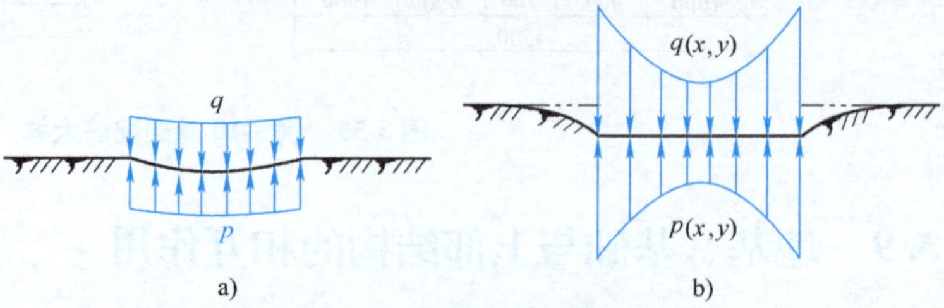

图3-57　柔性基础的基底反力和沉降
a）荷载均匀时，$p(x,y)$ = 常数　b）沉降均匀时，$p(x,y) \neq$ 常数

（2）刚性基础 刚性基础的抗弯刚度极大，在中心荷载作用下，基础将均匀下沉。根据上述柔性基础沉降均匀时基底反力不均匀的论述，可以推断中心荷载下的刚性基础基底反力分布也应该是边缘大、中部小。图3-58所示的实线反力图为按弹性半空间理论求得的刚性基础基底反力图，在基底边缘处，其值趋于无穷大。事实上，由于地基土的抗剪强度有限，基底边缘处的土体将进入塑性状态，出现反力的重新分布，此处的反力将被限制在一定数值范围内，最终的反力图可能呈现出图3-58中虚线所示的马鞍形。由此可见，刚性基础能跨越基底中部，将所承担的荷载相对集中地传至基底边缘，这种现象称为基础的“架越作用”。

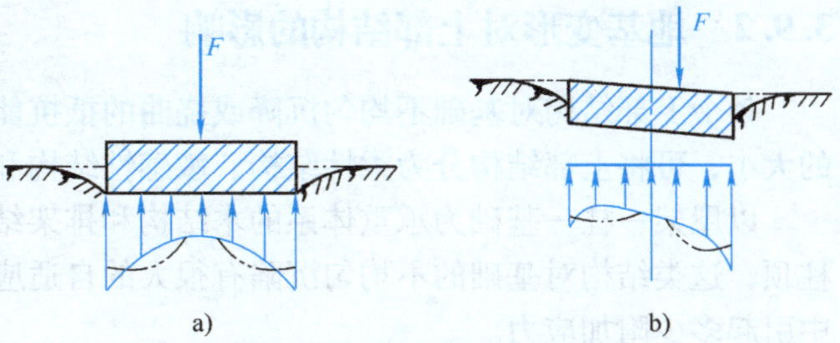

图3-58 刚性基础的基底反力
a）中心荷载 b）偏心荷载

一般来说，无论黏性土或无黏性土地基，只要刚性基础埋深和基底面积足够大、而荷载又不太大时，基底反力均呈马鞍形分布。

（3）基础相对刚度的影响 图3-59a所示为黏性土地基上相对刚度很大的基础。当荷载不太大时，地基中的塑性区很小，基础的架越作用很明显；随着荷载的增加，塑性区不断扩大，基底反力将逐渐趋于均匀。在接近液态的软土中，反力近乎呈直线分布。

图3-59c所示为岩石地基上相对刚度很小的基础，其扩散能力很低，基底出现反力集中的现象，此时基础的内力很小。

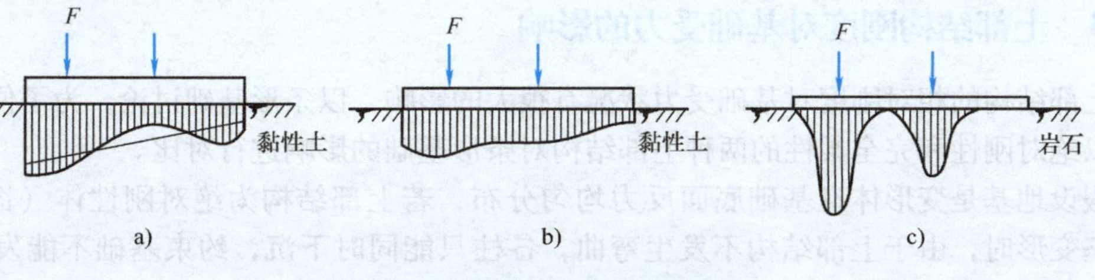

图3-59 基础相对刚度与架越作用
a）基础刚度大 b）基础刚度适中 c）基础刚度小

对于一般黏性土地基上相对刚度中等的基础（图3-59b），其情况介于上述两者之间。基础的架越作用取决于基础的相对刚度、土的压缩性以及基底下塑性区的大小。一般来说，基础的相对刚度越强，沉降就越均匀，但基础的内力将相应增大。当地基局部软硬变化较大时（如山区地基），可以采用整体刚度较大的连续基础；而当地基为岩石或压缩性较低的土层时，宜优先考虑采用扩展基础。

2. 地基非均质性的影响

当地基压缩性显著不均匀时，按常规设计法求得的基础内力可能与实际情况相差很大。图3-60所示

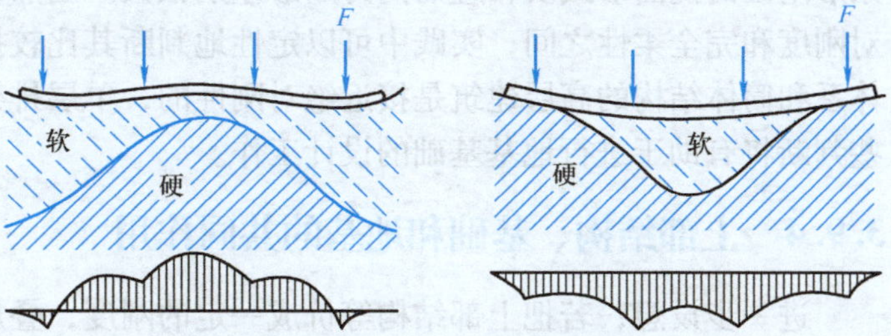

图3-60 地基压缩性不均匀时的情况

为地基压缩性不均匀的两种相反情况，两基础的柱荷载相同，但其挠曲情况和弯矩图则截然不同。

3.9.2 地基变形对上部结构的影响

整个上部结构对基础不均匀沉降或挠曲的抵抗能力，称为上部结构刚度。根据整体刚度的大小，可将上部结构分为柔性结构、敏感性结构和刚性结构三类。

以屋架—柱—基础为承重体系的木结构和排架结构是典型的柔性结构。由于屋架铰接于柱顶，这类结构对基础的不均匀沉陷有很大的自适应性，故基础间的沉降差不会在主体结构中引起多少附加应力。

不均匀沉降会引起较大附加应力的结构，称为敏感性结构，如砌体结构和钢筋混凝土框架结构。敏感性结构对基础间的不均匀沉降较敏感，很小的沉降差异就足以引起可观的附加应力，因此，若结构本身的强度储备不足，就很容易发生开裂现象。

坐落在均质地基上的多层多跨框架结构，其沉降规律通常是中部大、端部小。这种不均匀沉降不仅会在框架中产生可观的附加弯矩，还会引起柱荷载重分配现象，这种现象随着上部结构刚度增大而加剧。而基础刚度越大，其挠曲越小，则上部结构的次应力也越小。因此，对高压缩性地基上的框架结构，基础刚度一般宜刚而不宜柔；对柔性结构，在满足允许沉降值的前提下，基础刚度宜小不宜大，而且不一定需要采用连续基础。

刚性结构指的是烟囱、水塔、高炉、筒仓这类刚度很大的高耸结构物，其下常为整体配置的独立基础。当地基不均匀或在邻近建筑物荷载或地面大面积堆载的影响下，有可能出现基础转动倾斜，但几乎不会发生相对挠曲。

3.9.3 上部结构刚度对基础受力的影响

上部结构的相对刚度对基础受力状况有很大的影响，以条形基础讨论，为了便于说明概念，以绝对刚性和完全柔性的两种上部结构对条形基础的影响进行对比。

假设地基是变形体且基础底面反力均匀分布，若上部结构为绝对刚性体（图 3-61a），当地基变形时，由于上部结构不发生弯曲，各柱只能同时下沉，约束基础不能发生整体弯曲。这种情况，基础犹如支承在把柱端视为不动铰支座上的倒置连续梁，以基底反力为荷载，仅在支座间发生局部弯曲。若上部结构为完全柔性的（图 3-61b），上部结构对基础的变形没有或仅有很小的约束作用，不仅因跨间受基底反力而产生局部弯曲，同时还要随结构变形而产生整体弯曲，两者叠加将产生较大的变形和内力。

对比图 3-61a 和图 3-61b 可知，在上部结构为绝对刚性和完全柔性这两种极端情况下，条形基础的挠曲形式及相应的内力图形差别很大。当然，绝大多数建筑物的实际刚度介于绝对刚度和完全柔性之间，实践中可以定性地判断其比较接近哪一种极端情况。例如，剪力墙体系和筒体结构的高层建筑是接近绝对刚性的，单层排架和静定结构是接近完全柔性的。这些判断将有助于进行地基基础的设计工作。

3.9.4 上部结构、基础和地基的共同作用

进一步设想，若把上部结构等价成一定的刚度，叠加在基础上，然后用叠加后的总刚度与地基进行共同作用的分析，求出基底反力分布曲线，这根曲线就是考虑上部结构—基础—

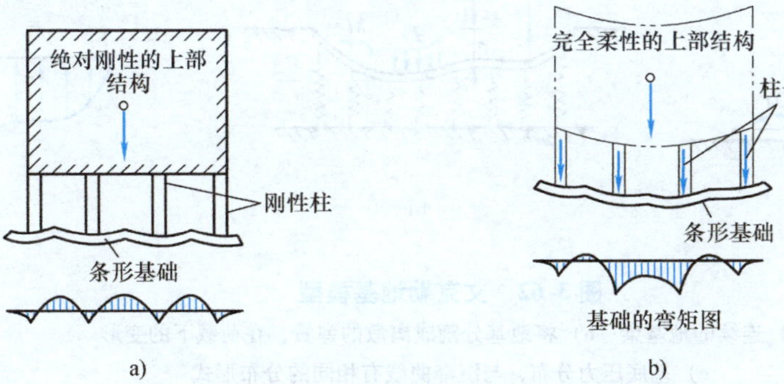

图 3-61 上部结构刚度对基础受力状况的影响

a）上部结构绝对刚性 b）上部结构完全柔性

地基共同作用后的反力分布曲线。将上部结构和基础作为一个整体，将反力曲线作为边界荷载一起加在该体系上就可以用结构力学的方法求解上部结构和基础的挠曲和内力。反之，把反力曲线作用于地基上就可以用土力学的方法求解地基的变形。也就是说，原则上考虑上部结构—基础—地基的共同作用，分析结构的挠曲和内力是可能的，其关键问题是求解考虑共同作用后的基底反力分布。

求解基底的实际反力分布是一个很复杂的问题，因为真正的基底反力分布图受地基—基础变形协调这一要求制约。其中基础的挠曲决定于作用于其上的荷载（包括基底反力）和自身的刚度。地基表面的变形则决定于全部地面荷载（即基底反力）和土的性质。即便把地基土假设为某种理想的弹性材料，利用基底各点地基与基础变位协调条件以推求反力分布就已经是一个不简单的问题，更何况土体并非理想的弹性材料，变形模量随应力水平而变化，且还易产生塑性破坏，破坏后的模量将进一步大大降低，因而使问题的求解变得十分复杂。因此直至目前，共同作用的问题原则上可以求解，而实际上还没有一种完善的方法能够对各类地基条件均给出满意的解答，其中最重要的难点就是选择正确的地基模型。

3.9.5 地基模型

基础设计最大的难点是如何描述地基对基础作用的反应，即确定基底反力与地基变形之间的关系，这种关系可以用连续的或离散化形式的特征函数表示，这就是所谓的地基计算模型。目前，地基计算模型很多，依其对地基土变形特性的描述可分为3大类：线弹性地基模型、非线性弹性地基模型和弹塑性地基模型。本节简要介绍较简单、常用的线弹性地基模型。

1. 文克勒地基模型

该模型由捷克工程师文克勒（Winkler）提出，是最简单的线弹性模型，其假定是地基上任一点的压力 p 与该点的竖向位移（沉降）s 成正比，文克勒地基模型如图3-62所示，即

$$p = ks \tag{3-57}$$

式中 k——地基抗力系数，也称基床系数（kN/m^3）。

文克勒地基模型实质上是把连续的地基分割为侧面无摩擦联系的独立土柱，每一土柱的

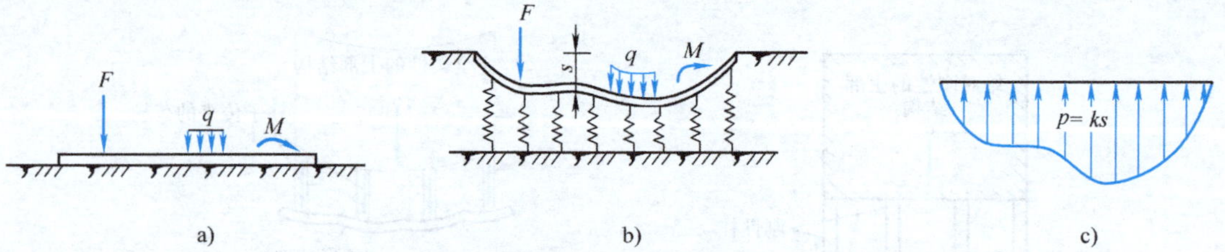

图 3-62　文克勒地基模型

a）连续的地基梁　b）将地基分割成离散的弹簧，在荷载下的变形

c）基底压力分布，与沉降曲线有相同的分布形式

变形仅与作用在土柱上的竖向荷载有关，并与之成正比，即相当于一个弹簧的受力变形。由此，文克勒地基上基底压力的分布与地基沉降具有相同的形式，地基中不存在应力的扩散。

文克勒假定的依据是材料不传递剪应力，水是最具有这种特征的材料。因此，当土的性质越接近于水，如流态的软土，或在荷载作用下土中出现较大范围的塑性区时，越符合文克勒的假定。当土中剪应力很小时，如较大基础下的薄压缩层情况，也较符合文克勒假定。

2. 弹性半无限空间地基模型

弹性半空间地基模型将地基视为均质的线性变形半空间，并用弹性力学公式求解地基中的附加应力或位移。此时，地基上任意点的沉降与整个基底反力以及邻近荷载的分布有关。

根据布辛奈斯克（Boussinesq）解，在弹性半空间表面上作用一个竖向集中力时，半空间表面上离竖向集中力作用点距离为 r 处的地基表面沉降 s 为

$$s=\frac{p(1-\mu^2)}{\pi E_0 r} \tag{3-58}$$

式中　E_0、μ——地基土的变形模量和泊松比。

对于均布矩形荷载 p_0 作用下矩形面积中心点的沉降，可以通过对式（3-58）积分求得

$$s=\frac{2(1-\mu^2)}{\pi E_0}\left[l\ln\frac{b+\sqrt{l^2+b^2}}{l}+b\ln\frac{\sqrt{l^2+b^2}}{b}\right]p_0 \tag{3-59}$$

式中　l、b——矩形荷载面的长度和宽度。

设地基表面作用着任意分布的荷载，把基底平面划分为 n 个矩形网格（图 3-63），作用于各网格面积（f_1，f_2，…，f_n）上的基底压力（p_1，p_2，…，p_n）可以近似地认为是均布的。如果以沉降系数 δ_{ij} 表示网格 i 的中点由作用于网格 j 上的均布压力 $p_j=1/f_j$（此时面积 f_j 上的总压力 $R_j=1$，$R_j=p_jf_j$ 称为集中基底反力）引起的沉降，则按叠加原理，网格 i 中点的沉降应为所有 n 个网格上的基底压力分别引起的沉降之总和，即

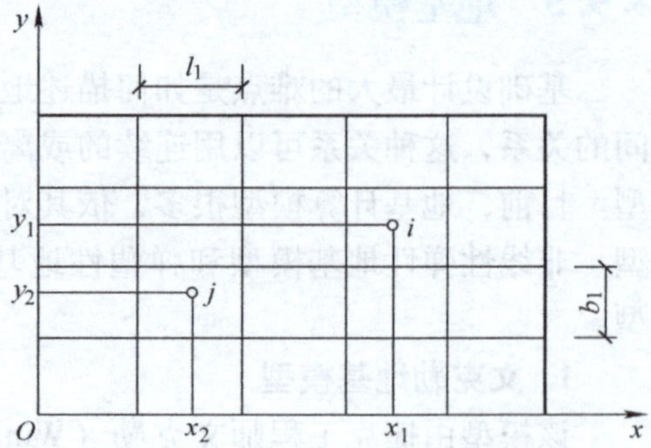

图 3-63　基底网格的划分

$$s_i=\delta_{i1}p_1A_1+\delta_{i2}p_2A_2+\cdots+\delta_{in}p_nA_n=\sum_{j=1}^{n}\delta_{ij}R_j\quad(i=1,2,\cdots,n) \tag{3-60}$$

对于整个基础，式（3-60）可用矩阵形式表示为

$$\begin{Bmatrix} s_1 \\ s_2 \\ \vdots \\ s_n \end{Bmatrix} = \begin{bmatrix} \delta_{11} & \delta_{12} & \cdots & \delta_{1n} \\ \delta_{21} & \delta_{22} & \cdots & \delta_{2n} \\ \vdots & \vdots & \vdots & \vdots \\ \delta_{n1} & \delta_{n2} & \cdots & \delta_{nn} \end{bmatrix} \begin{Bmatrix} R_1 \\ R_2 \\ \vdots \\ R_n \end{Bmatrix} \tag{3-61}$$

简写为

$$\{s\} = [\delta]\{R\} \tag{3-62}$$

式中 $[\delta]$——地基柔度矩阵。

弹性半空间地基模型具有能够扩散应力和变形的优点，可以反映邻近荷载的影响，但它的扩散能力往往超过地基的实际情况，所以计算所得的沉降量和地表的沉降范围，常较实测结果为大，同时该模型未能考虑到地基的成层性、非均质性以及土体应力应变关系的非线性等重要因素。

3. 有限压缩层地基模型

有限压缩层地基模型是把计算沉降的分层总和法应用于地基上梁和板的分析，地基沉降等于沉降计算深度范围内各计算分层在侧限条件下的压缩量之和。这种模型能够较好地反映地基土扩散应力和应变的能力，可以反映邻近荷载的影响，考虑到土层沿深度和水平方向的变化，但仍无法考虑土的非线性和基底反力的塑性重分布。

有限压缩层地基模型的表达式与式（3-62）相同，但式中的柔度矩阵 $[\delta]$ 需按分层总和法计算。如图 3-64 所示，有限压缩层地基模型将基底划分成 n 个矩形网格，并将其下面的地基分割成截面与网格相同的棱柱体，其下端到达硬层顶面或沉降计算深度。各棱柱体依照天然土层界面和计算精度要求分成若干计算层。于是，沉降系数 δ_{ij} 的计算公式可以写成

$$\delta_{ij} = \sum_{t=1}^{n_c} \frac{\sigma_{tij} h_{ti}}{E_{sti}} \tag{3-63}$$

式中 h_{ti}、E_{sti}——第 i 个棱柱体中第 t 分层的厚度和压缩模量；

n_c——第 i 个棱柱体的分层数；

σ_{tij}——第 i 个棱柱体中第 t 分层由 $p_j = 1/f_j$ 引起的竖向附加应力的平均值，可用该层中点处的附加应力值来代替。

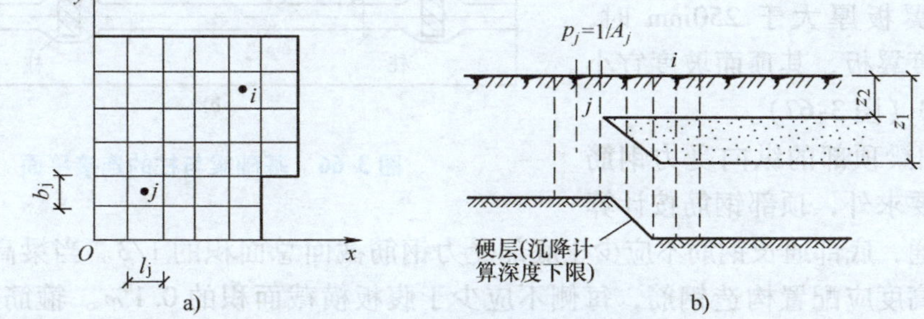

图 3-64 有限压缩层地基模型

a）基底网格 b）地基计算分层

有限压缩层地基模型原理简明，适应性也较好，具有分层总和法的优缺点，但是计算工作操作繁琐，工作量很大，是其推广使用的主要困难。

3.10 柱下条形基础设计

3.10.1 条形基础的形式及适用范围

条形基础是指布置成单向条状的钢筋混凝土基础，由单根梁或交叉梁及其伸出的底板所组成。其上部各片框架结构由条形基础连接成整体（图3-65）。

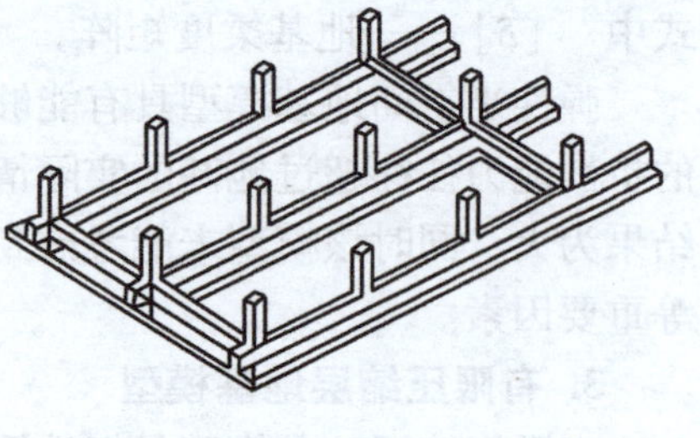

图3-65 条形基础示意图

通常，在下列情况下宜采用条基础：

1）多层与高层建筑，或上部结构传下的荷载较大，地基土的承载力较低，采用各种形式的单独基础不能满足设计要求时。

2）当采用单独基础所需的底面积由于邻近建筑物或设备基础的限制而无法扩展时。

3）当地基软弱，承载力较低，而荷载较大，或地基中有局部软弱土层时。

4）各柱荷载差异过大，会引起基础之间较大的相对沉降差异时。

5）需要增加基础的刚度，以减少地基变形，防止过大的不均匀沉降量时。

3.10.2 构造要求

柱下条形基础的构造，除应符合扩展基础的要求外，尚应符合下列规定：

1）柱下条形基础梁的高度宜为柱距的1/8～1/4。反力小时取下限，反力大时取上限。柱距大时可在梁端加腋，条形基础的端部宜向外伸出，其长度宜为第一跨距的0.25倍。

2）当柱宽＜600mm时，基础的宽度应比该方向柱宽两侧宽出50mm以上（图3-66a）；当柱宽≥600mm时，基础应加腋，其尺寸应符合图3-66b的要求。

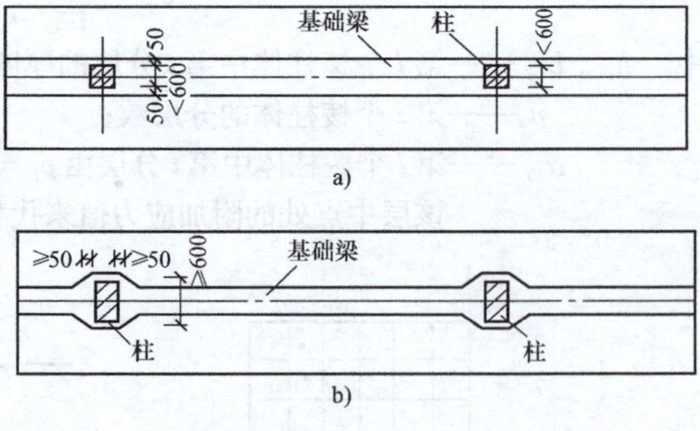

图3-66 基础梁与柱的连接平面

3）基础翼板厚度不应小于200mm。当翼板厚大于250mm时，宜采用变厚度翼板，其顶面坡度宜小于或等于1:3（图3-67）。

4）基础梁顶部的纵向受力钢筋除满足计算要求外，顶部钢筋按计算配筋全部贯通，底部通长钢筋不应少于底部受力钢筋截面总面积的1/3。当梁高$h\geqslant700$mm时，两侧沿高度应配置构造钢筋，每侧不应少于腹板横截面积的0.1%。箍筋应采用封闭式，直径不小于8mm，间距不大于$15d$和200mm（d为纵向受力钢筋直径）。当梁宽$b\leqslant$350mm时，采用双肢箍；当350mm$\leqslant b\leqslant$800mm时，采用四肢箍；当$b>$800mm时，采用六肢箍。

5）基础梁翼板的横向受力钢筋除满足计算要求外，其直径不应小于10mm，间距不应大于200mm，也不应小于100mm。每延米分布钢筋的面积不应小于受力钢筋的1/10。柱下条形基础梁截面形式和配筋构造如图3-68所示。

6）柱下条形基础要在适当位置设置连梁。一般采用矩形截面，连梁应具有一定的承载力和刚度。其截面尺寸和配筋一般按经验确定（图3-68）。

7）预埋在基础梁内柱的插筋应满足柱受力钢筋锚固长度的要求。

8）柱下条形基础的混凝土强度等级、保护层和垫层要求同柱下独立基础。

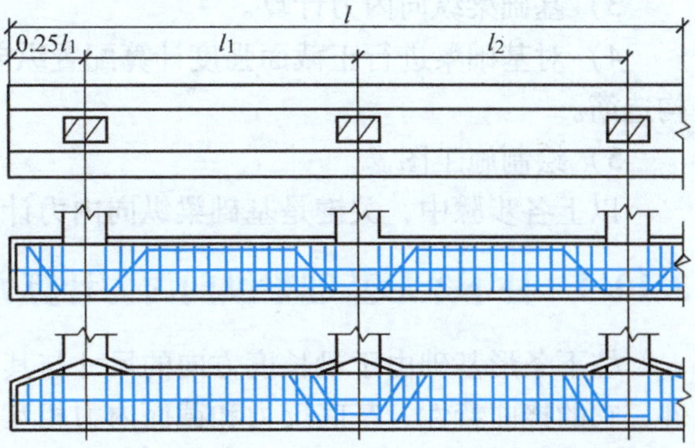

图3-67　柱下条形基础梁纵向配筋示意图

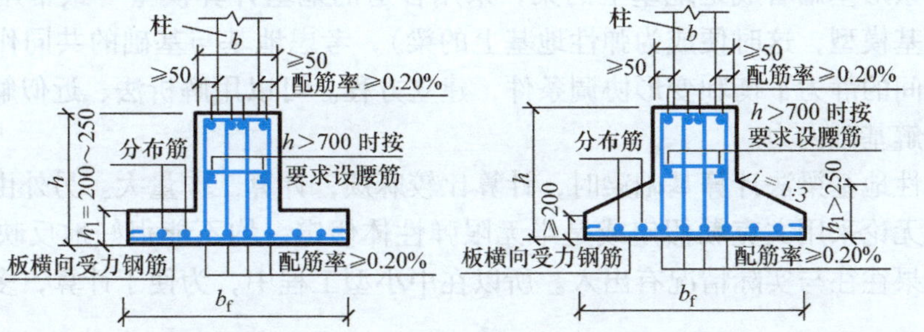

a)　　　　b)

图3-68　柱下条形基础梁截面和配筋构造

a）阶梯形　b）锥形

3.10.3　柱下条形基础设计步骤

柱下条形基础设计步骤如下：

1）确定基础底面尺寸。基础长度 l 等于边柱轴线间距离加上两端外伸长度。通过调整基础两端外伸长度，使荷载合力作用点尽可能与基础形心重合，然后再按照地基承载力的要求确定基础梁的宽度 b。

$$p_k = \frac{\sum F_k + G_k}{bl} \leqslant f_a$$

如果荷载合力不能调整到与基底形心重合，基底反力呈梯形分布，基底压力为

$$p_{\substack{kmax \\ kmin}} = \frac{\sum F_k + G_k}{bl} \pm \frac{\sum M_k}{W}$$

基底压力除需满足 $p_k \leqslant f_a$ 外，还应满足 $p_{kmax} \leqslant 1.2f_a$ 和 $p_{kmin} \geqslant 0$。

2）确定基础截面的高度与形状。按照构造要求，确定基础截面高度，包括肋梁高度、翼板厚度等倒T形截面尺寸，然后按照墙下条形基础的设计方法与构造要求进行翼板厚度计算及配筋：根据斜截面抗剪承载力确定翼板的厚度，根据受弯要求对翼板进行横向配筋计算。

3）基础梁纵向内力计算。

4）对基础梁进行正截面强度计算配置纵向受力钢筋，进行斜截面强度计算配置箍筋及构造筋。

5）绘制施工图。

以上各步骤中，关键是基础梁纵向内力计算，下面重点介绍其计算方法。

3.10.4 柱下条形基础梁纵向内力计算方法

柱下条形基础由于梁长度方向的尺寸与其截面高度相比较大，可以看成地基上的受弯构件，它的挠曲特性、基底反力和截面内力相互关联，并且与地基、基础和上部结构的相对刚度特性有关。因此，应该从地基、基础和上部结构三者相互作用的观点出发，选择适当的方法进行设计计算。目前提出的计算方法主要有弹性地基梁法和简化的内力计算方法两种。

1. 弹性地基梁法

将柱下条形基础看成是地基上的梁，采用合适的地基计算模型（最常用的是上节所述的线弹性地基模型，这时便成为弹性地基上的梁），考虑地基与基础的共同作用，即满足地基与基础之间的静力平衡和变形协调条件，建立方程。可以用解析法、近似解析法和数值分析方法等求解基础内力。

采用弹性地基梁法计算基础梁时，计算比较麻烦，计算工作量大。另外由于地基土性质复杂多变，无论采用文克勒假定或是半无限弹性体假定，均不能很好地反映地基的实际情况，计算结果往往与实际情况有出入。所以在中小型工程中，为便于计算，多采用简化的内力计算方法。

2. 简化的内力计算方法

简化的内力计算方法主要有倒梁法。这种方法假设基础断面上基底净反力为线性分布。为满足这一假定，要求条形基础具有足够的相对刚度。

倒梁法适用条件：在比较均匀的地基上，上部结构刚度较好，荷载分布较均匀，且条形基础梁的高度不小于1/6柱距时，基底反力可按直线分布，条形基础梁的内力可按连续梁计算。否则，按弹性地基梁算。

倒梁法基本假定：基础与地基土相比是绝对刚性的，基础的弯曲挠度不致改变地基压力；地基压力分布呈直线或平面分布，竖向荷载的合力重心与基础的形心重合，两者的偏心矩不大于基础长度的3%。

倒梁法的计算步骤如下：

1）按下式计算基底净反力。

$$p_{\substack{\text{jmax}\\\text{jmin}}} = \frac{\sum F}{bl} \pm \frac{\sum M}{W}$$

2）画出计算简图，用弯矩分配法计算连续梁的弯矩。以柱脚作为不动铰支座，以基底净反力为荷载，绘制多跨连续梁计算简图，如图3-69所示。用弯矩分配法计算连续梁的弯矩分布，进而求得支座剪力，绘制弯矩图和剪力图。

3）调整支座的不平衡力。倒梁法计算的支座反力一般不等于柱荷载。这是由于计算简图中地基反力呈直线分布的假设及视柱脚为不动铰支座都可能与事实不符。另外，上部结构的整体刚度对基础整体弯矩有抑制作用，使柱荷载的分布均匀化。若支座反力与相应的柱轴

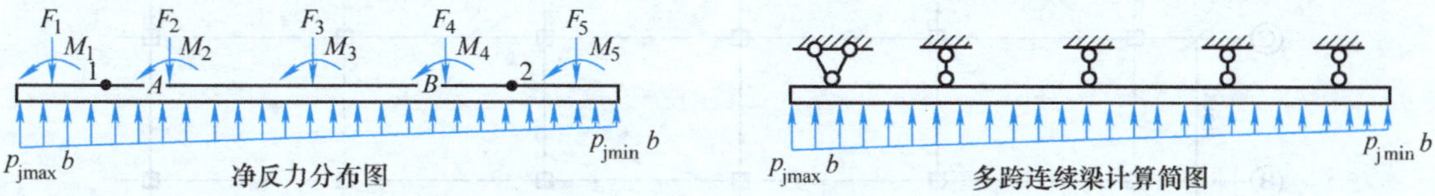

图 3-69　倒梁法计算简图

力相差较大（如相差20%以上），可采用“基底反力局部调整法”加以调整。即将不平衡力（柱轴力与支座反力的差值）均匀分布在支座附近的局部范围（一般取1/3的柱跨）上再进行连续梁分析，将结果叠加到原先的分析结果上，如此逐次调整直到不平衡力基本消除，从而得到梁的最终内力分布。

具体的调整方法如下：

1）根据柱荷载 F_i 和支座反力 R_i 求得不平衡力 ΔP_i

$$\Delta P_i = F_i - R_i \tag{3-64}$$

2）计算不平衡力折算的均布荷载：

对边跨支座

$$q_i = \frac{\Delta P_i}{l_0 + \frac{l_i}{3}} \tag{3-65}$$

对中间跨支座

$$q_i = \frac{\Delta P_i}{\frac{l_{i-1}}{3} + \frac{l_i}{3}} \tag{3-66}$$

式中　q_i——不平衡力折算的均布荷载；

l_0——边跨外伸长度；

l_{i-1}、l_i——支座左右跨长度。

将计算的不平衡力折算的均布荷载均匀分布在本支座左右两侧1/3跨度范围内，如图3-70所示。

3）用图3-70的阶梯形分布的地基反力，再次采用弯矩分配法计算，求得支座处的弯矩和剪力。并将其叠加到原支座反力上。

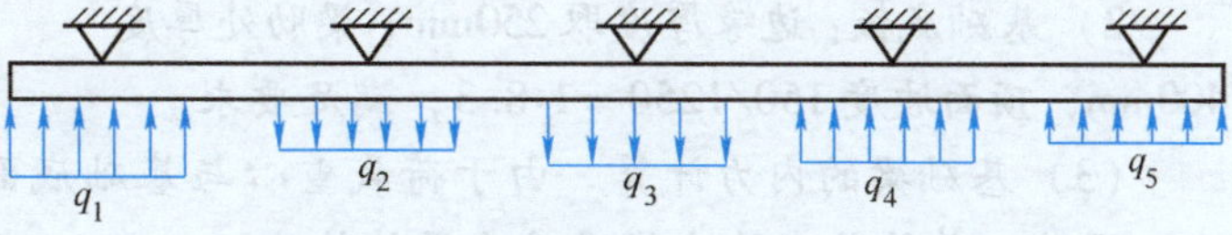

图 3-70　倒梁法不平衡力的调整

4）重复步骤1）~3），直到不平衡力在允许的误差范围内，一般不超过柱荷载的20%，即一般调整1~3次就可满足要求。

5）叠加逐次计算结果，求得多跨连续梁的内力和弯矩。

考虑到基础梁两端实际基底反力较中间偏大，边跨跨中弯矩及第一内支座的弯矩宜乘以1.2的系数（见图3-69边跨跨中1、2处和第一内支座A、B处），然后进行正截面抗弯和斜截面抗剪配筋计算。

【例3-11】　图3-71所示某柱网布置图，框架柱截面尺寸均为400mm×400mm，A轴线上各柱底内力基本组合设计值为：边柱 $N_1 = N_6 = 1363.5\text{kN}$，中柱 $N_2 = N_5 = 2382.5\text{kN}$，$N_3 = N_4 = 3019\text{kN}$。基础埋深 $d = 1.5\text{m}$，室内外高差450mm。经深度修正后的地基承载力特征值 $f_a = 140\text{MPa}$；拟采用柱下条形基础，试对基础进行设计。

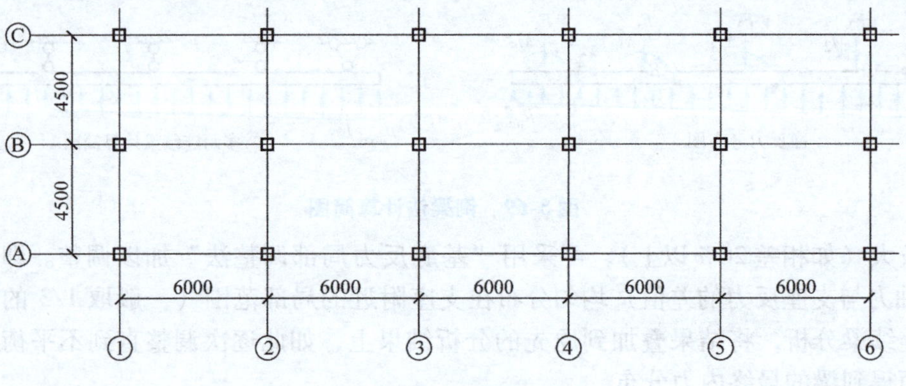

图 3-71 柱网布置图

解：(1) 初步确定基础底面尺寸

$$基础底面积 A_0 \geq \frac{\sum F_i/1.35}{f_a - \gamma_G d} = \frac{(1363.5 + 2382.5 + 3019) \times 2/1.35}{140 - 20 \times \frac{1}{2}(1.5 + 1.95)} m^2 = 95m^2$$

由于荷载对称，基础底面形心与荷载中心重心重合，故基础底面面积不用增大。

条形基础两端各向外伸出(0.25×6)m = 1.5m，则基础总长度 $L = (5 \times 6 + 2 \times 1.5)m = 33m$

基础宽度 $B \geq A_0/L = (95/33)m = 2.88m$，取 $B = 3.0m$（图 3-72）。

(2) 初步确定基础截面尺寸

1) 基础梁：高度 $h \geq 6000mm/6 = 1000mm$，取 $h = 1100mm$；宽度 $b = (400 + 2 \times 50)mm = 500mm$。

2) 基础底板：边缘厚度取 250mm；梁肋处厚度 400mm，顶面坡度 150/1250 = 1:8.3，满足要求。

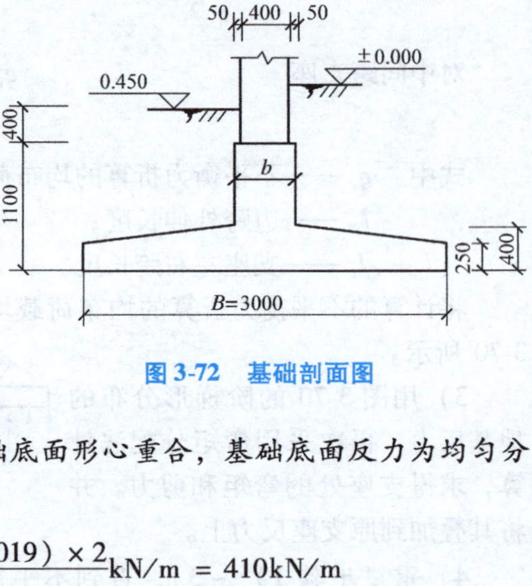

图 3-72 基础剖面图

(3) 基础梁的内力计算　由于荷载重心与基础底面形心重合，基础底面反力为均匀分布，因此，单位长度的地基净反力设计值为

$$p_j = \frac{\sum F_i}{L} = \frac{(1363.5 + 2382.5 + 3019) \times 2}{33} kN/m = 410kN/m$$

基础梁可看成是在均布荷载 p_j 作用下以柱为支座的五跨等跨连续梁。为了简化计算，梁端弯矩计算近似采用弯矩二次分配法。其过程如下图 3-73 所示。各跨内最大弯矩近似采用各跨中点弯矩值。弯矩图、剪力图如图 3-73d、e 所示。各支座反力大小等于各支座左右截面剪力绝对值之和，计算结果如图 3-73f 所示。

(4) 基础梁各梁端内力调整　比较图 3-73a、f 可以看出，支座反力与柱底荷载不相等，需要进行调整。把差值折算成分布荷载，分布在支座两侧各 1/3 跨内，悬挑部分全部分布。

各支座反力与原柱荷载的差值为

$$\Delta P_1 = (1363.5 - 1680.4)kN = -316.9kN$$

$$\Delta P_2 = (2382.5 - 2670.3)kN = -287.8kN$$

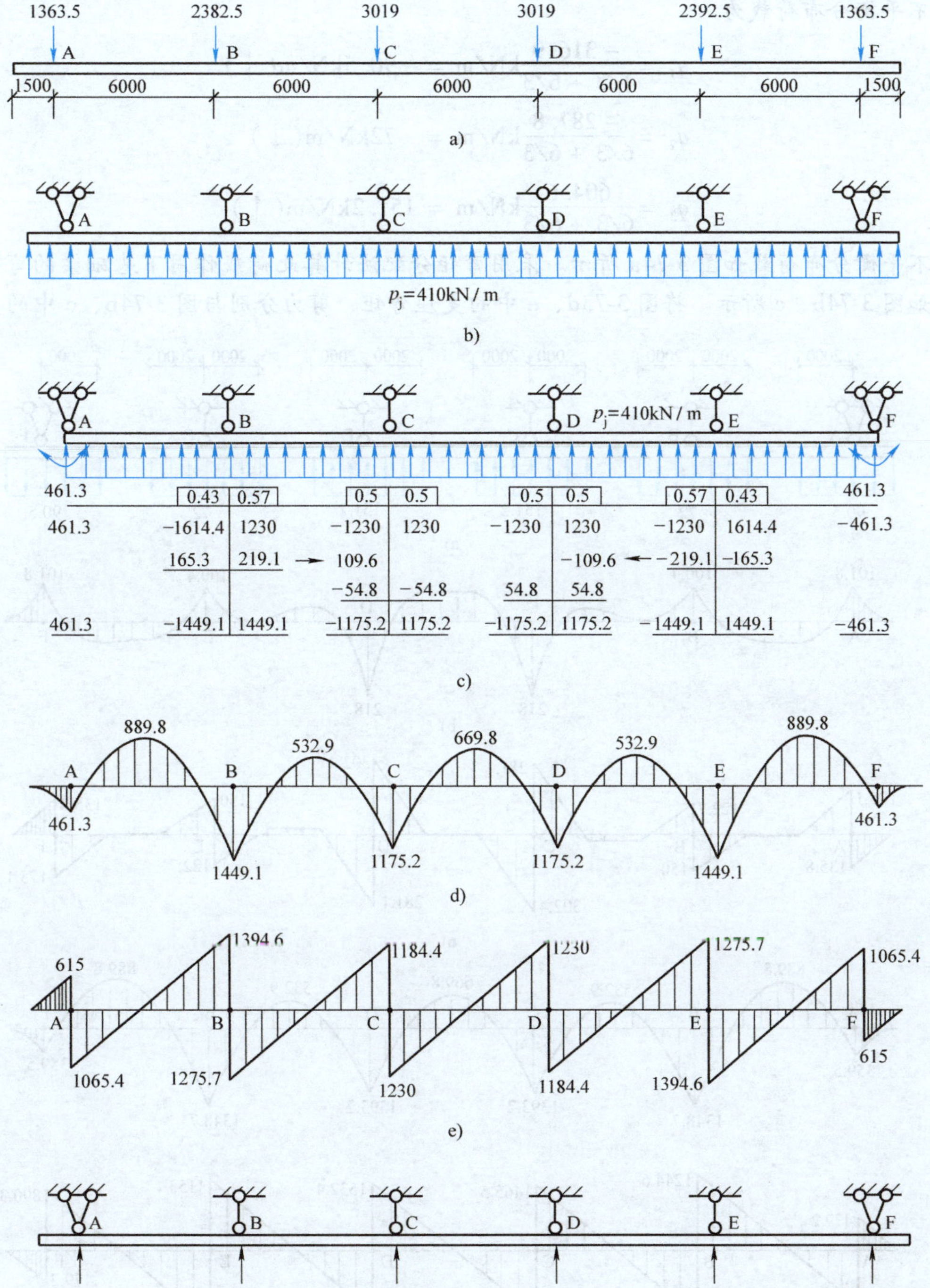

图3-73　基础梁内力分析

a）基础梁计算简图（单位：kN）　b）倒梁法计算简图　c）弯矩二次分配法计算（单位：kN · m）
d）弯矩图1（单位：kN · m）　e）剪力图1（单位：kN）　f）支座反力图（单位：kN）

$$\Delta P_3 = (3019 - 2414.4)\text{kN} = 604.6\text{kN}$$

不平衡分布荷载为

$$q_1 = \frac{-316.9}{1.5 + 6/3}\text{kN/m} = -90.5\text{kN/m}(\downarrow)$$

$$q_2 = \frac{-287.8}{6/3 + 6/3}\text{kN/m} = -72\text{kN/m}(\downarrow)$$

$$q_3 = \frac{604.6}{6/3 + 6/3}\text{kN/m} = 151.2\text{kN/m}(\uparrow)$$

不平衡分布荷载如图 3-74a 所示。采用弯矩分配法计算此荷载作用下基础梁的弯矩、剪力，如图 3-74b、c 所示。将图 3-73d、e 中的支座弯矩、剪力分别与图 3-74b、c 中的支座弯

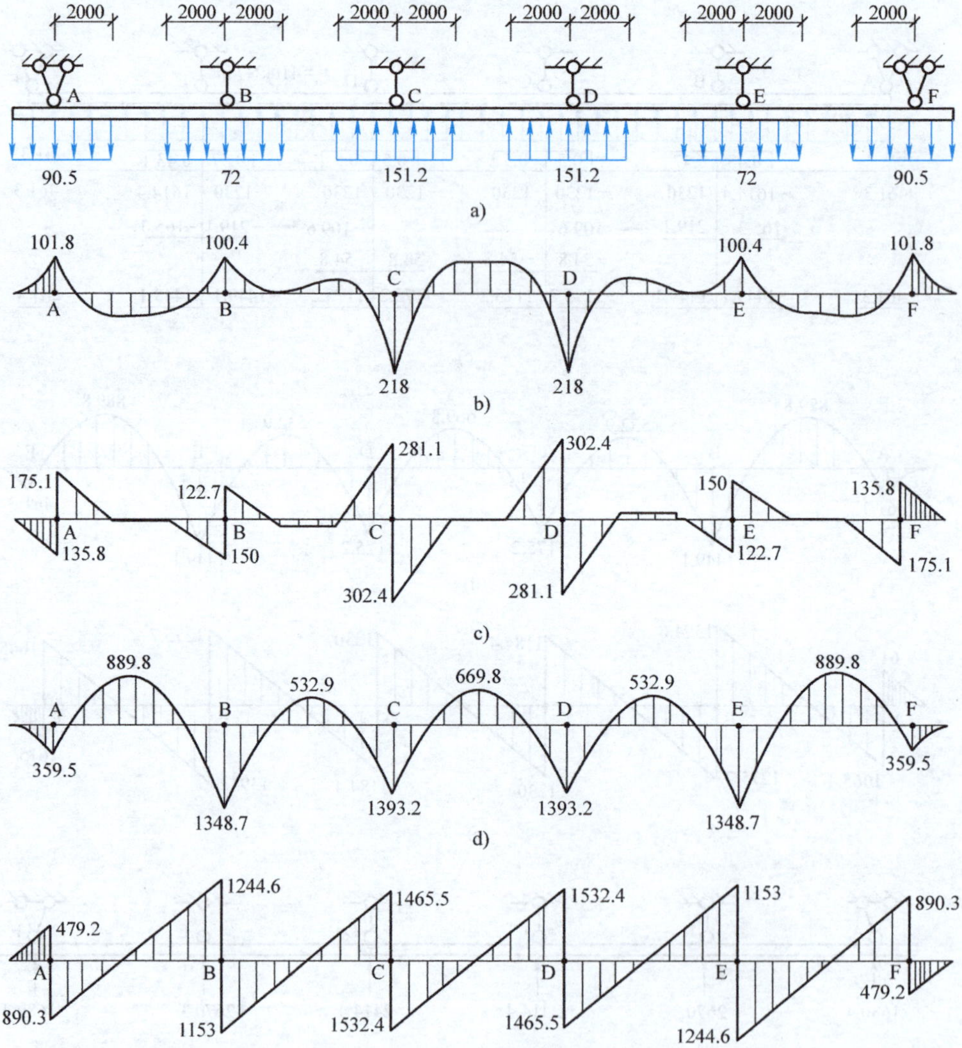

图 3-74 不平衡内力的调整

a) 不平衡反力分布（单位：kN/m） b) 弯矩图 2（单位：kN · m） c) 剪力图 2（单位：kN）
d) 调整后的弯矩图（单位：kN · m） e) 调整后的剪力图（单位：kN）

矩、剪力叠加，跨中弯矩仍采用图 3-73d 弯矩图 1 的跨内最大弯矩，则调整后基础梁的内力如图 3-74d、e 所示。

此时，各支座反力与柱荷载的差值为

$$\Delta P_1 = (1363.5 - 479.2 - 890.3)\text{kN} = -6\text{kN}$$

$$\Delta P_2 = (2382.5 - 1244.6 - 1153)\text{kN} = -15.1\text{kN}$$

$$\Delta P_3 = (3019 - 1465.5 - 1532.4)\text{kN} = 21.1\text{kN}$$

各差值与柱荷载相比较，差值在允许范围内，不需要再调整。上述调整后的弯矩图和剪力图可作为基础梁最终的内力图。将均布反力 p_j 与不平衡力 q_i 相叠加得到地基反力分布，如图 3-75 所示。

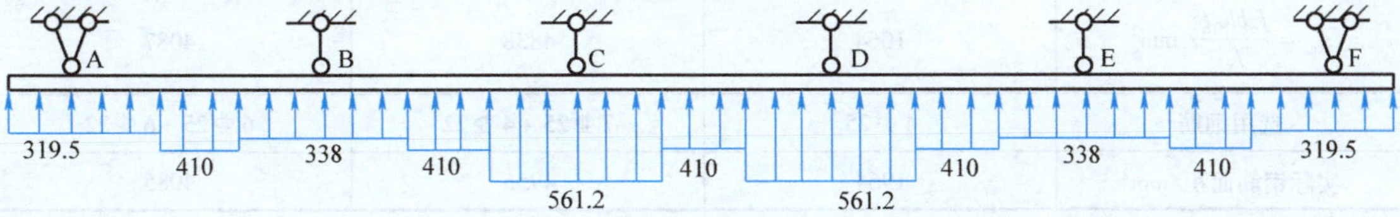

图 3-75 地基反力分布图（单位：kN/m）

（5）基础底板内力计算及配筋设计 材料选用：纵向受力钢筋采用 HRB400 级钢筋，$f_y = 360\text{N/mm}^2$；混凝土 C30，$f_t = 1.43\text{N/mm}^2$

1）基础底板内力计算。基础剖面如图 3-72 所示。

底板外挑长度为 $\frac{1}{2}\times$（3000 − 500）mm = 1250mm

底板净反力设计值为 $q_j = \frac{P_j}{B} = \frac{410}{3}\text{kN/m}^2 = 136.7\text{kN/m}^2$

取 1m 长度底板，则底板根部弯矩和剪力分别为

$$M = \frac{1}{2}\times\left(\frac{B-b}{2}\right)^2 \times q_j = \left[\frac{1}{2}\times\frac{(3.0-0.5)^2}{4}\times 136.7\right]\text{kN}\cdot\text{m} = 106.8\text{kN}\cdot\text{m}$$

$$V = \frac{B-b}{2}\times q_j = \left(\frac{3.0-0.5}{2}\times 136.7\right)\text{kN} = 170.9\text{kN}$$

2）基础底板受剪承载力验算。

$h_0 = (400 - 50)\text{mm} = 350\text{mm} < 800\text{mm}$，$\beta_{hs} = 1.0$

$0.7\beta_{hs}f_t bh_0 = (0.7\times 1.43\times 1000\times 350)\text{kN} = 350.35\text{kN} > V = 170.9\text{kN}$（满足要求）

3）基础底板配筋设计。

$$A_s = \frac{M}{0.9h_0 f_y} = \frac{106.8\times 10^6}{0.9\times 350\times 360}\text{mm}^2 = 942\text{mm}^2$$

$$A_{smin} = 0.15\% bh = 0.15\% \times 1000\times 400\text{mm}^2 = 600\text{mm}^2 < A_s\text{（满足要求）}$$

选用 ⌀14@160mm，$A_s = 962\text{mm}^2$。

（6）基础梁配筋设计 材料选用：纵向受力钢筋采用 HRB400 级钢筋，$f_y = 360\text{N/mm}^2$，箍筋采用 HRB335 级钢筋，$f_{yv} = 300\text{N/mm}^2$，混凝土采用 C30，$f_t = 1.43\text{N/mm}^2$，$f_c = 14.3\text{N/mm}^2$。

1）基础梁正截面承载力计算。支座截面按矩形截面，跨中截面按 T 形截面设计。边跨跨中弯矩设计值和第一内支座弯矩设计值分别乘以系数 1.2。具体计算见表 3-13、表 3-14。

表 3-13 基础梁支座正截面承载力计算

截面位置	支座 A	支座 B	支座 C
弯矩 M/（kN·m）	395.5	1348.7×1.2 = 1618.4	1393.2
截面尺寸/mm	$b=500$ $h_0=1100-50=1050$	$b=500$ $h_0=1100-50=1050$	$b=500$ $h_0=1100-50=1050$
$\xi=1-\sqrt{1-\frac{M}{0.5f_cbh_0^2}}$	0.051	0.232	0.196
$A_s=\frac{f_cbh_0\xi}{f_y}$/mm²	1064	4838	4087
选用钢筋	4⌀25	7⌀25+4⌀22	6⌀25+6⌀22
实际钢筋面积/mm²	1964	4956	4085

注：最小配筋面积 $A_{smin}=0.2\%bh=(0.002\times500\times1100)\text{mm}^2=1100\text{mm}^2$。

表 3-14 基础梁跨中正截面承载力计算

截面位置	AB 跨跨中	BC 跨跨中	CD 跨跨中
弯矩 M/（kN·m）	889.8×1.2 = 1067.8	532.9	669.8
截面尺寸/mm	$b_f'=3000$ $h_0=1050$	$b_f'=3000$ $h_0=1050$	$b_f'=3000$ $h_0=1050$
$\xi=1-\sqrt{1-\frac{M}{0.5f_cb_f'h_0^2}}$	0.023	0.011	0.014
$A_s=\frac{f_cb_f'h_0\xi}{f_y}$/mm²	2877	1376	1752
选用钢筋	6⌀25	4⌀25	4⌀25
实际钢筋面积/mm²	2945	1964	1964

注：1. $f_cb_f'h_f'\left(h_0-\frac{h_f'}{2}\right)=\left[14.3\times3000\times250\times\left(1050-\frac{250}{2}\right)\right]\text{N}\cdot\text{mm}=9920.6\times10^6\text{N}\cdot\text{mm}=9920.6\text{kN}\cdot\text{m}>M$，故跨中均为第一类 T 形截面；

2. $A_{smin}=\rho_{min}bh=(0.2\%\times500\times1100)\ \text{mm}^2=1100\text{mm}^2$。

2）基础梁斜截面承载力计算。由调整后的剪力图知，各支座截面最大的剪力设计值为 $V=1532.4\text{kN}$，该截面箍筋用量最多，为方便施工其他各支座截面均按照该截面所需箍筋配置。计算如下：

①验算截面尺寸。

$$\frac{h_w}{b}=\frac{1050}{500}<4$$

$$0.25\beta_cf_cbh_0=(0.25\times1\times14.3\times500\times1050\times10^{-3})\text{kN}$$
$$=1876.9\text{kN}>V=1532.4\text{kN}(\text{满足要求})$$

②斜截面承载力计算。

$$\frac{A_{sv}}{s}=\frac{V-0.7f_tbh_0}{f_{yv}h_0}=\frac{1532.4\times10^3-0.7\times1.43\times500\times1050}{300\times1050}\mathrm{mm^2/mm}=3.2\mathrm{mm^2/mm}$$

采用四肢箍，箍筋直径 $d=12\mathrm{mm}$，$A_{sv1}=113.1\mathrm{mm}^2$

$$s\leqslant\frac{4\times113.1}{3.2}\mathrm{mm}=141.4\mathrm{mm}，取\ s=140\mathrm{mm}$$

验算最小配箍率 $\rho_{sv,min}=0.24\frac{f_t}{f_{yv}}=0.24\times\frac{1.43}{300}=0.114\%$

箍筋配箍率 $\rho_{sv}=\frac{A_{sv}}{bs}=\frac{4\times113.1}{500\times140}=0.646\%>\rho_{sv,min}$（满足要求）

则箍筋配置为四肢箍⌀12@140mm。

条形基础梁配筋图如图3-76所示。

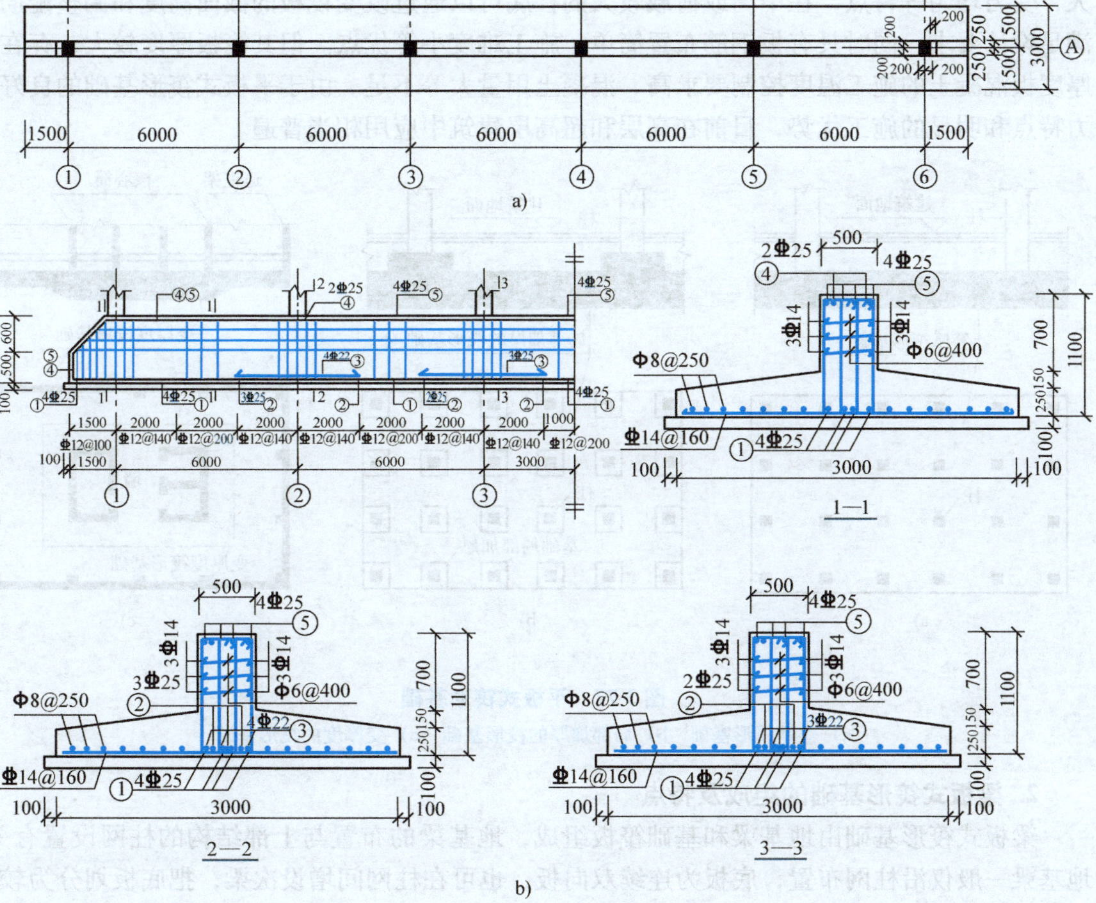

图3-76 基础梁详图

a）平面图 b）配筋图

3.11 筏形基础设计

3.11.1 筏形基础的形式及适用范围

当上部结构荷载较大，地基土压缩性较高，采用人工地基或桩基不经济时，可采用筏形基础。这种基础可降低基底压力，增加整个基础刚度，调整地基不均匀沉降。因此，筏形基础广泛用于高层建筑，特别是需要设置地下停车场的高层建筑中。

筏形基础是底板连成整片形式的基础，又称为整体式基础。筏形基础可以分为平板式和梁板式两类。筏形基础的形式应根据工程地质、上部结构体系、柱距、荷载大小以及施工条件等因素确定。

1. 平板式筏形基础的组成及特点

平板式筏形基础由大厚板基础组成，常用的形式有等厚筏形基础、局部加厚的筏形基础和变厚度的筏形基础等（图3-77）。平板式筏形基础适合于复杂柱网结构，具有基础刚度大，受力均匀等特点，在中筒或荷载较大的柱底可以通过改变筏板的截面高度和调整配筋来满足设计要求，同时具有板钢筋布置简单、施工难度小等优点。但其筏板厚度较大，存在超厚度板混凝土的施工温度控制要求高、混凝土用量大等不足。由于平板式筏形基础的良好受力特点和明显的施工优势，目前在高层和超高层建筑中应用相当普遍。

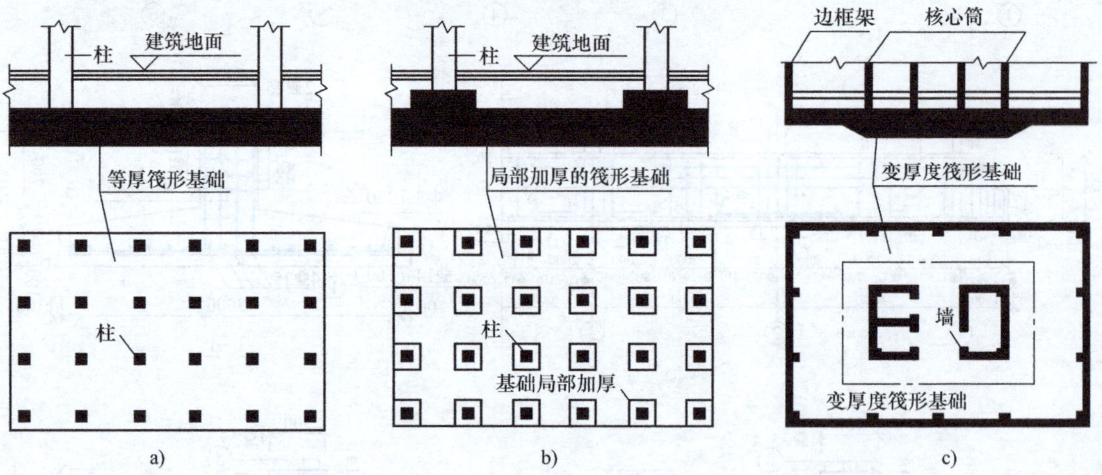

图3-77 平板式筏形基础

a）等厚筏形基础 b）局部加厚的筏形基础 c）变厚度的筏形基础

2. 梁板式筏形基础的组成及特点

梁板式筏形基础由地基梁和基础筏板组成，地基梁的布置与上部结构的柱网设置有关，地基梁一般仅沿柱网布置，底板为连续双向板，也可在柱网间增设次梁，把底板划分为较小的矩形板块（图3-78）。

梁板式筏形基础具有结构刚度大，混凝土用量少，当建筑的使用对地下室的防水要求很高时，可充分利用地基梁之间的"格子"空间采取必要的排水措施等优点（图3-79a）。但

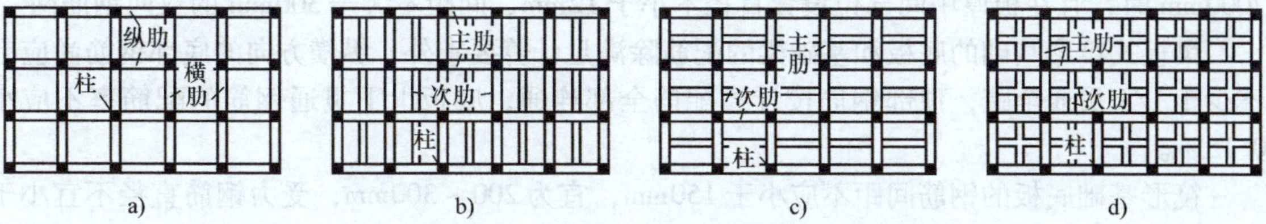

图 3-78　梁板式筏形基础的肋梁布置

a）双向主肋　b）纵向主肋、横向次肋　c）横向主肋、纵向次肋　d）双向主次肋

其同时也存在基础高度大、受地基梁板布置的影响，基础刚度变化不均匀，受力呈现明显的“跳跃”式（图 3-79b），在中筒或荷载较大的柱底容易形成受力及配筋的突变，梁板钢筋布置复杂、降水及基坑支护费用高、施工难度大等不足。

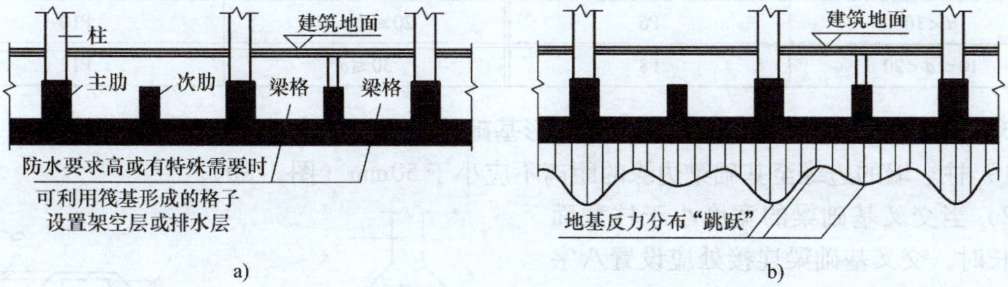

图 3-79　梁板式筏形基础的特点

a）梁格的利用　b）地基反力的突变

由于梁板式筏形基础在技术经济上的明显不足，因此，近年来该基础的使用正逐步减少，一般仅用于柱网布置规则、荷载均匀的某些特定结构中。

3.11.2　筏形基础的构造要求

1. 筏形基础的厚度

筏形基础的厚度应满足受冲切承载力和受剪切承载力的要求。对平板式筏形基础，最小板厚不宜小于 400mm。当柱荷载较大时，可在筏板上面增设柱墩或在筏板下局部增加板厚或采用抗冲切钢筋等措施满足受冲切承载能力要求。对于梁板式筏形基础，当底板区格为矩形双向板时，其底板厚度与最大双向板格的短边净跨之比不应小于 1/14，且板厚不应小于 400mm。当底板区格为单向板时，板厚不应小于 400mm。

2. 采用筏形基础的地下室

地下室钢筋混凝土外墙厚度不应小于 250mm，内墙厚度不宜小于 200mm。墙的截面设计除满足承载力要求外，尚应考虑变形、抗裂及外墙防渗等要求。墙体内应设置双面钢筋，钢筋不宜采用光面圆钢筋，水平钢筋的直径不应小于 12mm，竖向钢筋的直径不应小于 10mm，间距不应大于 200mm。

3. 钢筋

平板式筏形基础柱下板带和跨中板带的底部支座钢筋应有不少于 1/3 贯通全跨，顶部钢筋应按计算配筋全部连通，上下贯通钢筋的配筋率不应小于 0.15%。当筏板的厚度大于

2000mm 时，宜在板厚中间部位设置直径不小于 12mm、间距不大于 300mm 的双向钢筋网。

梁板式筏形基础的底板和基础梁的配筋除满足计算要求外，纵横方向的底部钢筋尚应有不少于 1/3 贯通全跨，顶部钢筋按计算配筋全部连通，底板上下贯通钢筋的配筋率不应小 0.15%。

筏形基础底板的钢筋间距不应小于 150mm，宜为 200 ~ 300mm，受力钢筋直径不宜小于 12mm。采用双向钢筋网片配置在板的顶面和底面。

4. 混凝土强度等级

筏形基础的混凝土强度等级不应低于 C30，当有地下室时应采用防水混凝土。防水混凝土的抗渗等级应按表 3-15 选用。对重要建筑物，宜采用自防水并设置架空排水层。

表 3-15　防水混凝土抗渗等级

埋置深度 d/m	设计抗渗等级	埋置深度 d/m	设计抗渗等级
$d<10$	P6	$20 \leqslant d<30$	P10
$10 \leqslant d<20$	P8	$30 \leqslant d$	P12

5. 地下室底层柱、剪力墙与梁板式筏形基础的基础梁连接时的构造要求

1）柱、墙的边缘至基础梁边缘的距离不应小于 50mm（图 3-80）。

2）当交叉基础梁的宽度小于柱截面的边长时，交叉基础梁连接处应设置八字角，柱角与八字角之间的净距不宜小于 50mm（图 3-80a）。

3）单向基础梁与柱的连接，可按图 3-80b。

4）基础梁与剪力墙的连接，可按图 3-80d 采用。

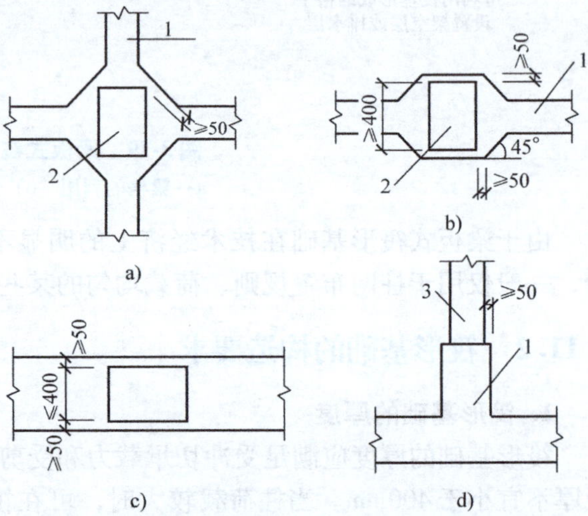

图 3-80　地下室底层柱、剪力墙与梁板式筏形基础的基础梁连接时的构造要求

1—基础梁　2—柱　3—墙

3.11.3　筏形基础的平面尺寸

筏形基础的平面尺寸，应根据地基土的承载力、上部结构的布置及荷载分布等因素按第 3.5 节的方法确定。对单幢建筑物，在地基土比较均匀的条件下，基底平面形心宜与结构竖向永久荷载重心重合。当不能重合时，在荷载效应准永久组合下，偏心距 e 宜符合下式要求

$$e \leqslant 0.1\frac{W}{A} \tag{3-67}$$

式中　W——与偏心距方向一致的基础底面边缘抵抗矩（m^3）；

A——基础底面积（m^2）。

对基础偏心距 e 的限制，本质上就是控制基础底面的压力和基础的整体倾斜。对高层建筑由于其楼身质心高、荷载重，当整体式基础（筏形或箱形）开始产生倾斜后，建筑物总重对基础底面形心将产生新的倾覆力矩增量，而倾覆力矩的增量又产生新的倾斜增量，倾斜

可能伴随时间而增长，直至地基变形稳定为止。为限制基础在永久荷载下的倾斜而提出基础偏心距的限值要求，采用的是荷载效应的准永久组合。

由式（3-67）可以得到 $e \leqslant b/60$，不难算出，相当于要求基底边缘最小应力与最大应力之比 $\xi = p_{\min}/p_{\max} \geqslant 0.818$，可见对偏心矩的要求是比较严格的。

3.11.4　筏形基础的内力计算

当地基土比较均匀、上部结构刚度较好，平板式筏形基础的厚跨比或梁板式筏形基础梁的高跨比不小于1/6，且相邻柱荷载及柱间距的变化不超过20%时，筏形基础可仅考虑局部弯曲作用，基底反力按直线分布进行计算。计算时基底反力应扣除底板自重和其上填土自重。筏形基础的内力，可采用简化的内力计算方法，平板式可按倒置的无梁楼盖进行计算，梁板式筏基可按倒置的肋形楼盖进行计算。

当不满足上述要求时，筏形基础的内力可按弹性地基梁板法进行分析计算。由于弹性地基梁板法计算复杂，需参考相关书籍或运用计算机软件解决实际问题，下面仅介绍简化的内力计算方法。

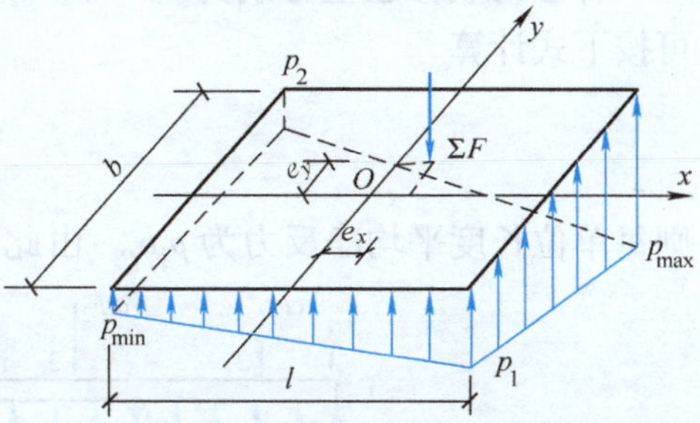

图3-81　基底反力简化计算

1. 地基净反力计算

对于矩形筏形基础，地基净反力可按下列偏心受压公式进行简化计算（图3-81）

$$\left.\begin{matrix} p_{\mathrm{jmax}}, p_1 \\ p_{\mathrm{jmin}}, p_2 \end{matrix}\right\} = \frac{\sum F}{lb}\left(1 \pm \frac{6e_x}{l} \pm \frac{6e_y}{b}\right) \tag{3-68}$$

式中　p_{jmax}、p_{jmin}、p_1、p_2——筏板基底四个角的基底净反力设计值（kPa）；

$\sum F$——相应于荷载效应基本组合时，筏板上的总竖向荷载设计值（kN）；

l、b——筏板底面长与宽（m）；

e_x、e_y——$\sum F$ 在 x、y 方向对基底形心的偏心距（m），$e_x = M_x / \sum F$，$e_y = M_y / \sum F$，M_x、M_y 竖向荷载设计值的合力点对 x、y 轴的力矩（kN·m）。

2. 平板式筏形基础简化计算

（1）无梁楼盖法　将筏形基础看做一个倒置在地基上的楼盖，柱视为该楼盖的支座，荷载则为直线分布的地基净反力，按混凝土结构中的无梁楼盖，分为柱下板带和跨中板带进行计算。

（2）刚性板条法　当基础的刚度足够大时，可将基础看做绝对刚性，基础内力计算时，可以将筏形基础在 x，y 方向从跨中到跨中分成若干条带，取出每一条带按独立的条形基础计算基础内力，如图3-82所示，基底反力按直线分布假定由筏板上的总荷载计算。

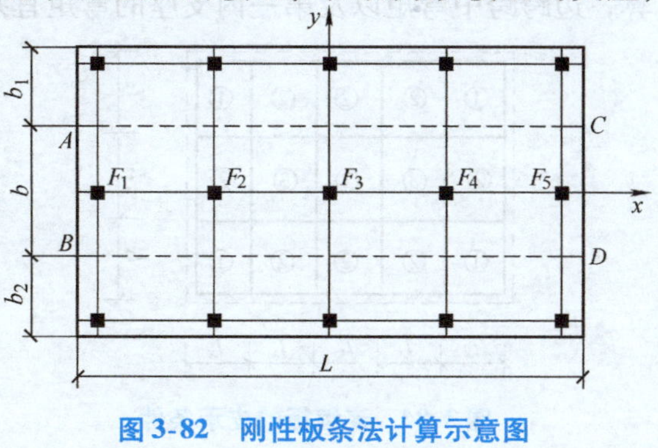

图3-82　刚性板条法计算示意图

由于没有考虑条带间的剪力，因此每一条带柱荷载的总和与基底净反力总和不平衡，因而必须进行调整。以 *ABCD* 板条为例，板条上的净反力平均值即为 $F_j=(F_{jA}+F_{jB}+F_{jC}+F_{jD})/4$，板条净反力合力与板条柱荷载总和 $\sum F=F_1+F_2+F_3+F_4+F_5$，对基底净反力及荷载作如下调整：取净反力合力和板条柱荷载总和 $\sum F$ 的平均值

$$\overline{\sum F}=\frac{1}{2}\left(\sum F+p_j bL\right) \tag{3-69}$$

$$\alpha=\frac{\overline{\sum F}}{\sum F} \tag{3-70}$$

各柱荷载修正值分别为 αF_1、αF_2、αF_3、αF_4、αF_5，修正后的基底压力净反力平均值可按下式计算

$$\bar{p}_j=\frac{\overline{\sum F}}{bL} \tag{3-71}$$

则每单位长度平均净反力为 $\bar{p}_j b$。由此可得到 *ABCD* 板条计算简图（图 3-83）。

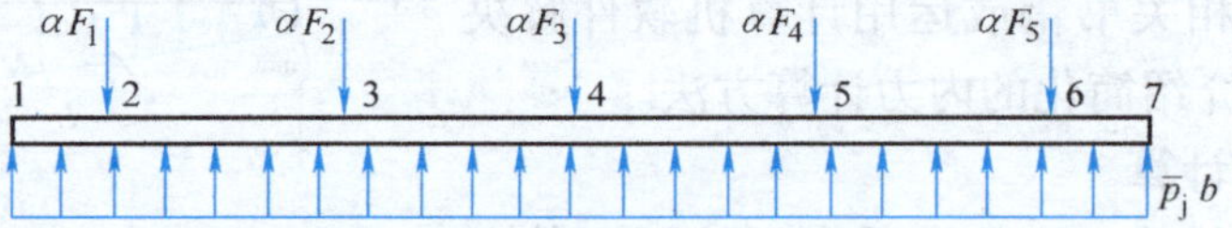

图 3-83 *ABCD* 板条计算简图

根据以上计算简图，按条形基础计算方法即可算出 *ABCD* 板条内力。

3. 梁板式筏形基础简化计算

在仅考虑局部弯曲作用时，地基上筏板简化为倒置楼盖。筏板被基础梁分割为不同支承条件的双向板或单向板。如果板块两个方向的尺寸比值小于 2，则可将筏板视为承受地基净反力作用的双向多跨连续板。图 3-84 所示的筏板被分割为多跨连续板。各板块支承条件可分为三种情况：① 两邻边固定、两邻边简支；② 三边固定、一边简支；③ 四边固定。根据计算简图查阅弹性板计算公式或计算手册即可求得各板块的内力。

按基底反力直线分布计算的梁板式筏形基础，其基础梁的内力可按连续梁分析。可将筏形基础板上反力沿板角 45°线划分范围，作为梁上的荷载分别由纵横梁承担，荷载分布成三角形或梯形，如图 3-85 所示。基础梁上的荷载确定后即可采用倒梁法进行连续梁的内力计算，边跨跨中弯矩以及第一内支座的弯矩宜乘以 1.2 的放大系数。

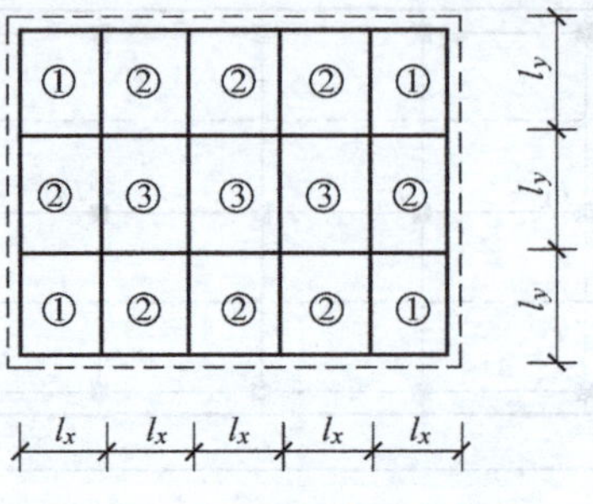

图 3-84 连续板的支承条件

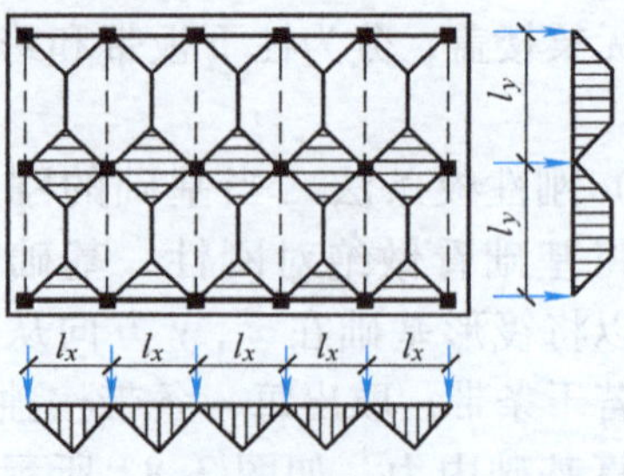

图 3-85 地基反力在基础梁上的分配

3.11.5　平板式筏形基础承载力的计算

1. 平板式筏形基础柱下的板厚受冲切承载力计算

平板式筏形基础柱下的板厚应能满足受冲切承载力的要求。计算时应考虑作用在冲切临界截面重心上的不平衡弯矩产生的附加剪力。对基础边柱和角柱冲切验算时，其冲切力应分别乘以1.1和1.2的增大系数。

距柱边 $h_0/2$ 处冲切临界截面的最大剪应力 τ_{max} 应按下列公式计算（图3-86）

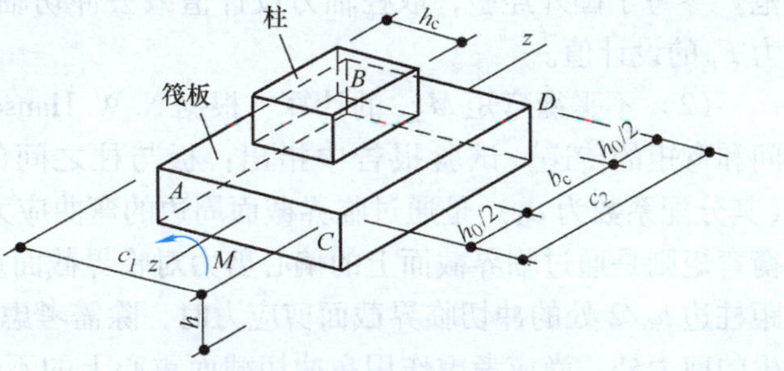

图 3-86　内柱冲切临界截面

$$\tau_{max}=\frac{F_l}{u_m h_0}+\alpha_s\frac{M_{unb}c_{AB}}{I_s} \tag{3-72}$$

$$\tau_{max}\leqslant 0.7(0.4+1.2/\beta_s)\beta_{hp}f_t \tag{3-73}$$

$$\alpha_s=1-\frac{1}{1+\frac{2}{3}\sqrt{c_1/c_2}} \tag{3-74}$$

式中　F_l——相应于荷载效应基本组合时的集中力设计值（kN），$F_l=F-p_jA_b$，其中，F 为柱轴力设计值，p_j 为相应于荷载效应基本组合时的基底净反力设计值，A_b 为筏板冲切破坏锥体的底面积（对于内柱）、筏板冲切临界面范围内的底面面积（对于边柱和角柱）；

u_m——距柱边 $h_0/2$ 处冲切临界截面的周长（m）；

h_0——筏板的有效高度（m）；

M_{unb}——作用在冲切临界截面重心上的不平衡弯矩设计值（kN·m）；

c_{AB}——沿弯矩作用方向，冲切临界截面重心至冲切临界截面最大剪应力点的距离(m)；

I_s——冲切临界截面对其重心的极惯性矩（m^4）；

β_s——柱截面长边与短边的比值，当 $\beta_s<2$ 时，β_s 取2，当 $\beta_s>4$ 时，β_s 取4；

β_{hp}——受冲切承载力截面高度影响系数，当 $h\leqslant800$mm 时，取 $\beta_{hp}=1.0$，当 $h\geqslant2000$mm 时，取 $\beta_{hp}=0.9$，其间按线性内插法取值；

f_t——混凝土轴心抗拉强度设计值（kPa）；

c_1——与弯矩作用方向一致的冲切临界截面的边长（m）；

c_2——垂直于 c_1 的冲切临界截面的边长（m）；

α_s——不平衡弯矩通过冲切临界截面上的偏心剪力来传递的分配系数。

其中，u_m、c_{AB}、I_s、c_1、c_2 可依据《建筑地基规范》附录P计算，其他符号同前。

当柱子荷载较大，等厚板筏板的受冲切承载力不能满足要求时，可采取下列措施提高受冲切承载力：① 在筏板上面增设柱墩（图3-77b）；② 在筏板下局部增加板厚（图3-77c）；③ 采用抗冲切箍筋。

为了正确应用式（3-72）和式（3-73），现进一步说明其物理意义。

（1）集中力 F_l 取值的问题　国内外大量试验结果表明，内柱的冲切破坏呈完整的锥体状，我国工程实践中一直沿用柱所承受的轴向力设计值减去冲切破坏锥体范围内相应的地基反力作为集中力；对边柱和角柱，由于我国在这方面试验积累的成果不多，《建筑地基规范》参考了国外经验，取柱轴力设计值减去冲切临界截面范围内相应的地基反力作为集中力 F_l 的设计值。

（2）不平衡弯矩 M_{unb} 的计算　根据 N. W. Hanson 和 J. M. Hanson 在其《混凝土板、柱之间和弯矩的传递》试验报告中指出：板与柱之间的不平衡弯矩传递，一部分不平衡弯矩（其分配系数为 α_s）是通过临界截面周边的弯曲应力的合力 T 和 C 来传递，而另一部分不平衡弯矩则是通过临界截面上的偏心剪力对临界截面重心产生的弯矩来传递的。因此，在验算距柱边 $h_0/2$ 处的冲切临界截面剪应力时，除需考虑竖向荷载产生的剪力外，尚应考虑作用在冲切截面重心上的不平衡弯矩所产生的附加剪应力。

式（3-72）右侧第 1 项是根据 GB50010—2010《混凝土结构设计规范》在集中力作用下冲切承载力公式换算得到的在距柱边 $h_0/2$ 处临界截面上的剪应力，右侧第 2 项就是考虑作用在冲切临界截面重心上不平衡弯矩对相同处产生的附加剪应力。

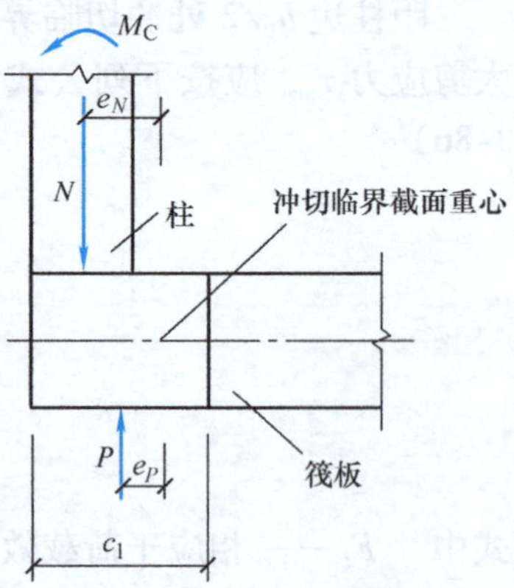

图 3-87　边柱 M_{unb} 的计算

式（3-72）中的 M_{unb} 是作用在距柱边 $h_0/2$ 处冲切临界截面重心上的弯矩设计值。对边柱它包括由柱根处轴力设计值 N 和该处筏板冲切临界截面范围内相应地基反力的合力 P 对临界截面重心产生的弯矩，以及柱根部的弯矩设计值 M_c（图 3-87）。M_{unb} 的表达式可写成

$$M_{unb} = Ne_N - pe_P \pm M_c \tag{3-75}$$

对于内柱，由于对称性，柱截面的形心与冲切临界截面重心重合，$e_N = e_P = 0$，$M_{unb} = \pm M_c$。

2. 平板式筏形基础内筒下的板厚受冲切承载力计算

高层建筑中，在楼梯、电梯间大多设置内筒，平板式筏形基础内筒下的板厚应满足受冲切承载力的要求，按下式计算

$$F_l/u_m h_0 \leqslant 0.7\beta_{hp} f_t/\eta \tag{3-76}$$

式中　F_l——内筒所承受的轴力设计值减去内筒下筏板冲切破坏锥体内的基底净反力设计值（kN）；

u_m——距内筒外表面 $h_0/2$ 处冲切临界截面的周长（m）（图 3-88）；

h_0——距内筒外表面 $h_0/2$ 处筏板的截面有效高度（m）；

η——内筒冲切临界截面周长影响系数，取 1.25。

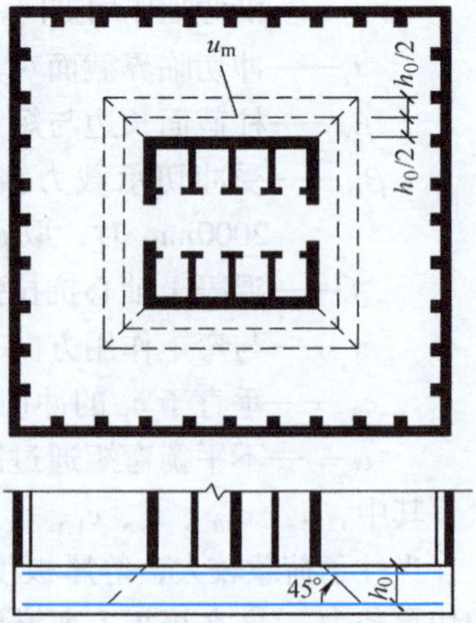

图 3-88　筏板受内筒冲切的临界截面位置

当需要考虑内筒根部弯矩的影响时，距内筒外表面 $h_0/2$ 处冲切临界截面的最大剪应力按式（3-72）计算，且应满足

$$\tau_{max} \leqslant 0.7\beta_{hp}f_t/\eta \tag{3-77}$$

3. 平板式筏基受剪切承载力计算

平板式筏基除满足受冲切承载力外，尚应验算距柱边缘 h_0 处筏板的受剪承载力（图 3-89）。受剪承载力应按下式验算

$$V_s \leqslant 0.7\beta_{hs}f_t b_w h_0 \tag{3-78}$$

式中 V_s——荷载效应基本组合时，基底净反力平均值产生的距柱边缘 h_0 处筏板单位宽度的剪力设计值（kN），即图3-89a 中阴影面积内的地基净反力平均值乘以阴影面积宽度；

b_w——筏板计算截面单位宽度（m）；

h_0——距内筒或柱边缘 h_0处筏板的截面有效高度（m）。

验算角柱下筏板受剪部位取距角柱 h_0 处（图 3-89b），这时式(3-78) 中的 V_s 取阴影面积范围内地基净反力平均值的合力，除以距角柱角点 h_0 处 45°斜线的长度。

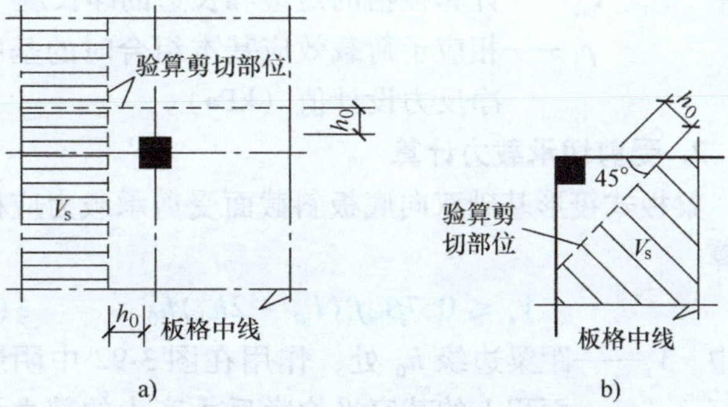

图 3-89 筏板受剪切验算部位示意

a）内柱下筏板验算剪切部位示意 b）角柱筏板验算剪切部位示意

4. 受弯承载力计算

按基底反力直线分布计算的平板式筏形基础，可按柱下和跨中板带分别进行内力分析，并进行配筋计算。

柱下板带中，柱宽及其两侧各 0.5 倍板厚且不大于 1/ 4 板跨的有效宽度范围内（图 3-90），其钢筋配置量不应小于柱下板带钢筋数量的一半，且应能承受部分不平衡弯矩 $\alpha_m M_{unb}$，其中 α_m 为不平衡弯矩通过板弯曲来传递的分配系数，$\alpha_m = 1 - \alpha_s$，α_s 按式（3-74）计算。

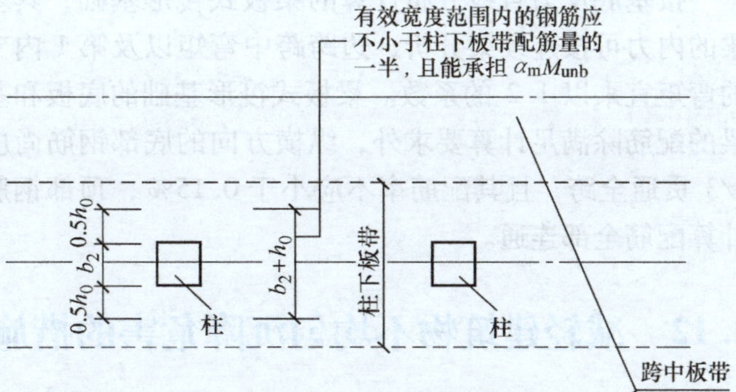

图 3-90 柱下板带有效宽度

平板式筏形基础柱下板带和跨中板带的底部钢筋应有 1/3 贯通全跨，且配筋率不应小于 0.15%；顶部钢筋应按计算配筋全部连通。

3.11.6 梁板式筏形基础承载力的计算

梁板式筏形基础底板除了应计算正截面受弯承载力外，其厚度尚应满足受冲切承载力、受剪切承载力的要求。

1. 受冲切承载力计算

梁板式筏形基础底板受冲切承载力应按下式进行计算

$$F_l \leqslant 0.7\beta_{hp}f_t u_m h_0 \tag{3-79}$$

式中　F_l——相应于荷载效应基本组合时，图 3-91 中阴影部分面积上的基底平均净反力设计值（kN）；

u_m——距基础梁边 $h_0/2$ 处冲切临界截面的周长（m）（图 3-91）。

当底板区格为矩形双向板时，底板受冲切所需的厚度 h_0 应按下式计算

$$h_0 = \frac{(l_{n1}+l_{n2}) - \sqrt{(l_{n1}+l_{n2})^2 - \dfrac{4p_j l_{n1} l_{n2}}{p_j + 0.7\beta_{hp} f_t}}}{4} \tag{3-80}$$

式中　l_{n1}、l_{n2}——计算板格的短边和长边的净长度（m）；

p_j——相应于荷载效应基本组合时的基底平均净反力设计值（kPa）。

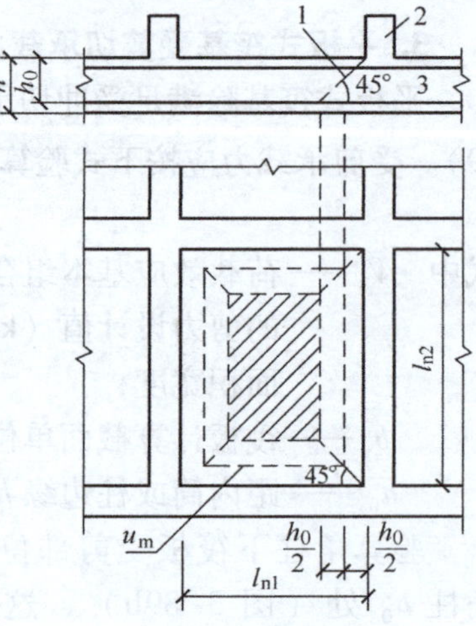

图 3-91　底板的冲切计算示意

1—冲切破坏锥体的斜截面

2—梁　3—底板

2. 受剪切承载力计算

梁板式筏形基础双向底板斜截面受剪承载力应按下式计算

$$V_s \leqslant 0.7\beta_{hs} f_t (l_{n2} - 2h_0) h_0 \tag{3-81}$$

式中　V_s——距梁边缘 h_0 处，作用在图 3-92 中阴影部分面积上的基底平均净反力产生的剪力设计值（kN）。

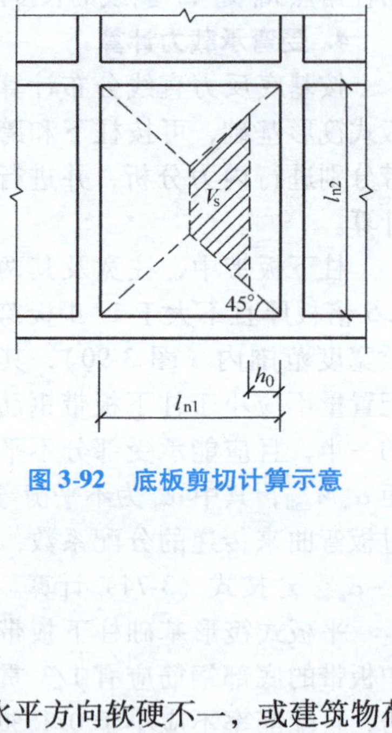

图 3-92　底板剪切计算示意

3. 受弯承载力计算

按基底反力直线分布计算的梁板式筏形基础，其基础梁的内力可按连续梁分析，边跨跨中弯矩以及第 1 内支座的弯矩宜乘以 1.2 的系数。梁板式筏形基础的底板和基础梁的配筋除满足计算要求外，纵横方向的底部钢筋尚应有 1/3 贯通全跨，且其配筋率不应小于 0.15%，顶部钢筋按计算配筋全部连通。

3.12　减轻建筑物不均匀沉降危害的措施

在实际工程中，由于地基软弱，土层薄厚变化大，或在水平方向软硬不一，或建筑物荷载相差悬殊等原因，使地基产生过量的不均匀沉降，使建筑物倾斜，墙体、楼地面开裂的事故屡见不鲜。因此，如何采取有效措施，防止或减轻不均匀沉降造成的危害，是设计中必须认真考虑的问题。

解决这一问题的具体的措施：①采用柱下条形基础和筏形基础等刚度大的基础，以减少地基的不均匀沉降；②采用桩基等深基础，以减少建筑物沉降量，不均匀沉降相应减少；③对地基进行人工处理；④从地基、基础、上部结构共同作用的观点出发，在建筑、结构和施工方面采取措施以增强上部结构对不均匀沉降的适应能力。对于一般的中小型建筑物，应首先考虑在建筑、结构和施工方面采取减轻不均匀沉降危害的措施，必要时才采用其他的地基基础方案。

3.12.1　建筑措施

1. 建筑物的体型应力求简单

建筑物体型包括其平面与立面形状及尺度。体型简单的建筑物，其整体刚度大，抵抗变形的能力强。因此，在满足使用要求的前提下，软弱地基上的建筑物应尽量采用简单的体型，如等高的“一”字形建筑物。平面形状复杂的建筑物（如“L”“T”“H”形等），在纵横单元交接处的基础密集，地基中附加应力相互重叠，导致建筑物转折处的沉降往往大于其他部位。尤其当一些“翼缘”尺度大时，建筑物的整体性差，各部分的刚度不对称，很容易因地基不均匀沉降而引起建筑物墙体开裂。如图3-93所示是软土地基上一幢“L”形平面建筑物一翼墙身开裂的实例。

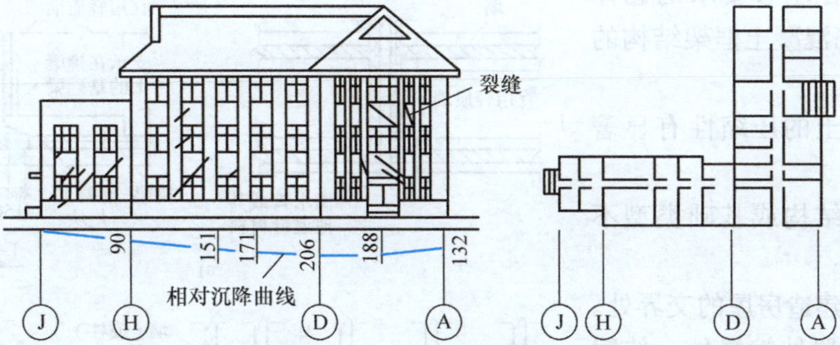

图3-93　某“L”形建筑物一翼墙身开裂

建筑物高低（或轻重）变化太大，在高度突变的部位，常由于荷载轻重不一而产生过量的不均匀沉降。据调查，软土地基上紧接高差超过一层的砌体承重结构房屋，低者很容易开裂（图3-94）。因此，地基软弱时，建筑物的紧接高差以不超过一层为宜。

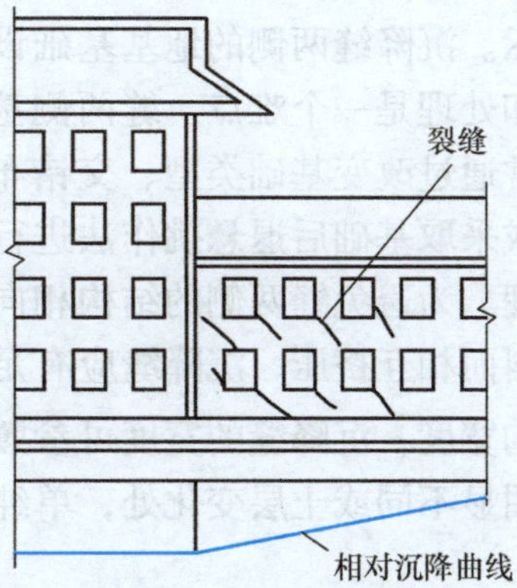

图3-94　建筑物因高差太大开裂

2. 控制建筑物的长高比及合理布置墙体

建筑物在平面上的长度和从基础底面起算的高度之比，称为建筑物的长高比。长高比大的砌体房屋，其整体刚度差，纵墙更容易因挠曲过度而开裂（图3-95）。对三层和三层以上的房屋，当预估的最大沉降量超过120mm时，长高比不宜大于2.5。对于平面简单，内、外墙贯通，横墙间隔较小的房屋，长高比一般不大于3.0，否则应设置沉降缝。

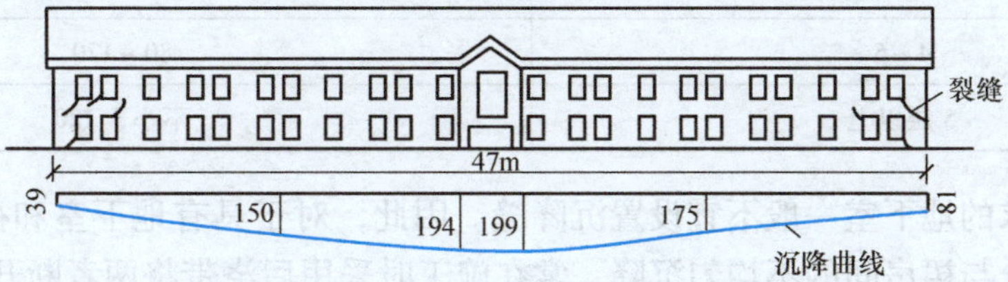

图3-95　建筑物因长高比过大而开裂

合理布置纵、横墙，是增强砌体结构房屋整体刚度的重要措施之一，当地基不良时，应尽量使内、外纵墙不转折或少转折，内横墙间距不宜过大，且与纵墙之间的连接应牢靠，必要时还应增强基础的刚度和强度。

3. 设置沉降缝

当建筑物的体型复杂或长高比过大时，可以从基础开始设置沉降缝将建筑物分割为独立的沉降单元。每个单元一般应体型简单、长高比小、结构类型相同，且地基比较均匀，使得每一个沉降单元具有较大的整体刚度，沉降比较均匀，一般不会再开裂。

一般宜在建筑物的下列部位设置沉降缝：

1）建筑物平面的转折处。

2）建筑物高度或荷载有很大差异处。

3）长高比不合要求的砌体结构以及钢筋混凝土框架结构的适当部位。

4）地基土的压缩性有显著变化处。

5）建筑结构或基础类型不同处。

6）分期建造房屋的交界处。

7）拟设置伸缩缝处，伸缩缝可兼作沉降缝。

沉降缝的构造如图3-96所示。沉降缝两侧的地基基础设计和处理是一个难点。缝两侧基础常通过改变基础类型、交错布置或采取基础后退悬挑作法进行处理。为避免缝两侧的结构相向倾斜而相互挤压，沉降缝应有足够的宽度，沉降缝的宽度可参照表3-16确定，缝内填炉渣等松软材料。若在地基土的压缩性明显不同或土层变化处，单纯设缝难以达到预期效果，往往结合地基处理进行设缝。

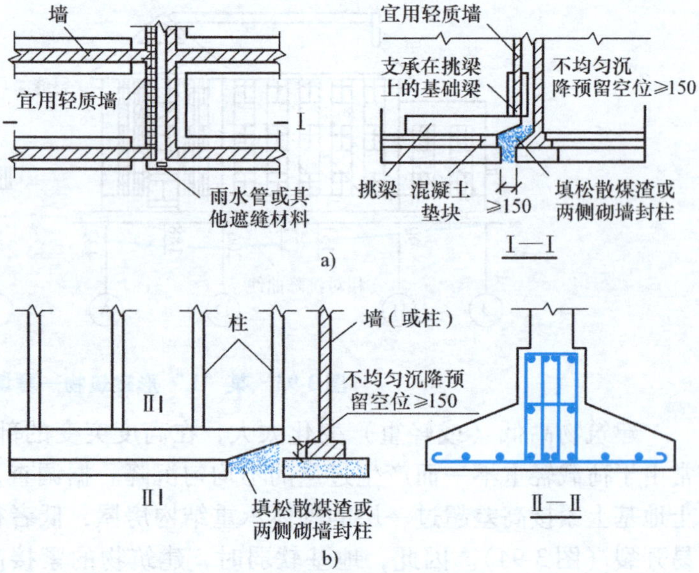

图3-96　沉降缝构造示意图

a）用于砌体结构房屋　b）用于框架结构房屋

表3-16　房屋沉降缝的宽度

房屋层数	沉降缝宽度/mm
2～3	50～80
4～5	80～120
5层以上	不小于120

有防渗要求的地下室一般不宜设置沉降缝。因此，对于具有地下室和裙房的高层建筑，为减少高层部分与裙房间的不均匀沉降，常在施工时采用后浇带将两者断开，待两者间的后期沉降差能满足设计要求时再连接成整体。

4. 控制相邻建筑物基础间的净距

由于地基附加应力的扩散和叠加，在软弱地基上，距离过近的相邻基础会使基础的沉降相互影响，产生的附加不均匀沉降可能造成建筑物的开裂或互倾，这种相邻影响主要表现为：

1）同期建造的两相邻建筑物之间会彼此影响，特别是当两建筑物轻（低）重（高）差别较大时，轻（低）者受重（高）者的影响较大。

2）原有建筑物受邻近新建重型或高层建筑物的影响。相邻建筑物基础之间所需的净距，可按表3-17选用。从该表中可见，决定基础间净距的主要指标是受影响建筑（被影响者）的刚度（用长高比来衡量）和影响建筑（施加影响者）的预估平均沉降量，后者综合反映了地基的压缩性、影响建筑的规模和重量等因素的影响。相邻高耸结构（或对倾斜要求严格的构筑物）的外墙间隔距离，可根据倾斜允许值计算确定。

表3-17　相邻建筑物基础之间的净距　（单位：m）

被影响建筑的长高比 / 影响建筑的预估平均沉降量 s/mm	$2.0 \leqslant L/H_f < 3.0$	$3.0 \leqslant L/H_f < 5.0$
70～150	2～3	3～6
160～250	3～6	6～9
260～400	6～9	9～12
>400	9～12	不小于12

注：1. 表中 L 为建筑物长度或沉降缝分隔的单元长度（m）；H_f 为自基础底面起算的建筑物高度（m）；

2. 当被影响建筑的长高比为 $1.5 < L/H_f < 2.0$ 时，其间净距可适当缩小。

5. 调整建筑物设计标高

建筑物的沉降过大时，改变了建筑物原有的标高，将可能引起管道破损、雨水倒漏、设备运行受阻等情况，影响建筑物的正常使用，这时可采取下列措施进行调整：

1）根据预估的沉降量，适当提高室内地坪或地下设施的标高。

2）建筑物各部分（或设备之间）有联系时，可将沉降较大者的标高适当提高。

3）在建筑物与设备之间，应留有足够的净空。

4）有管道穿过建筑物时，应预留足够尺寸的孔洞，或采用柔性管道接头等。

3.12.2　结构措施

1. 减轻建筑物的自重

建筑物的自重（包括基础及上覆土重）在基底压力中所占的比例很大，据估计工业建筑为1/2左右，民用建筑可达3/5以上。因此，减轻建筑物自重可以有效地减少地基沉降量。具体的措施有：

1）减少墙体的重量。如采用空心砌块、多孔砖或其他轻质墙体材料。

2）选用轻型结构。如采用预应力混凝土结构、轻钢结构及各种轻型空间结构。

3）减少基础及其上回填土的重量。可以选用覆土少、自重轻的基础形式，如采用补偿性基础、可浅埋的配筋扩展基础。如果室内地坪较高，可以采用架空地板减少室内回填土厚度。

2. 设置圈梁

圈梁的作用在于提高砌体结构抵抗弯曲的能力，即增强建筑物的抗弯刚度。它是防止砖墙出现裂缝和阻止裂缝开展的一项有效措施。通常在房屋的上、下方都设置圈梁。当建筑物产生碟形沉降时，墙体产生正向挠曲，下层的圈梁将起作用；反之，墙体产生反向挠曲时，上层的圈梁则起作用。

圈梁截面、配筋以及平面布置等，可结合《建筑抗震设计规范》要求进行。多层房屋宜在基础面附近和顶层门窗顶处各设置一道，其他各层可隔层设置；当地基软弱，或建筑体型较复杂，荷载差异较大时，可层层设置。对于单层工业厂房及仓库可结合基础梁、连系梁、过梁等酌情设置。

圈梁必须与砌体结合成整体，每道圈梁应尽量贯通全部外墙、承重内纵墙及主要内横墙，在平面上形成封闭系统。如果墙体因开洞过大而受到严重削弱，且地基又很软弱时，还可考虑在削弱部位适当配筋，或利用钢筋混凝土边框加强。

3. 减小或调整基底附加压力

（1）设置地下室（或半地下室）　采用补偿性基础设计方法，以挖除的土重抵消部分甚至全部的建筑物重量，达到减小基底附加压力和沉降的目的。地下室（或半地下室）还可只设置于建筑物荷载特别大的部位，通过这种方法可以使建筑物各部分的沉降趋于均匀。

（2）调整基底尺寸　按地基承载力确定出基础底面尺寸之后，应用沉降理论和必要的计算，并结合设计经验，调整基底尺寸，加大基础的底面积可以减小沉降量。

4. 采用对不均匀沉降欠敏感的结构形式

砌体承重结构、钢筋混凝土框架结构对不均匀沉降很敏感，而排架、三铰拱（架）等铰接结构对不均匀沉降有很大的自适应性，支座发生相对位移时不会引起很大的附加应力，可以避免不均匀沉降的危害。但铰接结构通常只适用于单层的工业厂房、仓库和某些公共建筑。油罐、水池等的基础底板常采用柔性底板，以便更好地适应不均匀沉降。

3.12.3　施工措施

在软弱地基上进行工程建设时，采用合理的施工顺序和施工方法至关重要，这是减小或调整不均匀沉降的有效措施之一。

1. 合理安排施工顺序

当拟建的相邻建筑物之间轻重、高低悬殊时，一般应按照先重后轻，先高后低的程序进行施工，必要时还应在高重建筑物竣工后间歇一段时间，再建造轻的邻近建筑物。如果重的主体建筑物与轻的附属部分相连时，也应按上述原则处理。

2. 注意施工方法

在已建成的建筑物周围，不宜堆放大量的建筑材料或土方等重物，以免地面荷载引起建筑物产生附加沉降。

拟建的密集建筑群内如有采用桩基础的建筑物，桩的施工应首先进行，并应注意采用合理的沉桩顺序。

在降低地下水位及开挖深基坑时，应密切注意对邻近建筑物可能产生的不利影响，必要时可以采用设置截水帷幕、控制基坑变形量等措施。

在高灵敏度的淤泥及淤泥质软土地基上开挖基槽时，需注意保护持力层不被扰动，通常在坑底保留约200mm厚的原土层，待施工混凝土垫层时才用人工临时挖除。若发现坑底软土被扰动，可挖去扰动部分，用砂、碎石（砖）等回填处理。在雨期施工时，要避免坑底土体受雨水浸泡。另需注意控制加荷速率。

[本章小结]

1. 地基基础的设计和计算应该满足下列三项基本原则：①对防止地基土体剪切破坏和丧失稳定性方面，应具有足够的安全度；②应控制地基的特征变形量，使之不超过建筑物的地基特征变形允许值；③基础的形式、构造和尺寸，除应能适应上部结构、符合使用需要、满足地基承载力（稳定性）和变形要求外，还应满足对基础结构的强度、刚度和耐久性的要求。

2. 在进行地基基础设计时，所采用的作用效应与相应的抗力限值应按下列规定采用：

1）按地基承载力确定基础底面积及埋深或按单桩承载力确定桩数时，传至基础或承台底面上的作用效应按正常使用极限状态下作用的标准组合；相应的抗力应采用地基承载力特征值或单桩承载力特征值。

2）计算地基变形时，传至基础底面上的作用效应，应按正常使用极限状态下作用的准永久组合，不应计入风荷载和地震作用；相应限值应为地基变形允许值。

3）计算挡土墙、地基或滑坡稳定以及基础抗浮稳定时，作用效应应按承载能力极限状态下作用的基本组合，但其分项系数均为1.0。

4）在确定基础或桩基承台高度、支挡结构截面、计算基础或支挡结构内力、确定配筋和验算材料强度时，上部结构传来的作用效应和相应的基底反力、挡土墙土压力以及滑坡推力，应按承载力极限状态下作用的基本组合，采用相应的分项系数；当需要验算基础裂缝宽度时，应按正常使用极限状态下作用的准永久组合。

3. 影响基础埋置深度的因素很多，主要有上部结构情况（包括建筑物的用途、结构形式和荷载的性质与大小）、工程地质条件及水文地质条件、地基冻融条件、场地环境（包括相邻建筑物的基础埋深、土坡坡顶处基础埋深）等。

4. 确定地基土承载力特征值的方法主要有：①根据地基土强度理论确定；②根据现场载荷试验的 p-s 曲线或其他原位试验结果确定。由于建筑物基础面积、埋置深度及影响深度与载荷试验承压板面积和测试深度差别很大，当基础宽度大于3m或埋深大于0.5m时，从载荷试验或其他原位测试、经验值等方法确定的地基承载力特征值尚要进行修正。

5. 当地基压缩层范围内存在软弱下卧层时，除了按持力层承载力确定基底面积外，还要按应力扩散角原理的简化方法验算软弱下卧层承载力。

6. 地基变形依其特征分为沉降量、沉降差、倾斜和局部倾斜四种。验算地基变形时，要考虑不同建筑物采用不同的地基变形特征来进行比较与控制，并使建筑物的地基变形计算值在地基变形允许值范围之内。

7. 刚性基础限于材料抗压强度高而抗拉、抗剪强度低的特点，设计时一般可以认为基础高度满足刚性角要求，其自身的抗弯强度即满足要求，不必再进行验算。

8. 在荷载作用下，扩展基础可以不满足刚性角要求，但需要满足抗弯、抗剪和抗冲切破坏的要求。

9. 上部结构、基础与地基不仅要满足静力平衡条件，而且要考虑变形协调。而上部结构、基础与地基通过各自的刚度在整个受力体系的共同工作中发挥作用。目前，考虑上部结构—基础—地基共同作用的地基计算模型很多，依其对地基土变形特性的描述可分为线性弹性地基模型、非线性弹性地基模型和弹塑性地基模型。

10. 选择合理的建筑、结构、施工方案和措施，降低对地基基础处理的要求和难度，可以达到减轻房屋不均匀沉降损害的目的。

[思考题]

3-1　地基基础设计应满足哪些原则？

3-2　天然地基上浅基础有哪些类型？

3-3　什么是地基承载力特征值？确定地基承载力的方法有哪些？

3-4　何谓基础的埋置深度？影响基础埋深的因素有哪些？

3-5　何谓软弱下卧层？试述验算软弱下卧层强度的要点。

3-6　什么是基础的局部弯曲？什么是基础的整体弯曲？二者在什么情况下应用？

3-7　什么是文克勒模型和弹性半空间模型？二者的区别是什么？

3-8　简述柱下条形基础的计算步骤。

3-9　减轻建筑物不均匀沉降危害的措施有哪些？

3-10　除本章已介绍的方法外，减轻不均匀沉降危害还有哪些措施？请列举一二。

[习　题]

3-1　某承受中心荷载的柱下独立基础，基础底宽 $b=1.8\text{m}$，埋深 $d=1.5\text{m}$，基底反力的偏心距 $e=0.03\text{m}$。地基土为粉土，重度 $\gamma=17.8\text{kN/m}^3$，摩擦角标准值 $\varphi_k=22°$，黏聚力标准值 $c_k=1.2\text{kPa}$。试确定地基承载力特征值。

3-2　某中砂土的重度为 $\gamma=18.0\text{kN/m}^3$，地基承载力标准值为 $f_{ak}=280\text{kPa}$。试设计一方形截面柱的基础，作用在基础顶面的轴心荷载标准值为 $F_k=1.05\text{MN}$，基础埋深为 1.0m。试确定方形基础底面边长。

3-3　柱下某矩形基础底面尺寸为 3m×5m，$F_{k1}=1500\text{kN}$，$F_{k2}=300\text{kN}$，$M_k=90\text{kN}\cdot\text{m}$，$V_k=20\text{kN}$，如图 3-97 所示，基础埋深为 1.5m，基础及填土自重 $\gamma_G=20\text{kN/m}^3$。试计算基础底面最大压力。若 $F_{k1}=300\text{kN}$，$F_{k2}=1500\text{kN}$，$M_k=900\text{kN}\cdot\text{m}$，$V_k=120\text{kN}$，则基础底面最大压力为多少？

3-4　某毛石基础如图 3-98 所示，荷载效应标准组合时基础底面处的平均压力值为 110kPa，基础中砂浆强度等级为 M5，试问基础高度 H_0 至少应取多少？

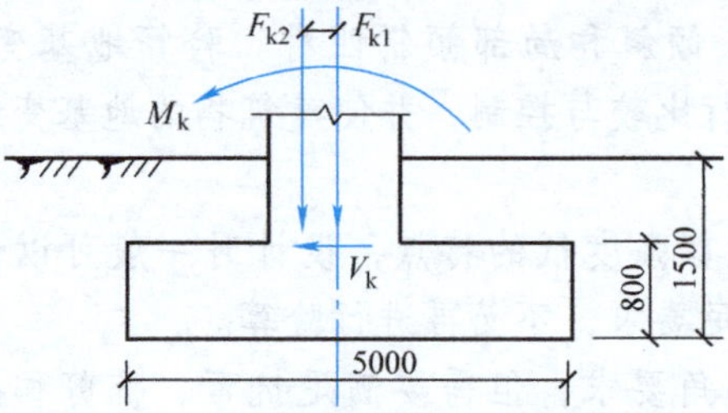

图 3-97　习题 3-3

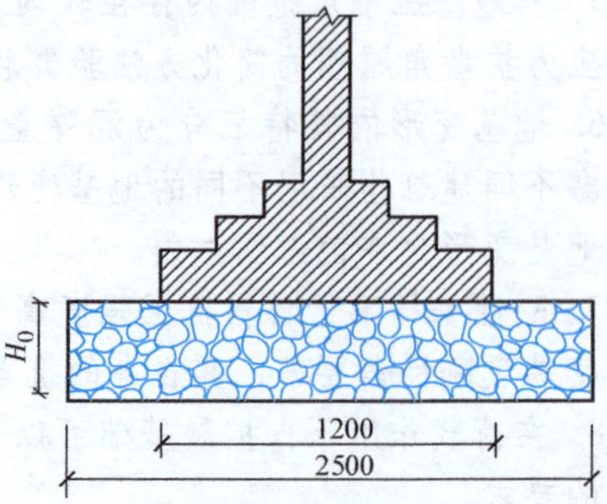

图 3-98　习题 3-4

3-5　某承重墙厚370mm，传至基础顶面的竖向荷载标准值 $F_k=280\text{kN/m}$，基础埋深 $d=0.8\text{m}$，地基资料如图3-99所示。试确定基底尺寸并验算软弱下卧层。

3-6　某建筑为条形基础，基础宽1.2m，埋深1.2m，基础顶面竖向荷载效应标准值 $F_k=155\text{kN/m}$，土层分布为：0～1.2m填土，$\gamma=18\text{kN/m}^3$；1.2～1.8m粉质黏土，$f_{ak}=155\text{kPa}$，$\gamma=19\text{kN/m}^3$，$E_s=8.0\text{MPa}$；1.8m以下为淤泥质黏土，$f_{ak}=102\text{kPa}$，$E_s=2.7\text{MPa}$。试验算基底压力和软弱下卧层承载力。当基础加宽至1.4m，埋深加深至1.5m，试验算软弱下卧层承载力。

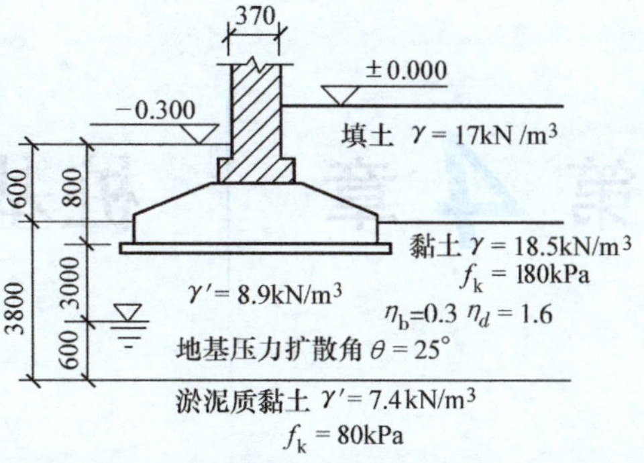

图3-99　习题3-5

3-7　如图3-100所示，某建筑采用柱下独立基础，基础底面尺寸为3.7m×2.2m，柱截面尺寸为0.7m×0.4m。作用在基础顶面的荷载效应基本组合值为 $F=1900\text{kN}$，弯矩 $M=80\text{kN}\cdot\text{m}$，水平力 $H=20\text{kN}$。试计算基础弯矩设计值。

3-8　某锥形基础如图3-101所示，底面尺寸为2.5m×2.5m，采用C25混凝土，作用在基础顶面的荷载效应基本组合值为 $F=556\text{kN}$，$M=80\text{kN}\cdot\text{m}$，柱截面尺寸为0.4m×0.4m，基础高0.5m。试验算基础抗冲切承载力能否满足要求？

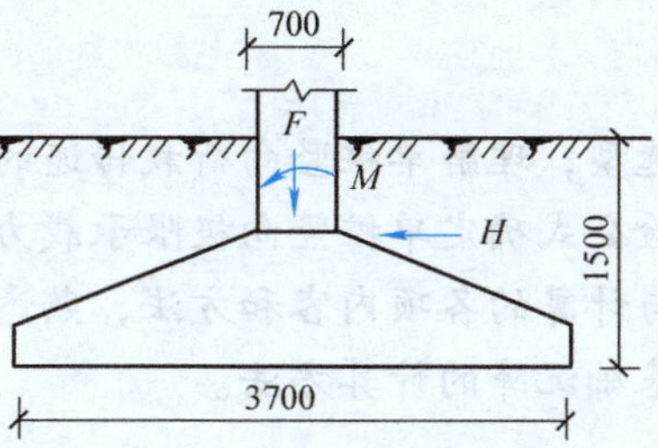

图3-100　习题3-7

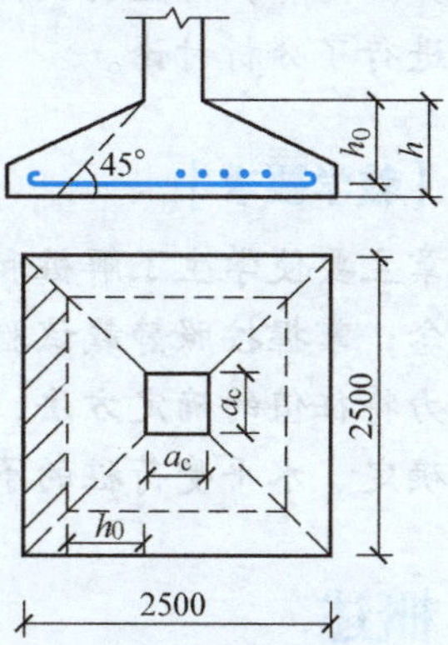

图3-101　习题3-8

3-9　柱下条形基础的各柱底荷载效应组合值如图3-102所示，基础埋深为1.5m，修正后的地基土承载力特征值 $f_a=160\text{kPa}$。试确定其底面尺寸并用倒梁法计算基础梁的内力。

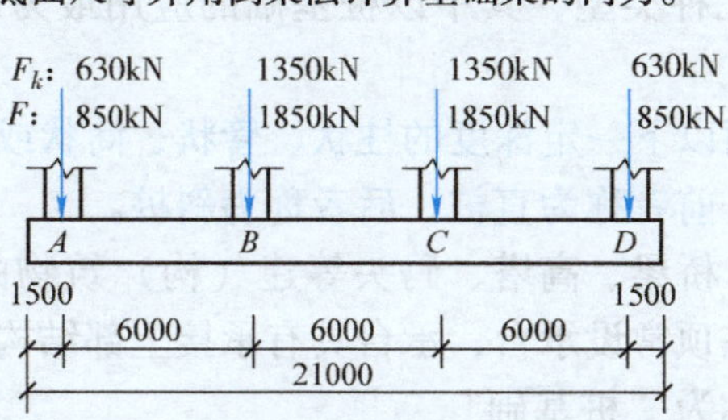

图3-102　习题3-9

第 4 章　桩基础

[本章提要]

本章主要介绍了桩基础的适用范围、设计原则、设计内容和桩的各种分类方法。着重介绍了单桩在竖向抗压荷载作用下的受力性状、竖向抗压桩极限承载力的确定方法及桩基础的设计计算。此外，对竖向抗拔桩承载力的确定、水平受荷桩的承载力与变形、桩基础沉降的计算等进行了分析讨论。

[教学要求]

本章主要使学生了解桩和桩基础的分类与选型；理解单桩竖向荷载传递的机理、负摩阻力的概念；掌握按照静载试验和现行规范的经验公式确定单桩竖向极限承载力，掌握复合基桩承载力特征值的确定方法，掌握桩基础设计与计算的各项内容和方法，熟悉竖向抗拔桩承载力的确定、水平受荷桩的承载力与变形、桩基础沉降的计算方法。

4.1　概述

当浅基础不能满足地基承载力和沉降变形要求，地基土又不易进行地基处理，而地层较深处又有坚实持力层时，基础形式通常可选用深基础。深基础主要有桩基础（简称桩基）、沉井基础和地下连续墙等几种类型，其中以桩基础的应用最为广泛。本章仅对桩基础进行介绍。

桩是设置在地面或水面以下一定深度的柱状、管状、筒状或板状的受力构件，它一般呈直立设置，必要时呈倾斜；前者称为直桩，后者称为斜桩。

桩常被用来作为房屋、桥梁、高塔、码头等建（构）筑物的上部结构向地基深部传递荷载的下部结构，此时，桩顶常设承台，承台具有承接上部结构并将其下的桩连成一体的作用，这种下部结构通常即称为“桩基础”。

桩基础能较好地适应各种工程地质条件、工程要求和荷载情况，具有承载力高、稳定性好、沉降量小而均匀、抗震性能良好、便于机械化施工等突出特点。有关文献资料表明，在人类有历史记载以前，就已经在地基土条件不利的河谷及洪积地区采用桩基础来建筑房屋。随着高层建筑和工业迅速发展的需要，其重要性日益增长，桩基础在现代各类建（构）筑物基础中被广泛应用。

4.1.1 桩基础的适用范围

随着近代科学技术的发展，桩的种类和桩基础形式、施工工艺和设备以及桩基础理论和设计方法，都有了很大的改进。桩基础已成为在土质不良地区修建各种建筑物，特别是高层建筑、重型厂房和具有特殊要求的构筑物所广泛采用的基础形式。目前桩基础主要用于以下几个方面：

1）上部荷载很大（如重型工业厂房、仓库、料仓等），且能满足承载力要求的持力层埋藏较深。

2）不允许地基有过大沉降和不均匀沉降的高层建筑或对沉降非常敏感的建筑物（如精密仪器等）。

3）除承受竖向荷载外，尚有较大的水平荷载，如风、浪、水平土压力、地震作用和冲击力等。

4）水中的构筑物基础，如桥梁、码头、海上钻井平台等。

5）地下水位较高，地下室或地下结构可能上浮时。

6）对精密或大型的设备基础，需要减小基础振幅、减弱基础振动对结构的影响，或应控制基础沉降和沉降速率时。

7）软弱地基或某些特殊性土（湿陷性土、膨胀土、人工填土、可液化土等）上的各类永久性建筑物，或以桩基作为地震区结构抗震措施时。

8）需要长期保存、具有重要历史意义的建筑物。

图4-1为工程中桩基础使用的几种情况。

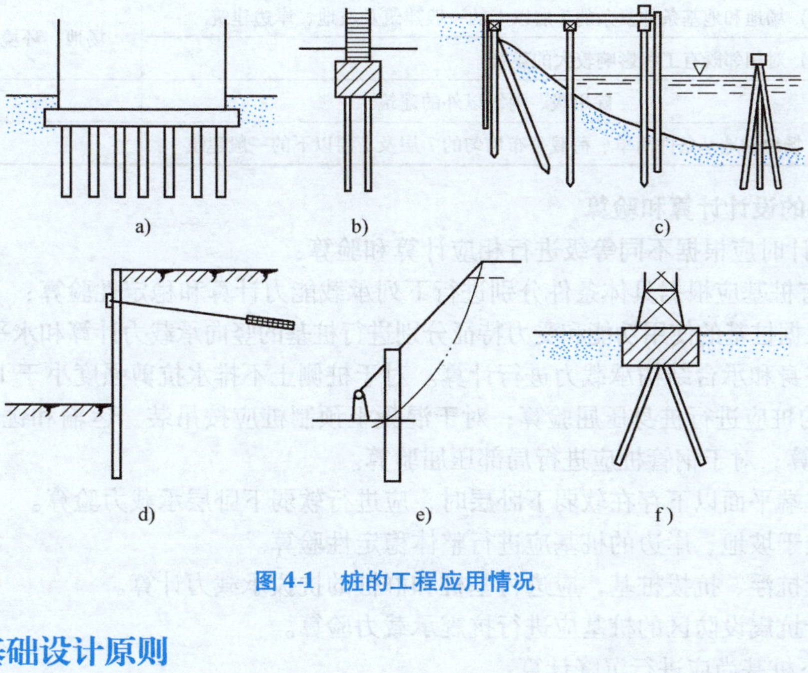

图4-1 桩的工程应用情况

4.1.2 桩基础设计原则

桩基础设计的根本目的就是在上部建（构）筑物使用年限内满足其对承载力、变形和耐久性的要求。因此，桩基设计时应依据桩基设计原则，按照不同桩基设计等级，综合考虑上部结构形式、荷载特点及分布、工程地质与水文地质情况、周边环境、当地经验、经济及环保等因素进行设计。

1. 桩基设计方法

JGJ 94—2008《建筑桩基技术规范》（以下简称《桩基规范》）规定，桩基础应按下列两类极限状态设计：

（1）承载能力极限状态　桩基达到最大承载能力、整体失稳或发生不适于继续承载的变形。在具体设计中以单桩极限承载力 Q_{uk} 和安全系数 K 为桩基设计的基本参数。

（2）正常使用极限状态　桩基达到建筑物正常使用所规定的变形限值或达到耐久性要求的某项限值，包括桩基变形、桩身裂缝、承台裂缝、桩基耐久性等几方面。

2. 桩基等级划分

为界定桩基设计的复杂程度、计算内容和应采取的相应技术措施，桩基设计前应进行等级划分。根据建筑规模、功能特征、对差异变形的适应性、场地地基和建筑物体型的复杂性以及由于桩基问题可能造成建筑破坏或影响正常使用的程度，应将桩基设计分为表 4-1 所列的三个设计等级。

表 4-1　建筑桩基设计等级

设计等级	建筑物类型	备　注
甲级	（1）重要的建筑	功能重要、荷载大、重心高、风荷载和地震作用效应大
	（2）30 层以上或高度超过 100m 的高层建筑	
	（3）体型复杂且层数相差超过 10 层的高低层（含纯地下室）连体建筑	荷载和刚度分布极不均匀、对差异沉降适应能力差
	（4）20 层以上框架-核心筒结构及其他对差异沉降有特殊要求的建筑	
	（5）场地和地基条件复杂的 7 层以上的一般建筑及坡地、岸边建筑	场地、环境条件特殊
	（6）对相邻既有工程影响较大的建筑	
乙级	除甲级、丙级以外的建筑	
丙级	场地和地基条件简单、荷载分布均匀的 7 层及 7 层以下的一般建筑	

3. 桩基的设计计算和验算

桩基设计时应根据不同等级进行相应计算和验算：

1）所有桩基应根据具体条件分别进行下列承载能力计算和稳定性验算：

① 应根据桩基的使用功能和受力特征分别进行桩基的竖向承载力计算和水平承载力计算。

② 对桩身和承台结构承载力进行计算。对于桩侧土不排水抗剪强度小于 10kPa、且长径比大于 50 的桩应进行桩身压屈验算；对于混凝土预制桩应按吊装、运输和锤击作用进行桩身承载力验算；对于钢管桩应进行局部压屈验算。

③ 当桩端平面以下存在软弱下卧层时，应进行软弱下卧层承载力验算。

④ 对位于坡地、岸边的桩基应进行整体稳定性验算。

⑤ 对于抗浮、抗拔桩基，应进行基桩和群桩的抗拔承载力计算。

⑥ 对于抗震设防区的桩基应进行抗震承载力验算。

2）以下桩基尚应进行沉降计算：

① 设计等级为甲级的非嵌岩桩和非深厚坚硬持力层的建筑桩基。

② 设计等级为乙级的体型复杂、荷载分布显著不均匀或桩端平面以下存在软弱土层的建筑桩基。

③ 软土地基多层建筑减沉复合疏桩基础。

3）对受水平荷载较大，或对水平位移有严格限制的建筑桩基，应计算其水平位移。

4）应根据桩基所处的环境类别和相应的裂缝控制等级，验算桩和承台正截面的抗裂和裂缝宽度。

4. 作用效应组合与抗力取值

桩基设计时，所采用的作用效应组合与相应的抗力应符合下列规定：

1）确定桩数和布桩时，应采用传至承台底面的荷载效应标准组合；相应的抗力应采用基桩或复合基桩承载力特征值。

2）计算荷载作用下的桩基沉降和水平位移时，应采用荷载效应准永久组合；计算水平地震作用、风载作用下的桩基水平位移时，应采用水平地震作用、风载效应标准组合。

3）验算坡地、岸边建筑桩基的整体稳定性时，应采用荷载效应标准组合；抗震设防区，应采用地震作用效应和荷载效应的标准组合。

4）在计算桩基结构承载力、确定尺寸和配筋时，应采用传至承台顶面的荷载效应基本组合。当进行承台和桩身裂缝控制验算时，应分别采用荷载效应标准组合和荷载效应准永久组合。

除此之外，桩基作为结构体系的一部分，其安全等级、结构设计使用年限应与现行有关结构规范一致。考虑到桩基结构的修复难度较大，除临时性建筑外，重要性系数 γ_0 不应小于1.0。当桩基结构进行抗震验算时，其承载力调整系数 γ_{RE} 应按 GB 50011—2010《建筑抗震设计规范》的规定采用。

4.1.3 桩基础设计内容与步骤

桩基础的设计应力求选型恰当、经济合理、安全适用。桩和承台应有足够的强度、刚度和耐久性，地基则应有足够的承载力，不产生过大的变形。其设计可按下列步骤进行：

1）进行调查研究、场地勘察，收集有关资料。

2）综合勘察报告、荷载情况、使用要求、上部结构条件等确定桩基持力层。

3）选择桩材，确定桩的类型和几何尺寸。

4）确定单桩承载力特征值。

5）根据上部结构荷载情况，确定桩的数量并进行平面布置。

6）验算桩基的承载力和沉降（当需要验算时）。

7）桩身结构设计。

8）承台设计。

9）绘制桩基施工图。

4.2 桩和桩基的分类

合理地选择桩的类型是桩基设计中极为重要的环节。分类的目的是为了掌握其不同的特点，以供设计时根据现场的具体条件选择适当的桩型。

4.2.1 桩基的分类

桩基础可以采用单根桩的形式承受和传递上部结构的荷载，称为单桩基础。但绝大多数桩基础的桩数不止 1 根，而是由 2 根或 2 根以上的多根桩组成群桩，由承台将桩群连接成一个整体，建筑物的荷载通过承台分配给各根桩，桩群再把荷载传递给地基。这种由 2 根或 2 根以上的桩组成的桩基础称为群桩基础，群桩基础中的单桩称为基桩。

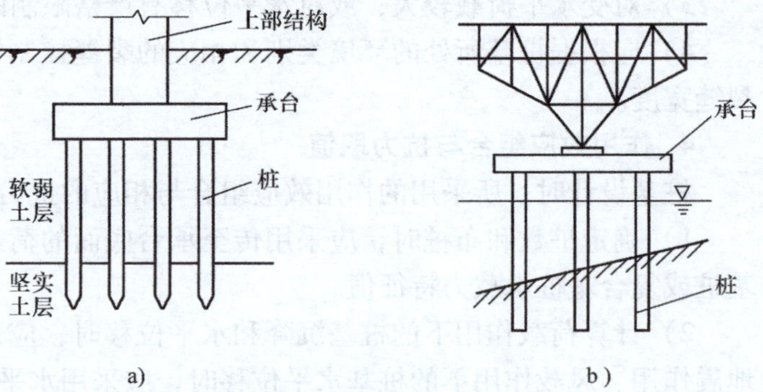

图 4-2 桩基示意图

a) 低承台桩基 b) 高承台桩基

根据承台与地面的相对位置，一般可分为低承台桩基和高承台桩基（图 4-2）。低承台桩基的承台底面位于地面以下，其受力性能好，具有较强的抵抗水平荷载的能力，在工业与民用建筑中，几乎都使用低承台桩基；高承台桩基的承台底面位于地面以上，且常处于水下，水平受力性能差，但可避免水下施工及节省基础材料，多用于桥梁及港口工程。

4.2.2 桩的分类

桩基中的桩可以是竖直或倾斜的，工业与民用建筑大多以承受竖向荷载为主而多用竖直桩。目前桩的分类主要从桩身材料、桩的承载性状、施工方法、成桩对地基土的影响、桩的直径以及桩的受力状态等几方面划分。

1. 按桩身材料分类

按制桩材料，桩可分为木桩、混凝土桩和钢桩。

（1）木桩　承重木桩的材料须坚韧耐久，常用松木、杉木、柏木和橡木等硬质木材。桩长一般为 4 ~10m，直径为 18 ~26cm。木桩在古代及本世纪初有大量应用，随着建筑物向高、重、大方向发展，木桩因其长度较小、不易接桩、承载力较低以及在干、湿交替变化环境易腐烂等缺点而受到很大限制。目前只在少数临时或应急工程中采用。

（2）混凝土桩　混凝土桩是工程中大量应用的一类桩。混凝土桩还可分为素混凝土桩、钢筋混凝土桩及预应力混凝土桩三种。

1）素混凝土桩受到混凝土抗压强度高而抗拉强度低的局限，一般只在桩承压条件下采用，不适于荷载条件复杂多变的情况，因而其应用已很少。

2）钢筋混凝土桩不仅可以承压，而且可以抗拔、抗弯以及承受水平荷载，因而广泛应用于各类大中型建筑工程。钢筋混凝土桩的长度主要受到设桩方法的限制，其截面形式可以是方形、圆形或三角形等；可以是实心的，也可以是空心的。这种桩一般制作成等截面的，也有因土层性质变化而采用变截面的桩体。

3）预应力钢筋混凝土桩通常在地表预制，其截面多是圆形的。由于在预制过程中对桩体施加预应力，使得桩体在抗弯、抗拉及抗裂等方面比普通的钢筋混凝土桩有较大的优越性，尤其适用于冲击与振动荷载情况，在海港、码头等工程中已有普遍使用，在工业与民用建筑工程中也在逐渐推广。

(3) 钢桩 采用各种型钢制作，常用的有钢管桩、宽翼缘工字形（H型）等钢桩。钢管桩常用截面外径为400~1000mm，壁厚为9mm、12mm、14mm、16mm、18mm，桩端分敞口与闭口两种；工字形钢桩常用截面尺寸为200mm×200mm，250mm×250mm，300mm×300mm，350mm×350mm，400mm×400mm，工字形钢桩分带端板与不带端板两种。钢桩长度根据需要而定，可用对焊连接。钢桩的主要优点是桩身抗压、抗弯强度高，重量轻，特别适用于桩身自由度大的高桩码头结构；其次是其贯入性能好，能穿越相当厚的硬土层，以提供很高的竖向承载力；另外，钢桩施工比较方便，易于接长，工艺质量比较稳定，施工速度快。钢桩的最大缺点是价格昂贵，目前只在特别重大的或特殊的工程项目中应用。另外，钢桩尚存在环境腐蚀等问题，在设计与施工中需特殊考虑。

2. 按承载性状分类

按桩的承载性状分为摩擦型桩和端承型桩（图4-3)。

(1) 摩擦型桩 指桩顶竖向荷载全部或主要由桩侧阻力承担的桩。根据桩侧阻力分担荷载的比例，摩擦型桩又可分为纯摩擦桩和端承摩擦桩。

1) 摩擦桩。桩顶极限荷载全部或绝大部分由桩侧阻力承担，桩端阻力可忽略不计（图4-3a)。以下桩可视为摩擦桩：桩长径比很大，桩顶极限荷载只通过桩身相对土体位移产生的桩侧阻力传递给桩周土；桩端下无较坚实的持力层；桩端出现脱空的打入桩等。

2) 端承摩擦桩。桩顶极限荷载由桩侧阻力和桩端阻力共同承担，但桩侧阻力分担的比例较大（图4-3b)。当桩的长径比较大，桩端持力层为较坚实的黏性土、粉土和砂土时，除了侧阻力外，还有一定的桩端阻力，这类桩在工程中所占的比例很大。

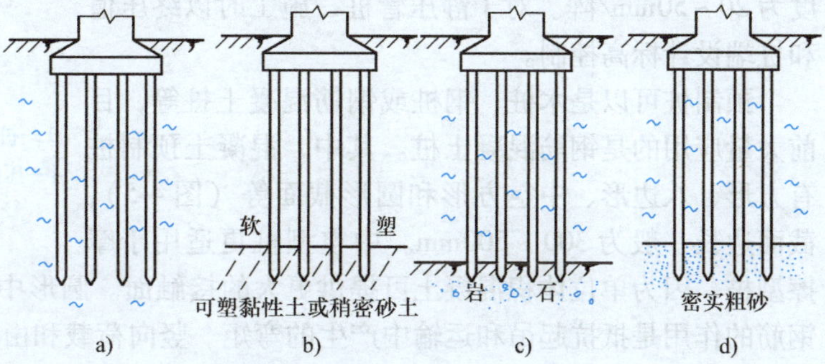

图4-3 摩擦型桩和端承型桩

a) 摩擦桩 b) 端承摩擦桩 c) 端承桩 d) 摩擦端承桩

(2) 端承型桩 指桩顶竖向极限荷载全部或主要由桩端阻力承担的桩。根据桩端阻力分担荷载的比例，端承型桩又可分为端承桩和摩擦端承桩。

1) 端承桩。在竖向极限荷载作用下，桩顶荷载全部或绝大部分由桩端阻力承担，桩侧阻力可忽略不计（图4-3c)。如当桩长径比很小，桩端设置在密实砂类、碎石类土层中或位于微风化及新鲜基岩中。

2) 摩擦端承桩。在竖向极限荷载作用下，桩顶荷载由桩侧阻力和桩端阻力共同承担，但桩端阻力分担荷载较大，桩侧阻力不可忽略（图4-3d)。通常桩端进入中密以上砂类、碎石类土层中或位于中、微风化基岩顶面。

3. 按施工方法分类

根据桩的施工方法不同，主要可分为预制桩和灌注桩两大类。

(1) 预制桩 预制桩是桩体在工厂或施工现场先预制好，然后运至工地，再用各种机械设备把它沉入地基至设计标高而成。沉桩方法分为锤击法、振动沉桩法、静压法等。

1）锤击法。锤击法是利用桩锤下落时的冲击力，使桩产生冲击能，克服土体对桩的阻力，使桩体下沉，反复锤击桩头，桩身不断地沉入土中，直至终沉标高。这种施工方式适用于桩径较小，地基土质为可塑黏性土、砂土、粉土、细砂及松散的不含大卵石或漂石的碎石类土。锤击时的振动和噪声较大，对周围环境的影响较大。

2）振动沉桩法。该法是将大功率的振动打桩机安装在桩顶，一方面利用振动减小土对桩的阻力，另一方面用向下的振动力使桩沉入土中。振动下沉桩适用于可塑的黏性土和砂土，因对周围环境影响较大，目前已较少采用。

3）静压法。静压法沉桩是借助桩架自重和配重通过压梁或压柱将整个桩架自重和配重以卷扬机或液压泵方式施加在桩顶或桩身上，桩在自重和静压力作用下逐渐被压入地基土中（图4-4）。静压法沉桩具有无噪声、无振动、无冲击力等优点，最适用于均质软土地基。

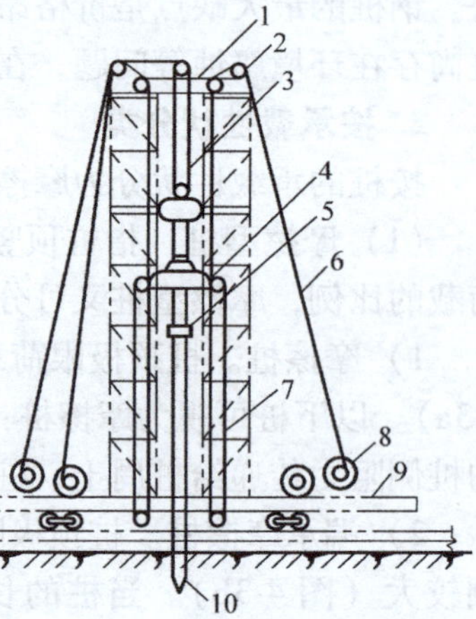

图4-4　绳索式压桩机

1—桩架顶梁　2—导向滑轮　3—提升滑轮组　4—压梁　5—桩帽　6—钢丝绳　7—压滑轮组　8—卷扬机　9—底盘　10—桩

沉桩深度一般应根据地质资料及结构设计要求估算。施工时以最后贯入度和桩端设计标高控制。最后贯入度是指桩沉至某标高时，每次锤击的沉入量，通常以最后每阵的平均贯入度表示。锤击法以10次锤击为一阵，振动法以1min为一阵。最后贯入度根据地区经验或试桩确定，一般可取最后两阵的平均贯入度为20～50mm/阵。对于静压管桩，施工时以终压值和桩端设计标高控制。

预制桩可以是木桩、钢桩或钢筋混凝土桩等，目前大量应用的是钢筋混凝土桩。其中，混凝土预制桩有方形、八边形、中空方形和圆形截面等（图4-5），截面边长一般为300～500mm。中空型桩更适用于摩擦型桩，因为单位体积混凝土可提供更大的接触面。圆形中空桩基运用离心原理浇制而成，钢筋的作用是抵抗起吊和运输中产生的弯矩、竖向荷载和由水平荷载引起的弯矩。这类桩按预定的长度预制并养护，然后运往施工现场。

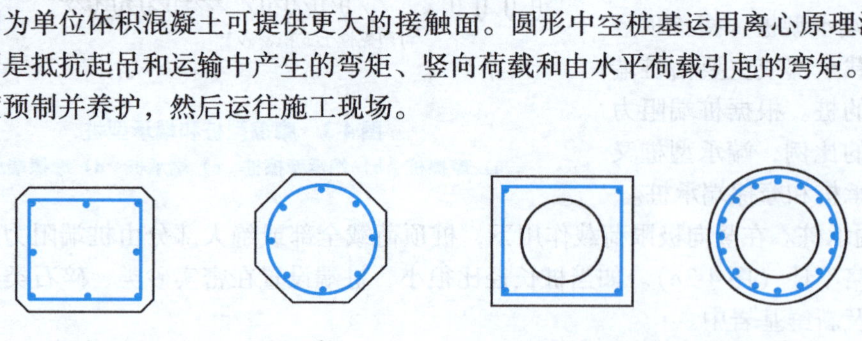

图4-5　混凝土预制桩

a）方形　b）八边形　c）中空方形　d）中空圆形

目前工厂预制的桩限于运输和起吊能力一般不超过12m，现场制作的长度可大些，但限于桩架高度，一般在25～30m以内，桩长度不够时，需要在沉桩过程中接长。

预制混凝土桩桩身质量易于保证和控制，承载力高，能根据需要制成多种尺寸和形状。桩身混凝土密实，抗腐蚀能力强。桩身制作方便，成桩速度快，适合大面积施工。沉桩过程中的挤土效应可使松散土层的承载能力提高。

预制混凝土桩也有一些缺点，如由于运输、起吊、打桩，为避免损坏桩体需要配置较多钢筋，选用较高强度等级的混凝土，使得预制桩造价较高。打桩时，噪声大，对周围土层扰动大；不易穿透较厚的坚硬土层达到设计标高，往往需通过射水或预钻孔等辅助措施来沉桩，还常因桩打不到设计标高而截桩，造成浪费；挤土效应有时会引起地面隆起，道路、管线等损坏，桩产生水平位移或挤断、相邻桩上浮等，因此需合理确定沉桩顺序。

（2）灌注桩　灌注桩为在建筑工地现场通过机械钻孔、钢管挤土或人力挖掘等手段在地基土中形成桩孔，并在其内放置钢筋笼、灌注混凝土而制作成的桩。依照成孔方法不同，灌注桩可分为钻（冲）孔灌注桩、沉管灌注桩和挖孔灌注桩等几大类。

1）沉管灌注桩。沉管灌注桩又称为打拔管灌注桩。它是利用沉桩设备，将带有钢筋混凝土桩靴（或活瓣式桩靴）的钢管沉入土中，形成桩孔，然后放入钢筋骨架并浇筑混凝土，随之拔出套管，利用拔管时的振动将混凝土捣实，便形成所需要的灌注桩。利用锤击沉桩设备沉管、拔管成桩，称为锤击沉管灌注桩。利用振动器振动沉管、拔管成桩，称为振动沉管灌注桩。为了提高桩的质量和承载能力，沉管灌注桩常采用单打法、复打法、翻插法等施工工艺。单打法（又称一次拔管法）：拔管时，每提升0.5~1.0m，振动5~10s，然后再拔管0.5~1.0m，这样反复进行，直至全部拔出；复打法：在同一桩孔内连续进行两次单打，或根据需要进行局部复打，施工时，应保证前后两次沉管轴线重合，并在混凝土初凝之前进行；翻插法：钢管每提升0.5m，再下插0.3m，这样反复进行，直至拔出。沉管灌注桩的施工程序如图4-6所示。

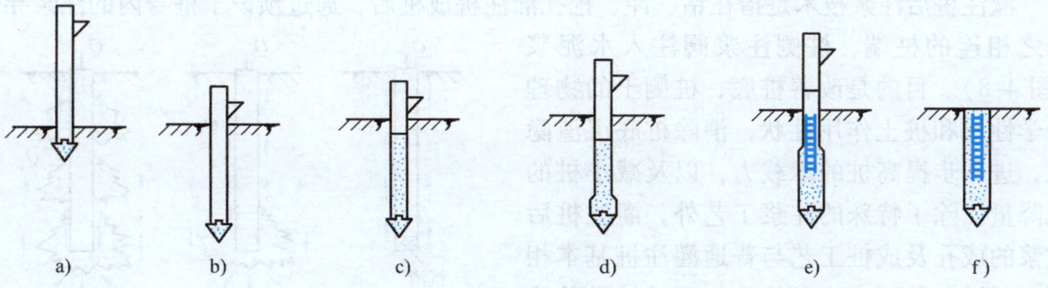

图4-6　沉管灌注桩的施工程序示意

a）打桩机就位　b）沉管　c）浇灌混凝土　d）边拔管，边振动

e）安放钢筋笼，继续浇灌混凝土　f）成型

沉管灌注桩的桩管外径多用325mm、377mm和426mm，桩长数米至25m。这种桩的施工设备简单，打桩进度快，成本低。但在软、硬土层交界处很容易产生缩颈现象，此时通常可放慢拔管速度，控制灌注管内混凝土量，使充盈系数（混凝土实际用量与计算的桩身体积之比）为1.10~1.15。此外，也可能由于邻桩挤压或其他振动作用等各种原因使土体上隆，引起桩身受拉而出现断桩现象，或出现局部夹土、混凝土离析及强度不足等质量事故。因此，沉管灌注桩主要用于多层建筑。

2）钻（冲）孔灌注桩。钻（冲）孔灌注桩用钻机（如长螺旋钻机、潜水钻机、回旋钻机等）钻土成孔，然后清除孔底残渣，安放钢筋笼，最后灌注混凝土。钻（冲）孔灌注桩常用桩径为600mm、800mm、1000mm、1200mm等，在钻进时利用泥浆护壁以防坍孔。清孔后，在水下灌注混凝土，其施工程序如图4-7所示。

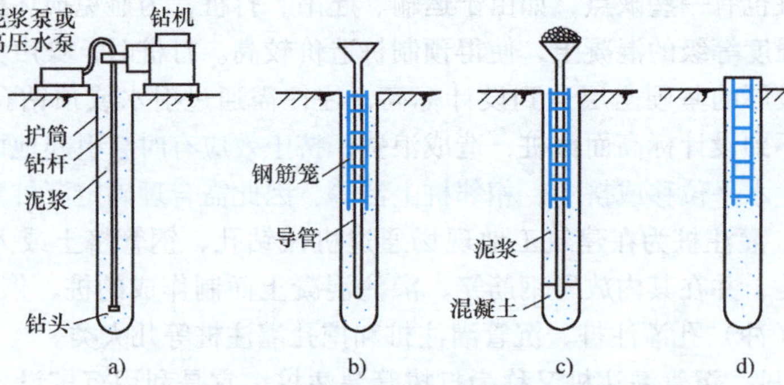

图4-7 钻孔灌注在施工程序示意

a）成孔 b）下导管和钢筋笼 c）灌注水下混凝土 d）成桩

对于大直径（1500~2800mm）钻孔桩一般用钢套管护壁，所用的大直径钻机具有回旋钻进、冲击、磨头磨碎岩石和扩大桩底等多种功能，钻进速度快，深度可达60m以上，能克服流砂、消除孤石等障碍物，并能进入微风化硬质岩石。其最大优点在于能进入岩层，刚度大，因此承载力高且桩身变形很小。

在钻孔灌注桩施工中，因泥浆护壁及清孔不彻底，常在桩周及桩底形成软弱层，使得钻孔灌注桩摩擦力及端阻力不能有效地发挥。为解决该问题，工程上进行了多种尝试，工程实践已经证明，后注浆处理技术是一种有效的措施。

灌注桩后注浆技术是指在钻、冲、挖孔灌注桩成桩后，通过预设于桩身内的注浆导管及与之相连的桩端、桩侧注浆阀注入水泥浆（图4-8）。目的是改善桩底、桩侧土的物理力学性质和桩土作用性状，消除桩底沉渣隐患，进一步提高桩的承载力，以及减小桩的沉降量。除了特殊的注浆工艺外，灌注桩后注浆的成孔及成桩工艺与普通灌注桩基本相同，对设备的要求也不特殊，而经辅助的注浆处理，可使承载力提高20%~30%。

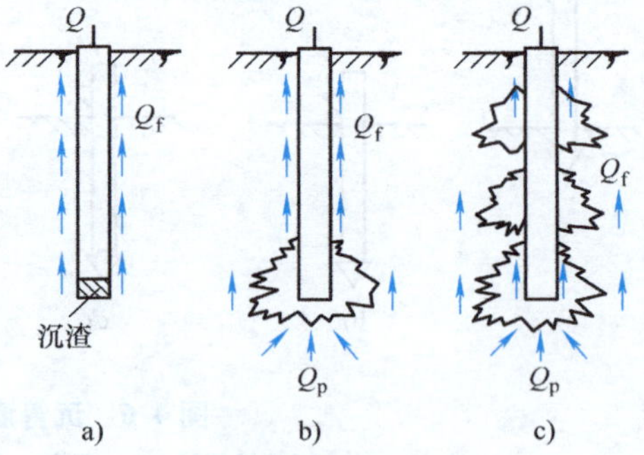

图4-8 注浆方式

a）未注浆 b）桩端注浆 c）桩端和桩侧联合注浆

Q—桩顶荷载 Q_p—桩端阻力 Q_f—桩侧摩阻力

注浆法是指利用压力作用，通过注浆管把某些能固化的浆液均匀地注入地层中；浆液以填充、渗透和挤密等方式，排挤出土颗粒间或岩石裂隙中存在的自由水与气体，从而把原来松散的土粒或裂隙胶结成为具有一定强度的实体。

3）人工挖孔桩。人工挖孔桩是利用人工挖孔，在孔内放置钢筋笼、灌注混凝土的一种桩型。人工挖孔桩宜在地下水位以上施工，适用于人工填土层、黏土层、粉土层、砂土层、碎石土和风化岩层，也可在黄土、膨胀土和冻土中使用，适应性强，但对软土、流砂、地下水位较高、涌水量大的土层不宜采用。

人工挖孔桩的桩身直径一般不得小于0.8m，最大直径可达3.5m。桩端可采取不扩底和扩底两种方法。视桩端土层情况，扩底直径一般为桩身直径的1.3~2.5倍，最大扩底直径可达4.5m。

人工挖孔桩施工时，每挖深0.8~1.0m左右，就浇灌或喷射一圈混凝土护壁（上下圈之间用插筋连接），混凝土护壁厚度不宜小于100mm，混凝土强度等级不得低于桩身混凝土强度等级。达到所需深度时，再进行扩孔，最后在护壁内安装钢筋笼和浇灌混凝土（图4-9）。

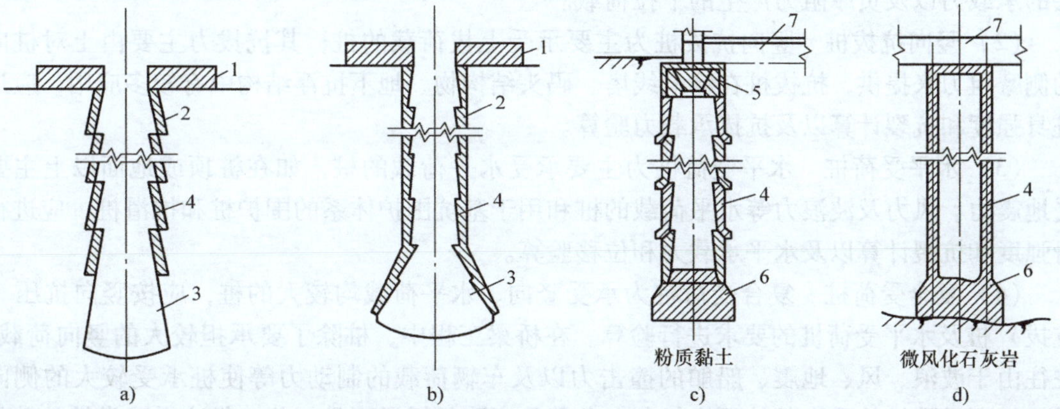

图4-9 挖孔桩的护壁形式和空心桩构造

a）阶梯式护壁 b）内叠式护壁 c）竹节式空心桩 d）直壁式空心桩

1—孔口护板 2—孔壁护圈 3—扩底 4—配筋护壁兼桩身 5—顶盖 6—混凝土封底 7—基础梁

挖孔桩的优点是，可直接观察桩端土层情况，孔底易清除干净，设备简单，噪声小，场区各桩可同时施工，桩径大，适应性强，又较经济。但在挖孔施工时，由于工人下到桩孔中操作，可能遇到流砂、塌孔、有害气体、缺氧、触电和上面掉下重物等危险而造成伤亡事故，因此应严格执行有关安全生产的规定。

4. 按成桩对地基土的影响分类

由于桩的成桩方法（打入或钻孔成桩等）不同，桩周土所受的扰动和排挤程度也很不相同。排挤作用会引起桩周土天然结构、应力状态和性质的变化，从而影响土的性质和桩的承载力。桩按成桩工艺对地基土的影响分为下列三类：

（1）挤土桩　挤土桩是在成桩过程中造成大量挤土，使桩周土受到严重扰动，土的工程性质有很大改变的桩，主要有沉管灌注桩、打入（静压）预制桩、闭口预应力混凝土管桩及闭口钢管桩等。挤土成桩过程引起的挤土效应使地面隆起和土体侧移，施工常带有噪声，导致对周围环境有较大影响，对灌注桩还可能造成断桩等质量事故；对预制桩可能会造成桩的侧移、倾斜、上抬、甚至断桩等质量事故，但在松散土和非饱和填土中则会起到加密、提高承载力的作用。

（2）部分挤土桩　部分挤土桩在成桩过程中，引起部分挤土效应，使桩周土受到一定程度的扰动。这类桩主要有打入或压入H形钢桩、开口管桩等。

（3）非挤土桩　非挤土桩采用钻孔、挖孔等方式将与桩体积相同的土体排出，对周围土体基本没有扰动，但废泥浆、弃土等可能会对环境造成影响。这类桩主要有干作业法钻（挖）孔桩、泥浆护壁法钻（挖）孔桩和套管护壁灌注桩等。

5. 按桩的使用功能分类

按桩的使用功能，可分为竖向抗压桩（抗压桩）、竖向抗拔桩（抗拔桩）、水平受荷桩（主要承受水平荷载）和复合受荷桩（竖向、水平荷载均较大）。

（1）竖向抗压桩　竖向抗压桩为主要承受压力荷载的桩，它通过桩与土的接触面将轴向力传给桩周和桩端土体，根据土体提供给桩侧表面的摩阻力与桩端的端阻力来承载。建筑物的桩基主要为此类桩，应进行竖向承载力计算，必要时还需计算桩基沉降，验算软弱下卧层的承载力以及负摩阻力产生的下拉荷载。

（2）竖向抗拔桩　竖向抗拔桩为主要承受上拔荷载的桩，其抗拔力主要由土对桩向下的侧摩阻力来提供，抗拔桩在输电线塔、码头结构物、地下抗浮结构中有较多应用，应进行桩身强度和抗裂计算以及抗拔承载力验算。

（3）水平受荷桩　水平受荷桩为主要承受水平荷载的桩，如在桩顶或地面以上主要承受地震力、风力及波浪力等水平荷载的桩和用于基坑围护体系的围护桩和抗滑桩，应进行桩身强度和抗裂计算以及水平承载力和位移验算。

（4）复合受荷桩　复合受荷桩为承受竖向、水平荷载均较大的桩，应按竖向抗压（或抗拔）桩及水平受荷桩的要求进行验算。在桥梁工程中，桩除了要承担较大的竖向荷载外，往往由于波浪、风、地震、船舶的撞击力以及车辆荷载的制动力等使桩承受较大的侧向荷载，从而导致桩的受力条件更为复杂，尤其是大跨径桥梁更是如此，像这样一类桩基就是典型的复合受荷桩。

6. 按桩径分类

按桩径可分为小直径桩、中等直径桩和大直径桩。

小直径桩指桩径 $d\leqslant 250$mm 的桩，如树根桩。它的施工机械、施工场地及施工方法一般较为简单，在基础托换、支护结构、地基处理等工程中得到广泛应用。

中等直径桩是指 $250\text{mm}<d<800\text{mm}$ 的桩，这种桩大量应用于工业与民用建筑的基础，成桩方法和工艺很多。

大直径桩是指 $d\geqslant 800$mm 的桩，此类桩大多为钻、冲、挖孔灌注桩，还有大直径钢管桩等，通常用于高重型结构物基础，单桩承载力高，可实现柱下单桩形式，多为端承型桩。

4.3　单桩在竖向荷载下的受力性状

了解单桩和群桩在竖向荷载作用下的受力性状特性是进行桩基研究、设计及复杂问题处理的基础。虽然桩基在不同地质条件下有各种桩型、不同规格及多种施工方式，其受力性状也各不相同，但有一点是共同的，都是基于在桩顶作用的竖向荷载，经桩身通过桩侧土与桩端土向下传递荷载，通过研究桩身应力和位移的变化规律来反映桩的承载力和变形性状。

4.3.1　桩的荷载传递机理

作用于桩顶的竖向压力 Q 由作用于桩侧的总摩阻力 Q_s 和作用于桩端的端阻力 Q_p 共同承担（图 4-10），即

$$Q = Q_s + Q_p \tag{4-1}$$

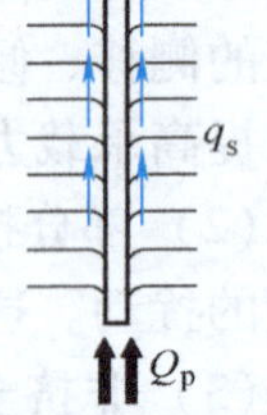

图 4-10　桩的侧阻力与端阻力

桩侧阻力与桩端阻力的发挥过程就是桩土体系荷载的传递过程。为分析竖向荷载作用下单桩的荷载传递机理，中国建筑科学研究院对桩长为 27 ~ 46m 的大直径灌注桩的荷载传递性能进行实验研究，桩端持力层分别为基岩、卵石、砾石、粗砂或残积粉质黏土。

1. 不同荷载下桩顶荷载传递规律研究

对单桩分级施加荷载，桩身轴力随深度的变化曲线如图 4-11 所示。

由实验结果和图 4-11 可知：

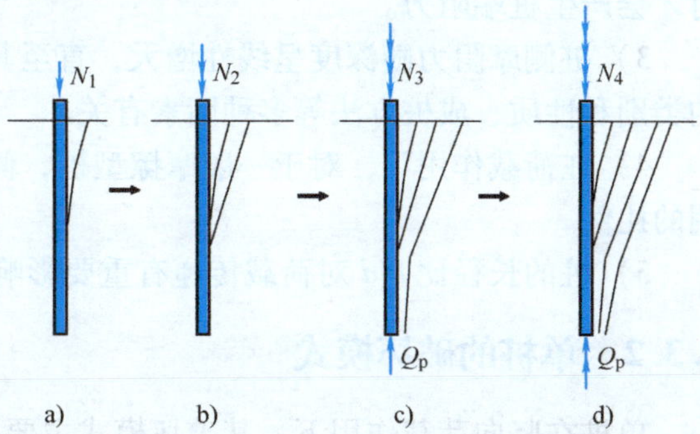

图 4-11 不同荷载下桩身轴力随深度的变化曲线

1）当竖向荷载逐步施加于桩顶，桩身混凝土受到压缩而产生相对于土的向下位移或位移趋势时，桩侧土与桩接触面上就会产生抵抗桩侧表面向下位移的向上摩阻力，即正摩阻力，此时桩顶荷载通过桩侧表面的桩侧摩阻力传递到桩周土层中去，致使桩身轴力随深度递减。

2）当桩顶荷载较小时，桩身混凝土的压缩也在桩的上部，桩侧上部土的摩阻力得到逐步发挥，此时桩身中下部桩土相对位移很小，其桩侧摩阻力发挥很小或尚未开始发挥作用（图 4-11a、b）。随着桩顶荷载的增加，桩身压缩量和桩土相对位移量逐渐增大，桩侧下部土层的摩阻力随之逐步发挥出来，桩底土层也因桩端受力被压缩而逐渐产生桩端阻力（图 4-11c、d）。

3）当荷载进一步增大，桩顶传递到桩端的荷载也逐渐增大，桩端土层的压缩也逐渐增大，而桩端土层压缩和桩身压缩量加大了桩土相对位移，从而使桩侧摩阻力进一步发挥出来。由于桩侧发挥极限摩阻力所需要的位移很小，黏性土为 6 ~ 12 mm，无黏性土为 8 ~ 15mm，所以当桩土界面相对位移大于桩土极限位移后，桩身上部土的侧阻达到极限值并出现滑移（此时上部桩侧土的抗剪强度由峰值强度跌落为残余强度），桩身下部土的侧阻进一步得到发挥，桩侧阻力也慢慢增大（图 4-11c、d）；

4）随着荷载的进一步增大，桩端持力层产生破坏时，桩顶位移急剧增大，承载力降低，表明桩已破坏。此时除两根支承于岩石的桩外，在设计工作荷载作用下，端阻力都小于桩顶荷载的 10%，这就意味着桩侧界面是桩向土传递荷载的重要的、甚至是主要的途径。

2. 不同桩径比条件下，桩端阻力所占比例分析

结合工程数据及实验结果，不同桩径比条件下，桩端阻力占桩极限承载力比例 Q_p/Q_u 随桩的长径比 l/d 的变化曲线如图 4-12 所示。

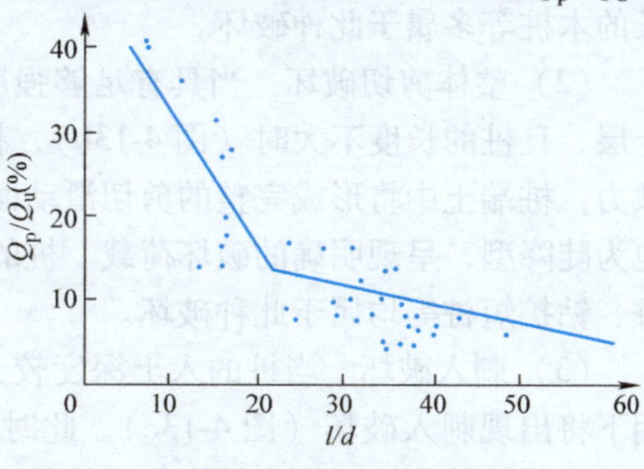

图 4-12 Q_p/Q_u-l/d 曲线

由图 4-12 可知，桩的长径比 l/d 是影响荷载传递的主要因素之一，随着 l/d 增大，桩端土的性质对承载力的影响减小。因为对于 l/d 较大的桩，即使桩端持力层为岩层或坚硬土层，由于桩身本身的压缩，在工作荷载下端阻力也很难发挥。当 $l/d \geqslant 100$ 时，桩端土性质的影响几乎等于零。而这一现象也纠正了“桩越长，承载力越高”的片面认识，希望通过加大桩长，将桩端支承在很深的硬土层上以获得高的端阻力的方法是很不经济的，增加了工程造价但并不能提高很多的承载力。

基于以上描述可以看出，桩顶在竖向荷载作用下的传递规律为：

1）桩侧摩阻力是自上而下逐渐发挥的，而不同深度土层的桩侧阻力是异步发挥的。

2）桩端阻力的发挥滞后于桩侧阻力，只有当桩身轴力传递到桩端并对桩端土产生压缩时才会产生桩端阻力。

3）桩侧摩阻力随深度呈线性增大，直至其极限值。桩侧极限摩阻力与所在的深度、土的类别和性质、成桩方法等多种因素有关。

4）在荷载作用下，对于一般摩擦型桩，侧阻力发挥作用的比例明显高于端阻力发挥作用的比例。

5）桩的长径比 l/d 对荷载传递有重要影响。

4.3.2 单桩的破坏模式

单桩在竖向荷载作用下，其破坏模式主要取决于桩周土的抗剪强度、桩端支承情况、桩的尺寸以及桩的类型等条件。图 4-13 给出了竖向荷载下可能的单桩破坏模式简图。

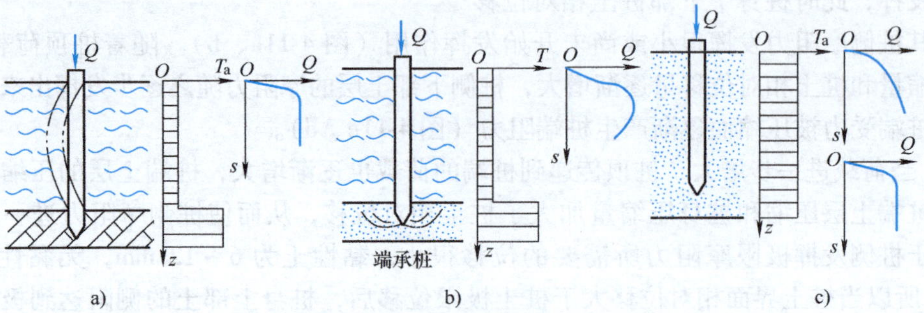

图 4-13 桩的破坏模式

a）屈曲破坏 b）整体剪切破坏 c）刺入破坏

（1）屈曲破坏 当桩底支承在坚硬的土层或岩层上，桩周土层极为软弱，桩身无约束或侧向抵抗力。桩在轴向荷载作用下，如同一细长压杆出现纵向挠曲破坏（图 4-13a），荷载-沉降（Q-S）关系曲线为“急剧破坏”的陡降型，其沉降量很小，具有明确的破坏荷载。桩的承载力取决于桩身的材料强度。如穿越深厚淤泥质土层中的小直径端承桩或嵌岩桩，细长的木桩等多属于此种破坏。

（2）整体剪切破坏 当具有足够强度的桩穿过抗剪强度较低的土层，达到强度较高的土层，且桩的长度不大时（图 4-13b），桩在竖向荷载作用下，桩端压力超过持力层极限承载力，桩端土中将形成完整的剪切滑动面而出现整体剪切破坏。荷载-沉降（Q-S）关系曲线也为陡降型，呈现明确的破坏荷载。桩的承载力主要取决于桩端土的支承力。一般打入式短桩、钻扩短桩等均属于此种破坏。

（3）刺入破坏 当桩的入土深度较大或桩周土层抗剪强度较均匀时，桩在竖向荷载作用下将出现刺入破坏（图 4-13c）。此时桩顶荷载主要由桩侧摩阻力承受，桩端阻力极微，桩的沉降量较大。一般当桩周土质较软弱时，荷载-沉降（Q-S）关系曲线为“渐进破坏”的缓变型，无明显拐点，极限荷载难以判断，桩的承载力主要由上部结构所能承受的极限沉降量确定；当桩周土的抗剪强度较高时，荷载-沉降（Q-S）关系曲线可能为陡降型，有明显拐点，桩的承载力主要取决于桩周土的强度。一般情况下的钻孔灌注桩多属于此种情况。

4.3.3 桩侧负摩阻力

1. 桩侧负摩阻力的定义及形成条件

桩土之间相对位移的方向决定了桩侧摩阻力的方向。当桩周土层相对于桩侧向下位移时，桩侧摩阻力方向向下，称为负摩阻力。

负摩阻力产生的原因很多，主要有下列几种情况：

1）桩周存在软弱土层，邻近桩侧地面承受局部较大的长期荷载，或地面大面积堆载（包括填土）时。

2）桩穿越较厚松散填土、自重湿陷性黄土、欠固结土、液化土层进入相对较硬土层时。

3）由于降低地下水位，使桩周土有效应力增大，并产生显著压缩沉降时。

4）冻土地区，温度升高引起桩侧土的融陷。

5）在灵敏度较高的饱和黏性土层内打桩引起桩周围土的结构破坏而重塑和固结。

6）桩数多而密集时，打桩使相邻已设置的桩抬升。

在上述各种情况下，土的自重和地面上的荷载都将通过负摩擦力传递给桩。由此可见，桩的负摩擦力问题必定与地基内软弱土层或湿陷性土的存在有关。这种土层越厚，负摩擦力的影响也就越大。

桩表面负摩擦力的主要影响后果是增加桩内轴向荷载，从而使桩轴向压缩量增加，并且在摩擦桩情况下也可能引起桩的沉降有较大的增加。群桩承台下，填土沉降可使承台底部和土之间形成脱空的间隙。这样就把承台的全部重力及其上荷载转移到桩身上，并可改变承台内的弯矩和其他应力状况。

2. 桩侧负摩阻力的分布

要确定桩侧负摩阻力的大小，首先就得确定产生负摩阻力的深度及其强度大小。桩身负摩阻力并不一定发生于整个软弱压缩土层中（4-14a），而是在桩周土相对于桩产生下沉的范围内，它与桩周土的压缩、固结、桩身压缩及桩底沉降等直接有关。图 4-14b 中 ab 线代表

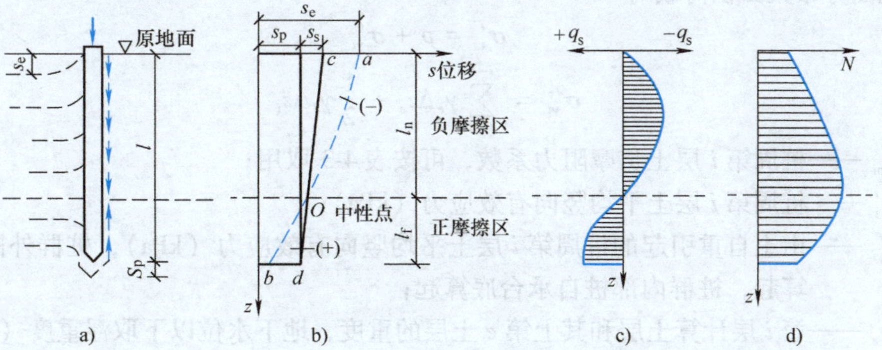

图 4-14　桩侧摩阻力分布与中性点

a）正负摩阻力分布　b）中性点位置的确定　c）桩侧摩阻力分布　d）桩身轴向力分布

桩周土层的下沉量随深度的分布，其中 s_e 表示地面土的沉降量；cd 线为桩身各截面的向下位移曲线，该线上所表示的桩身任一截面位移量为桩尖下沉量 s_p 与桩身材料的压缩量 s_s 之和。可以看出 ab 线与 cd 线的交点为 O，在 O 点处桩与桩周土位移相等，二者没有相对位移及摩擦力的作用，因而称 O 点为中性点。在中性点以上，土的下沉量大于桩身各点的向下位移量，所以是负摩擦区；在中性点以下，土的下沉量小于桩身各点的向下位移量，为正摩擦区。因而中性点是正负摩擦分界点（4-14c），也是桩身轴力最大点（4-14d）。在该断面，桩土位移相等、摩阻力为零、桩身轴力最大，这三个特点均可以判定中性点。

中性点的深度 l_n 与桩底持力层的刚度、桩周土的压缩性、桩周土层上的外荷载及桩的长径比等因素有关。但实际上中性点的位置较难准确确定，且随桩土沉降的发展而变化。沉降稳定后，中性点深度 l_n 主要与持力层土性有关，对黏性土、粉土持力层，中性点处于桩身中部，对承载力较高的持力层，中性点下移，直至 $l_n = l$（基岩持力层），具体可参照表 4-2。

表 4-2 中性点深度 l_n

持力层土类	黏性土、粉土	中密以上砂	砾石、卵石	基岩
l_n/l_0	0.5~0.6	0.7~0.8	0.9	1.0

注：1. l_n、l_0 分别为自桩顶算起的中性点深度和桩周软弱土层下限深度。
2. 桩穿过自重湿陷性黄土层时，l_n 可按表列值增大 10%（持力层为基岩除外）。
3. 当桩周土层固结与桩基固结沉降同时完成时，取 $l_n = 0$。
4. 当桩周土层计算沉降量小于 20mm 时，l_n 应按表列值乘以 0.4~0.8 折减。

3. 桩侧负摩阻力的计算

要精确地计算负摩阻力是十分困难的，国内外大都采用近似的经验公式估算。根据实测结果分析，认为采用有效应力法比较符合实际。《桩基规范》中规定，桩侧负摩阻力及其引起的下拉荷载，当无实测资料时可按下列规定计算。

1）中性点以上单桩桩周第 i 层土负摩阻力标准值 q_{si}^n 可按下式计算（当计算值大于正摩阻力时取正摩阻力）

$$q_{si}^{n} = \xi_{ni}\sigma_i' \tag{4-2}$$

当填土、自重湿陷性黄土湿陷、欠固结土层产生固结和地下水降低时

$$\sigma_i' = \sigma_{\gamma i}' \tag{4-3}$$

当地面分布大面积荷载时

$$\sigma_i' = p + \sigma_{\gamma i}' \tag{4-4}$$

$$\sigma_{\gamma i}' = \sum_{e=1}^{i-1}\gamma_e\Delta z_e + \frac{1}{2}\gamma_i\Delta z_i \tag{4-5}$$

式中 ξ_{ni} ——桩周第 i 层土负摩阻力系数，可按表 4-3 取用；

σ_i' ——桩周第 i 层土平均竖向有效应力（kPa）；

$\sigma_{\gamma i}'$ ——由土自重引起的桩周第 i 层土平均竖向有效应力（kPa），桩群外围桩自地面算起，桩群内部桩自承台底算起；

γ_i、γ_e ——第 i 层计算土层和其上第 e 土层的重度，地下水位以下取浮重度（kN/m^3）；

Δz_i、Δz_e ——第 i 层土、第 e 层土的厚度（m）；

p ——地面均布荷载（kPa）。

表 4-3 负摩阻力系数 ξ_n

桩周土类	饱和软土	黏性土、粉土	砂土	自重湿陷性黄土
ξ_n	0.15～0.25	0.25～0.40	0.35～0.50	0.20～0.35

注：1. 在同一类土中，对于挤土桩，取表中较大值，对于非挤土桩，取表中较小值。
2. 填土按其组成取表中同类土的较大值。

2）考虑群桩效应的桩侧总的负摩阻力（下拉荷载）Q_g^n 可按下式计算

$$Q_g^n = \eta_n u \sum_{i=1}^{n} q_{si}^n l_i \tag{4-6}$$

$$\eta_n = s_{ax}s_{ay} \Big/ \left[\pi d\left(\frac{q_s^n}{\gamma_m} + \frac{d}{4}\right)\right] \tag{4-7}$$

式中 n——中性点以上土层数；
u——桩身周长（m）；
l_i——中性点以上第 i 土层的厚度（m）；
η_n——负摩阻力群桩效应系数，$\eta_n>1$ 时，取 1；
s_{ax}、s_{ay}——纵、横向桩的中心距（m）；
q_s^n——中性点以上桩周土层厚度加权平均负摩阻力标准值（kPa）；
γ_m——中性点以上桩周土层厚度加权平均重度（地下水位以下取浮重度）（kN/m³）。

【例 4-1】 某桩为钻孔灌注桩，桩径 d = 850mm，桩长 l = 22m，如图 4-15 所示，由于大面积堆载引起负摩阻力，试计算下拉荷载标准值（已知中性点为 $l_n/l_0=0.8$，淤泥质土负摩阻力系数 $\xi_n=0.2$，负摩阻力群桩效应系数 $\eta_n=1.0$）。

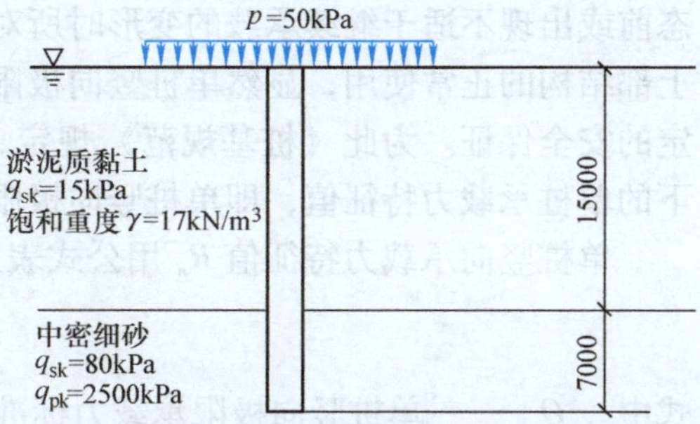

图 4-15 例 4-1

解：1）已知 $l_n/l_0=0.8$，其中 $l_0=15$m，中性点深 $l_n=0.8\times15\text{m}=12\text{m}$。

2）中性点以上单桩桩周第 i 层土负摩阻力标准值 q_{si}^n 为

$$\sigma'_{\gamma i} = \sum_{e=1}^{i-1}\gamma_e\Delta z_e + \frac{1}{2}\gamma_i\Delta z_i = 0 + \left[\frac{1}{2}\times(17-10)\times12\right]\text{kPa} = 42\text{kPa}$$

$$\sigma'_i = p + \sigma'_{\gamma i} = (50+42)\text{kPa} = 92\text{kPa}$$

$$q_{si}^n = \xi_{ni}\sigma'_i = (0.2\times92)\text{kPa} = 18.4\text{kPa} > q_{sk} = 15\text{kPa}，故\ q_{si}^n\ 取\ 15\text{kPa}。$$

3）基桩下拉荷载 Q_g^n 为

$$Q_g^n = \eta_n u \sum_{i=1}^{n} q_{si}^n l_i = (1.0\times0.85\times3.14\times15\times12)\text{kN} = 480.4\text{kN}$$

4. 减小桩侧负摩阻力的措施

在桩基设计时，经常采取下列几种措施来减小负摩阻力的不利作用：

1）处理承台底的欠固结土。当欠固结土层厚度不大时，可以考虑人工挖除并替换好土，以减少土体本身的沉降。当欠固结土层厚度较大时或无法挖除时，可以对欠固结土层（如新填土地基）采用强夯挤淤、土层注浆等措施，使承台底土在打桩前或打桩后快速固结，以消除负摩阻力。

2）套管保护桩法，即在中性点以上桩段的外面罩上一段尺寸较桩身大的套管或者对钢桩加一层厚度为 3mm 的塑料薄膜（兼防锈蚀），使这段桩身不致受到土的负摩阻力作用。该法能显著降低下拉荷载，但会增加施工工作量。

3）桩身表面涂层法。在预制桩中性点以上表面涂一薄层沥青，当土与桩发生相对位移出现负摩阻力时，涂层便会产生剪应变而降低作用于桩表面的负摩阻力，这是目前被认为降低负摩阻力最有效的方法。

4）预钻孔法。此法既适用于打入桩又适用于钻孔灌注桩。对于不适于采用涂层法的地质条件，可先在桩位处钻进成孔，再插入预制桩，在计算中性点以下的桩段宜用桩锤打入以确保桩的承载力，中性点以上的钻孔孔腔与插入的预制桩之间灌入膨润土泥浆，用以减少桩负摩阻力。

5）考虑负摩阻力后，要在设计时增强桩基础的整体刚度，以避免不均匀沉降。

6）考虑负摩阻力后，承台底部地基的承载力不能考虑，而且低承台桩基由于地基土本身的沉降有可能转变成高承台桩基。

7）在桩基设计时，考虑桩负摩阻力后，单桩竖向承载力特征值要折减，并注意单桩轴力的最大点不再在桩顶，而是在中性点位置。所以，桩身混凝土强度和配筋要增大，并验算中性点位置处的强度。

4.4 竖向抗压桩承载力的确定

作用于桩顶的竖向荷载主要由桩侧和桩端土体承担。单桩在竖向荷载作用下达到破坏状态前或出现不适于继续承载的变形时所对应的最大荷载称为单桩竖向极限承载力。为了满足上部结构的正常使用，显然单桩竖向极限承载力不能直接用于桩基础工程设计中，必须有一定的安全保证。为此《桩基规范》规定，设计时单桩竖向承载力应采用正常使用极限状态下的单桩承载力特征值，即单桩竖向极限承载标准值除以安全系数后的承载力值。

单桩竖向承载力特征值 R_a 用公式表达如下

$$R_a = \frac{1}{K}Q_{uk} \tag{4-8}$$

式中 Q_{uk} ——单桩竖向极限承载力标准值（kN）；

K ——安全系数，取 $K = 2$。

在进行桩基设计时，以此作为确定桩数和布桩的依据。

4.4.1 单桩竖向极限承载力的确定

由单桩的破坏模式可知，单桩竖向极限承载力取决于桩本身的材料强度和地基土对桩的支承能力。一般情况下，桩的承载力由土的支承能力所控制，桩材料强度往往不能充分发挥。只有对端承桩、超长桩以及桩身质量有缺陷的桩，桩身材料强度才起控制作用。此外，当桩的入土深度较大、桩周土质软弱、桩端沉降量较大时，对于高层建筑或对沉降有特殊要求时，还应按上部结构对沉降的要求来确定单桩竖向承载力。

《桩基规范》指出，单桩竖向极限承载力标准值应符合下列规定：

1）设计等级为甲级的建筑桩基，应通过单桩静载试验确定。

2）设计等级为乙级的建筑桩基，当地质条件简单时，可参照地质条件相同的试桩资料，结合静力触探等原位测试和经验参数综合确定；其余均应通过单桩静载试验确定。

3）设计等级为丙级的建筑桩基，可根据原位测试和经验参数确定。

上述规定明确了静载试验是确定单桩竖向承载力的基本标准，其他方法是静载试验的补充。

现将《桩基规范》中单桩竖向极限承载力标准值的确定方法介绍如下。

1. 按桩身材料强度确定

对于低承台桩，可把桩视为插入土中的轴心受压杆件。

1）当桩顶以下5 d 范围内桩身箍筋间距不大于100mm，且符合相关构造要求时，钢筋混凝土桩桩身的竖向承载力设计值 N 按下式计算

$$N \leqslant \varphi_c f_c A_p + 0.9 f'_y A_s \tag{4-9}$$

2）当桩身配筋不符合上述规定时

$$N \leqslant \varphi_c f_c A_p \tag{4-10}$$

式中 N——作用效应基本组合下的桩顶轴向压力设计值（kPa）；

f_c——混凝土的轴心抗压强度设计值，按混凝土强度等级取值（kPa）；

A_p——桩身横截面面积（m^2）；

f'_y——纵向主筋抗压强度设计值（kPa）；

A_s——纵向主筋截面面积（m^2）；

φ_c——工作条件系数，混凝土预制桩、预应力混凝土空心桩取0.85，干作业非挤土灌注桩取0.9，泥浆护壁和套管护壁非挤土灌注桩、部分挤土灌注桩、挤土灌注桩取0.7～0.8，软土地区挤土灌注桩取0.6。

2. 按单桩竖向抗压静载试验确定

静载试验是评价单桩承载力最为直观和可靠的方法，其除了考虑到地基土的支承能力外，也计入了桩身材料强度对承载力的影响。对于甲级、乙级建筑桩基，必须通过静载试验确定单桩竖向承载力。在同一条件下的试桩数量，不宜少于总数的1%，并不应少于3根。工程总桩数在50根以内时不应少于2根。对于地基条件复杂，桩施工质量可靠性低及本地区采用的新桩型或新工艺等情况下的桩基也须通过静载荷试验确定单桩竖向承载力。

对于预制桩，由于打桩时土中产生的孔隙水压力有待消散，土体因打桩扰动而降低的强度随时间逐渐恢复，因此，为了使试验能真实反映桩的承载力，要求在桩身强度满足设计要求的前提下，砂类土间歇时间不少于7d，粉土不少于10d，非饱和黏性土不少于15d，饱和黏性土不少于25d。

（1）静载试验装置及方法　静载试验装置主要由加荷稳压、提供反力和沉降观测装置三部分组成（图4-16a）。桩上的荷载通过液压千斤顶逐步施加，且每步加载后有足够时间

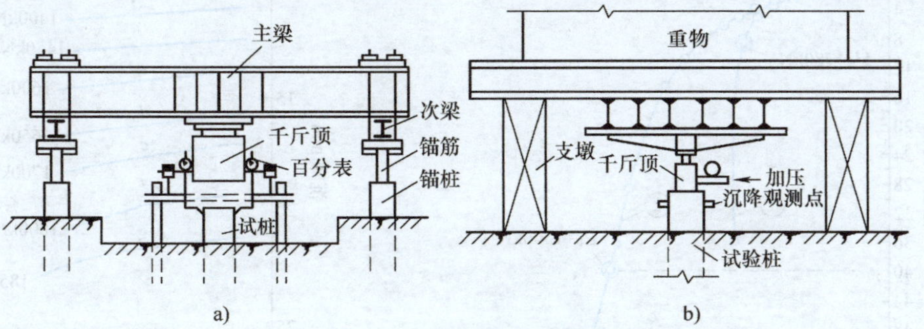

图4-16　单桩静载试验示意图

a）锚桩　b）堆载

让沉降发展。加载的反力装置一般采用锚桩（图 4-16a），也可采用堆载（图 4-16b）或者锚桩与堆载联合。桩的沉降用百分表记录。

试验时加载方式通常有慢速维持荷载法、快速维持荷载法、等贯入速率法、等时间间隔加载法以及循环加载法等。工程中最常用的是慢速维持荷载法，即逐级等量加载，每级荷载宜为最大加载量或预估极限承载力的 1/10，其中第一级可取分级荷载的 2 倍。当每级荷载下桩的沉降量连续两次在每小时内小于 0.1mm 时可视为稳定，然后施加下一级荷载直到试桩破坏，再分级卸载到零。对于工程桩的检验性试验，也可采用快速维持荷载法，即一般每隔 1h 加一级荷载。

（2）终止加载条件

1）某级荷载作用下，桩顶沉降量大于前一级荷载作用下沉降量的 5 倍。但当桩顶沉降能相对稳定且总沉降量小于 40mm 时，宜加载至桩顶总沉降量超过 40mm。

2）某级荷载作用下，桩顶沉降量大于前一级荷载作用下沉降量的 2 倍，且经 24h 尚未达到相对稳定标准。

3）已达到设计要求的最大加载量。

4）当工程桩作锚桩时，锚桩上拔量已达到允许值。

5）当荷载—沉降曲线呈缓变型时，可加载至桩顶总沉降量 60 ~ 80mm；在特殊情况下，可根据具体要求加载至桩顶累计沉降量超过 80mm。

（3）按试验结果确定单桩极限承载力　确定单桩竖向抗压极限承载力时，应根据试验成果绘制 Q-s、s-lg$t$ 曲线。Q-s 曲线表示桩顶荷载与沉降关系，如图 4-17 所示。s-lg$t$ 曲线表示对应荷载下沉降随时间变化关系，如图 4-18 所示。按下列方法综合分析确定单桩抗压极限承载力 Q_u：

1）根据沉降随荷载的变化特征确定。对于陡降型 Q-s 曲线（图 4-17 中曲线 1），可取曲线发生明显陡降的起始点所对应的荷载为 Q_u。此外，也可根据沉降随时间的变化特征确定 Q_u，取 s-lg$t$ 曲线（图 4-18）尾部出现明显向下弯曲的前一级荷载值作为 Q_u。

2）根据沉降量确定。对于缓变型 Q-s 曲线（图 4-17 中曲线 2），一般宜取 s = 40mm 对应的荷载值；当桩长大于 40m 时，宜考虑桩身弹性压缩量；对直径大于或等于 800mm 的桩，可取 s = 0.05d（d 为桩端直径）对应的荷载值。

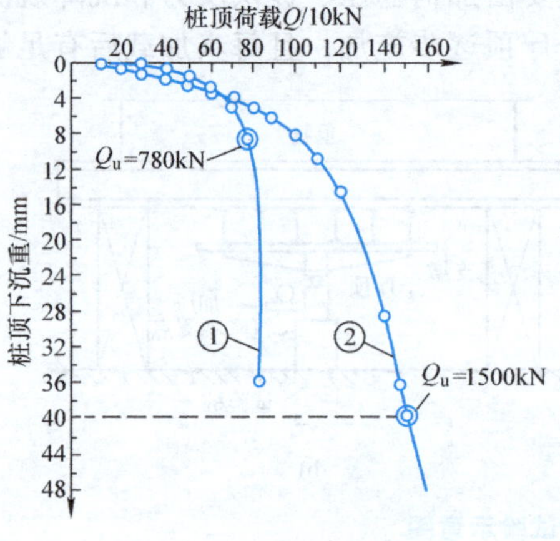

图 4-17　单桩 Q-s 曲线

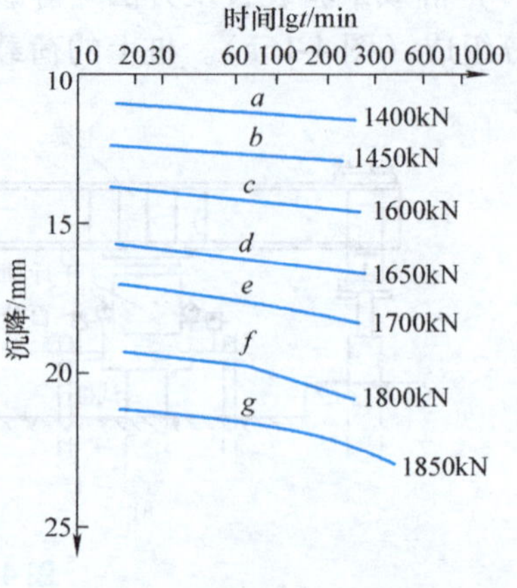

图 4-18　单桩 s-lg$t$ 曲线

值得注意的是，当桩的竖向抗压承载力未达到极限时，桩的竖向抗压极限承载力标准值应取最大试验荷载值。

测出每根试桩的极限承载力值 Q_{ui} 后，可按下列规定通过统计确定单桩竖向抗压极限承载力标准值 Q_{uk}：

① 参加统计的试桩结果，当满足其极差不超过平均值的30%时，取其平均值为单桩竖向抗压极限承载力。

② 当极差超过平均值的30%时，应分析极差过大的原因，结合工程具体情况综合确定，必要时可增加试桩数量。

③对桩数为3根或3根以下的柱下承台，或工程桩抽检数量少于3根时，应取低值。

【例4-2】 某建筑工程基础采用灌注桩，桩径 $d=0.6\text{m}$，桩长25m，低应变检测结果表明这6根基桩均为Ⅰ类桩。对6根桩进行单桩竖向抗压静载试验的成果见表4-4，请求出该工程的单桩竖向抗压承载力特征值。

表4-4 单桩竖向抗压静载试验成果

试桩编号	1	2	3	4	5	6
Q_u/kN	2880	2580	2940	3060	3530	3360

解：1）对6根试桩进行统计。6根试桩的竖向抗压极限承载力平均值

$$Q_{um}=\frac{\sum_{i=1}^{n}Q_{ui}}{n}=\frac{2880+2580+2940+3060+3530+3360}{6}\text{kN}=3058.3\text{kN}$$

$$极差\ \Delta_m=(3530-2580)\text{kN}=950\text{kN}$$

$$\frac{\Delta_m}{Q_{um}}=\frac{950}{3058.3}=0.31>0.3,不符合规范要求。$$

2）删除最大值，重新统计。

$$Q_{um}=\frac{\sum_{i=1}^{n}Q_{ui}}{n}=\frac{2880+2580+2940+3060+3360}{5}\text{kN}=2964\text{kN}$$

$$极差\ \Delta_m=(3360-2580)\text{kN}=780\text{kN}$$

$$\frac{\Delta_m}{Q_{um}}=\frac{780}{2964}=0.26<0.3,符合规范要求。$$

则 $Q_{uk}=Q_{um}=2964\text{kN}$。

3）单桩竖向抗压承载力特征值为

$$R_a=\frac{Q_{uk}}{2}=\frac{2964}{2}\text{kN}=1482\text{kN}。$$

3. 按静力触探法确定

当根据单桥探头静力触探资料确定混凝土预制桩单桩竖向极限承载力标准值 Q_{uk} 时，如无当地经验，可按下式计算

$$Q_{uk}=Q_{sk}+Q_{pk}=u\sum q_{sik}l_i+\alpha p_{sk}A_p \tag{4-11}$$

式中 Q_{sk}、Q_{pk}——总极限侧阻力标准值和总极限端阻力标准值（kN）；

u——桩身周长（m）；

q_{sik}——用静力触探比贯入阻力值估算的桩周第 i 层土的极限侧阻力标准值(kPa)。

l_i——桩周第 i 层土的厚度 (m);

α——桩端阻力修正系数，桩入土深度小于15m时取0.75，大于15m小于30m时取0.75~0.9，大于30m小于60m时取0.9;

p_{sk}——桩端附近的静力触探比贯入阻力标准值（平均值）(kPa);

A_p——桩端面积 (m^2);

当采根据双桥探头的静力触探资料确定混凝土预制桩竖向极限承载力标准值时，对于粉土、砂土、黏性土，可按下式计算

$$Q_{uk} = Q_{sk} + Q_{pk} = u\sum l_i\beta_i f_{si} + \alpha q_c A_p \tag{4-12}$$

式中 f_{si}——第 i 层土的探头平均侧阻力 (kPa);

q_c——桩端平面上、下探头阻力 (kPa)，取桩端平面以上 $4d$（d 为桩的直径或边长）范围内按上层厚度的探头阻力加权平均值，然后再和桩端平面以下 $1d$ 范围内的探头阻力进行平均;

α——桩端阻力修正系数，对黏性土、粉土取2/3，饱和砂土取1/2;

β_i——第 i 层土桩侧综合修正系数，对于黏性土、粉土，$\beta_i = 10.04(f_{si})^{-0.55}$，对于砂性土，$\beta_i = 5.05(f_{si})^{-0.45}$。

【例4-3】 某工程双桥静探资料见表4-5，拟采用饱和粉砂层为持力层，采用混凝土方桩，桩断面尺寸为400mm×400mm，桩长 $l=13$m，承台埋深为2.0m，桩端进入饱和粉砂层2.0m，试计算单桩竖向极限承载力标准值。

表4-5 双桥静探资料

层序	土名	层底深度/m	探头平均侧阻力 f_{si} /kPa	探头阻力 q_c /kPa
1	填土	1.5	—	—
2	淤泥质黏土	13	12	600
3	饱和粉砂	20	110	12000

解：桩端进入饱和粉砂层2.0m，桩边长 $d=0.4$m，$4d = 4\times0.4\text{m} = 1.6\text{m} < 2\text{m}$，则 $q_c = 12000$kPa。

对于饱和粉砂，$\alpha = 0.5$。$A_p = 0.4\times0.4\text{m}^2 = 0.16\text{m}^2$

对于黏性土、粉土，$\beta_i = 10.04 f_{si}^{-0.55} = 10.04\times12^{-0.55} = 2.56$

对于砂土，$\beta_i = 5.05 f_{si}^{-0.45} = 5.05\times110^{-0.45} = 0.61$

由双桥探头静力触探资料计算预制桩的单桩竖向极限承载力标准值为

$$\begin{aligned}Q_{uk} &= u\sum l_i\beta_i f_{si} + \alpha q_c A_p\\ &= [0.4\times4\times(11\times2.56\times12 + 2\times0.61\times110) + 0.5\times12000\times0.16]\text{kN}\\ &= (755.4 + 960)\text{kN} = 1715.4\text{kN}\end{aligned}$$

4. 按经验参数确定

根据桩侧阻力、桩端阻力的破坏机理，按照静力学原理，建立土的物理指标与桩侧阻力、桩端阻力间的经验关系，利用这种关系确定单桩竖向极限承载力标准值 Q_{uk} 是一种沿用多年的传统方法。这种方法简便而经济，但由于各地区间土的变异性大，计算结果的可靠性受到限制，因此这种方法一般只适用于初步设计阶段。

《桩基规范》在大量经验及资料积累的基础上，针对不同的常用桩型，推荐如下竖向承载力估算公式。

（1）一般预制桩及中小直径（ $d<800\text{mm}$）的灌注桩

$$Q_{uk}=Q_{sk}+Q_{pk}=u\sum q_{sik}l_i+q_{pk}A_p \tag{4-13}$$

式中 Q_{sk}、Q_{pk}——单桩总极限侧阻力标准值、总极限端阻力标准值（kN）；

q_{sik}——桩侧第 i 层土的极限侧阻力标准值，可按表 4-6 取值（kPa）；

q_{pk}——桩端极限端阻力标准值，可按表 4-7 取值（kPa）。

表 4-6 桩的极限侧阻力标准值 q_{sik} （单位：kPa）

土的名称	土的状态		混凝土预制桩	水下钻（冲）孔桩	干作业钻孔桩
填土	—		22~30	20~28	20~28
淤泥	—		14~20	12~18	12~18
淤泥质土	—		22~30	20~28	20~28
黏性土	流塑	$I_L>1$	24~40	21~38	21~38
	软塑	$0.75<I_L\leqslant1$	40~55	38~53	38~53
	可塑	$0.50<I_L\leqslant0.75$	55~70	53~68	53~66
	硬可塑	$0.25<I_L\leqslant0.50$	70~86	68~84	66~82
	硬塑	$0<I_L\leqslant0.25$	86~98	84~96	82~94
	坚硬	$I_L\leqslant0$	98~105	96~102	94~104
红黏土	$0.7<\alpha_w\leqslant1$		13~32	12~30	12~30
	$0.5<\alpha_w\leqslant0.7$		32~74	30~70	30~70
粉土	稍密	$e>0.9$	26~46	24~42	24~42
	中密	$0.75\leqslant e\leqslant0.9$	46~66	42~62	42~62
	密实	$e<0.75$	66~88	62~82	62~82
粉细砂	稍密	$10<N\leqslant15$	24~48	22~46	22~46
	中密	$15<N\leqslant30$	48~66	46~64	46~64
	密实	$N>30$	66~88	64~86	64~86
中砂	中密	$15<N\leqslant30$	54~74	53~72	53~72
	密实	$N>30$	74~95	72~94	72~94
粗砂	中密	$15<N\leqslant30$	74~95	74~95	76~98
	密实	$N>30$	95~116	95~116	98~120
砾砂	稍密	$5<N_{63.5}\leqslant15$	70~110	50~90	60~100
	中密（密实）	$N_{63.5}>15$	116~138	116~130	112~130
圆砾、角砾	中密、密实	$N_{63.5}>10$	160~200	135~150	135~150
碎石、卵石	中密、密实	$N_{63.5}>10$	200~300	140~170	150~170
全风化软质岩	—	$0<N\leqslant50$	100~120	80~100	80~100
全风化硬质岩	—	$30<N\leqslant50$	140~160	120~140	120~150
强风化软质岩	—	$N_{63.5}>10$	160~240	140~200	140~220
强风化硬质岩	—	$N_{63.5}>10$	220~300	160~240	160~260

注：1. 对于尚未完成自重固结的填土和以生活垃圾为主的杂填土，不计算其侧阻力。

2. α_w 为含水比，$\alpha_w=\omega/\omega_L$，ω 为土的天然含水量，ω_L 为土的液限。

3. N 为标准贯入击数；$N_{63.5}$ 为重型圆锥动力触探击数。

4. 全风化、强风化软质岩和全风化、强风化硬质岩系指其母岩分别为 $f_{rk}\leqslant15\text{MPa}$、$f_{rk}>30\text{MPa}$ 的岩石。

表 4-7　桩的极限端阻力标准值 q_{pk}

（单位：kPa）

土的名称	土的状态	桩型	混凝土预制桩桩长 l/m				泥浆护壁钻（冲）孔桩桩长 l/m				干作业钻孔桩桩长 l/m		
			$l\leqslant9$	$9<l\leqslant16$	$16<l\leqslant30$	$l>30$	$5\leqslant l<10$	$10\leqslant l<15$	$15\leqslant l<30$	$30\leqslant l$	$5\leqslant l<10$	$10\leqslant l<15$	$15\leqslant l$
黏性土	软塑	$0.75<I_L\leqslant1$	210~850	650~1400	1200~1800	1300~1900	150~250	250~300	300~450	300~450	200~400	400~700	700~950
	可塑	$0.50<I_L\leqslant0.75$	850~1700	1400~2200	1900~2800	2300~3600	350~450	450~600	600~750	750~800	500~700	800~1100	1000~1600
	硬可塑	$0.25<I_L\leqslant0.50$	1500~2300	2300~3300	2700~3600	3600~4400	800~900	900~1000	1000~1200	1200~1400	850~1100	1500~1700	1700~1900
	硬塑	$0<I_L\leqslant0.25$	2500~3800	3800~5500	5500~6000	6000~6800	1100~1200	1200~1400	1400~1600	1600~1800	1600~1800	2200~2400	2600~2800
粉土	中密	$0.75\leqslant e\leqslant0.9$	950~1700	1400~2100	1900~2700	2500~3400	300~500	500~650	650~750	750~850	800~1200	1200~1400	1400~1600
	密实	$e<0.75$	1500~2600	2100~3000	2700~3600	3600~4400	650~900	750~950	900~1100	1100~1200	1200~1700	1400~1900	1600~2100
粉砂	稍密	$10<N\leqslant15$	1000~1600	1500~2300	1900~2700	2100~3000	350~500	450~600	600~700	650~750	500~950	1300~1600	1500~1700
	中密、密实	$N>15$	1400~2200	2100~3000	3000~4500	3800~5500	600~750	750~900	900~1100	1100~1200	900~1000	1700~1900	1700~1900
细砂	中密、密实	$N>15$	2500~4000	3600~5000	4400~6000	5300~7000	650~850	900~1200	1200~1500	1500~1800	1200~1600	2000~2400	2400~2700
中砂			4000~6000	5500~7000	6500~8000	7500~9000	850~1050	1100~1500	1500~1900	1900~2100	1800~2400	2800~3800	3600~4400
粗砂			5700~7500	7500~8500	8500~10000	9500~11000	1500~1800	2100~2400	2400~2600	2600~2800	2900~3600	4000~4600	4600~5200
砾砂	中密、密实	$N>15$	6000~9500		9000~10500		1400~2000		2000~3200		3500~5000		
角砾、圆砾		$N_{63.5}>10$	7000~10000		9500~11500		1800~2200		2200~3600		4000~5500		
碎石、卵石		$N_{63.5}>10$	8000~11000		10500~13000		2000~3000		3000~4000		4500~6500		
全风化软质岩		$30<N\leqslant50$	4000~6000				1000~1600				1200~2000		
全风化硬质岩		$30<N\leqslant50$	5000~8000				1200~2000				1400~2400		
强风化软质岩		$N_{63.5}>10$	6000~9000				1400~2200				1600~2600		
强风化硬质岩		$N_{63.5}>10$	7000~11000				1800~2800				2000~3000		

注：1. 砂土和碎石类土中桩的极限端阻力取值，宜综合考虑土的密实度，桩端进入持力层的深径比 h_b/d，土越密实，h_b/d 越大，取值越高。

2. 预制桩的岩石极限端阻力指桩端支承于中、微风化基岩表面或进入强风化岩、软质岩一定深度条件下极限端阻力。

3. 全风化、强风化软质岩和全风化、强风化硬质岩指其母岩分别为 $f_{rk}\leqslant15\text{MPa}$、$f_{rk}>30\text{MPa}$ 的岩石。

（2）大直径桩（$d \geqslant 800\text{mm}$）　桩径不小于 800mm 的桩为大直径桩。和中小直径桩相比，其最大的区别是极限侧阻力标准值、极限端阻力标准值随桩径的增大而降低。主要原因是桩成孔后产生应力释放，孔壁出现松弛变形，导致侧阻力有所降低。对于端阻力的降低，主要是成孔卸载造成孔底土的回弹，造成端阻力的降低，类似于深基坑的回弹。因此，对于桩端支承在完整基岩的大直径桩，端阻力不折减。

大直径桩单桩竖向极限承载力标准值可按下式计算

$$Q_{uk} = Q_{sk} + Q_{pk} = u\sum \psi_{si} q_{sik} l_i + \psi_p q_{pk} A_p \tag{4-14}$$

式中　q_{sik}——桩侧第 i 层土的极限侧阻力标准值，可按表 4-6 取值（kPa），对于扩底桩不计算扩大头高度及桩变截面位置以上 $2d$ 长度范围的侧阻力（图 4-19）；

q_{pk}——桩径为 800mm 的极限端阻力标准值，对于干作业挖孔（清底干净）可采用深层载荷板试验确定；当不能进行深层载荷板试验时，可按表 4-8 取值（kPa）；

ψ_{si}、ψ_p——大直径桩侧阻、端阻尺寸效应系数，按表 4-9 取值。

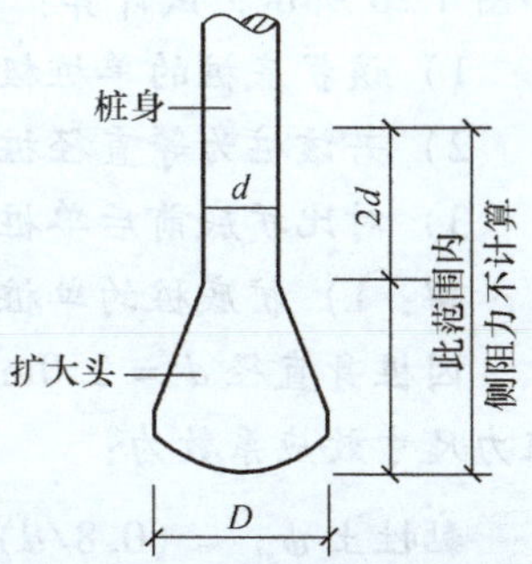

图 4-19　桩侧极限侧阻力的确定原则

此外，对于混凝土护壁的大直径挖孔桩，其设计桩径取护壁外直径。

表 4-8　干作业挖孔桩（清底干净，$D = 800\text{mm}$）极限端阻力标准值 q_{pk}　（单位：kPa）

名　称		状　态		
黏性土		$0.25 < I_L \leqslant 0.75$	$0 < I_L \leqslant 0.25$	$I_L \leqslant 0$
		800～1800	1800～2400	2400～3000
粉土		—	$0.75 \leqslant e \leqslant 0.9$	$e < 0.75$
		—	1000～1500	1500～2000
砂土、碎石类土		稍密	中密	密实
	粉砂	500～700	800～1100	1200～2000
	细砂	700～1100	1200～1800	2000～2500
	中砂	1000～2000	2200～3200	3500～5000
	粗砂	1200～2200	2500～3500	4000～5500
	砾砂	1400～2400	2600～4000	5000～7000
	圆砾、角砾	1600～3000	3200～5000	6000～9000
	卵石、碎石	2000～3000	3300～5000	7000～11000

注：1. 当桩进入持力层的深度 h_b 分别为：$h_b \leqslant D$，$D < h_b \leqslant 4D$，$h_b > 4D$ 时，q_{pk} 可相应取低、中、高值。

2. 砂土密实度可根据标贯击数判定，$N \leqslant 10$ 为松散，$10 < N \leqslant 15$ 为稍密，$15 < N \leqslant 30$ 为中密，$N > 30$ 为密实。

3. 当桩的长径比 $l/d \leqslant 8$ 时，q_{pk} 宜取较低值。

4. 当对沉降要求不严时，q_{pk} 可取高值。

表 4-9 大直径灌注桩侧阻力尺寸效应系数、端阻力尺寸效应系数

土类别	黏性土、粉土	砂土、碎石类土
ψ_{si}	$(0.8/d)^{\frac{1}{5}}$	$(0.8/d)^{\frac{1}{3}}$
ψ_{p}	$(0.8/D)^{\frac{1}{4}}$	$(0.8/D)^{\frac{1}{3}}$

注：表中 d 为桩径，D 为桩端直径。

【例 4-4】 某扩底灌注桩，桩身直径 $d=1.0\text{m}$，$l=11\text{m}$，桩端直径 $D=1.8\text{m}$，扩底段高度 $h_c=1.2\text{m}$，桩端持力层为密实中砂，桩周土层参数如图 4-20 所示，试计算：

1）该扩底桩的单桩极限承载力。

2）若该桩为等直径桩，单桩极限承载力为多少？

3）对比扩底前后单桩极限承载力的变化。

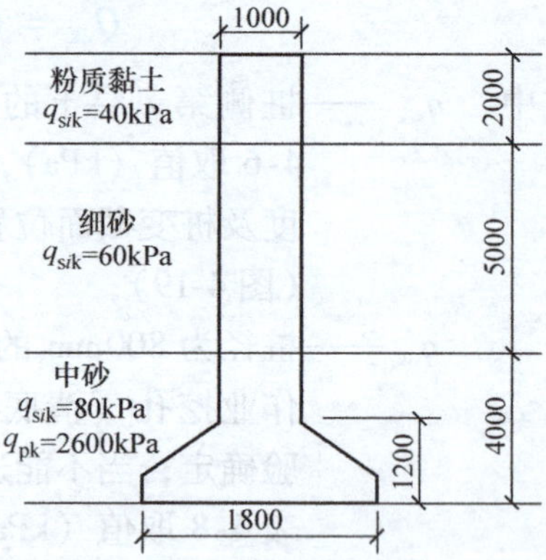

图 4-20 例 4-4 图

解：1）扩底桩的单桩极限承载力 Q_{uk}。

因桩身直径 $d=1.0\text{m}>0.8\text{m}$，故查表 4-9 可知，侧阻力尺寸效应系数为：

黏性土 $\psi_{s1}=(0.8/d)^{\frac{1}{5}}=(0.8/1.0)^{1/5}=0.956$

砂土 $\psi_{s2}=(0.8/d)^{\frac{1}{3}}=(0.8/1.0)^{1/3}=0.928$

砂土端阻力尺寸效应系数为 $\psi_p=(0.8/D)^{1/3}=(0.8/1.8)^{1/3}=0.763$

扩底桩可计算侧阻力的长度为 $l=(11-1.2-2\times1.0)\text{m}=7.8\text{m}$

则单桩极限侧阻力为

$$Q_{sk}=u\sum\psi_{si}q_{sik}l_i$$
$$=\pi\times1.0\times(0.956\times40\times2+0.928\times60\times5+0.928\times80\times0.8)\text{kN}=1300.8\text{kN}$$

单桩极限端阻力为

$$Q_{pk}=\psi_p q_{pk}A_p=\left(0.763\times2600\times\frac{\pi}{4}\times1.8^2\right)\text{kN}=5045.6\text{kN}$$

单桩极限承载力为

$$Q_{uk}=Q_{sk}+Q_{pk}=(1300.8+5045.6)\text{kN}=6346.4\text{kN}$$

2）若为等直径桩，则单桩极限侧阻力为

$$Q_{sk}=u\sum\psi_{si}q_{sik}l_i$$
$$=\pi\times1.0\times(0.956\times40\times2+0.928\times60\times5+0.928\times80\times4)\text{kN}=2046.8\text{kN}$$

单桩极限端阻力为

$$Q_{pk}=\psi_p q_{pk}A_p=\left(0.763\times2600\times\frac{\pi}{4}\times1.0^2\right)\text{kN}=1557.3\text{kN}$$

单桩极限承载力为

$$Q_{uk}=Q_{sk}+Q_{pk}=(2046.8+1557.3)\text{kN}=3604.1\text{kN}$$

3）由扩底前后计算结果可知，由于扩底，使得极限侧阻力下降，下降值为

$$\Delta Q_{sk}=(2046.8-1300.8)\text{kN}=746\text{kN}$$

极限端阻力增加值为 $\Delta Q_{pk}=(5045.6-1557.3)\text{kN}=3488.3\text{kN}$

扩底后单桩极限承载力较扩底前提高 $\Delta Q_{uk}=(6346.4-3604.1)\text{kN}=2742.3\text{kN}$

（3）钢管桩 钢管桩分为闭口钢管桩和敞口钢管桩。闭口钢管桩的承载变形机理与混凝土预制桩相同。敞口钢管桩由于沉桩过程，桩端部分土将涌入管内形成“土塞”，而桩端土的闭塞程度直接影响桩的承载力性状，为此敞口钢管桩的承载力机理比闭口钢管桩复杂。

当根据土的物理指标与承载力参数之间的经验关系确定钢管桩单桩竖向极限承载力标准值时，可按下式计算

$$Q_{uk}=Q_{sk}+Q_{pk}=u\sum q_{sik}l_i+\lambda_p q_{pk}A_p \tag{4-15}$$

式中 q_{sik}、q_{pk}——按表4-6、表4-7取与混凝土预制桩相同值（kPa）；

λ_p——桩端土塞效应系数。

对于闭口钢管桩 $\lambda_p=1$，对敞口钢管桩，当 $h_b/d<5$ 时，$\lambda_p=0.16h_b/d$，当 $h_b/d\geqslant 5$ 时，$\lambda_p=0.8$；其中 h_b 为桩端进入持力层深度（m），d 为钢管桩外径（m）；对于带隔板的半敞口钢管桩，应以等效直径 d_e 代替 d 确定 λ_p，$d_e=d/\sqrt{n}$（n 为桩端隔板分割数，如图4-21所示）。

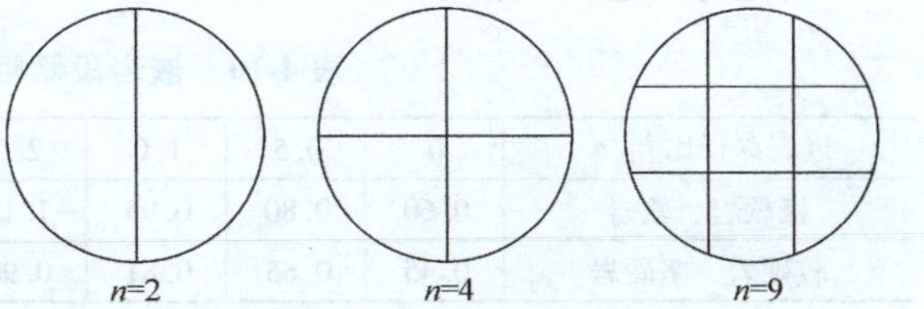

图4-21 钢管桩隔板分割

（4）混凝土空心桩 混凝土空心桩与钢管桩类似，桩端敞口，存在桩端土塞效应；不同的是混凝土空心桩壁厚度较钢管桩大得多，计算端阻力时，不能忽略桩壁端部提供的端阻力，故混凝土空心桩端阻力分为两部分：一部分为桩壁端部的端阻力，另一部分为敞口部分端阻力。

敞口预应力混凝土空心桩的单桩竖向极限承载力标准值，可按下式计算

$$Q_{uk}=Q_{sk}+Q_{pk}=u\sum q_{sik}l_i+q_{pk}(A_j+\lambda_p A_{p1}) \tag{4-16}$$

式中 q_{sik}、q_{pk}——按表4-6、4-7取与混凝土预制桩相同值（kPa）；

A_j——空心桩桩端净面积（m^2），管桩 $A_j=\frac{\pi}{4}(d^2-d_1^2)$，空心方桩 $A_j=b^2-\frac{\pi}{4}d_1^2$，$d$、$d_1$、$b$ 分别为空心桩外径、内径、边长（m）；

A_{p1}——空心桩敞口面积（m^2），$A_{p1}=\frac{\pi}{4}d_1^2$；

λ_p——桩端土塞效应系数，当 $h_b/d<5$ 时，$\lambda_p=0.16h_b/d$，当 $h_b/d\geqslant 5$，$\lambda_p=0.8$。

（5）嵌岩桩 随着高层建筑及桥梁工程的高速发展，嵌岩桩的应用日益广泛。近十年来大量试验研究成果和工程应用经验均表明，一般情况下，只要嵌岩桩不是很短，上覆土层的侧阻力就能部分发挥；此外，嵌岩深度内也有侧阻力作用，故传递到桩端的应力随嵌岩深度增大而递减，当嵌岩深度达5d时，该应力接近于零。所以，桩端嵌岩深度一般不必很大，超过某一界限则无助于提高桩的竖向承载力。因此，桩端置于完整、较完整基岩的嵌岩桩单桩竖向极限承载力，由桩周土总极限侧阻力和嵌岩段总极限阻力组成。当根据岩石单轴抗压强度确定单桩竖向极限承载力标准值时，可按下式计算

$$Q_{uk}=Q_{sk}+Q_{rk}=u_p\sum q_{sik}l_i+\zeta_r f_{rk}A_p \tag{4-17}$$

式中 Q_{sk}、Q_{rk}——土的总极限侧阻力标准值、嵌岩段总极限阻力标准值（kN）；

q_{sik}——桩侧第 i 层土的极限侧阻力标准值，无当地经验时，可根据成桩工艺按表 4-6 取值（kPa）；

f_{rk}——岩石饱和单轴抗压强度标准值（kPa），黏土岩取天然湿度单轴抗压强度标准值；

ζ_r——嵌岩段侧阻和端阻综合系数，与嵌岩深径比 h_r/d、岩石软硬程度和成桩工艺有关，可按表 4-10 采用，表中数值适用于泥浆护壁成桩，对于干作业成桩（清底干净）和泥浆护壁成桩后注浆，ζ_r 应取表列数值的 1.2 倍；

其他符号意义同前。

表 4-10　嵌岩段侧阻和端阻综合系数 ζ_r

嵌岩深径比 h_r/d	0	0.5	1.0	2.0	3.0	4.0	5.0	6.0	7.0	8.0
极软岩、软岩	0.60	0.80	0.95	1.18	1.35	1.48	1.57	1.63	1.66	1.70
较硬岩、坚硬岩	0.45	0.65	0.81	0.90	1.00	1.04	—	—	—	—

注：1. 极软岩、软岩指 $f_{rk} \le 15\text{MPa}$，较硬岩、坚硬岩指 $f_{rk} > 30\text{MPa}$，介于二者之间可内插取值。
2. h_r 为桩身嵌岩深度，当岩面倾斜时，以坡下方嵌岩深度为准；当 h_r/d 为非表列值时，ζ_r 可内插取值。

4.4.2　群桩受力性状

1. 群桩效应

所谓群桩效应，是指群桩基础受竖向荷载作用后，由于承台、桩、地基土的相互作用，使其桩端阻力、桩侧阻力、沉降等性状发生变化而与单桩明显不同，承载力往往不等于各单桩之和。

（1）端承型群桩基础　对于端承型群桩基础，由于持力层坚硬，压缩性很低，桩顶沉降较小，桩侧摩阻力不易发挥，桩顶荷载基本上通过桩身直接传到桩端处土层上（图 4-22）。桩端处压力较集中，各桩端的压力彼此互不影响，可近似地认为端承型群桩基础中各基桩的工作性状与单桩基本一致，群桩基础的承载力即为单桩承载力之和。因此，端承型群桩基础无群桩效应，即群桩效应系数 $\eta = 1$。

（2）摩擦型群桩基础　对于摩擦型群桩基础，群桩主要通过每根桩的侧摩阻力将上部荷载传递到桩周及桩端土层中，且一般假定桩侧摩阻力在土中引起的附加应力按某一角度，沿桩长向下扩散分布至桩端平面处，如图 4-23 所示。当桩数少，桩中心距 s_a 较大时（$s_a > 6d$），

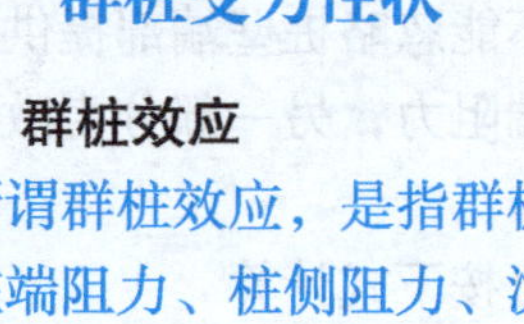

图 4-22　端承群桩

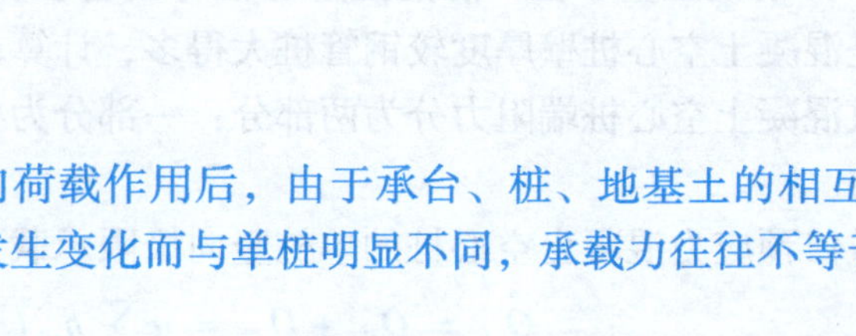

图 4-23　摩擦群桩桩端平面上的压力分布

桩端平面处各桩传来的压力不重叠或重叠不多（图 4-23a），此时群桩中各桩的工作情况与单桩一致，故群桩的承载力等于各单桩承载力之和，也无群桩效应可言。但当桩数较多，桩距较小时，桩端处地基中各桩传来的压力将相互重叠（图 4-23b），桩端处压力比单桩时大得多，桩端以下压缩土层的影响深度也比单桩要大。此时群桩中各桩的工作状态与单桩不同，其承载力小于各单桩承载力之和，沉降量则大于单桩的沉降量。显然，若限制群桩的沉降量与单桩沉降量相同，则群桩中每一根桩的平均承载力就比单桩时要低，即群桩效应系数 $\eta < 1$。

但是国内外大量工程实践和试验研究结果表明，采用单一的群桩效应系数不能正确反映群桩基础的工作状况，低估了群桩基础的承载能力。原因主要是群桩基础中的一根桩与单桩的工作条件不同，其极限承载力也不一样。通常，砂土和粉土中的桩基，群桩效应使桩的侧阻力提高；而黏性土中的桩基，在常见桩距下，群桩效应往往使侧阻力降低。考虑群桩效应后，桩端平面处压应力增加较多，极限桩端阻力相应提高。因此，群桩基础中桩的极限承载力确定极为复杂，其与桩的间距、土质、桩数、桩径、入土深度以及桩的类型和排列方式等因素有关。

就实际工程而言，桩所穿越的土层往往是两种以上性质不同的土层，且水平方向变化不均，分别考虑由于群桩效应引起桩侧和桩端阻力的变化过于烦琐，《桩基规范》将桩侧和桩端的群桩效应不予考虑，而只考虑承台底土分担的承台效应。

2. 承台效应

摩擦型群桩在竖向荷载作用下，由于桩土相对位移，桩间土对承台产生一定竖向抗力，成为桩基竖向承载力的一部分而分担荷载，称为承台效应。承台底地基土承载力特征值发挥率称为承台效应系数。考虑承台效应，即由基桩和承台下地基土共同承担荷载的桩基础，称为复合桩基，单桩及其对应面积的承台下地基土组成的复合承载基桩称为复合基桩。

近二十多年来的大量室内研究和现场实测表明：对于摩擦型桩基，除了承台底面存在几类特殊性质土层和动力作用的情况外，承台下的桩间土均参与承担部分外荷载，且承载的比例随桩距的增大而增大。

设计复合桩基时需要注意的是，承台分担荷载是以桩基的整体下沉为前提，所以只有在桩基沉降不会危及建筑物安全和正常使用，且承台底不与软土直接接触时，才宜于开发承台底土抗力的潜力。因此，对于端承型桩基、桩数少于 4 根的摩擦型柱下独立桩基，以及下列情况时不能考虑承台效应：① 承受经常出现的动力作用，如铁路桥梁桩基；② 承台下存在可能产生负摩阻力的土层，如湿陷性黄土、欠固结土、新填土、高灵敏度软土以及可液化土，或者由于降低地下水位地基土固结而与承台脱开；③ 在饱和软土中沉入密集桩群，引起超孔隙水压力和土体隆起，随着时间推移，桩间土逐渐固结下沉而与承台脱开等。

对于建在一般土层上，桩长较短而桩距较大，或承台外区（桩群外包络线以外范围）面积较大的桩基，承台下桩间土对荷载的分担效应比较显著。

4.4.3 基桩或复合基桩的竖向承载力特征值

《桩基规范》规定：

1）对于端承型桩基、桩数少于 4 根的摩擦型柱下独立桩基、或由于地层土性、使用条件等因素不宜考虑承台效应时，基桩竖向承载力特征值应取单桩竖向承载力特征值，即

$$R = R_a \tag{4-18}$$

2）对于符合下列条件之一的摩擦型桩基，宜考虑承台效应来确定其复合基桩的竖向承载力特征值：①上部结构整体刚度较好、体型简单的建（构）筑物；②对差异沉降适应性较强的排架结构和柔性构筑物；③软土地基的减沉复合疏桩基础。

考虑承台效应的复合基桩竖向承载力特征值可按下列公式确定：

不考虑地震作用

$$R = R_a + \eta_c f_{ak} A_c \tag{4-19}$$

考虑地震作用

$$R = R_a + \frac{\zeta_a}{1.25}\eta_c f_{ak} A_c \tag{4-20}$$

$$A_c = (A - nA_{ps})/n \tag{4-21}$$

式中 η_c——承台效应系数，可按表4-11取值；

f_{ak}——承台下1/2承台宽度且不超过5m深度范围内各层土的地基承载力特征值按厚度加权的平均值（kPa）；

A_c——计算基桩所对应的承台底净面积（m^2）；

A_{ps}——桩身截面面积（m^2）；

A——承台计算域面积（m^2），对于柱下独立桩基，A为承台总面积，对于桩筏基础，A为柱、墙筏板的1/2跨距和悬臂边2.5倍筏板厚度所围成的面积；桩集中布置于单片墙下的桩筏基础，取墙两边各1/2跨距围成的面积，按条形承台计算η_c；

ζ_a——地基抗震承载力调整系数，按表4-12取值。

表4-11 承台效应系数 η_c

<table>
<tr><th>B_c/l \ S_a/d</th><th>3</th><th>4</th><th>5</th><th>6</th><th>>6</th></tr>
<tr><td>≤0.4</td><td>0.06~0.08</td><td>0.14~0.17</td><td>0.22~0.26</td><td>0.32~0.38</td><td rowspan="4">0.50~0.80</td></tr>
<tr><td>0.4~0.8</td><td>0.08~0.10</td><td>0.17~0.20</td><td>0.26~0.30</td><td>0.38~0.44</td></tr>
<tr><td>>0.8</td><td>0.10~0.12</td><td>0.20~0.22</td><td>0.30~0.34</td><td>0.44~0.50</td></tr>
<tr><td>单排桩条形承台</td><td>0.15~0.18</td><td>0.25~0.30</td><td>0.38~0.45</td><td>0.50~0.60</td></tr>
</table>

注：1. 表中S_a/d为桩中心距与桩径之比；B_c/l为承台宽度与桩长之比。当计算基桩为非正方形排列时，$S_a = \sqrt{A/n}$，A为承台计算域面积，n为总桩数。

2. 对于桩布置于墙下的箱、筏承台，η_c可按单排桩条形承台取值。

3. 对于单排桩条形承台，当承台宽度小于1.5d时，η_c按非条形承台取值。

4. 对于采用后注浆灌注桩的承台，η_c宜取低值。

5. 对于饱和黏性土中的挤土桩基、软土地基上的桩基承台，η_c宜取低值的0.8倍。

表4-12 地基抗震承载力调整系数 ζ_a

岩土名称和性状	ζ_a
岩石，密实的碎石土，密实的砾、粗、中砂，$f_{ak} \geqslant 300$kPa的黏性土和粉土	1.5
中密和稍密的碎石土，中密和稍密的砾石，粗、中砂，密实和中密的细、粉砂，$150\text{kPa} \leqslant f_{ak} < 300\text{kPa}$的黏性土和粉土，坚硬的黄土	1.3
稍密的细、粉砂，$100\text{kPa} \leqslant f_{ak} < 150\text{kPa}$的黏性土和粉土，可塑黄土	1.1
淤泥，淤泥质土，松散的砂，杂填土，新近堆积黄土及流塑黄土	1.0

设计复合桩基时应注意：当承台底面以下存在可液化土、湿陷性黄土、高灵敏度软土、欠固结土、新填土，或可能出现震陷、降水、沉桩过程产生高孔隙水压和土体隆起时，不考虑承台效应。

【例4-5】 某桩基工程，框架柱尺寸为 1000mm × 800mm，桩径 d = 600mm，桩长 l = 12m，基桩平面布置、剖面及土层分布如图4-24所示，不考虑地震效应。试估算考虑承台效应后的复合基桩竖向承载力特征值，并分析承台效应对复合基桩竖向承载力的影响。

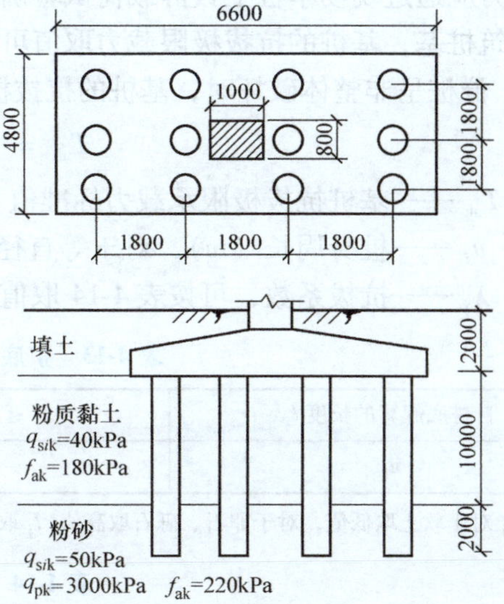

图4-24 例4-5图

解：因 $d = 600\text{mm} < 800\text{mm}$，故单桩竖向极限承载力标准值为

$$Q_{uk} = u\sum q_{sik}l_i + A_p q_{pk} = \left[\pi \times 0.6 \times (40 \times 10 + 50 \times 2) + \frac{\pi}{4} \times 3000 \times 0.6^2\right]\text{kN}$$

$$= (942 + 847.8)\text{kN} = 1789.8\text{kN}$$

则单桩承载力特征值为 $R_a = Q_{uk}/2 = 1789.8\text{kN}/2 = 894.9\text{kN}$

当考虑承台效应时，$B_c/l = 4.8/12 = 0.4$，$S_a/d = 1.8/0.6 = 3$，查表4-11知 $\eta_c = 0.06 \sim 0.08$，取 $\eta_c = 0.06$。f_{ak} 取承台下1/2承台宽度范围内土层的地基承载力特征值，即180kPa。

$$A_c = (A - nA_{ps})/n = (6.6 \times 4.8 - 12 \times \frac{\pi}{4} \times 0.6^2)\text{m}^2/12 = 28.29\text{m}^2/12 = 2.36\text{m}^2$$

则复合基桩承载力特征值为

$$R = R_a + \eta_c f_{ak} A_c = (894.9 + 0.06 \times 180 \times 2.36)\text{kN} = 920.4\text{kN}$$

考虑承台效应后的复合基桩承载力特征值为920.4kN，单桩竖向承载力特征值为894.9kN，由此可以看出，本工程考虑承台效应后的复合基桩承载力提高2.85%。

4.5 竖向抗拔桩承载力的确定

对于高耸结构物桩基（如高压输电塔、电视塔、微波通信塔等）、承受巨大浮托力作用的基础（如地下室、地下油罐、取水泵房等），以及承受巨大水平荷载的桩基础（如码头、桥台、挡土墙等），桩侧部分或全部承受上拔力，此时尚须验算桩的抗拔承载力。

4.5.1 桩基竖向抗拔承载力

桩基的抗拔承载力破坏主要有非整体破坏（单桩拔出）和整体破坏（群桩整体拔出）两种模式，对两种破坏模式的承载力均应进行验算。

相对于竖向抗压桩承载力研究而言，有关抗拔承载力的机理研究尚不充分，尤其是群桩整体拔出。为此，《桩基规范》规定，对于设计等级为甲级和乙级建筑桩基，基桩的抗拔极限承载力应通过现场单桩上拔静载荷试验确定。如无当地经验时，群桩基础及设计等级为丙级的建筑桩基，基桩的抗拔极限载力取值可按下列规定计算。

1）群桩呈非整体破坏时，基桩的抗拔极限承载力标准值可按下式计算

$$T_{uk} = \sum \lambda_i q_{sik} u_i l_i \tag{4-22}$$

式中 T_{uk}——基桩抗拔极限承载力标准值（kN）；

u_i——桩身周长（m），对于等直径桩取 $u = \pi d$，对于扩底桩按表 4-13 取值；

λ_i——抗拔系数，可按表 4-14 取值。

表 4-13 扩底桩破坏表面周长 u_i

自桩底起算的长度 l_i	≤（4～10）d	>（4～10）d
u_i	πD	πd

注：l_i 对于软土取低值，对于卵石、砾石取高值；l_i 取值按内摩擦角增大而增大。

表 4-14 抗拔系数 λ

土类	λ 值
砂土	0.50～0.70
黏性土、粉土	0.70～0.80

注：桩长 l 与桩径 d 之比小于 20 时，λ 取小值。

2）群桩呈整体破坏时，基桩的抗拔极限承载力标准值可按下式计算

$$T_{gk} = \frac{1}{n} u_l \sum \lambda_i q_{sik} \tag{4-23}$$

式中 u_l——桩群外围周长（m）。

【例 4-6】 某建筑物扩底抗拔灌注桩桩径为 $d = 1.0\text{m}$，桩长 $l = 12\text{m}$，扩底直径为 $D = 1.8\text{m}$，扩底段高度 $h_c = 1.2\text{m}$，桩周土性参数如图 4-25 所示，试计算基桩的抗拔极限承载力标准值（抗拔系数 λ_i：粉质黏土取 0.7，砂土取 0.5）。

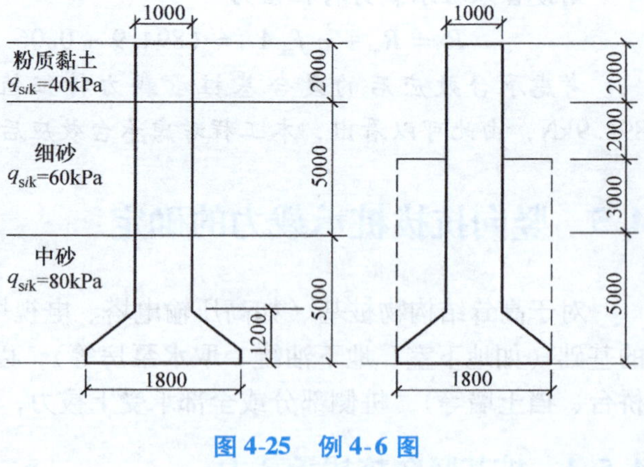

图 4-25 例 4-6 图

解： 该灌注桩为扩底抗拔桩，自桩底起算的长度 $l_i \leqslant (4 \sim 10)d$ 时，$u_i = \pi D$。由表 4-13 可知：l_i 对于卵石、砾石取较高值，该桩扩底位于中砂，故取 $l_i = 8d = 8 \times 1.0\text{m} = 8\text{m}$，$u_i = \pi D = \pi \times 1.8\text{m} = 5.65\text{m}$；8m 以上部分桩身周长取 $u_i = \pi d = \pi \times 1.0\text{m} = 3.14\text{m}$（图 4-25）。

则 $T_{uk} = \sum \lambda_i q_{sik} u_i l_i$

$= (0.7 \times 40 \times \pi \times 1.0 \times 2.0)\text{kN} + (0.5 \times 60 \times \pi \times 1.0 \times 2.0)\text{kN} + (0.5 \times 60 \times \pi \times 1.8 \times 3.0)\text{kN} + (0.5 \times 80 \times \pi \times 1.8 \times 5)\text{kN}$

$= (175.8 + 188.4 + 508.7 + 1130.4)\text{kN} = 2003.3\text{kN}$

4.5.2 桩基竖向抗拔承载力验算

承受上拔力的桩，应同时验算群桩基础呈整体破坏和呈非整体破坏时的基桩的抗拔承载力：

整体破坏
$$N_k \leqslant \frac{T_{gk}}{2} + G_{gp} \tag{4-24}$$

非整体破坏
$$N_k \leqslant \frac{T_{uk}}{2} + G_p \tag{4-25}$$

式中 N_k——按荷载效应标准组合计算的基桩上拔力（kN）；

G_{gp}——群桩基础所包围体积的桩土总自重设计值除以总桩数（kN），地下水位以下取浮重度；

G_p——基桩自重（kN），地下水位以下取浮重度，对于扩底桩应按表4-13确定桩、土柱体周长后计算桩、土自重。

此外，还应按现行《混凝土结构设计规范》（GB 50010）验算桩身的抗拉承载力，并按规定进行裂缝宽度或抗裂性验算。

【例4-7】 如图4-26所示，某泵房按丙级桩基考虑，为抗浮需设置抗拔桩。荷载效应标准组合作用下基桩的上拔力为600kN。桩型采用钻孔灌注桩，桩径为0.55m，桩长为16m，桩群边缘尺寸为16m×8m，桩数为40根。试计算群桩基础及基桩的抗拔承载力（抗拔系数 λ_i：对黏性土取0.7，对砂土取0.6，桩身材料重度 $\gamma = 25\text{kN/m}^3$；群桩基础平均重度 $\gamma_G = 20\text{kN/m}^3$）。

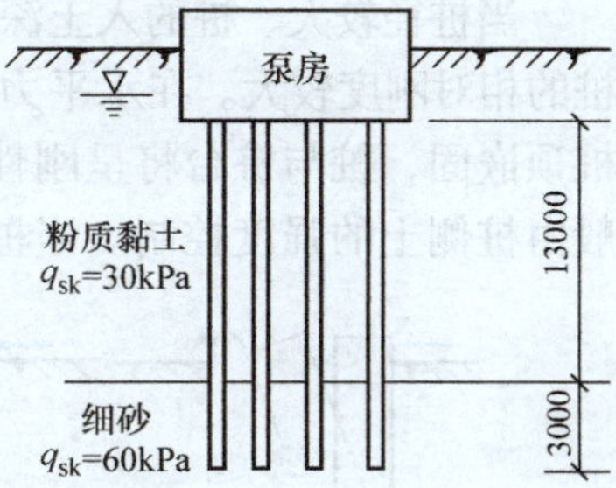

图4-26 例题4-7

解：桩体呈非整体破坏时，基桩抗拔极限承载力标准值为

$$T_{uk} = \sum \lambda_i q_{sik} u_i l_i = (0.7 \times 30 \times \pi \times 0.55 \times 13 + 0.6 \times 60 \times \pi \times 0.55 \times 3)\text{kN}$$
$$= (471.5 + 186.5)\text{kN} = 658\text{kN}$$

基桩自重 $G_p = \left[\frac{\pi}{4} \times 0.55^2 \times 16 \times (25 - 10)\right]\text{kN} = 57\text{kN}$

$T_{uk}/2 + G_p = (658/2 + 57)\text{kN} = 386\text{kN} < N_k = 600\text{kN}$（不满足要求）

群桩呈整体破坏时，基桩抗拔极限承载力标准值为

$$T_{gk} = \frac{1}{n} u_l \sum \lambda_i q_{sik} = \left[\frac{1}{40} \times (16 + 8) \times 2 \times (0.7 \times 30 \times 13 + 0.6 \times 60 \times 3)\right]\text{kN} = 457.2\text{kN}$$

$$G_{gp} = \left[\frac{1}{40} \times 16 \times 8 \times 16 \times (20 - 10)\right]\text{kN} = 512\text{kN}$$

$T_{gk}/2 + G_{gp} = (457.2/2 + 512)\text{kN} = 740.6\text{kN} > N_k = 600\text{kN}$（满足要求）

4.6 水平荷载作用下桩的承载力与变形

在工业与民用建筑工程中，桩基以承受竖向荷载为主，但有时也要承受一定的水平荷载，如风荷载、地震作用、土压力、设备动力荷载、水压力、波浪荷载等。但大多数情况

下，为了施工便利，往往采用竖直桩抵抗水平力。因此，桩基除了满足竖向承载力要求外，还需满足水平承载力验算要求。

4.6.1 水平受荷桩受力性状及内力和变形理论计算

1. 水平受荷桩受力性状

桩在水平荷载作用下发生变位，会促使桩周土发生变形而产生抗力。当水平荷载较低时，这一抗力主要由靠近地面部分的土提供，土的变形也主要是弹性压缩变形，随着荷载加大，桩的变形也加大，表层土将逐步发生塑性变形，从而使水平荷载向更深土层传递。随着位移和内力的增大，对于低配筋率的灌注桩，通常桩身先出现裂缝，随后断裂破坏，此时，单桩水平承载力由桩身强度控制；对于抗弯性能强的桩，如高配筋率的混凝土预制桩和钢桩，桩身虽未断裂，但由于桩侧土体塑性隆起，或桩顶水平位移大大超过使用允许值，也认为桩的水平承载力达到极限状态，此时，单桩水平承载力由位移控制。

影响单桩水平承载力和位移的因素很多，如桩径、桩的入土深度、桩身截面抗弯刚度、地基土刚度（特别是表层地基土刚度）、桩端约束条件和打桩方式等。

当桩径较大、桩的入土深度较小、桩周土质较差时，桩的抗弯刚度大大超过地基土刚度，桩的相对刚度较大。在水平力作用下，桩身如刚体一般围绕桩轴上某点转动（图 4-27a）；若桩顶嵌固，桩与桩台将呈刚性平移（图 4-28a）。此时可将桩视为刚性桩，其水平承载力一般由桩侧土的强度控制。当桩径大时，同时要考虑桩底土偏心受压时的承载力。

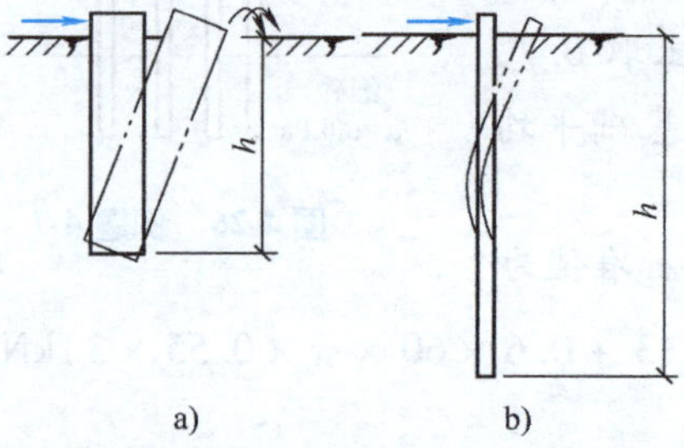

图 4-27 桩顶自由时的桩身变形和位移图
a）刚性桩 b）柔性桩

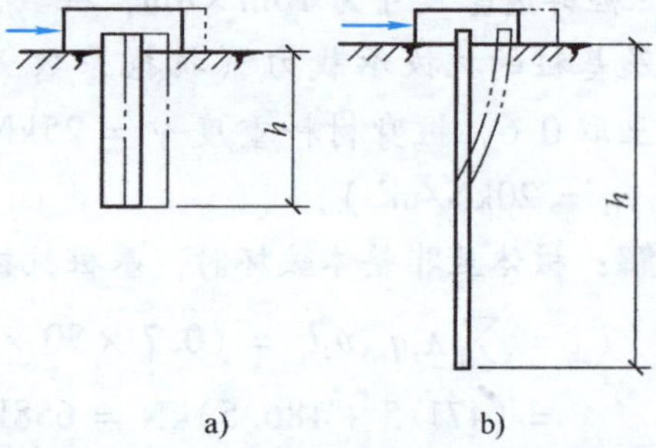

图 4-28 桩顶嵌固时的桩身变形和位移
a）刚性桩 b）柔性桩

当桩径较小、桩的入土深度较大、地基较密实时，桩的抗弯刚度与地基刚度相比，桩的相对刚度较小，桩犹如竖放在地基中的弹性地基梁。在水平荷载及两侧土压力的作用下，桩的变形呈波状曲线，并沿着桩长向深处逐渐消失（图 4-27b）；若桩顶嵌固，位移情况与桩顶自由时类似，但桩顶端部轴线保持竖直，桩与承台也呈刚性平移（图 4-28b）。此时将桩视为弹性桩，其水平承载力由桩身材料的抗弯强度和侧向土抗力所控制。

由于桩-土相互作用的机理非常复杂，现以弹性桩为例，来介绍水平受荷桩的内力和变形理论计算。

2. 弹性桩内力和变形理论计算

我国多采用弹性地基反力法进行弹性桩的内力和变形计算。该法将土体视为弹性体，用梁的弯曲理论来求解桩的水平抗力 p_x，并假设 p_x 与桩的水平位移 x 成正比且不考虑桩土之间的摩阻力以及邻桩对水平抗力的影响，即

$$p_x = k_h x b_0 \tag{4-26}$$

式中 k_h——地基水平抗力系数（kN/m^3），$k_h = mz^n$，m 为地基土水平抗力系数的比例系数（MN/m^4），宜通过单桩水平载荷试验确定，当无实测资料时，按表4-15取值，z 为地面以下任意深度（m），n 为待定指数；

b_0——桩身的计算宽度（m），按表4-16取值。

表4-15 地基土水平抗力系数的比例系数 m 值

序号	地基土类别	预制桩、钢桩		灌注桩	
		m /（MN/m^4）	相应单桩在地面处水平位移/mm	m /（MN/m^4）	相应单桩在地面处水平位移/mm
1	淤泥；淤泥质土；饱和湿陷性黄土	2～4.5	10	2.5～6	6～12
2	流塑（$I_L>1$）、软塑（$1\geqslant I_L>0.75$）状黏性土；$e>0.9$ 粉土；松散粉细砂；松散、稍密的填土	4.5～6.0	10	6～14	4～8
3	可塑（$0.75\geqslant I_L>0.25$）状黏性土；$e=0.75\sim0.9$ 粉土；中密的填土；稍密细砂	6.0～10	10	14～35	3～6
4	硬塑（$0<I_L\leqslant0.25$）、坚硬（$I_L\leqslant0$）状黏性土；$e<0.75$ 粉土；中密的中粗砂；密实老填土	10～22	10	35～100	2～5
5	中密、密实的砂砾、碎石类土	—	—	100～300	1.5～3

注：1. 当桩顶水平位移大于表列数值或灌注桩配筋率较高（≥0.65%）时，m 值应适当降低；当预制桩的水平向位移小于10mm时，m 值可适当提高。

2. 当水平荷载为长期或经常出现的荷载时，应按表列数值乘以0.4降低采用。

3. 当地基为可液化土层时，也应将表列数值按照液化土层影响进行折减。

表4-16 桩身截面计算宽度 b_0

截面形状 / 截面宽度 b 或直径 d	圆形桩	方形桩
>1m	$0.9(d+1)$	$b+1$
≤1m	$0.9(1.5d+0.5)$	$1.5b+0.5$

根据对 n 的假设不同，也就有了常用的常数法（张有龄法）、“k”法、“m”法和“c”法，如图4-29所示。

1）常数法（张有龄法）。该法假设地基水平抗力系数 k_h 为一常数，与深度 z 无关。由我国学者张有龄先生提出，因其数学处理比较简单，在日本、美国及我国台湾地区应用广泛。

2）“k”法。该法假定地基水平抗力系数在第一弹性零点 t 以上按抛物线变化，以下保持为常数。由前苏联学者盖尔斯基提出，曾在我国广泛使用。

3）“m”法。该法假定地基水平抗力系数随深度呈线性增加，即 $k_h = mz$。目前在我国应用最广。

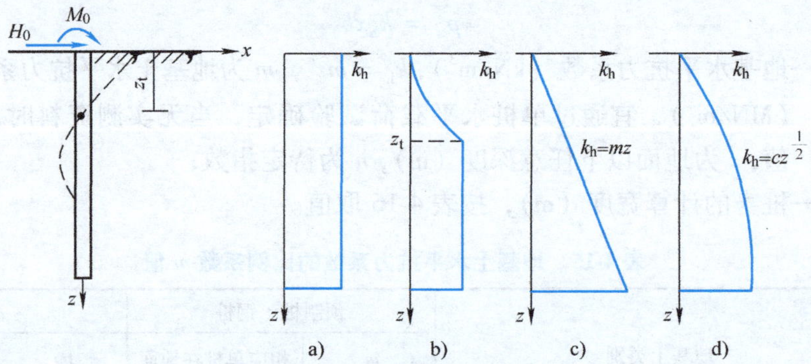

图 4-29 地基水平抗力系数分布图

a) 常数法（$n=0$） b) “k”法（$n=0$） c) “m”法（$n=1$） d) “c”法（$n=0.5$）

4）“c”法。该法假定地基水平抗力系数随深度呈抛物线增加，由日本久保浩一提出，在我国公路部门应用广泛。

实测资料表明，当桩的水平位移较大时，“m”法比较接近实际，在我国应用也最多，故下面对“m”法进行简单介绍。

（1）单桩挠曲微分方程 水平受荷弹性桩在荷载作用下产生挠曲（图 4-30a），其挠曲微分方程为

$$\frac{d^4x}{dz^4}+\frac{mb_0}{EI}zx=0 \tag{4-27}$$

令

$$\alpha=\sqrt[5]{\frac{mb_0}{EI}} \tag{4-28}$$

则式（4-27）变成

$$\frac{d^4x}{dz^4}+\alpha^5zx=0 \tag{4-29}$$

式中 α—— 桩的水平变形系数（m^{-1}）。

由式（4-28）可以看出，α 反映了桩的相对刚度。桩的刚度与入土深度不同，其受力与破坏特性也不同。为此，水平受荷桩可根据 αh（h 为桩的入土深度）将桩分为刚性短桩（$\alpha h\leqslant 2.5$）、弹性中长桩（$2.5<\alpha h<4.0$）和弹性长桩（$\alpha h\geqslant 4.0$）。

对于弹性长桩，桩底的边界条件为弯矩为零，剪力为零。代入边界条件，并采用幂级数对式（4-29）进行求解，可得沿桩身 z 的位移、转角、弯矩、剪力、土抗力表达式分别为

$$\left\{\begin{aligned}
x_z&=\frac{H_0}{\alpha^3EI}A_x+\frac{M_0}{\alpha^2EI}B_x\\
\varphi_z&=\frac{H_0}{\alpha^2EI}A_\varphi+\frac{M_0}{\alpha EI}B_\varphi\\
M_z&=\frac{H_0}{\alpha}A_M+\alpha M_0B_M\\
V_z&=H_0A_V+\alpha M_0B_V\\
p_x&=\frac{1}{b_0}(\alpha H_0A_p+\alpha^2M_0B_p)
\end{aligned}\right. \tag{4-30}$$

式中，A_x、B_x、A_φ、B_φ、A_M、B_M、A_V、B_V、A_p、B_p 均可从表 4-17 中查出，代入式（4-30）即可计算并绘制出单桩的水平抗力、位移、转角、弯矩、剪力分布，如图 4-30 所示。

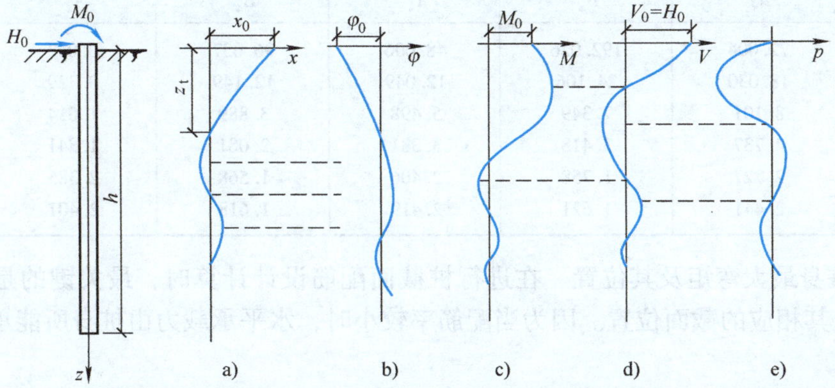

图 4-30 水平受荷弹性长桩内力与变形曲线

a）挠曲 x 分布 b）转角 φ 分布 c）弯矩 M 分布 d）剪力 V 分布 e）土抗力 p 分布

表 4-17 弹性长桩的内力和变形计算常数

换算深度 αz	A_x	B_x	A_φ	B_φ	A_M	B_M	A_V	B_V	A_p	B_p
0.0	2.440	1.621	−1.621	−1.751	0	1.000	1.000	0.000	0.000	0.000
0.1	2.279	1.451	−1.616	−1.651	0.100	1.000	0.989	−0.007	−0.227	−0.145
0.2	2.118	1.291	−1.601	−1.551	0.197	0.998	0.956	−0.028	−0.422	−0.259
0.3	1.959	1.141	−1.577	−1.451	0.290	0.994	0.906	−0.058	−0.586	−0.343
0.4	1.803	1.001	−1.543	−1.352	0.377	0.986	0.840	−0.095	−0.718	−0.401
0.5	1.650	0.870	−1.502	−1.254	0.458	0.975	0.764	−0.137	−0.822	−0.436
0.6	1.503	0.750	−1.452	−1.157	0.529	0.959	0.677	−0.181	−0.897	−0.451
0.7	1.360	0.639	−1.396	−1.062	0.592	0.938	0.585	−0.226	−0.947	−0.449
0.8	1.224	0.537	−1.334	−0.970	0.646	0.931	0.489	−0.270	−0.973	−0.432
0.9	1.094	0.445	−1.267	−0.880	0.689	0.884	0.392	−0.312	−0.977	−0.403
1.0	0.970	0.361	−1.196	−0.793	0.723	0.851	0.295	−0.350	−0.962	−0.364
1.2	0.746	0.219	−1.047	−0.630	0.762	0.774	0.109	−0.414	−0.885	−0.268
1.4	0.552	0.108	−0.894	−0.484	0.765	0.687	−0.056	−0.456	−0.761	−0.157
1.6	0.388	0.024	−0.743	−0.356	0.737	0.594	−0.193	−0.477	−0.609	−0.047
1.8	0.254	−0.036	−0.601	−0.247	0.685	0.499	−0.298	−0.476	−0.445	0.054
2.0	0.147	−0.076	−0.471	−0.156	0.614	0.407	−0.371	−0.456	−0.283	0.140
3.0	−0.087	−0.095	−0.070	0.063	0.193	0.076	−0.349	−0.213	0.226	0.268
4.0	−0.108	−0.015	−0.003	0.085	0	0	−0.106	−0.017	0.201	0.112

（2）桩顶水平位移 桩顶水平位移是控制基桩水平承载力的主要因素，且 αh 的不同，桩端约束条件不同，其水平荷载下的工作性状也不同。对于弹性长桩的水平位移，可根据表 4-17 中 $\alpha z = 0$ 时的值，代入式（4-30）第一式求得。对于弹性中长桩和刚性短桩，则可由表 4-18 查出 A_x 和 B_x，代入式（4-30）第一式求得。

表 4-18 各类桩的桩顶位移系数

αh	支承在土上		支承在岩石上		嵌固在岩石中	
	A_x	B_x	A_x	B_x	A_x	B_x
0.5	72.004	192.026	48.006	96.037	0.042	0.125
1.0	18.030	24.106	12.049	12.149	0.329	0.494
1.5	8.101	7.349	5.498	3.889	1.014	1.028
2.0	4.737	3.418	3.381	2.081	1.841	1.468
3.0	2.727	1.758	2.406	1.568	2.385	1.586
≥4.0	2.441	1.621	2.419	1.618	2.401	1.600

（3）桩身最大弯矩及其位置　在进行桩截面配筋设计计算时，最关键的是求出桩身最大弯矩值及其相应的截面位置。因为当配筋率较小时，水平承载力由桩身所能承受的最大弯矩控制。

最大弯矩点的深度 z_0 的位置为

$$z_0 = \frac{\bar{h}}{\alpha} \tag{4-31}$$

式中　$\bar{h}$——换算深度，对弹性长桩，可按表 4-19 通过 C_1 查得。

表 4-19 计算最大弯矩位置及弯矩系数 C_1 和 C_2 值

$\bar{h}=\alpha z_0$	C_1	C_2	$\bar{h}=\alpha z_0$	C_1	C_2	$\bar{h}=\alpha z_0$	C_1	C_2
0.0	∞	1.000	1.0	0.824	1.728	2.0	-0.865	-0.304
0.1	131.252	1.001	1.1	0.503	2.299	2.2	-1.048	-0.187
0.2	34.186	1.004	1.2	0.246	3.876	2.4	-1.230	-0.118
0.3	15.544	1.012	1.3	0.034	23.438	2.6	-1.420	-0.074
0.4	8.781	1.029	1.4	-0.145	-4.596	2.8	-1.635	-0.045
0.5	5.539	1.057	1.5	-0.299	-1.876	3.0	-1.893	-0.026
0.6	3.710	1.101	1.6	-0.434	-1.128	3.5	-2.994	-0.003
0.7	2.566	1.169	1.7	-0.555	-0.740	4.0	-0.045	-0.011
0.8	1.791	1.274	1.8	-0.665	-0.530			
0.9	1.238	1.441	1.9	-0.768	-0.396			

最大弯矩处桩身截面剪力为零，则由式（4-30）中第四式可导得

$$C_1 = \alpha\frac{M_0}{H_0} \tag{4-32}$$

最大弯矩 M_{max} 为

$$M_{max} = C_2 M_0 \tag{4-33}$$

C_2 也可由表 4-19 中查得。

一般当摩擦桩的入土深度达 $4.0/\alpha$ 时，桩身内力及位移已几乎为零。故在此深度下，桩身只需按构造配筋或不配钢筋即可。

4.6.2 单桩水平承载力特征值

《桩基规范》规定，对于受水平荷载较大的设计等级为甲级、乙级的建筑桩基，单桩水平承载力特征值应通过单桩水平静载试验确定。桩的水平静载试验是在现场条件下进行的，由此测得的承载力值和地基土水平抗力系数最符合实际情况。

1. 单桩水平静载试验

（1）试验装置 试验装置如图4-31所示。将千斤顶水平放置在试桩与相邻桩间进行水平加载，水平力作用点宜与实际工程的桩基承台底面标高一致。如果做力矩产生水平位移的试验，可在承台底以上一定高度给桩施加水平力。为保证作用力的方向始终水平和通过桩轴线，千斤顶和试验桩接触处应安置球形铰支座，同时千斤顶与试桩的接触处宜适当补强。水平位移用大量程百分表（或位移计）测量，在水平力作用平面的受检桩两侧应对称安装两个百分表（或位移计）；当需要测量桩顶转角时，尚应在水平力作用平面以上50cm的受检桩两侧对称安装两个百分表（或位移计）。

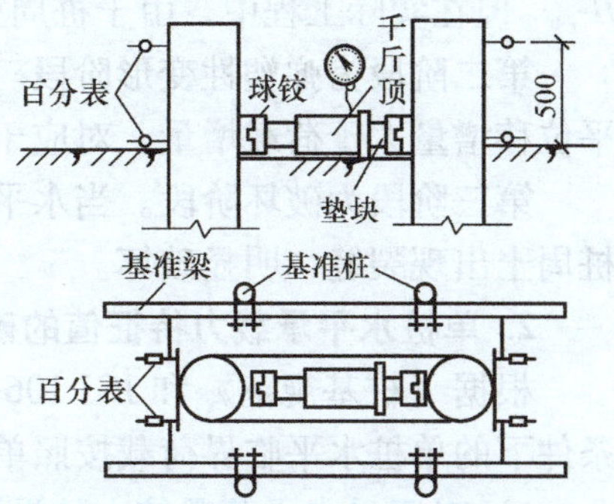

图4-31 单桩水平静载试验装置

（2）加载方式及试验曲线分析 加载方式一般多采用单向多循环加载法，分级荷载应小于预估水平极限承载力或最大试验荷载的1/10。每级荷载施加后，恒载4min方可测读水平位移，然后卸载至零，停2min测读残余水平位移，至此完成一个加卸载循环。如此循环5次，完成一级荷载的位移观测。试验曲线如图4-32所示。也可采用慢速连续加载法进行，其稳定标准可参照竖向静载试验确定。当桩身折断或桩顶水平位移超过30～40mm（软土取40mm）或水平位移达到设计要求的水平位移允许值，即可终止加载。为了确定单桩的水平临界荷载和极限荷载，可根据单桩水平静载试验记录绘制水平力—时间—位移（H_0-t-x_0）和水平力—位移梯度（H_0-$\frac{\Delta x_0}{\Delta H_0}$）曲线（图4-32）。

由图4-32可以看出，水平受荷桩从加载到破坏，可分为三个阶段：

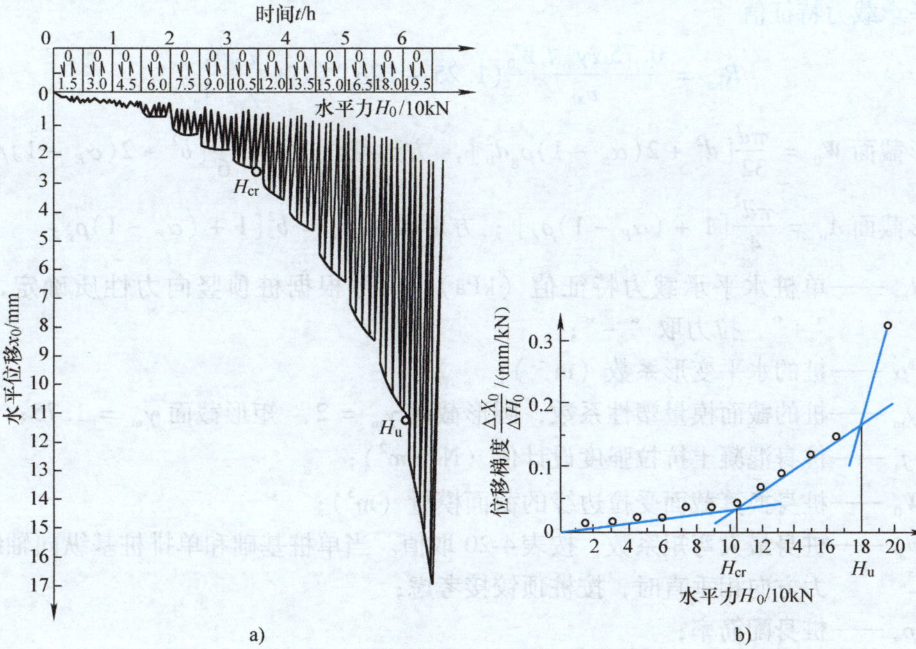

图4-32 单桩水平静载试验成果曲线

a）H_0-t-x_0曲线 b）H_0-$\Delta x_0/\Delta H_0$曲线

第一阶段为弹性阶段。当水平荷载较小时，在水平荷载的作用下，桩身发生位移；卸载后，变形绝大部分可以恢复，桩土处于弹性状态。对应于该阶段终点的荷载称为临界荷载 H_{cr}。但在实际工程中，由于桩周土的非线性，该阶段的线形一般为近似直线。

第二阶段为弹塑性变形阶段。当水平荷载超过临界荷载 H_{cr}，曲线的曲率增大，桩的水平位移增量大于荷载增量。对应于该阶段终点的荷载称为极限荷载 H_u。

第三阶段为破坏阶段。当水平荷载超过极限荷载 H_u 后，桩的水平位移突然增大，同时桩周土出现裂缝，明显破坏。

2. 单桩水平承载力特征值的确定

根据《桩基规范》和 JGJ 106—2003《建筑基桩检测技术规范》要求，将单位工程同一条件下的单桩水平临界荷载按照单桩竖向抗压极限承载力统计值的方法统计确定后：

1）对于受水平荷载较大的设计等级为甲级、乙级的建筑桩基：① 当水平承载力按桩身强度控制时，取水平临界荷载统计值为单桩水平承载力特征值；② 当桩受长期水平荷载作用且不允许开裂时，取水平临界荷载统计值的 0.8 倍作为单桩水平承载力特征值。需要注意的是，当水平承载力按设计要求的水平允许位移控制时，可取设计要求的水平允许位移对应的水平荷载作为单桩水平承载力特征值，但应满足有关规范抗裂设计的要求。

2）对于钢筋混凝土预制桩、钢桩、桩身配筋率不小于 0.65% 的灌注桩，可取地面处水平位移为 10mm（对于水平位移敏感的建筑物取水平位移 6mm）所对应的荷载的 75% 为单桩水平承载力特征值。

3）对于桩身配筋率小于 0.65% 的灌注桩，可取水平临界荷载统计值的 75% 作为单桩水平承载力特征值。

4）当缺少单桩水平载荷试验资料时，可按下式估算桩身配筋率小于 0.65% 的灌注桩的单桩水平承载力特征值

$$R_{ha}=\frac{0.75\alpha\gamma_m f_t W_0}{\nu_M}(1.25+22\rho_g)\left(1\pm\frac{\zeta_N N_k}{\gamma_m f_t A_n}\right) \tag{4-34}$$

圆形截面 $W_0=\frac{\pi d}{32}[d^2+2(\alpha_E-1)\rho_g d_0^2]$，方形截面 $W_0=\frac{b}{6}[b^2+2(\alpha_E-1)\rho_g b_0^2]$

圆形截面 $A_n=\frac{\pi d^2}{4}[1+(\alpha_E-1)\rho_g]$；方形截面 $A_n=b^2[1+(\alpha_E-1)\rho_g]$

式中 R_{ha}——单桩水平承载力特征值（kPa），± 号根据桩顶竖向力性质确定，压力取“+”，拉力取“−”；

α——桩的水平变形系数（m^{-1}）；

γ_m——桩的截面模量塑性系数，圆形截面 $\gamma_m=2$，矩形截面 $\gamma_m=1.75$；

f_t——桩身混凝土抗拉强度设计值（N/mm^2）；

W_0——桩身换算截面受拉边缘的截面模量（m^3）；

ν_M——桩身最大弯矩系数，按表4-20 取值。当单桩基础和单排桩基纵向轴线与水平力方向相垂直时，按桩顶铰接考虑；

ρ_g——桩身配筋率；

ζ_N——桩顶竖向力影响系数，竖向压力取 0.5；竖向拉力取 1.0；

A_n——桩身换算截面积（m^2）；

d、d_0 ——桩直径（m）、扣除保护层厚度的桩直径（m）；

b、b_0 ——方形截面边长（m）、扣除保护层厚度的方桩截面宽度（m）；

α_E ——钢筋弹性模量与混凝土弹性模量的比值。

表 4-20 桩顶（身）最大弯矩系数 ν_M 和桩顶水平位移系数 ν_x

桩顶约束情况	桩的换算埋深（αh）	ν_M	ν_x
铰接、自由	4.0	0.768	2.441
	3.5	0.750	2.502
	3.0	0.703	2.727
	2.8	0.675	2.905
	2.6	0.639	3.163
	2.4	0.601	3.526
固接	4.0	0.926	0.940
	3.5	0.934	0.970
	3.0	0.967	1.028
	2.8	0.990	1.055
	2.6	1.018	1.079
	2.4	1.045	1.095

注：1. 铰接（自由）的 ν_M 系桩身的最大弯矩系数，固接的 ν_M 系桩顶的最大弯矩系数。

2. 当 $\alpha h > 4$ 时，取 $\alpha h = 4.0$。

5）对于混凝土护壁的挖孔桩，计算单桩水平承载力时，其设计桩径取护壁内直径。

6）当桩的水平承载力由水平位移控制，且缺少单桩水平静载试验资料时，可按下式估算预制桩、钢桩、桩身配筋率不小于 0.65% 的灌注桩单桩水平承载力特征值

$$R_{ha} = \frac{0.75\alpha^3 EI}{\nu_x}\chi_{0a} \tag{4-35}$$

式中 χ_{0a} ——桩顶允许水平位移（mm）；

ν_x ——桩顶水平位移系数，按表 4-20 取值；

EI ——桩身抗弯刚度，对于钢筋混凝土桩，$EI = 0.85E_c I_0$，其中 E_c 为混凝土弹性模量，I_0 为桩身换算截面惯性矩，圆形截面 $I_0 = W_0 d_0/2$，矩形截面 $I_0 = W_0 b_0/2$。

7）验算永久荷载控制的桩基的水平承载力时，应将上述第 2）~5）条方法确定的单桩水平承载力特征值乘以调整系数 0.8；验算地震作用桩基的水平承载力时，应将第 2）~5）条方法确定的单桩水平承载力特征值乘以调整系数 1.25。

【例 4-8】 某受压灌注桩桩径为 1.2m，桩端入土深度 20m，桩身配筋率 0.6%，桩身混凝土选用 C30，钢筋选用 HPB300，桩顶铰接。在荷载效应标准组合下桩顶竖向力 N_k = 5000kN。试计算单桩水平承载力特征值（地基土水平抗力系数的比例系数 $m = 30\text{MN/m}^4$）。

解：桩身混凝土选用 C30，其抗拉强度设计值 $f_t = 1.43\text{N/mm}^2$，$E_c = 3.00 \times 10^4\text{N/mm}^2$。钢筋选用 HPB300，$E_s = 2.10 \times 10^5\text{N/mm}^2$，则 $\alpha_E = E_s/E_c = 7$。混凝土保护层厚度取 35mm，扣除保护层厚度的桩直径 $d_0 = (1.2 - 0.035 \times 2)\text{m} = 1.13\text{m}$。

（1）换算截面受拉边缘的截面模量 W_0 对于圆形截面桩

$$W_0 = \frac{\pi d}{32}[d^2 + 2(\alpha_E - 1)\rho_g d_0^2]$$

$$= \frac{\pi \times 1.2}{32}\text{m} \times [1.2^2 + 2 \times (7-1) \times 0.006 \times 1.13^2]\text{m}^2 = 0.18\text{m}^3$$

(2) 桩的水平变形系数 α

对于钢筋混凝土圆形截面桩，$I_0 = W_0 d_0/2 = (0.18 \times 1.13)\mathrm{m}^4/2 = 0.1\mathrm{m}^4$，$E_c = 3 \times 10^4\mathrm{N/mm}^2 = 3 \times 10^7\mathrm{kN/m}^2$

桩身抗弯刚度 $EI = 0.85E_cI_0 = (0.85 \times 3 \times 10^7 \times 0.1)\mathrm{kN \cdot m^2} = 2.55 \times 10^6\mathrm{kN \cdot m^2}$

直径 $d > 1\mathrm{m}$，查表 4-16 得桩身截面计算宽度为

$$b_0 = 0.9(d+1) = [0.9 \times (1.2+1)]\mathrm{m} = 1.98\mathrm{m}$$

$$\text{桩的水平变形系数}\ \alpha = \left(\frac{mb_0}{EI}\right)^{1/5} = \left(\frac{30 \times 10^3 \times 1.98}{2.55 \times 10^6}\right)^{1/5}\mathrm{m}^{-1} = 0.47\mathrm{m}^{-1}$$

(3) 桩身换算截面面积 A_n　圆形截面桩

$$A_n = \frac{\pi d^2}{4}[1+(\alpha_E - 1)\rho_g] = \frac{\pi \times 1.2^2}{4}\mathrm{m}^2 \times [1+(7-1)\times 0.006] = 1.17\mathrm{m}^2$$

(4) 单桩水平承载力特征值 R_{ha}　桩身配筋率小于 0.65% 的灌注桩的单桩水平承载力特征值为

$$R_{ha} = \frac{0.75\alpha\gamma_m f_t W_0}{\nu_M}(1.25+22\rho_g)\left(1 \pm \frac{\zeta_N N_k}{\gamma_m f_t A_n}\right)$$

桩顶竖向力为压力，故式中“±”取“+”；$\zeta_N = 0.5$。桩截面为圆形截面，$\gamma_m = 2$。

桩顶铰接，$\alpha h = 0.408 \times 20 = 8.16 > 4.0$，取 4.0，查表 4-20 可得 $\nu_M = 0.768$，代入公式可得

$$R_{ha} = \left[\frac{0.75 \times 0.47 \times 2 \times 1430 \times 0.18}{0.768} \times (1.25 + 22 \times 0.006) \times \left(1 + \frac{0.5 \times 5000}{2 \times 1430 \times 1.17}\right)\right]\mathrm{kN}$$

$$= 570.5\mathrm{kN}$$

4.7 桩基沉降计算

尽管桩基础与天然地基上的浅基础相比，沉降量可大为减少，但随着上部结构荷载的增加以及对沉降变形要求的提高，桩基础也需要进行沉降计算。

《桩基规范》规定，对于设计等级为甲级的非嵌岩桩和非深厚坚硬持力层的建筑桩基，设计等级为乙级的体形复杂、荷载分布显著不均匀或桩端平面以下存在软弱土层的建筑桩基，软土地基多层建筑减沉复合疏桩基础等，需要进行桩基沉降变形计算。

嵌岩桩、设计等级为丙级的建筑物桩基、对沉降无特殊要求的条形基础下不超过两排桩的桩基、起重机工作级别 A5 及 A5 以下的单层工业厂房桩基（桩端下为密实土层），可不进行沉降验算。当有可靠地区经验时，对地质条件不复杂、荷载均匀、对沉降无特殊要求的端承型桩基也可不进行沉降验算。

桩基础的沉降不得超过建筑物的沉降允许值，并应符合表 3-11 的规定。

对于桩距 $s_a \leqslant 6d$ 的群桩基础，计算桩基础沉降时，按等代实体基础方法计算。该方法忽略桩、桩间土和承台构成的实体深基础变形，不考虑桩基侧面应力扩散作用，认为桩基础沉降只是由桩端平面以下各土层的压缩变形构成。土层中附加应力计算有两种方法，一种是荷载作用于弹性半空间表面情况下的布辛奈斯克（Boussinesq）解，一种是荷载作用于半无

限体内任一点的明德林（Mindlin）解。工程实践证明，明德林解计算桩基沉降较布辛奈斯克解更符合实际。但由于计算方法的复杂性，明德林解一直未能得到推广应用。等代实体深基础法由于计算简单易为工程技术人员接受，如将明德林解与布辛奈斯克解之间建立关系，引入等效沉降系数以反映两者之间的关系，既保留了等代实体深基础法的优点，使计算简便，易于接受，又考虑明德林解的合理性。因此，《桩基规范》推荐了等效作用分层总和法作为计算桩基沉降的方法。

等效作用分层总和法采用图4-33所示的计算模式，等效作用面位于桩端平面，等效作用面积为桩承台投影面积，等效作用附加压力近似取承台底平均附加压力。等效作用面以下的附加应力分布采用各向同性均质直线变形体理论，并按Boussinesq解计算。

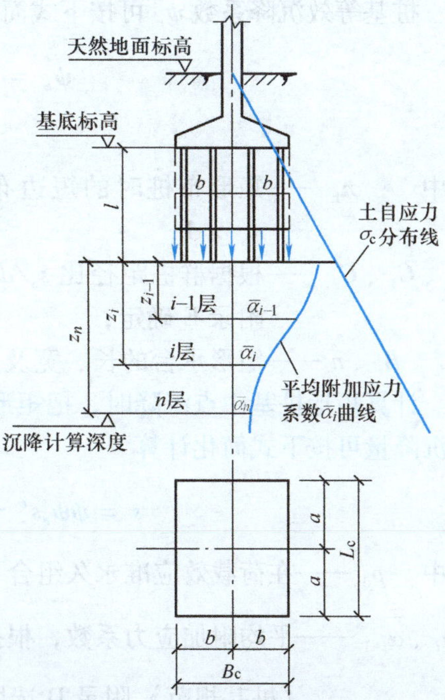

图4-33 桩基沉降计算示意图

桩基任一点最终沉降量，可用角点法按下式计算

$$s = \psi\psi_e s' = \psi\psi_e \sum_{j=1}^{m} p_{0j} \sum_{i=1}^{n} \frac{z_{ij}\overline{\alpha}_{ij} - z_{(i-1)j}\overline{\alpha}_{(i-1)j}}{E_{si}} \tag{4-36}$$

式中 s——桩基最终沉降量（mm）；

s'——采用Boussinesq解，按实体深基础分层总和法计算出的桩基沉降量（mm）；

ψ——沉降计算经验系数，当无当地可靠经验时可按表4-21确定；

ψ_e——桩基等效沉降系数，按式（4-37）确定；

m——角点法计算点对应的矩形荷载分块数；

p_{0j}——第j块矩形底面在荷载效应准永久组合下的附加压力（kPa）；

n——桩基沉降计算深度范围内所划分的土层数；

E_{si}——等效作用面以下第i层土的压缩模量（MPa），采用地基土在自重应力（p_c）至自重应力加附加应力（p_c+p_0）作用时的压缩模量；

z_{ij}、$z_{(i-1)j}$——桩端平面第j块荷载作用面至第i层土、第（$i-1$）层土底面的距离（m）；

$\overline{\alpha}_{ij}$、$\overline{\alpha}_{(i-1)j}$——桩端平面第$j$块荷载计算点至第$i$层土、第（$i-1$）层土底面深度范围内平均附加应力系数，可按《桩基规范》附录D采用。

表4-21 桩基沉降计算经验系数ψ

$\overline{E_s}$/MPa	≤10	15	20	35	≥50
ψ	1.2	0.9	0.65	0.50	0.40

注：1. $\overline{E_s}$为沉降计算深度范围内压缩模量的当量值，可按$\overline{E_s}=\sum A_i/\sum \frac{A_i}{E_{si}}$计算，其中$A_i$为第$i$层土附加应力系数沿土层厚度的积分值，可近似按分块面积计算。

2. ψ可根据$\overline{E_s}$内插取值。

桩基等效沉降系数 ψ_e 可按下式简化计算

$$\psi_e = C_0 + \frac{n_b - 1}{C_1(n_b - 1) + C_2} \tag{4-37}$$

$$n_b = \sqrt{nB_c/L_c} \tag{4-38}$$

式中　n_b——矩形布桩时的短边布桩数，当布桩不规则时可按式（4-38）近似计算，$n_b > 1$；

C_0、C_1、C_2——根据群桩距径比 s_a/d、长径比 l/d 及基础长宽比 L_c/B_c，查《桩基规范》附录E确定；

L_c、B_c、n——矩形承台的长、宽及总桩数。

计算矩形桩基中点沉降时，把矩形面积分为相等的4部分，用角点法计算附加应力，桩基沉降量可按下式简化计算

$$s = \psi\psi_e s' = 4\psi\psi_e p_0 \sum_{i=1}^{n} \frac{z_{ij}\overline{\alpha}_i - z_{i-1}\overline{\alpha}_{i-1}}{E_{si}} \tag{4-39}$$

式中　p_0——在荷载效应准永久组合下承台底的平均附加压力（kPa）；

$\overline{\alpha}_i$、$\overline{\alpha}_{i-1}$——平均附加应力系数，根据矩形长宽比 a/b 及深宽比 $\frac{z_i}{b} = \frac{2z_i}{B_c}$，$\frac{z_{i-1}}{b} = \frac{2z_{i-1}}{B_c}$ 按《桩基规范》附录D选用。

桩基沉降计算深度 z_n 按应力比法确定，即计算深度处的附加应力 σ_z 与土的自重应力 σ_c 应符合下式要求

$$\sigma_z \leqslant 0.2\sigma_c \tag{4-40}$$

$$\sigma_z = \sum_{j=1}^{m} \alpha_j p_{0j} \tag{4-41}$$

式中　α_j——附加应力系数，可根据角点法划分的矩形长宽比及深宽比按《桩基规范》附录D选用。

【例4-9】　某桩基工程，桩径 $d = 600$mm，桩长 $l = 14$m，其桩形平面布置、剖面及地层分布如图4-34所示，已知作用于桩端平面处的荷载效应准永久组合值 $F = 12000$kN，沉降计算经验系数 $\psi = 1.0$，$C_0 = 0.09$，$C_1 = 1.5$，$C_2 = 6.6$。地基沉降计算至基岩表面，试计算桩基中心点处的最终沉降量。

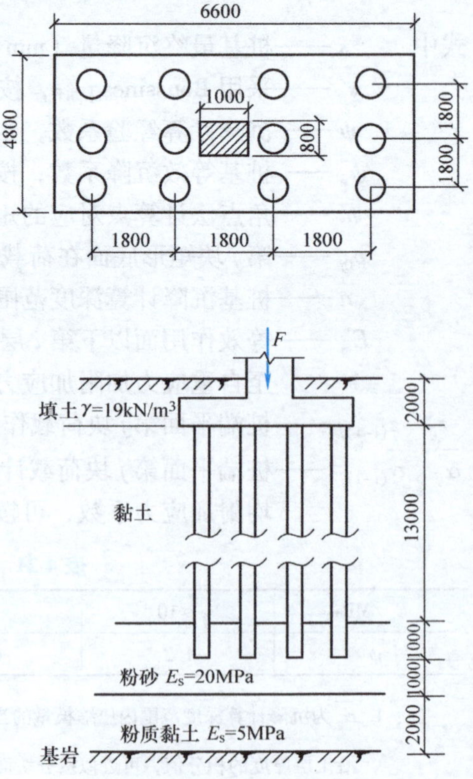

图4-34　例4-9图

解：(1) 荷载效应准永久组合下承台底的平均附加压力 p_0　承台及其上土重重度 γ_G 取 20kN/m³，则承台底的平均压力 p 为

$$p = \frac{F + G}{A}$$

$$= \frac{12000 + 4.8 \times 6.6 \times 2.0 \times 20}{4.8 \times 6.6}\text{kPa}$$

$$= 418.8\text{kPa}$$

承台底的平均附加压力 $p_0 = p - \gamma_m d = (418.8 - 19 \times 2)\text{kPa} = 380.8\text{kPa}$

(2) 桩中心下各点处桩基沉降 s' 桩中心距 $s_a = 1.8\text{m} < 6d(=6 \times 0.6\text{m} = 3.6\text{m})$，桩基沉降采用等效作用分层总和法则矩形桩基中点沉降为 $s = \psi\psi_e s' = 4\psi\psi_e p_0 \sum_{i=1}^{n} \frac{z_i \overline{\alpha}_i - z_{i-1}\overline{\alpha}_{i-1}}{E_{si}}$。

$$a/b = (6.6/2)/(4.8/2) = 3.3/2.4 = 1.375, z/b = z/2.4$$

查《桩基规范》附录D，得到桩中心以下各点处平均附加应力系数，则桩中心各点处桩基沉降 s' 计算见表4-22。

表4-22 例4-9桩基沉降计算

z/m	a/b	z/b	$\overline{\alpha}_i$	$z_i\overline{\alpha}_i$	$z_i\overline{\alpha}_i - z_{i-1}\overline{\alpha}_{i-1}$	E_s/MPa	p_0/kPa	s_i'/mm	$\sum s_i'$/mm
0	1.375	0	0.25	0	—				
1	1.375	0.417	0.2418	0.2418	0.2418	20	380.8	4.6	4.6
3	1.375	1.25	0.1650	0.495	0.2532	5	380.8	19.28	23.88

(3) 桩中心点处桩基最终沉降量 s 桩基础为规则布桩，短边布桩数 $n_b = 3$，则

$$\psi_e = C_0 + \frac{n_b - 1}{C_1(n_b - 1) + C_2} = 0.09 + \frac{3 - 1}{1.5 \times (3 - 1) + 6.6} = 0.298$$

桩中心点处桩基最终沉降量为

$$s = 4\psi\psi_e s' = (4 \times 1.0 \times 0.298 \times 23.88)\text{mm} = 28.5\text{mm}$$

4.8 桩基础设计

4.8.1 收集设计资料

桩基设计之前必须充分掌握设计原始资料，具体情况如下：

1）岩土工程勘察资料，包括工程地质报告和附图，岩土物理力学性能指标及水文地质资料，抗震设防烈度及场地不良地质现象等资料。

2）建筑场地环境条件资料，包括建筑场地的平面图，交通设施、地下管线和地下构筑物等的分布，相邻建筑物基础形式及埋置深度，周围建筑的防振、防噪声的要求，泥浆排泄和弃土条件等。

4）建筑物的有关资料，包括建筑物的总平面布置图，安全等级、结构类型、荷重、抗震等级等。

5）施工条件，包括施工机械设备的进出场及现场运行等条件。

4.8.2 桩型、桩长和截面尺寸的选择

各种桩型有各自的特点和适用条件，应根据工程具体情况及周围环境、施工条件选用最有利的桩型和桩长。主要桩型的比较见表4-23。

表 4-23 主要桩型的特点和施工中的问题

桩的类型	桩型特点	施工中的问题
预制钢筋混凝土方桩	施工质量易于控制，沉桩工期短，单方混凝土的承载力高，工地比较文明	有挤土、振动和噪声影响环境；挤土会造成相邻建筑或市政设施损坏；接桩焊接质量如不好或沉桩速度过快，挤土可能会使邻桩上浮时拔断；穿越砂层时可能发生沉桩困难；当砂持力层比较密实时难以打到设计标高，有时会打坏桩头
预应力管桩	管桩的混凝土强度高，因而其结构承载力高，抗锤击性能好，综合单价比较低廉	具有上述混凝土方桩相类似的一些问题。预应力混凝土管桩不适宜土层中含有较多的孤石、障碍物或含有不适宜作为持力层且管桩又难以贯穿的坚硬夹层；容易出现桩身断裂或桩尖滑动
钻孔灌注桩	无挤土作用，用钢量比较省，进入持力层的深度不受施工条件限制，桩长可随持力层的埋深而调整，可做成大直径桩	施工时易发生塌孔、缩径、沉渣，以及水下浇筑混凝土的质量等问题，影响工程质量；大量泥浆外运和堆放都会污染环境；钻孔、泥浆沉淀及浇筑等工序相互干扰大；单方混凝土的承载力低于预制桩
人工挖孔桩	具有钻孔灌注桩的特点，且可检查桩侧及桩端土层，桩径不受设备条件限制，造价比较低	劳动条件和安全性差、劳动强度大，地下水位高的场地不适宜采用，如降水后人工挖孔，则降水会引起相邻地面沉降
沉管灌注桩	造价便宜，但桩径和桩长均受设备条件限制	有挤土作用，下管时易挤断相邻桩；拔管过快容易形成缩径、断桩
钢管桩	施工方便，工期短，可用于超长桩，单桩承载力高	造价高，有部分挤土作用

桩型选择的主要依据是上部结构的形式、荷载、地质条件和环境条件以及当地的桩基施工技术能力与经验等。例如，一般高层建筑荷载大而集中，对控制沉降要求较严，水平荷载（风荷载或地震荷载）很大，故应采用大直径桩，且支承于岩层（嵌岩桩）或坚实而稳定的砂层、卵砾石层或硬黏土层（端承桩或摩擦端承桩）。可根据环境条件和技术条件选用钢筋混凝土预制桩、大直径预应力混凝土管桩；也可选用钻孔桩或人工挖孔桩，特别是周围环境不允许打桩时；当要穿过较厚砂层时则宜选用钢桩。又如多层建筑，最好选用较短的小直径桩，且宜选用廉价的桩型，如沉管灌注桩。当浅层有较好持力层时，人工挖孔桩则更优越。对于基岩面起伏变化的地质条件，则各种钻孔灌注桩是首先考虑的桩型。

确定桩长的关键在于选择桩端持力层。桩端持力层是影响基桩承载力的关键性因素，不仅制约桩端阻力，而且影响侧阻力的发挥，因此选择较硬土层对桩端持力层至关重要。其次，应确保桩端进入持力层的深度，有效发挥其承载力。进入持力层的深度除考虑承载性状外尚应与成桩工艺可行性相结合。

桩端全断面进入持力层的深度，对于黏性土、粉土不宜小于 $2d$，砂土不宜小于 $1.5d$，碎石类土不宜小于 $1d$。当存在软弱下卧层时，桩基以下硬持力层厚度不宜小于 $3d$。

对于嵌岩桩，嵌岩深度应综合荷载、上覆土层、基岩、桩径、桩长诸因素确定；对于嵌入倾斜的完整和较完整岩的全断面深度，不宜小于 $0.4d$ 且不小于 0.5m。倾斜度大于 30% 的中风化岩，宜根据倾斜度及岩石的完整性适当加大嵌岩深度；对于嵌入平整、完整的坚硬岩和较硬岩的深度不宜小于 $0.2d$，且不应小于 0.2m。

在抗震设防区，桩进入液化层以下稳定土层中的全截面长度除满足上述要求外，对于碎石土、砾、中粗砂、密实粉土和坚硬黏性土不应小于（2～3）d，对其他非岩石尚不宜小于（4～5）d。

当在施工条件允许的深度内没有坚硬土层存在，应尽可能选择压缩性较低、强度较高的土层作为持力层，要避免使桩底落在软土层上或离软弱下卧层的距离太近，以免桩基础发生过大的沉降。

桩的类型选定后，应根据桩顶荷载大小或基桩承载力大小的要求，结合当地施工机具及建筑经验确定桩截面尺寸。如为钢筋混凝土预制桩：中小工程常用250mm×250mm或300mm×300mm，大工程常用350mm×350mm或400mm×400mm。若采用灌注桩，中小桩径从300～800mm，大直径桩可选800～2000mm甚至更大。

4.8.3 桩数及桩位布置

1. 桩的根数估算

根据第4.4节的方法确定单桩承载力特征值 R_a 后，根据承台底面的竖向荷载初步估算桩数 n。

轴心竖向力作用下

$$n \geqslant \frac{F_k}{R_a} \tag{4-42}$$

偏心竖向力作用下

$$n \geqslant \mu \frac{F_k}{R_a} \tag{4-43}$$

式中 F_k——荷载效应标准组合下，作用在承台顶面上的竖向力（kN）；

μ——考虑偏心荷载时各桩受力不均而适当增加桩数的经验系数，可取 $\mu=1.1\sim1.2$。

承受水平荷载的桩基，桩数的确定还应满足对桩的水平承载力的要求。此时，可以简单地以各单桩水平承载力之和作为桩基的水平承载力。这样处理是偏于安全的。

2. 合理桩间距的确定

桩的间距过大，承台体积增加，造价提高；间距过小，桩的承载能力不能充分发挥，给施工造成困难，为此要合理选择桩间距。尤其对于挤土桩更要重视减小或消除挤土效应的不利影响，在饱和黏性土和中密以上的土层中，控制其最小桩间距尤为重要；另一方面对于松散、稍密的非黏性土可利用成桩挤土效应提高群桩承载力。在灵敏度高的软弱黏土中，宜采用桩距大、桩数少的桩基。

一般桩的最小中心距应符合表4-24规定。对于大面积桩群，尤其是挤土桩，桩的最小中心距还应按表4-24所列数值适当加大。

表4-24 基桩的最小中心距

土类与成桩工艺		桩排数≥3，桩数≥9的摩擦型桩基	其他情况
非挤土灌注桩		3.0d	3.0d
部分挤土桩	非饱和土、饱和非黏性土	3.5d	3.0d
	饱和黏性土	4.0d	3.5d

（续）

土类与成桩工艺		桩排数≥3，桩数≥9 的摩擦型桩基	其他情况
挤土桩	非饱和土、饱和非黏性土	4.0d	3.5d
	饱和黏性土	4.5d	4.0d
钻、挖孔扩底桩		2D 或 D+2.0m（当 D>2m）	1.5D 或 D+1.5m（当 D>2m）
沉管夯扩、钻孔挤扩桩	非饱和土、饱和非黏性土	2.2D 且 4.0d	2D 且 3.5d
	饱和黏性土	2.5D 且 4.5d	2.2D 且 4.0d

注：表中 d 为圆桩设计直径或方桩设计边长，D 为扩大端设计直径。

3. 桩的平面布置

桩数确定后，可根据上部结构形式及桩基受力情况选用单排桩或多排桩桩基。柱下桩基常采用矩形、三角形和梅花形（图 4-35a），墙下桩基可采用单排直线布置或双排交错布置，在纵横墙交接处宜布桩（图 4-35b）。

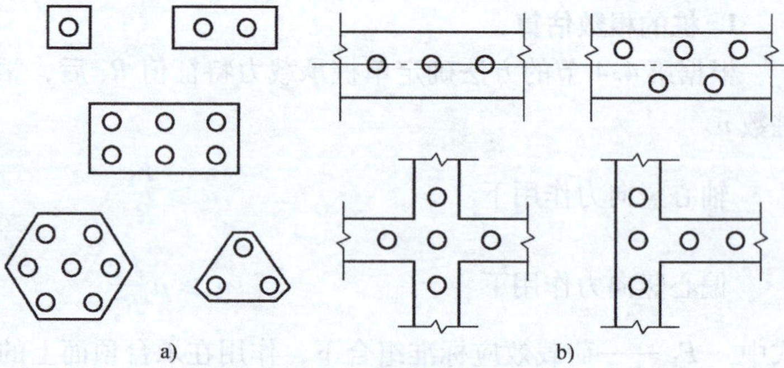

图 4-35　桩的平面布置示例

a）柱下桩基　b）墙下桩基

桩基础中桩的平面布置，除应满足前述的最小桩距等构造要求，布桩时还应注意：

1）宜使竖向永久荷载合力作用点与桩的承载力合力点重合，并使桩基受水平力和力矩较大方向有较大的抗弯截面模量。

2）上部荷载在桩基础传力路径最短，以达到尽可能减小基础内力的目的。

3）当作用于桩基的弯矩较大时，宜尽量将桩布置在离承台形心较远处，采用外密内疏（桩承台外围布桩间距较小、而内部布桩间距较大）的布置方式，以增大基桩对承台形心或合力作用点的惯性矩，提高桩基的抗弯能力。

4）按变刚度调平设计，以减小差异沉降。

5）主裙楼连体时，弱化裙楼布桩。

6）在梁式承台或板式承台下布桩应本着减小弯矩的原则，尽量在柱和墙下布桩。避免在墙体洞口下布桩，如必须布桩时，应对洞口处的承台梁采取加强措施。

4. 变刚度调平设计

《建筑桩基规范》提出了变刚度调平设计的概念，即考虑上部结构形式、荷载和地层分布以及相互作用效应，通过调整桩径、桩长、桩距等改变基桩支承刚度分布（图 4-36），以使建筑物沉降趋于均匀、承台内力降低的设计方法。其目的在于减小差异变形、降低承台内力和上部结构次内力，以节约资源，提高建筑物使用寿命，确保正常使用功能。当采用变刚度调平概念设计时，宜结合具体条件按下列规定实施：

1）对于主裙楼连体建筑，当高层主体采用桩基时，裙房（含纯地下室）的地基或桩基刚度宜相对弱化，可采用天然地基、复合地基、疏桩或短桩基础。

2）对于框架—核心筒结构高层建筑桩基，应强化核心筒区域桩基刚度（如适当增加桩长、桩径、桩数、采用后注浆等措施），相对弱化核心筒外围桩基刚度（采用复合桩基，视地层条件减小桩长）。

3）对于框架—核心筒结构高层建筑，在天然地基承载力满足要求的情况下，宜于核心筒区域局部设置增强刚度、减小沉降的摩擦型桩。

4）对于大体量筒仓、储罐的摩擦型桩基，宜按内强外弱原则布桩。

5）对上述按变刚度调平设计的桩基，宜进行上部结构—承台—桩—土共同工作分析。

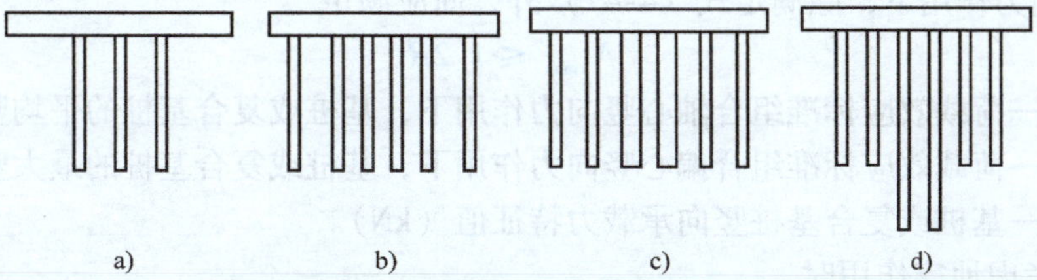

图 4-36 变刚度调平概念设计示意图

a）局部增强 b）变桩距 c）变桩径 d）变桩长

4.8.4 基桩的竖向承载力验算

对于一般建筑物和受水平力较小的高大建筑物，桩径相同的低承台桩基，计算各基桩桩顶所受到的竖向力时，多假定承台为绝对刚性，各桩身刚度相等，且把桩视为受压杆件，按材料力学方法进行计算。

1. 桩顶作用效应简化计算

柱、墙、核心筒群桩中基桩或复合基桩的桩顶作用效应可按下式计算（图 4-37）：

轴心竖向力作用下

$$N_k = \frac{F_k + G_k}{n} \tag{4-44}$$

偏心竖向力作用下

$$N_{ik} = \frac{F_k + G_k}{n} \pm \frac{M_{xk} y_i}{\sum y_j^2} \pm \frac{M_{yk} x_i}{\sum x_j^2} \tag{4-45}$$

水平力作用下

$$H_{ik} = \frac{H_k}{n} \tag{4-46}$$

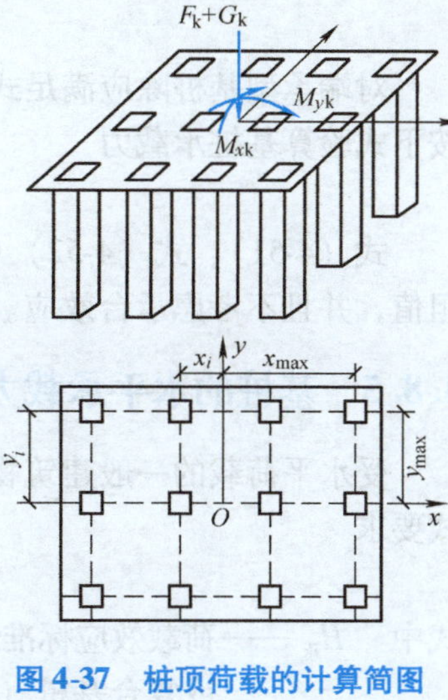

图 4-37 桩顶荷载的计算简图

式中 F_k——荷载效应标准组合下，作用于承台顶面的竖向力（kN）；

G_k——桩基础承台和承台上土自重标准值，对地下水位以下部分扣除水的浮力（kN）；

N_k——荷载效应标准组合轴心竖向力作用下，基桩或复合基桩的平均竖向力（kN）；

N_{ik}——荷载效应标准组合偏心竖向力作用下，第 i 根基桩或复合基桩的竖向力（kN）；

M_{xk}、M_{yk}——荷载效应标准组合下，作用于承台底面，绕通过桩群形心的 x、y 主轴的力矩（kN · m）；

x_i、x_j、y_i、y_j——第 i、j 根基桩或复合基桩至 y、x 轴的距离（m）；

H_k——荷载效应标准组合下，作用于承台底面的水平力（kN）；

H_{ik}——荷载效应标准组合，作用于第 i 根基桩或复合基桩（桩顶）的水平力（kN）；

n——桩基中的桩数。

2. 基桩竖向承载力验算

（1）不考虑地震作用及负摩阻力影响下基桩竖向承载力验算的要求

轴心竖向力作用下

$$N_k \leqslant R \tag{4-47}$$

偏心竖向力作用下，除满足式（4-47）外，尚应满足

$$N_{kmax} \leqslant 1.2R \tag{4-48}$$

式中 N_k——荷载效应标准组合轴心竖向力作用下，基桩或复合基桩的平均竖向力（kN）；

N_{kmax}——荷载效应标准组合偏心竖向力作用下，基桩或复合基桩的最大竖向力（kN）；

R——基桩或复合基桩竖向承载力特征值（kN）。

（2）当考虑地震作用时

轴心竖向力作用下

$$N_{Ek} \leqslant 1.25R \tag{4-49}$$

偏心竖向力作用下

$$N_{Ekmax} \leqslant 1.5R \tag{4-50}$$

式中 N_{Ek}——地震作用效应和荷载效应标准组合下，基桩或复合基桩的平均竖向力（kN）；

N_{Ekmax}——地震作用效应和荷载效应标准组合下，基桩或复合基桩的最大竖向力（kN）。

（3）当考虑桩侧负摩阻力时，轴心竖向力作用下的验算要求　对于摩擦型基桩取桩身计算中性点以上侧阻力为零，按下式验算基桩承载力

$$N_k \leqslant R_a \tag{4-51}$$

对端承型基桩除应满足式（4-51）外，尚应考虑负摩阻力引起基桩的下拉荷载 Q_g^n，并按下式验算基桩承载力

$$N_k + Q_g^n \leqslant R_a \tag{4-52}$$

式（4-51）、式（4-52）中基桩的竖向承载力特征值 R_a 只计中性点以下部分侧阻值及端阻值，并且不考虑承台效应。

4.8.5 基桩的水平承载力验算

受水平荷载的一般建筑物和水平荷载较小的高大建筑物单桩基础和群桩中基桩应满足下式要求

$$H_{ik} \leqslant R_h \tag{4-53}$$

式中 H_{ik}——荷载效应标准组合下，作用于第 i 根基桩或复合基桩（桩顶）的水平力（kN）；

R_h——单桩基础或群桩中基桩的水平承载力特征值（kN）。

【例 4-10】 某 7 桩群桩基础，如图 4-38 所示，承台埋深 2.0m，桩径 0.3m，桩长 12m，地下水位在地面下 1.5m。作用于基础的竖向荷载效应标准组合 F_k = 3409kN，弯矩 M_k = 500kN·m。试求各基桩所承受的竖向力。

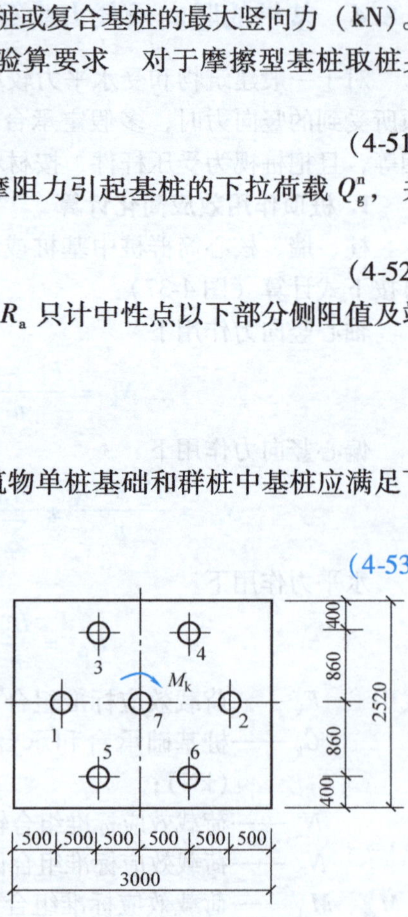

图 4-38　例 4-10 图

解：$N_{ik} = \dfrac{F_k + G_k}{n} \pm \dfrac{M_{yk} x_i}{\sum x_j^2}$

承台及其上土重　$G_k = [3.0 \times 2.52 \times (1.5 \times 20 + 0.5 \times 10)]\text{kN} = 264.6\text{kN}$

则

$$N_{1k} = \frac{F_k + G_k}{n} - \frac{M_{yk} x_1}{\sum x_j^2} = \left(\frac{3409 + 264.6}{7} - \frac{500 \times 1.0}{2 \times 1.0^2 + 4 \times 0.5^2}\right)\text{kN}$$

$$= (524.8 - 166.7)\text{kN} = 358.1\text{kN}$$

$$N_{2k} = \frac{F_k + G_k}{n} + \frac{M_{yk} x_2}{\sum x_j^2} = (524.8 + 166.7)\text{kN} = 691.5\text{kN}$$

$$N_{3k} = N_{5k} = \frac{F_k + G_k}{n} - \frac{M_{yk} x_3}{\sum x_j^2}$$

$$= \left(\frac{3409 + 264.6}{7} - \frac{500 \times 0.5}{2 \times 1.0^2 + 4 \times 0.5^2}\right)\text{kN} = (524.8 - 83.3)\text{kN} = 441.5\text{kN}$$

$$N_{4k} = N_{6k} = \frac{F_k + G_k}{n} + \frac{M_{yk} x_3}{\sum x_j^2} = (524.8 + 83.3)\text{kN} = 608.1\text{kN}$$

$$N_{7k} = \frac{F_k + G_k}{n} = 524.8\text{kN}$$

【例4-11】　某二级建筑桩基，柱的截面尺寸为450mm×600mm，作用在桩基顶面上的荷载标准值$F_k = 2500\text{kN}$，$M_k = 150\text{kN} \cdot \text{m}$，$H_k = 120\text{kN}$（作用在长边方向）。拟采用截面为300mm×300mm的钢筋混凝土预制方桩，桩长12m。已确定基桩竖向承载力特征值$R = 500\text{kN}$，水平承载力特征值$R_h = 45\text{kN}$，承台厚800mm，埋深1.3m，如图4-39a所示。试确定所需桩数和承台平面尺寸，并画出桩基布置图（桩的最小中心距为3d）。

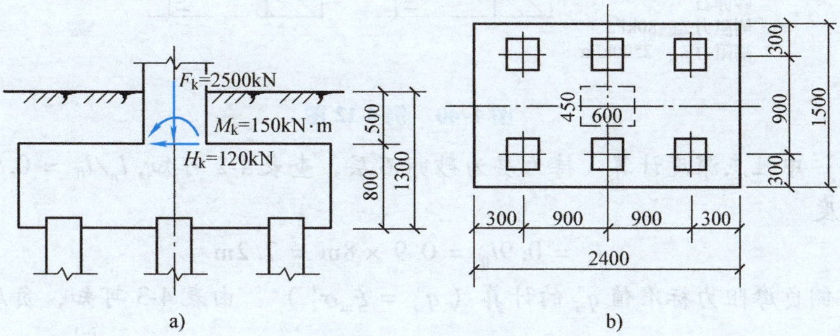

图4-39　例4-11图

解：（1）初选桩的根数

$n \geqslant \dfrac{F_k}{R} = \dfrac{2500}{500} = 5.0$，考虑到偏心，将其扩大10%，暂取为6根。

（2）初选承台尺寸　桩距$s = 3d = 3 \times 0.3\text{m} = 0.9\text{m}$；长边$a = 2 \times (0.3 + 0.9)\text{m} = 2.4\text{m}$；短边$b = (2 \times 0.3 + 0.9)\text{m} = 1.50\text{m}$，桩的平面布置及承台尺寸如图4-39b所示。

已知承台厚800mm，埋深1.3m，取承台及其上土的平均重度$\gamma_G = 20\text{kN/m}^3$，则桩顶竖

向力为

$$N_k = \frac{F_k + G_k}{n} = \frac{2500 + 20 \times 2.4 \times 1.50 \times 1.3}{6}\text{kN} = 432.3\text{kN} < R(=500\text{kN})$$

$$N_{k\min}^{k\max} = N_k \pm \frac{(M_k + H_k h)x_{\max}}{\sum x_i^2} = \left(432.3 \pm \frac{(150 + 120 \times 0.8) \times 0.9}{4 \times 0.9^2}\right)\text{kN}$$

$$= (432.3 \pm 68.3)\text{kN} = \begin{cases} 500.6\text{kN} < 1.2R(=600\text{kN}) \\ 364.0\text{kN} > 0 \end{cases}$$

满足要求。

基桩水平力 $H_{ik} = \frac{H_k}{n} = \frac{120}{6}\text{kN} = 20\text{kN} < R_h = 45\text{kN}$（满足要求）

【例 4-12】 某端承灌注桩桩径 1.0m，桩顶位于地面下 2m，桩长 9m，桩周土性参数如图 4-40 所示。作用在桩顶竖向力标准值 $N_k = 500\text{kN}$。当地下水从 −2.0m 降至 −7.0m 后，试验算单桩承载力能否满足要求。

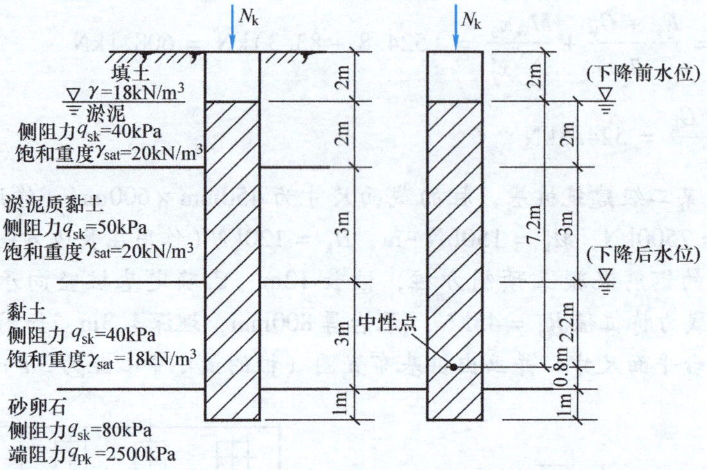

图 4-40 例 4-12 图

解：(1) 中性点深度计算 持力层为砂卵石层，查表 4-2 可知，$l_n/l_0 = 0.9$，$l_0 = 8\text{m}$，则中性点深度

$$l_n = 0.9 l_0 = 0.9 \times 8\text{m} = 7.2\text{m}$$

(2) 桩侧负摩阻力标准值 q_{si}^n 的计算（$q_{si}^n = \xi_{ni}\sigma_i'$） 由表 4-3 可知，负摩阻力系数 ξ_n 对于淤泥与淤泥质土取 0.2，黏土取 0.3，则由式 (4-5) 可得，$\sigma'_{\gamma i} = \sum_{e=1}^{i-1}\gamma_e \Delta z_e + \frac{1}{2}\gamma_i \Delta z_i$

2～4m 淤泥 $\sigma_1' = (18 \times 2 + 20 \times 2/2)\text{kPa} = 56\text{kPa}$，$q_{s1}^n = \xi_{n1}\sigma_1' = (0.2 \times 56)\text{kPa} = 11.2\text{kPa}$

4～7m 淤泥质黏土 $\sigma_2' = (18 \times 2 + 20 \times 2 + 20 \times 3/2)\text{kPa} = 106\text{kPa}$，$q_{s2}^n = \xi_{n2}\sigma_2' = (0.2 \times 106)\text{kPa} = 21.2\text{kPa}$

7～9.2m 黏土 $\sigma_3' = [18 \times 2 + 20 \times 2 + 20 \times 3 + (18-10) \times 2.2/2]\text{kPa} = 144.8\text{kPa}$

$q_{s3}^n = \xi_{n3}\sigma_3' = (0.3 \times 144.8)\text{kPa} = 43.44\text{kPa}$

因 $q_{s3}^{n} > q_{s3} = 40\text{kPa}$，故取 $q_{s3}^{n} = q_{s3} = 40\text{kPa}$

（3）计算单桩下拉荷载 Q_g^n　由式（4-6）可知，下拉荷载

$$Q_g^n = \eta_n u \sum q_{si}^n l_i = [1.0 \times \pi \times 1.0 \times (11.2 \times 2 + 21.2 \times 3 + 40 \times 2.2)]\text{kN} = 546.36\text{kN}$$

（4）单桩竖向承载力特征值 R_a　桩径 $d = 1000\text{mm} > 800\text{mm}$，则根据式（4-14）计算单桩竖向极限承载力标准值 Q_{uk}。

查表 4-9，黏性土 $\psi_s = \left(\dfrac{0.8}{d}\right)^{1/5} = \left(\dfrac{0.8}{1.0}\right)^{1/5} = 0.956$，碎石土 $\psi_s = \left(\dfrac{0.8}{d}\right)^{1/3} = \left(\dfrac{0.8}{1.0}\right)^{1/3} = 0.928$，$\psi_p = \left(\dfrac{0.8}{d}\right)^{1/3} = \left(\dfrac{0.8}{1.0}\right)^{1/3} = 0.928$

考虑负摩阻力的单桩竖向承载力特征值 R_a 只计中性点以下部分侧阻值及端阻值，则

$$\begin{aligned} Q_{uk} &= Q_{sk} + Q_{pk} = u \sum \psi_{si} q_{sik} l_i + \psi_p q_{pk} A_p \\ &= \{\pi \times 1.0 \times [0.956 \times 40 \times (3 - 2.2) + 0.928 \times 80 \times 1]\}\text{kN} + \\ &\quad \left(0.928 \times 2500 \times \frac{\pi}{4} \times 1^2\right)\text{kN} \\ &= 2150.4\text{kN} \end{aligned}$$

单桩竖向承载力特征值 $R_a = Q_{uk}/2 = 2150.4\text{kN}/2 = 1075.2\text{kN}$

（5）端承型单桩承载力验算

$N_k + Q_g^n = (500 + 546.36)\text{kN} = 1046.36\text{kN} < R_a$（满足要求）

4.8.6 软弱下卧层验算

对于桩距不超过 6d 的群桩，当桩端平面以下软弱下卧层承载力与桩端持力层相差过大（低于持力层的 1/3）且荷载引起的局部压力超出其承载力过多时，将引起软弱下卧层侧向挤出，桩基偏沉，严重者引起整体失稳。故桩底存在软弱下卧层时，采用与浅基础类似的方法，按下列公式对软弱下卧层承载力进行验算（图 4-41），即

$$\sigma_z + \gamma_m z \leqslant f_{az} \tag{4-54}$$

$$\sigma_z = \frac{(F_k + G_k) - 3/2(A_0 + B_0)\sum q_{sik} l_i}{(A_0 + 2t\tan\theta)(B_0 + 2t\tan\theta)} \tag{4-55}$$

式中　σ_z——作用于软弱下卧层顶面的附加应力（kPa）；

γ_m——软弱层顶面以上各土层重度（地下水位以下取浮重度）按厚度加权平均值（kN/m³）；

f_{az}——软弱下卧层经深度 z 修正的地基承载力特征值（kPa）；

A_0、B_0——桩群外缘矩形底面的长、短边边长（m）；

t——硬持力层厚度（m）；

q_{sik}——桩周第 i 层土的极限侧阻力标准值

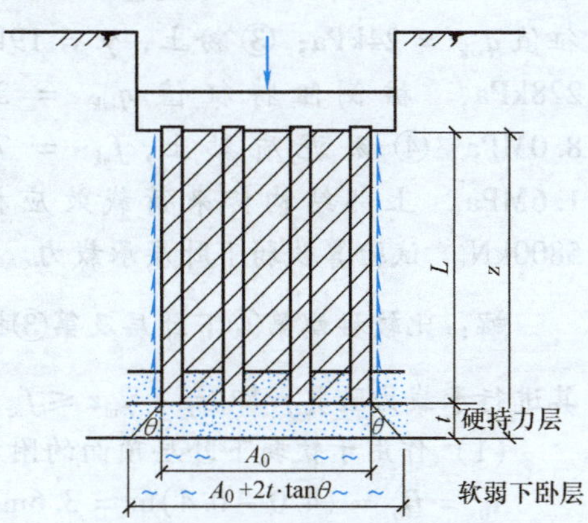

图 4-41　软弱下卧层承载力验算

（kPa），无当地经验时，可根据成桩工艺按表 4-6 取值；

θ——桩端硬持力层压力扩散角，按表 4-25 取值。

表 4-25 桩端硬持力层压力扩散角

E_{s1}/E_{s2}	$t=0.25B_0$	$t\geq 0.5B_0$
1	4°	12°
3	6°	23°
5	10°	25°
10	20°	30°

注：1. E_{s1}、E_{s2} 为硬持力层、软弱下卧层的压缩模量。

2. 当 $t<0.25B_0$ 时，取 $\theta=0°$。必要时，宜通过试验确定；当 $0.25B_0<t<0.50B_0$ 时，可用内插法取值。

验算过程中应注意以下四点：

1）验算范围。规定在桩端平面以下受力层范围存在低于持力层承载力 1/3 的才是软弱下卧层。实际工程持力层以下存在相对软弱土层是常见现象，只有当强度相差过大时才有必要验算。因下卧层地基承载力与桩端持力层差异过小，土体的塑性挤出和失稳也不会出现。

2）传递至桩端平面的荷载，按扣除实体基础外表面总极限侧阻力的 3/4 而非 1/2 总极限侧阻力。这是主要考虑荷载传递机理，在软弱下卧层进入临界状态前基桩侧阻平均值已接近于极限。

3）桩端荷载扩散。持力层刚度越大扩散角越大，这是基本性状，这里所规定的压力扩散角与《建筑地基规范》一致。

4）软弱下卧层承载力只进行深度修正。这是因为下卧层受压区应力分布并非均匀，呈内大外小，不应作宽度修正；考虑到承台底面以上土已挖除且可能和土体脱空，因此修正深度从承台底部计算至软弱土层顶面。另外，既然是软弱下卧层，即多为软弱黏性土，故深度修正系数取 1.0。

【例 4-13】 某 9 桩群桩基础如图 4-42 所示，桩径 0.4m，桩长 16.2m；承台尺寸 4.0m×4.0m，边桩中心线距承台边 0.4m，地下水位在地面下 2.5m。土层分布为：①填土，$\gamma=17.8\text{kN/m}^3$；②黏土，$\gamma=19.5\text{kN/m}^3$，$f_{ak}=150\text{kPa}$，桩侧阻特征值 $q_{sik}=24\text{kPa}$；③粉土，$\gamma=19\text{kN/m}^3$，$f_{ak}=228\text{kPa}$，桩侧阻特征值 $q_{sik}=30\text{kPa}$，$E_s=8.0\text{MPa}$；④淤泥质黏土，$f_{ak}=75\text{kPa}$，$E_s=1.6\text{MPa}$。上部结构传来荷载效应标准值 $F_k=5800\text{kN}$。试验算软弱下卧层承载力。

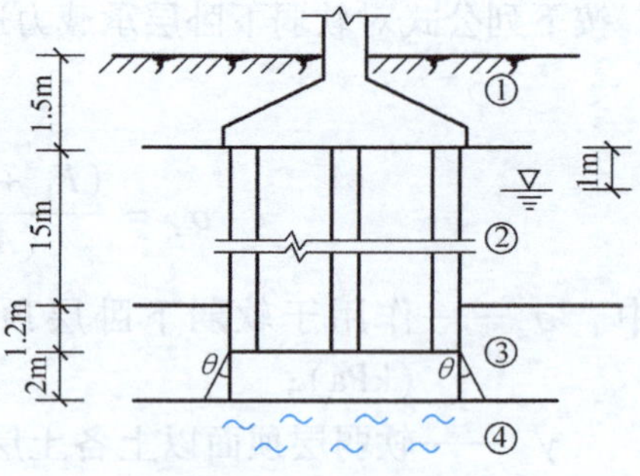

图 4-42 例 4-13 图

解：比较桩端第④下卧层及第③持力层承载力 $f_{ak}=75\text{kPa}<\dfrac{228}{3}\text{kPa}=76\text{kPa}$，故需对其进行承载力验算，即 $\sigma_z+\gamma_m z\leq f_{az}$。

（1）作用于软弱下卧层顶面的附加应力 σ_z

$A_0=B_0=(4.0-0.4)\text{m}=3.6\text{m}$，$0.5B_0=(0.5\times3.6)\text{m}=1.8\text{m}$，$t=2.0\text{m}>0.5B_0$

$E_{s1}/E_{s2}=8/1.6=5$，查表 4-25 得，$\theta=25°$。

$$G_k = 4\times4\times1.5\times20\text{kN} = 480\text{kN}, \sum q_{sik}l_i = (24\times15+30\times1.2)\text{kN/m} = 396\text{kN/m}$$

$$\sigma_z = \frac{(F_k+G_k)-3/2(A_0+B_0)\sum q_{sik}l_i}{(A_0+2t\tan\theta)(B_0+2t\tan\theta)}$$

$$= \frac{(5800+480)-3/2(3.6+3.6)\times396}{(3.6+2\times2\tan25°)^2}\text{kPa}$$

$$= \frac{6280-4276.8}{5.46^2}\text{kPa} = 67.2\text{kPa}$$

(2) 软弱层顶面以上 z 深度内土层自重应力

$$\gamma_m = \frac{1.0\times19.5+14\times(19.5-10)+3.2\times(19-10)}{18.2}\text{kN/m}^3 = 10.0\text{kN/m}^3$$

$$z = (15+1.2+2)\text{m} = 18.2\text{m}$$

$$\gamma_m z = (10.0\times18.2)\text{kPa} = 182\text{kPa}$$

(3) 软弱下卧层经深度修正后地基承载力特征值　软弱下卧层为淤泥质黏土，查表3-9，$\eta_d = 1.0$，代入公式得

$$f_{az} = f_{ak}+\eta_d\gamma_m(z-0.5) = [75+1.0\times10.0\times(18.2-0.5)]\text{kPa} = 252\text{kPa}$$

则 $\sigma_z+\gamma_m z = (67.2+182)\text{kPa} = 249.2\text{kPa} < f_{az}$，满足要求。

4.8.7 桩身结构设计

1. 灌注桩

1）灌注桩的配筋要求见表4-26。

表4-26 灌注桩配筋率及配筋长度要求

序号	情况			要求
1	配筋率	桩身直径为300~2000mm时		可取0.65%~0.2%（大直径桩取低值，小直径桩取高值）
2		受荷载特别大的桩、抗拔桩和嵌岩端承桩		根据计算确定配筋率，并不应小于1的要求
3	配筋长度	端承型桩和位于坡地、岸边的基桩		应沿桩身等截面或变截面通长配筋
4		摩擦型灌注桩	不受水平荷载时	不应小于2/3桩长
5			受水平荷载时	满足4的要求且不宜小于4.0/α
6		受地震作用的基桩		应穿过可液化土层和软弱土层，进入稳定土层的深度不应小于（2~3）d
7		受负摩阻力的桩、因先成桩后开挖基坑而随地基土回弹的桩		应穿过软弱土层并进入稳定土层，进入的深度不应小于（2~3）d
8		抗拔桩及因地震作用、冻胀或膨胀力作用而受拔力的桩		应沿桩身等截面或变截面通长配筋

注：α 为桩的水平变形系数。

2）灌注桩的构造配筋要求见表4-27及图4-43。

表 4-27　灌注桩的构造配筋要求

序号	情　况	配筋要求	
1	受水平荷载的桩	主筋应≥8 ϕ 12	主筋沿桩周均匀布置
2	抗压桩和抗拔桩	主筋应≥6 ϕ 10	主筋净距应≥60mm
3	箍筋	应采用螺旋式 ϕ6 ~ ϕ 10@200 ~ 300mm	
4	受水平荷载较大的桩 承受水平地震作用的桩 考虑主筋作用计算桩身受压承载力时	桩顶以下 5d 范围内箍筋应加密，间距≤100mm	
5	桩身位于液化土层范围内	箍筋应加密	
6	当考虑箍筋受力作用时	箍筋配置应符合现行《混凝土结构设计规范》的相关规定	
7	钢筋笼长度≥4m 时	应每隔 2m 左右设一道 ϕ12 ~ ϕ18 的焊接加劲箍筋	

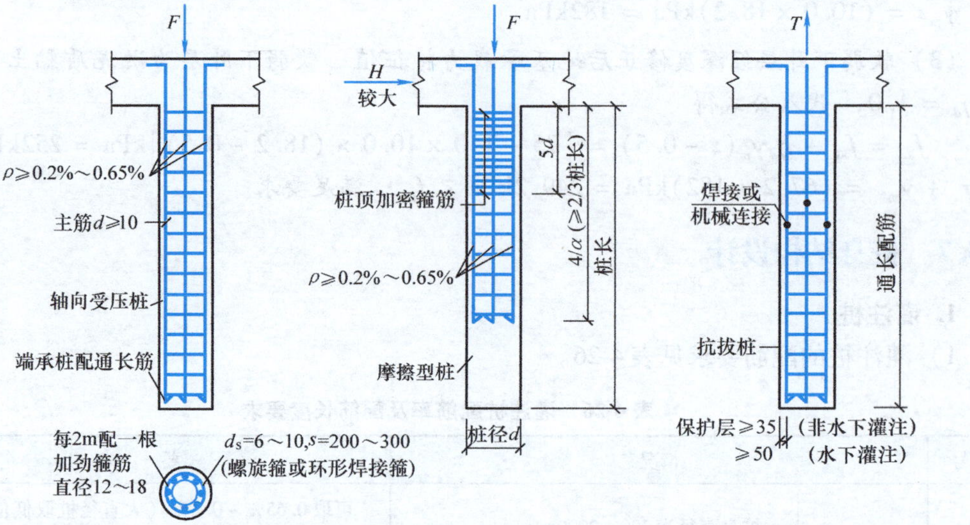

图 4-43　灌注桩的纵向钢筋及箍筋配置

3）混凝土强度等级和保护层。桩身混凝土强度等级一般不得低于 C25，混凝土预制桩尖不得小于 C30。主筋的混凝土保护层厚度≥35mm，水下灌注混凝土桩的保护层厚度≥50mm。

2. 预制桩

1）混凝土预制桩的基本要求见表 4-28 和图 4-44 ~ 图 4-46。

表 4-28　混凝土预制桩的基本要求

序号	情　况	要　求	
1	混凝土预制桩的截面边长	混凝土预制桩	应≥200mm
		预应力混凝土预制实心桩	宜≥350mm
2	预制桩的混凝土强度等级	混凝土预制桩	宜≥C30
		预应力混凝土预制实心桩	宜≥C40
3	预制桩纵向钢筋的混凝土保护层厚	宜≥30mm	
4	预制桩的桩身配筋	应按吊运、打桩及桩在使用中的受力等条件计算确定	

（续）

序号	情况	要求	
5	预制桩的桩身配筋率	锤击法沉桩	宜≥0.8%
		静压法沉桩	宜≥0.6%
		主筋直径	宜≥ ϕ14
		锤击桩桩顶以下（4～5）d 范围内	箍筋应加密，并设置钢筋网片
6	预制桩的分节长度	根据施工条件及运输条件确定，接头数量宜≤3	
7	预制桩的桩尖	可将主筋合拢焊在辅助钢筋上	
		持力层为密实砂和碎石类土时，宜采用包钢板桩靴	

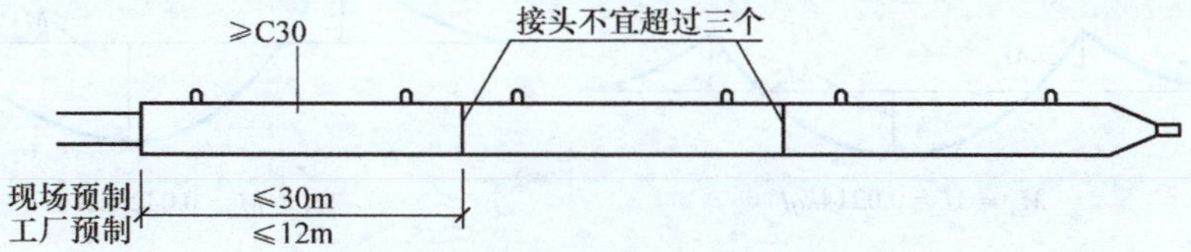

图 4-44　预制桩桩段长度及接头量

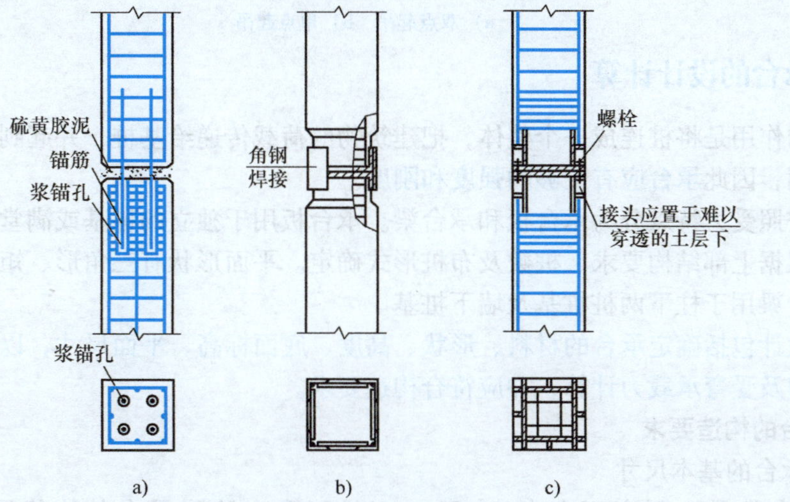

图 4-45　预制桩接桩

a）硫黄胶泥接桩　b）角钢焊接接桩　c）法兰螺栓接桩

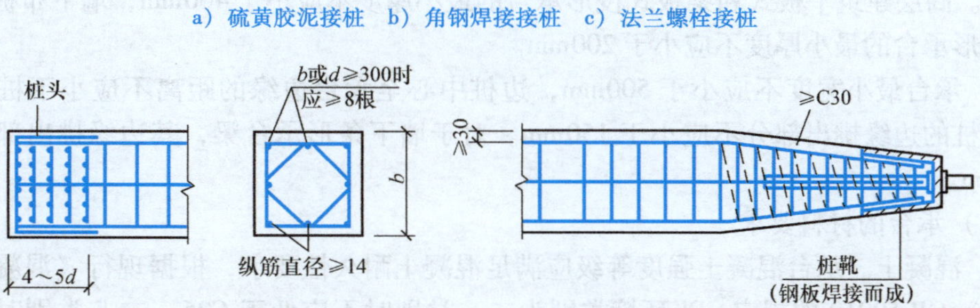

图 4-46　预制桩的配筋及桩靴

2）预制桩桩身结构强度验算。预制桩除了考虑上述构造要求外，还要对考虑运输、起吊和锤击过程中的强度验算。桩在吊装运输过程中的受力状态与梁相同，一般按两支点

（桩长 $L<18\text{m}$ 时）或三支点（桩长 $L>18\text{m}$ 时）起吊和运输，在打桩架下竖起时，按一点吊立。吊点的设置应使桩身在自重下产生的正负弯矩相等，如图 4-47 所示，其中，k 为动力系数，q 为桩身自重（线荷载）。桩身配筋时应按起吊过程中桩身最大弯矩计算，主筋一般通常配筋，当考虑起吊和运输过程中受到冲击和振动时，将桩身重力乘以 1.5 的动力系数。一般普通混凝土的桩身配筋由起吊和吊立的强度来控制。

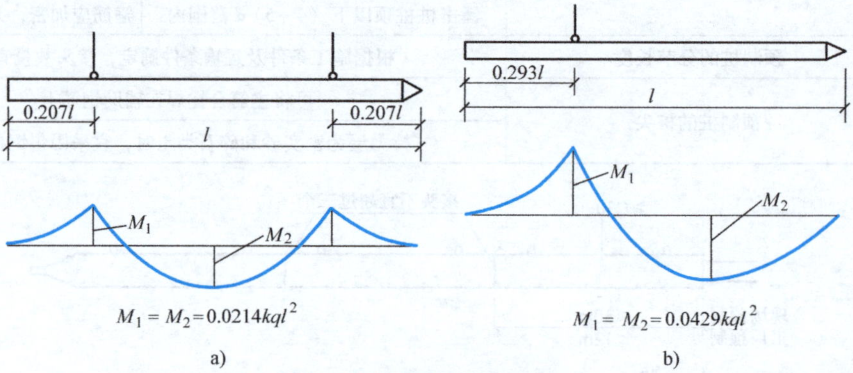

图 4-47　预制桩吊装验算

a）双点起吊　b）单点起吊

4.8.8　承台的设计计算

承台的作用是将桩连成一个整体，把建筑物的荷载传递给基桩，并起到一定的调整差异沉降的作用，因此承台应有足够的强度和刚度。

承台按照受力特点分为承台板和承台梁。承台板用于独立的桩基或满堂桩基。承台板平面尺寸应根据上部结构要求、桩数及布桩形式确定。平面形状有三角形、矩形、多边形和圆形等。承台梁用于柱下两桩桩基及墙下桩基。

承台设计包括确定承台的材料、形状、高度、底面标高、平面尺寸，以及局部受压、受冲切、受剪及受弯承载力计算，并应符合构造要求。

1. 承台的构造要求

（1）承台的基本尺寸

1）承台的最小厚度不应小于 300mm。锥形和台阶形承台的边缘厚度也不宜小于 300mm。高层建筑平板式和梁板式筏形承台的最小厚度不应小于 400mm，墙下布桩的剪力墙结构筏形承台的最小厚度不应小于 200mm。

2）承台最小宽度不应小于 500mm，边桩中心至承台边缘的距离不应小于桩直径或边长，且桩的边缘挑出部分不应小于 150mm。对于墙下条形承台梁，其边缘挑出部分可减少至 75mm。

（2）承台的材料要求

1）混凝土。承台混凝土强度等级应满足混凝土耐久性要求，根据现行《混凝土结构设计规范》GB 50010 的规定，当环境类别为二 a 类别时不应低于 C25，二 b 类别时不应低于 C30。除此之外，混凝土强度等级还应满足抗渗要求。

2）钢筋。柱下独立桩基承台的受力钢筋应通长配置，对四桩以上（含四桩）承台宜按双向均匀布置（图 4-48a），对三桩的三角形承台应按三向板带均匀布置，且最里面的三根钢筋围成的三角形应在柱截面范围内（图4-48b）。钢筋锚固长度自边桩内侧（当为圆桩时，应将其直径乘以0.8等效为方桩）算起，不应小于$35d_g$（d_g为钢筋直径）；当不满足时应将钢筋向上弯折，此时水平段的长度不应小于$25d_g$，弯折段长度不应小于$10d_g$。承台纵向受力钢筋的直径不应小于12mm，间距不应大于200mm。柱下独立桩基承台的最小配筋率不应小于0.15%。条形承台梁纵向主筋直径不应小于12mm，应符合梁配筋率的要求；架立筋直径不应小于10mm，箍筋直径不应小于6mm。

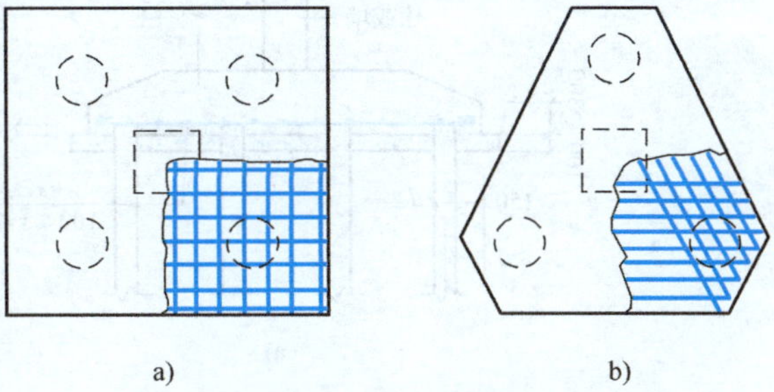

图4-48 柱下独立桩基承台配筋示意
a）矩形承台 b）三角形承台

筏形承台板或箱形承台板在计算中当仅考虑局部弯矩作用时，考虑到整体弯曲的影响，在纵横两个方向的下层钢筋配筋率不宜小于0.15%；上层钢筋应按计算配筋率全部连通。当筏板的厚度大于2000mm时，为减小大体积混凝土温度收缩的影响，并提高筏板的抗剪承载力，宜在板厚中间部位设置直径不小于12mm、间距不大于300mm的双向钢筋网。

3）保护层厚度。承台底面钢筋的混凝土保护层厚度，当有混凝土垫层时，不应小于50mm，无垫层时不应小于70mm；此外尚不应小于桩头嵌入承台内的长度。

（3）桩与承台的连接　桩顶嵌入承台的长度，对大直径桩不宜小于100mm，对中等直径的桩不宜小于50mm。混凝土桩的桩顶纵向主筋应锚入承台内，其锚入长度不宜小于35倍纵向主筋直径，当不满足时应将钢筋向上弯折。对于大直径灌注桩，当采用一柱一桩时可设置承台或将桩与柱直接连接。

（4）柱与承台的连接　对于一柱一桩基础，柱与桩直接连接时，柱纵向主筋锚入桩身内长度不应小于35倍纵向主筋直径。对于多桩承台，柱纵向主筋应锚入承台不小于35倍纵向主筋直径；当承台高度不满足锚固要求时，竖向锚固长度不应小于20倍纵向主筋直径，并向柱轴线方向呈90°弯折。当有抗震设防要求时，对于一、二级抗震等级的柱，纵向主筋锚固长度应乘以1.15的系数；对于三级抗震等级的柱，纵向主筋锚固长度应乘以1.05的系数。

（5）承台与承台的连接　一柱一桩时，应在桩顶两个主轴方向上设置连系梁（也称为拉梁），以保证桩基的整体刚度。当桩与柱的截面直径之比大于2时，可不设连系梁。两桩桩基承台短向抗弯刚度较小，因此应设置承台连系梁。有抗震设防要求的柱下桩基承台，由于地震作用下建筑物各桩基承台所受的地震剪力和弯矩不确定，宜沿两个主轴方向设置连系梁。连系梁顶面宜与承台顶面位于同一标高（建议减小50mm）。连系梁宽度不宜小于250mm，其高度可取承台中心距的1/15～1/10，且不宜小于400mm。连系梁配筋应按计算确定，根据受力和施工要求，梁上下部配筋不宜小于2ϕ12。且位于同一轴线上的相邻跨连系梁纵筋应连通。

（6）承台埋深　承台底面埋深不应小于0.6m，且承台顶面应低于室外设计地面不小于0.1m。承台埋深应考虑建筑物的高度、体型、地震设防烈度、场地冻深等因素，根据桩基承载力和稳定性确定，一般情况下不宜小于建筑物高度的1/18，当采用桩箱、桩筏基础时不宜小于建筑物高度的1/20～1/18。

图4-49所示为桩基承台的基本尺寸及配筋示意图，图4-50所示为承台拉梁的布置、截面及配筋示意图。

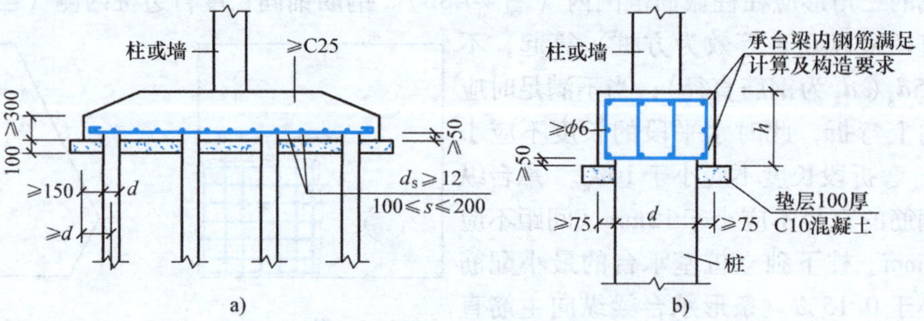

图 4-49　桩基承台的基本尺寸及配筋

a）柱下独立承台　b）条形承台

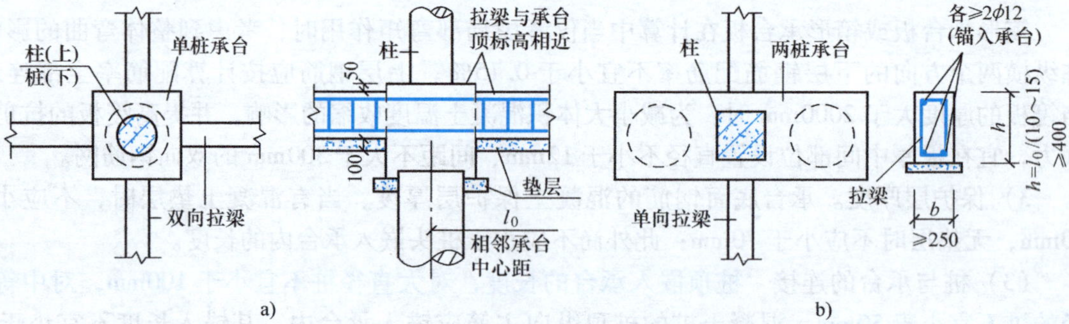

图 4-50　承台拉梁的布置、截面及配筋

a）单桩承台　b）二桩承台

2. 承台的计算

试验表明，承台板有受弯破坏、冲切和受剪破坏两种形式。当承台板厚度比较小，而配筋数量又不足时，常发生弯曲破坏，为了防止发生这种破坏，在承台板底部要配有足够数量的钢筋。当承台板厚度比较小，但配筋数量比较多时，常发生冲切（沿柱边或变阶处形成≥45°的破坏锥体，如图 4-51 所示，或在角桩处形成≥45°的破坏锥体，如图 4-52 所示或受剪破坏。为了防止发生这种破坏，承台板要有足够的厚度。

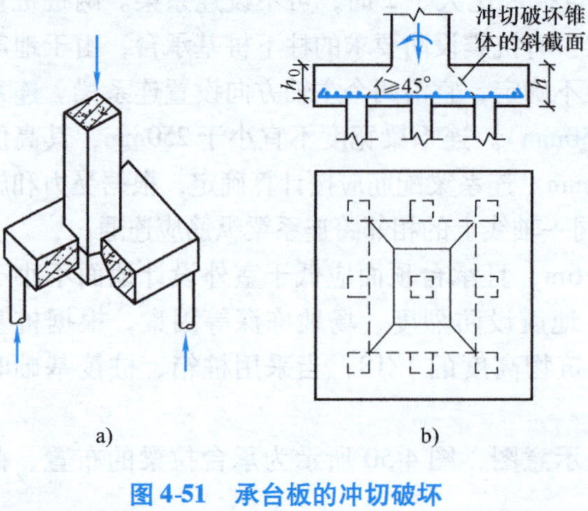

图 4-51　承台板的冲切破坏

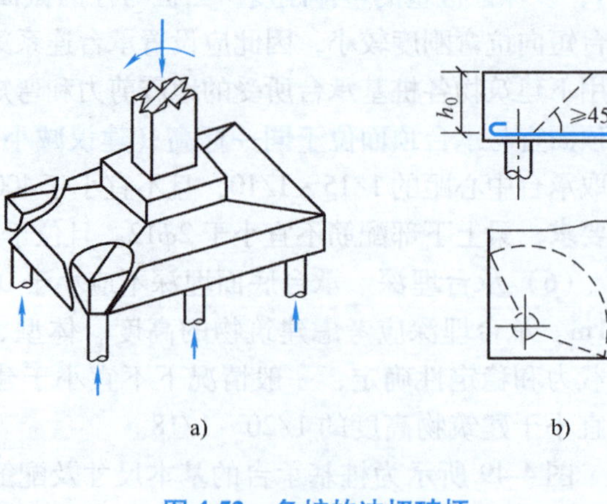

图 4-52　角桩的冲切破坏

3. 承台板厚度的确定

承台板厚度不能直接求得，通常须根据经验或参考已有类似设计，初步假设一个承台厚，然后按下列条件验算。

（1）柱对承台的冲切计算 从柱边缘引冲切线与最近桩顶内边缘相交（≥45°），形成冲切破坏斜面（图4-53）。柱对承台的冲切，可按下式验算

$$F_l \leqslant 2[\beta_{0x}(b_c + a_{0y}) + \beta_{0y}(h_c + a_{0x})]\beta_{hp}f_t h_0 \tag{4-56}$$

$$F_l = F - \sum N_i \tag{4-57}$$

$$\beta_{0x} = \frac{0.84}{\lambda_{0x} + 0.2},\ \beta_{0y} = \frac{0.84}{\lambda_{0y} + 0.2} \tag{4-58}$$

式中 F_l——不计承台及其上土自重，在荷载效应基本组合下作用于冲切破坏锥体上的冲切力设计值（kN）；

f_t——承台混凝土抗拉强度设计值（kPa）；

h_0——承台冲切破坏锥体的有效高度（m）；

β_{hp}——承台受冲切承载力截面高度影响系数，当 $h \leqslant 800$mm时，β_{hp} 取1.0，当 $h \geqslant 2000$mm时，β_{hp} 取0.9，其间按线性内插法取值；

β_{0x}、β_{0y}——x、y 方向的冲切系数，由式（4-58）求得；

λ_{0x}、λ_{0y}——x、y 方向的冲跨比，$\lambda_{0x} = a_{0x}/h_0$，$\lambda_{0y} = a_{0y}/h_0$，$\lambda_{0x}$、$\lambda_{0y}$ 均应满足0.25～1.0的要求；

a_{0x}、a_{0y}——x、y 方向柱边至最近桩边的水平距离（m）。

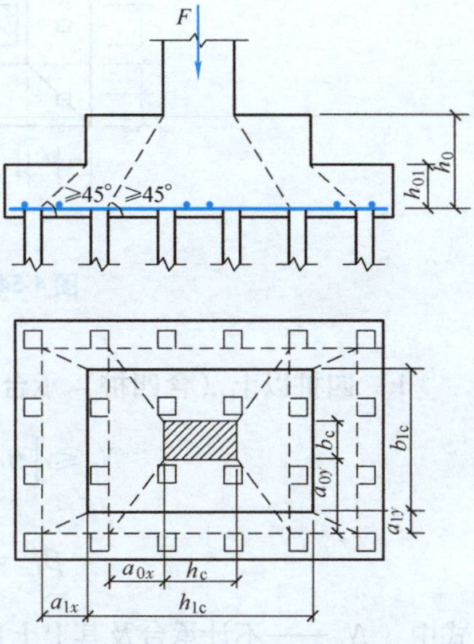

图4-53 柱对承台的冲切计算示意图

F——不计承台及其上土重，作用于柱底的竖向力设计值（kN）；

$\sum N_i$——冲切破坏锥体范围内各基桩的净反力设计值之和（kN）；

h_c、b_c——x、y 方向的柱截面的边长（m）。

（2）上阶对承台的冲切计算 可按下式进行计算（图4-53）

$$F_l \leqslant 2[\beta_{1x}(b_{1c} + a_{1y}) + \beta_{1y}(h_{1c} + a_{1x})]\beta_{hp}f_t h_{01} \tag{4-59}$$

$$\beta_{1x} = \frac{0.84}{\lambda_{1x} + 0.2},\ \beta_{1y} = \frac{0.84}{\lambda_{1y} + 0.2} \tag{4-60}$$

式中 β_{1x}、β_{1y}——冲切系数，由式（4-60）求得；

λ_{1x}、λ_{1y}——冲跨比，$\lambda_{1x} = \dfrac{a_{1x}}{h_{01}}$，$\lambda_{1y} = \dfrac{a_{1y}}{h_{01}}$，$\lambda_{1x}$、$\lambda_{1y}$ 均应满足0.25～1.0的要求；

a_{1x}、a_{1y}——x、y 方向承台上阶边至最近桩边的水平距离（m）；

h_{1c}、b_{1c}——x、y 方向承台上阶的边长（m）。

计算时应当注意的是，对于圆柱及圆桩，计算时应将其截面换算成方柱及方桩，即取换算柱截面边长 $b_c = 0.8d_c$（d_c 为圆柱直径），换算桩截面边长 $b_p = 0.8d$（d 为圆桩直径）。

（3）角桩对承台的冲切计算　冲切破坏锥体以外的基桩，对承台会产生向上的冲切（图4-54），可按下列规定计算：

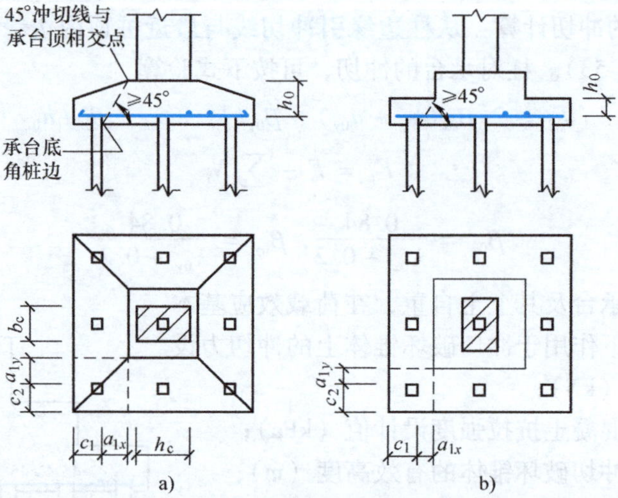

图4-54　四桩以上承台角桩冲切验算示意

a）锥形承台　b）台阶形承台

1）四桩以上（含四桩）承台受角桩冲切的承载力按下式计算

$$N_l \leqslant \left[\beta_{1x}\left(c_2+\frac{a_{1y}}{2}\right)+\beta_{1y}\left(c_1+\frac{a_{1x}}{2}\right)\right]\beta_{hp}f_t h_0 \tag{4-61}$$

$$\beta_{1x}=\frac{0.56}{\lambda_{1x}+0.2};\ \beta_{1y}=\frac{0.56}{\lambda_{1y}+0.2} \tag{4-62}$$

式中　N_l——不计承台及其上土自重，在荷载效应基本组合作用下角桩（含复合基桩）反力设计值（kN）；

β_{1x}、β_{1y}——角桩冲切系数，由式（4-62）求得；

a_{1x}、a_{1y}——从承台底角桩内边缘引45°冲切线与承台顶面相交点至角桩内边缘的水平距离（m），当柱或承台变阶处位于该45°线以内时，则取由柱边或变阶处与桩内边缘连线为冲切锥体的锥线（图4-54）；

λ_{1x}、λ_{1y}——角桩冲跨比，$\lambda_{1x}=a_{1x}/h_0$，$\lambda_{1y}=a_{1y}/h_0$，其值满足0.25～1.0；

c_1、c_2——x、y方向角桩内侧边缘至承台外边缘的距离（m）；

h_0——承台外边缘的有效高度（m）。

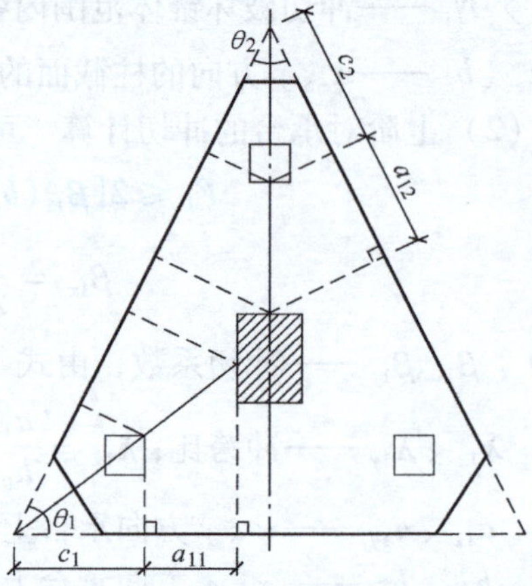

图4-55　三桩三角形承台角桩冲切验算示意

2）三桩三角形承台受角桩冲切的承载力按下式计算（图4-55）

底部角桩 $$N_l \leqslant \beta_{11}(2c_1 + a_{11})\beta_{hp}\tan\frac{\theta_1}{2}f_t h_0 \tag{4-63}$$

$$\beta_{11} = \frac{0.56}{\lambda_{11} + 0.2} \tag{4-64}$$

顶部角桩 $$N_l \leqslant \beta_{12}(2c_2 + a_{12})\beta_{hp}\tan\frac{\theta_2}{2}f_t h_0 \tag{4-65}$$

$$\beta_{12} = \frac{0.56}{\lambda_{12} + 0.2} \tag{4-66}$$

式中 λ_{1x}、λ_{1y}——角桩冲跨比，$\lambda_{1x} = a_{1x}/h_0$，$\lambda_{1y} = a_{1y}/h_0$，其值满足0.25~1.0的要求；

a_{11}、a_{12}——从承台底角桩顶内边缘引45°冲切线与承台顶面相交点至角桩内边缘水平距离（m）；当柱边或承台变阶处位于该45°线以内时，则取由柱边或承台变阶处与桩内边缘连线为冲切锥体的锥线。

（4）承台的剪切计算　柱下桩基承台在荷载作用下，会发生剪切破坏，且剪切破坏面通常发生在柱边与桩边连线形成的贯通承台的斜截面处，因此需对承台的抗剪承载力进行验算。验算斜截面取在柱边。当承台悬挑边有多排基桩时，应对多个斜截面的抗剪承载力分别进行验算。

1）承台斜截面受剪承载力按下式计算（图4-56）

$$V \leqslant \beta_{hs}\alpha f_t b_0 h_0 \tag{4-67}$$

$$\alpha = \frac{1.75}{\lambda + 1} \tag{4-68}$$

$$\beta_{hs} = \left(\frac{800}{h_0}\right)^{1/4} \tag{4-69}$$

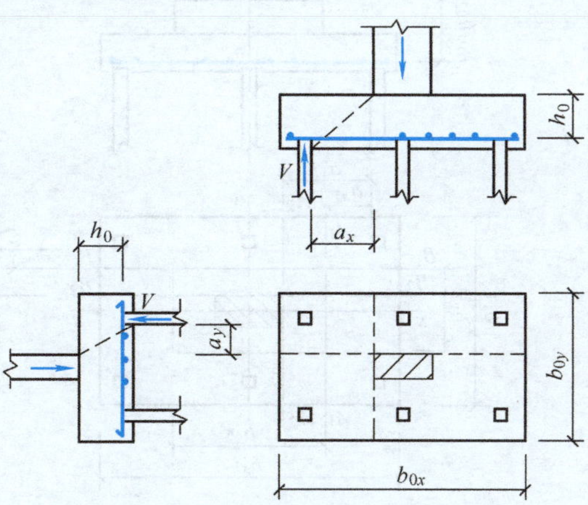

图4-56　承台斜截面受剪计算示意

式中 V——不计承台及其上土自重，在荷载效应基本组合下斜截面的最大剪力设计值（kN）；

b_0——承台计算截面处的计算宽度（m）；

h_0——承台计算截面处的有效高度（m）；

α——承台剪切系数，按式（4-68）确定；

λ——计算截面的剪跨比，$\lambda_x = \dfrac{a_x}{h_0}$，$\lambda_y = \dfrac{a_y}{h_0}$，此处，$a_x$，$a_y$ 为柱边或承台变阶处至 y、x 方向计算一排桩的桩边的水平距离，$0.25 \leqslant \lambda \leqslant 3.0$；

β_{hs}——受剪切承载力截面高度影响系数，当 $h_0 < 800$mm 时，h_0 取800mm，当 $h_0 > 2000$mm 时，h_0 取2000mm，其间按线性内插法取值。

2）台阶形承台应分别在变阶处（A_1—A_1，B_1—B_1）及柱边处（A_2—A_2，B_2—B_2）进行斜截面受剪承载力计算（图4-57）。计算变阶处截面的斜截面受剪承载力时，其截面有效高度均为 h_{01}，截面计算宽度分别为 b_{y1} 和 b_{x1}。计算柱边截面的斜截面受剪承载力时，其截面有效高度均为（$h_{01} + h_{02}$），截面计算宽度分别为 b_{y0} 和 b_{x0}，即

A_2—A_2 截面 $$b_{y0}=\frac{b_{y1}h_{01}+b_{y2}h_{02}}{h_{01}+h_{02}} \tag{4-70}$$

B_2—B_2 截面 $$b_{x0}=\frac{b_{x1}h_{01}+b_{x2}h_{02}}{h_{01}+h_{02}} \tag{4-71}$$

3）对于锥形承台应对变阶处及柱边处（A—A 及 B—B）两个截面进行受剪承载力计算（图 4-58），截面有效高度均为 h_0，截面的计算宽度分别为：

A—A 截面 $$b_{y0}=\left[1-0.5\frac{h_{02}}{h_0}\left(1-\frac{b_{y2}}{b_{y1}}\right)\right]b_{y1} \tag{4-72}$$

B—B 截面 $$b_{x0}=\left[1-0.5\frac{h_{02}}{h_0}\left(1-\frac{b_{x2}}{b_{x1}}\right)\right]b_{x1} \tag{4-73}$$

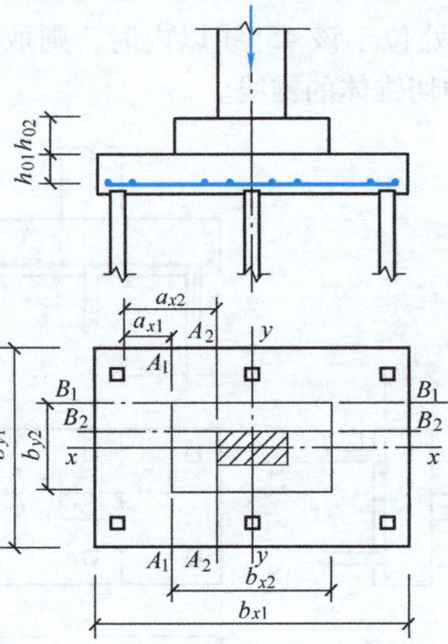

图 4-57 台阶形承台斜截面受剪计算示意

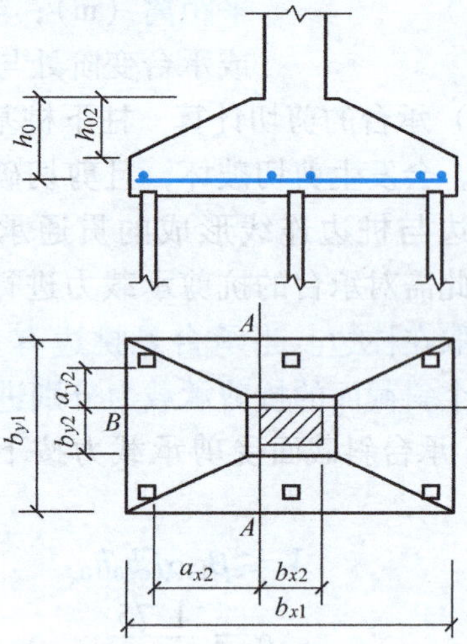

图 4-58 锥形承台斜截面受剪计算示意

4. 承台板配筋计算

承台板在桩顶反力的作用下，受力情况与倒置的双向板相似，所受弯矩按承台开裂情况分别进行计算。裂缝首先在承台板底面中部或中部附近平行于短边方向出现，然后在平行于长边方向的中部或中部附近出现，形成两个相互垂直，通过中心的破裂面（图 4-59a、b、c），故这类承台板应双向配筋；对于平面为三角形的承台板，裂缝则从边缘开始，并向中央展开（图 4-59d），故这种承台板应按三角形配筋（配筋宽度取桩的直径），这样可使主筋集中在边缘，并与裂缝垂直，以便有效地阻止裂缝的开展。

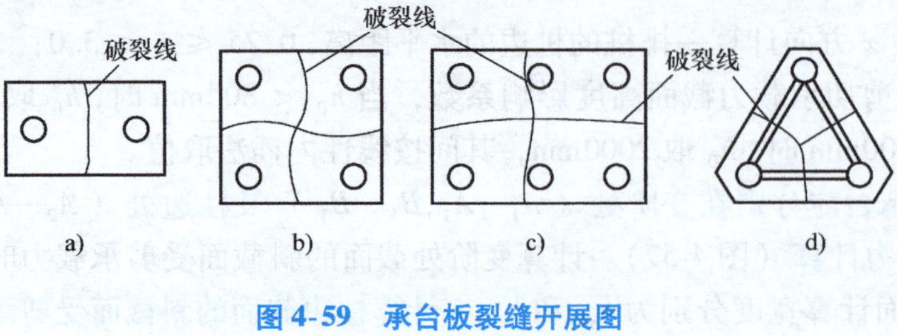

图 4-59 承台板裂缝开展图

a）二桩承台 b）四桩承台 c）六桩承台 d）三桩承台

（1）多桩矩形承台　利用极限平衡原理，可得两桩条形承台和多桩矩形承台沿 X、Y 两个方向在柱边和变阶处的正截面弯矩（图4-60a）为

$$M_x = \sum N_i y_i \tag{4-74}$$

$$M_y = \sum N_i x_i \tag{4-75}$$

式中　M_x、M_y——绕 X 轴和绕 Y 轴方向计算截面处的弯矩设计值（kN·m）；

x_i、y_i——垂直 X 轴和 Y 轴方向自桩轴线到相应计算截面的距离（m）；

N_i——不计承台及其上土自重，在荷载效应基本组合下的第 i 基桩或复合基桩竖向反力设计值（kN）。

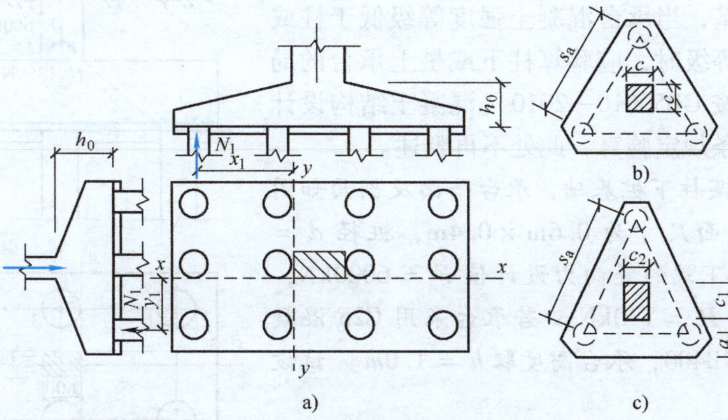

图4-60　桩基承台内力计算示意图

a）矩形多桩承台　b）等边三桩承台　c）等腰三桩承台

（2）三桩承台

1）等边三桩承台（图4-60b）

$$M = \frac{N_{\max}}{3}\left(s_a - \frac{\sqrt{3}}{4}c\right) \tag{4-76}$$

式中　M——由承台形心至承台边缘距离范围内板带的弯矩设计值（kN·m）；

$N_{\max}$——扣除承台和其上填土自重后的三桩中相应于荷载效应基本组合时的最大基桩竖向力设计值（kN）；

s_a——桩中心距（m）；

c——方柱边长，圆桩时 $c = 0.8d$（d 为圆柱直径）。

2）等腰三桩承台（图4-60c）

$$M_1 = \frac{N_{\max}}{3}\left(s_a - \frac{0.75c_1}{\sqrt{4-\alpha^2}}\right) \tag{4-77}$$

$$M_2 = \frac{N_{\max}}{3}\left(s_a - \frac{0.75c_2}{\sqrt{4-\alpha^2}}\right) \tag{4-78}$$

式中　M_1、M_2——通过承台形心至两腰边缘和底边边缘正交截面范围内板带的弯矩设计值（kN·m）；

s_a——长向桩中心距（m）；

α——短向桩中心距与长向桩中心距之比，当 $\alpha<0.5$ 时，应按变截面的两桩承台设计；

c_1、c_2——垂直于、平行于承台底边的柱截面边长（m）。

求出承台板最不利截面弯矩后，即可按下式进行配筋计算

$$A_s=\frac{M}{0.9h_0f_y} \tag{4-79}$$

式中 A_s——受力钢筋截面面积（mm^2）；

f_y——钢筋抗拉强度设计值（N/mm^2）

5. 局部受压计算

对于柱下桩基，当承台混凝土强度等级低于柱或桩的混凝土强度等级时，应验算柱下或桩上承台的局部受压承载力，按 GB50010—2010《混凝土结构设计规范》第 6.6.1 条规定验算，此处不再赘述。

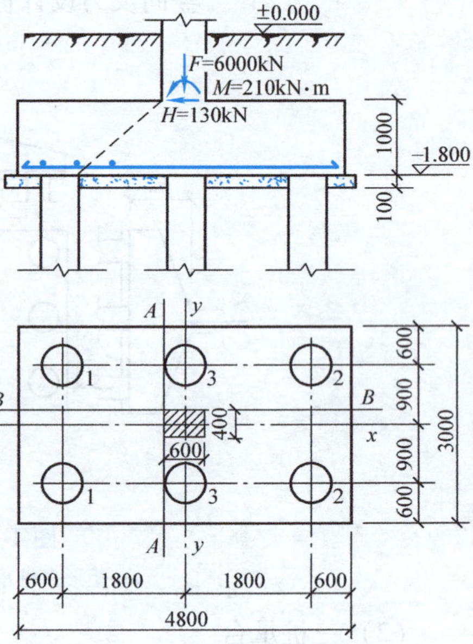

图 4-61 例 4-14 图

【例 4-14】 某柱下桩基础，承台平面及剖面如图 4-61 所示，柱截面尺寸为 0.6m×0.4m，桩径 $d=0.6$m。作用于柱下端的竖向力设计值 $F=6000$kN，$M=210$kN·m，$H=130$kN。若承台采用 C25 混凝土，钢筋采用 HRB400，承台高度取 $h=1.0m$。试设计该承台。

解：柱下桩基础桩身截面为圆桩，应将其截面换算成方桩，即换算桩截面边长 $b_p=0.8d=(0.8\times0.6)\text{m}=0.48\text{m}$。

（1）承台内力计算 承台内力计算荷载采用荷载效应基本组合设计值，则基桩净反力设计值为

$$N_1=\frac{F}{n}+\frac{M_yx_1}{\sum x_i^2}=\left[\frac{6000}{6}+\frac{(210+130\times1.0)\times1.8}{4\times1.8^2}\right]\text{kN}$$

$$=(1000+47.22)\text{kN}=1047.22\text{kN}$$

$$N_2=\frac{F}{n}-\frac{M_yx_2}{\sum x_i^2}=\left[\frac{6000}{6}-\frac{(210+130\times1.0)\times1.8}{4\times1.8^2}\right]\text{kN}$$

$$=(1000-47.22)\text{kN}=952.78\text{kN}$$

$$N_3=\frac{F}{n}=\frac{6000}{6}\text{kN}=1000\text{kN}$$

（2）承台冲切承载力验算

1）柱边冲切。C25 混凝土，$f_t=1.27\text{N/mm}^2$。承台高度 $h=1.0$m，钢筋保护层厚度取 50mm，则承台有效高度为 $h_0=(1000-60)\text{mm}=940\text{mm}=0.94\text{m}$。

承台高度 $h=1000$mm，800mm $<h<$ 2000mm，按线性内插法，承台受冲切承载力截面高度影响系数为

$$\beta_{hp}=1.0-\frac{1-0.9}{2-0.8}\times(1-0.8)=0.983$$

柱边至桩内边在 x、y 方向的水平距离为

$a_{0x}=(1.8-0.6/2-0.48/2)\text{m}=1.26\text{m}$，$a_{0y}=(0.9-0.4/2-0.48/2)\text{m}=0.46\text{m}$

x、y 方向的冲跨比为

$\lambda_{0x}=a_{0x}/h_0=1.26/0.94=1.34>1.0$，取 $\lambda_{0x}=1.0$。

$\lambda_{0y}=a_{0y}/h_0=0.46/0.94=0.49$（介于 0.25～1）。

冲切系数为

$$\beta_{0x}=\frac{0.84}{\lambda_{0x}+0.2}=\frac{0.84}{1+0.2}=0.7,\ \beta_{0y}=\frac{0.84}{\lambda_{0y}+0.2}=\frac{0.84}{0.49+0.2}=1.22$$

承台抗冲切承载力为

$$2[\beta_{0x}(b_c+a_{0y})+\beta_{0y}(l_c+a_{0x})]\beta_{hp}f_th_0$$
$$=2\times\{[0.7\times(0.4+0.46)+1.22\times(0.6+1.26)]\times0.983\times1.27\times10^3\times0.94\}\text{kN}$$
$$=6738.7\text{kN}$$

承台冲切力设计值为

$$F_l=F-\sum Q_i=(6000-0)\text{kN}=6000\text{kN}$$

$2[\beta_{0x}(b_c+a_{0y})+\beta_{0y}(l_c+a_{0x})]\beta_{hp}f_th_0>F_l$，满足要求。

2）角桩冲切。从角桩内边缘至承台外边缘距离 $c_1=c_2=(0.6+0.48/2)\text{m}=0.84\text{m}$。

柱边至角桩内边缘在 x、y 方向的水平距离为

$a_{1x}=(1.8-0.6/2-0.48/2)\text{m}=1.26\text{m}$，$a_{1y}=(0.9-0.4/2-0.48/2)\text{m}=0.46\text{m}$

$\lambda_{1x}=a_{1x}/h_0=1.26/0.94=1.34>1.0$，取 $\lambda_{1x}=1.0$。

$\lambda_{1y}=a_{1y}/h_0=0.46/0.94=0.49$（介于 0.25～1）。

$$\beta_{1x}=\frac{0.56}{\lambda_{1x}+0.2}=\frac{0.56}{1.0+0.2}=0.47,\ \beta_{1y}=\frac{0.56}{\lambda_{1y}+0.2}=\frac{0.56}{0.49+0.2}=0.81$$

$$[\beta_{1x}(c_2+a_{1y}/2)+\beta_{1y}(c_1+a_{1x}/2)]\beta_{hp}f_th_0$$
$$=\{[0.47\times(0.84+0.46/2)+0.81\times(0.84+1.26/2)]\times0.983\times1270\times0.94\}\text{kN}$$
$$=1987.4\text{kN}$$

角桩最大反力设计值为 $N_1=1047.22\text{kN}$。

$[\beta_{1x}(c_2+a_{1y}/2)+\beta_{1y}(c_1+a_{1x}/2)]\beta_{hp}f_th_0>N_l$，承台满足角桩抗冲切要求。

（3）承台剪切承载力验算　承台剪切破坏发生在柱边与桩内边连线所形成的斜截面处。

1）对于 A—A 截面

$a_x=(1.8-0.6/2-0.48/2)\text{m}=1.26\text{m}$

$$\lambda_x=\frac{a_x}{h_0}=\frac{1.26}{0.94}=1.34\ (\text{介于 }0.25\sim3)$$

剪切系数为 $\alpha=\dfrac{1.75}{\lambda+1}=\dfrac{1.75}{1.34+1}=0.75$

受剪切承载力高度影响系数为 $\beta_{hs}=\left(\dfrac{800}{h_0}\right)^{1/4}=\left(\dfrac{800}{940}\right)^{1/4}=0.960$

A—A 截面抗剪切承载力为

$\beta_{hs}\alpha f_tb_0h_0=(0.96\times0.75\times1.27\times10^3\times3.0\times0.94)\text{kN}=2578.6\text{kN}$

A—A 截面最大剪力为 $V=2\times N_1=(2\times1047.22)\text{kN}=2094.4\text{kN}<\beta_{hs}\alpha f_tb_0h_0$

故 A—A 截面满足抗剪切要求。

2）对于 B—B 截面

$a_y=(0.9-0.4/2-0.48/2)\text{m}=0.46\text{m}$

$$\lambda_y=\frac{a_y}{h_0}=\frac{0.46}{0.94}=0.49\ (\text{介于}0.25\sim3)$$

$$\text{剪切系数为}\ \alpha=\frac{1.75}{\lambda+1}=\frac{1.75}{0.49+1}=1.17$$

B—B 截面抗剪切承载力为

$\beta_{hs}\alpha f_t b_0 h_0=(0.96\times1.17\times1.27\times10^3\times4.8\times0.94)\text{kN}=6436.2\text{kN}$

B—B 截面剪力为 $V=N_1+N_2+N_3=(1047.22+952.78+1000)\text{kN}=3000\text{kN}<\beta_{hs}\alpha f_t b_0 h_0$

故 B—B 截面满足抗剪切要求。

（4）承台受弯承载力验算　钢筋采用 HRB400，$f_y=360\text{N/mm}^2$。承台有效高度为 $h_0=(1.0-0.06)\text{m}=0.94\text{m}$。

1）对于 A—A 截面：取基桩净反力最大值 $N_1=1047.22\text{kN}$ 进行计算，则承台计算截面弯矩为

$$M_y=\sum N_i x_i=[2\times1047.22\times(1.8-0.6/2)]\text{kN}\cdot\text{m}=3141.66\text{kN}\cdot\text{m}$$

$$A_{s1}=\frac{M_y}{0.9f_y h_0}=\frac{3141.66\times10^6}{0.9\times360\times940}\text{mm}^2=10315.4\text{mm}^2$$

选用 Φ25@150，则钢筋根数 $n=\frac{3000}{150}+1=21$，沿平行 x 方向均匀布置，则实际配筋 $A_s=10308.9\text{mm}^2\approx A_{s1}$，配筋率为

$$\rho=\frac{A_s}{bh}=\frac{10308.9}{3000\times1000}=0.34\%>0.15\%$$

2）对于 B—B 截面：取基桩净反力平均值 $\overline{N}=1000\text{kN}$ 进行计算，此时承台有效高度为 $h_0=(1-0.05-0.025-0.01)\text{m}=0.915\text{m}$

$$M_x=\sum N_i y_i=[3\times1000\times(0.9-0.4/2)]\text{kN}\cdot\text{m}=2100\text{kN}\cdot\text{m}$$

$$A_{s2}=\frac{M_x}{0.9f_y h_0}=\frac{2100\times10^6}{0.9\times360\times915}\text{mm}^2=7083.6\text{mm}^2$$

选用 Φ20@200，则钢筋根数 $n=\frac{4800}{200}+1=25$，沿平行 y 方向均匀布置，则实际配筋 $A_s=7850\text{mm}^2>A_{s2}$，配筋率为

$$\rho=\frac{A_s}{bh}=\frac{7850}{4800\times1000}=0.16\%>0.15\%$$

承台配筋图如图 4-62 所示。

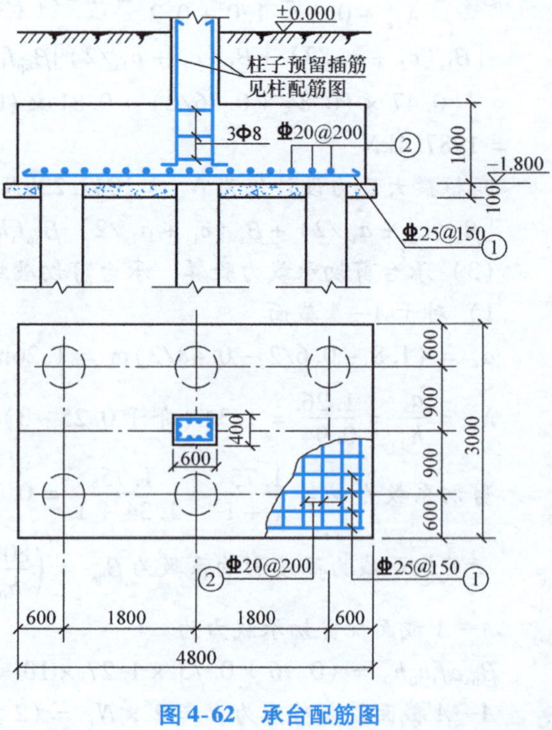

图 4-62　承台配筋图

[本章小结]

1. 根据桩身材料、桩的承载性状、施工方法、成桩对地基土的影响、桩的直径以及桩的受力状态等，可把桩划分为各种类型。

2. 单桩竖向荷载传递的规律是：随着桩顶荷载的增加，桩身轴力一般随深度的增加而减小；单桩受荷过程中桩端阻力的发挥不仅滞后于桩侧阻力，而且其充分发挥所需的桩底位移值比桩侧摩阻力所需桩身截面位移值大得多。桩身轴线位移在桩顶最大，自上而下逐步减小。由于发挥桩端阻力所需的极限位移明显大于桩侧阻力发挥所需的极限位移，一般桩侧摩阻力总是先于端阻力发挥。

3. 单桩在竖向荷载作用下的承载力主要取决于桩周土的抗剪强度、桩端支承情况、桩的尺寸以及桩的类型等条件，其可能的破坏模式主要有屈曲破坏、整体剪切破坏和刺入破坏。

4. 引起桩侧负摩阻力的条件是，桩侧土体下沉必须大于桩的下沉。桩身负摩阻力并不一定发生于整个软弱压缩土层中，而是在桩周土相对于桩产生下沉的范围内。桩侧负摩阻力的产生，使得桩端轴力增加，沉降相应增大，从而降低了单桩承载力。

5. 单桩竖向极限承载力可按照静载试验及其他原位测试、现行规范的经验公式、桩身材料强度等确定。

6. 影响桩水平承载力的因素有桩的断面尺寸、刚度、材料强度、入土深度、间距、桩顶嵌固程度以及土质条件和上部结构的水平位移允许值等，且桩的水平承载力远比竖向承载力要低。

7. 桩基础设计中，对于预制桩，除了进行竖向及水平承载力验算之外，还应进行吊装验算，而灌注桩则不必。承台设计较为复杂，可以把承台当做是钢筋混凝土受弯构件，分别进行抗冲切、抗剪切计算确定承台高度，抗弯计算确定承台配筋，并满足构造要求。

[思考题]

4-1 试简述桩的分类方法。

4-2 在什么情况下桩基础应进行承载能力计算和稳定性验算？

4-3 桩基设计时所采用的作用效应组合与相应的抗力应符合哪些规定？

4-4 什么是单桩？什么是基桩？二者有什么区别？

4-5 简述桩基础的设计步骤。

4-6 简述负摩阻力、中性点的定义。如何确定中性点的位置及负摩阻力的大小？

4-7 单桩竖向承载力的确定方法有哪些？

4-8 简述单桩在竖向荷载作用下的工作性能。

4-9 单桩水平承载力与哪些因素有关？设计时如何确定？

4-10 如何选择桩端持力层和桩端入持力层深度？

4-11 如何确定承台的平面尺寸和厚度？承台应进行哪些验算？

[习 题]

4-1 某场区地层分布是：第一层粉质黏土，厚度 $h_1=4m$，含水率 $w_1=30.6\%$，塑限 $w_P=18\%$，液限 $w_L=35\%$；第二层粉土，厚度 $h_2=5m$，孔隙比 $e=0.9$；第三层中砂，中密状态。拟采用边长为350mm的混凝土预制桩，桩入土深度按10m考虑，试采用经验参数法估算单桩竖向极限承载力标准值。

4-2 某桩基础中桩的布置及承台尺寸如图4-63所示，其中桩径 $d=600mm$，桩长 $l=13m$，承台埋深2.0m。上部结构传至承台顶面的轴心荷载标准值 $F_k=5600kN$，弯矩 $M_k=1000kN\cdot m$，试求各桩竖向力标准值。

4-3 某工业建筑柱下采用桩基础，已知作用到承台顶面的荷载为 $F_k=2500kN$，$M_k=350kN\cdot m$，$V_k=180kN$，选用截面400mm×400mm的钢筋混凝土预制桩，桩的长度为 $l=20m$。承台厚800mm，埋深 $d=1.8m$。已知单桩竖向承载力特征值 $R_a=465kN$，水平承载力特征值 $H_{ha}=45kN$。请确定桩数，合理布桩（要求绘桩位布置图，桩的中心距取 $s=3d$），并验算群桩中基桩的受力（不考虑承台效应）。

4-4 某群桩基础，基础剖面及土层分布如图4-64所示，承台尺寸为2.6m×2.6m，承台埋深2.0m，桩群外缘断面尺寸 $A_0=B_0=2.3m$，作用于承台顶面的竖向荷载标准值 $F_k=5600kN$。试验算软弱下卧层承载力。

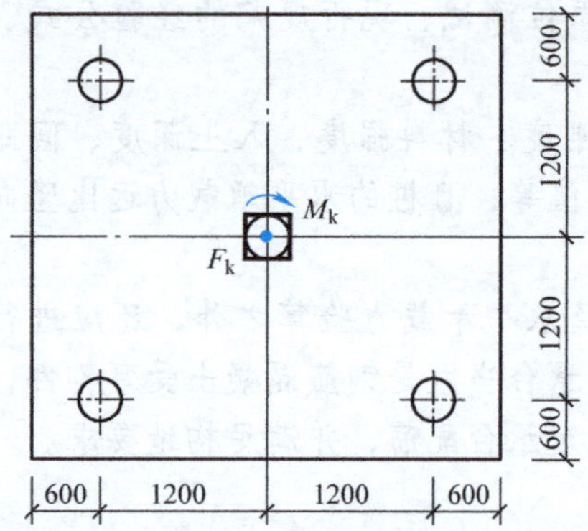

图4-63 习题4-2图

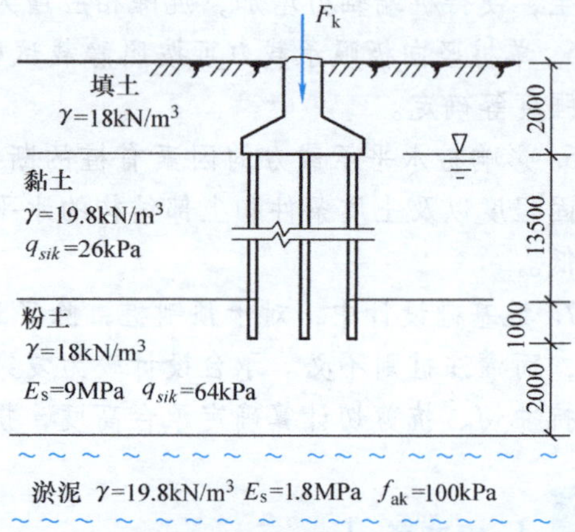

图4-64 习题4-4图

4-5 某框架柱，截面尺寸为500mm×500mm，柱子传到地面的荷载效应标准值为 $F_k=2500kN$，$M_k=560kN\cdot m$，$V_k=50kN$；荷载效应基本值为 $F=3600kN$，$M=780kN\cdot m$，$V=100kN$。选用预制钢筋混凝土打入桩，桩的断面为300mm×300mm，有效桩长为11.3m，桩端打入粉质黏土内3m。承台埋深1.2m。已知单桩极限承载力 $Q_{uk}=1500kN$。承台下地基土承载力特征值为 $f_{ak}=100kPa$，承台混凝土强度等级为C25（$f_t=1.27N/mm^2$），钢筋强度等级选用HRB335级钢筋（$f_t=300N/mm^2$），承台下用100mm厚的C10素混凝土作垫层。试设计该承台。

第5章 软弱土地基处理

[本章提要]

软弱土的主要特征是抗剪强度低、压缩性高和渗透性小。地基处理的目的是采取各种地基处理方法来改善地基土的工程性质，使其满足工程建设的需要。本章介绍了几种有代表性的地基处理方法，主要有换填垫层法、强夯法和强夯置换法、排水固结法、砂石桩法、水泥土搅拌法、水泥粉煤灰碎石桩法。本章还介绍了复合地基概念，复合地基与一般浅基础、桩基础的区别，复合地基的作用机理，复合地基承载力和变形计算及复合地基的一般设计过程。

[教学要求]

了解软弱土的特征；掌握常见地基处理方法的加固机理和设计计算过程，能够根据不同软弱土地基选择适合的地基处理方法；了解常见地基处理方法的施工过程及检测要求；理解复合地基的概念；掌握复合地基承载力计算、变形计算及复合地基的一般设计过程。

5.1 概述

5.1.1 地基处理的含义

地基处理是指天然地基很软弱，不能满足地基承载力和变形的设计要求，地基需经过人工处理后再建造基础。欧美国家称为地基处理，有的称为地基加固。

我国地域辽阔、幅员广大、自然地理环境不同、土质各异、地基条件区域性较强，因而使地基基础这门学科特别复杂。随着我国国民经济的发展，不仅事先要选择在地质条件良好的场地上从事建设，而且有时也不得不在地质条件不良的地基上进行修建；另外，随着科学技术的日新月异，结构物的荷载日益增大，对变形要求也越来越严，因而原来一般可被评价为良好的地基，也可能在特定条件下非进行地基处理不可。所以不仅要善于针对不同的地质条件、不同的结构物选定最合适的基础形式、尺寸和布置方案，还要善于选取最恰当的地基处理方法。

5.1.2 地基处理的对象及其特性

地基处理的对象是软弱地基和特殊土地基。

1. 软弱地基

软弱地基系指主要由淤泥、淤泥质土、冲填土、杂填土或其他高压缩性土层构成的地基。

（1）软土　软土是淤泥和淤泥质土的总称。它是在静水或非常缓慢的流水环境中沉积，经生物化学作用形成的。软土大部分是饱和的，其天然含水量大于液限，孔隙比大于1.0。当天然孔隙比大于1.5时，称为淤泥；当天然孔隙比大于1.0而小于1.5时，称为淤泥质土。软土的特性是天然含水量高、天然孔隙比大、抗剪强度低、压缩系数高、渗透系数小。在外荷载作用下地基承载力低、地基变形大，不均匀变形也大，且变形稳定历时较长。在比较深厚的软土层上，建筑物的沉降往往持续数年乃至数十年之久。软土地基广泛分布在我国沿海以及内地河流两岸和湖泊地区。

（2）人工填土　按照物质组成和堆填方式分为素填土、杂填土和冲填土三类。按堆填时间又可分为老填土和新填土两类。黏性土堆填时间超过10年、粉土堆填时间超过5年，称为老填土。

1）素填土是由碎石、砂或粉土、黏性土等中的一种或几种材料组成的填土，其中不含杂质或含杂质较少。若分层压实则称为压实填土。素填土的性质主要取决于填土性质、压实程度及堆填时间。

2）杂填土是人类活动形成的无规则堆积物，主要由建筑垃圾、工业废料或生活垃圾组成，其成分复杂，性质也不相同，且无规律性。在大多数情况下，杂填土是比较疏松和不均匀的。在同一场地的不同位置，地基承载力和压缩性也可能有较大的差异。

3）冲填土是由水力冲填泥砂形成的。冲填土的性质与所冲填泥砂的组成、性质及冲填时的水力条件有密切关系。含黏土颗粒较多的冲填土往往是欠固结的，其强度和压缩性指标都比同类天然沉积土差。以粉细砂为主的冲填土，其性质基本上和粉细砂相同。

（3）部分砂土和粉土　主要指饱和粉砂土、饱和细砂土和砂质粉土。这类土在静载作用下虽然具有较高的强度，但在动荷载作用下有可能产生液化或大量震陷变形，地基会因液化而丧失承载能力。如需要承担动力荷载，这类地基也需要进行处理。此外，在基坑开挖时会产生管涌，也须格外注意。

2. 特殊土地基

特殊土地基带有地区性特点，它包括软土、湿陷性黄土、膨胀土、红黏土和冻土等地基。

（1）湿陷性土　湿陷性土包括湿陷性黄土、粉砂土和干旱半干旱地区具有崩解性的碎石土等。是否属于湿陷性土可根据野外浸水载荷试验确定。当在200kPa压力作用下附加变形量与载荷板宽之比大于0.015时称为湿陷性土。在工程建设中遇到较多的是湿陷性黄土。

（2）膨胀土　膨胀土是指黏粒成分主要由亲水性黏土矿物组成的黏性土。当环境温度和湿度变化时会产生强烈的胀缩变形。利用膨胀土作为建（构）筑物地基时，如果没有采取必要措施进行地基处理，常会给建（构）筑物带来危害。

（3）红黏土　红黏土是指石灰岩和白云岩等碳酸盐类岩石在亚热带温湿气候条件下，

经风化作用所形成的褐红色黏性土。通常红黏土是较好的地基土，但由于下卧岩面起伏及存在软弱土层，一般容易引起地基不均匀沉降。

（4）季节性冻土　冻土是指气候在负温条件下，其中含有冰的各种土。季节性冻土是指该冻土在冬季冻结，而夏季融化的土层。季节性冻土因其周期性的冻结和融化，对地基的不均匀沉降和地基的稳定性影响较大。

5.1.3　地基处理的目的

地基处理的目的是采取各种地基处理方法来改善地基条件，这些措施包括以下几个方面内容：

（1）改善剪切特性　地基的剪切破坏表现在建筑物的地基承载力不够。由于偏心荷载及侧向土压力的作用，使结构物失稳；由于填土或建筑物荷载，使邻近地基产生隆起；土方开挖时边坡失稳；基坑开挖时坑底隆起。地基的剪切破坏反映在地基土的抗剪强度不足。因此，为了防止剪切破坏，就需要采取一定措施以增加地基土的抗剪强度。

（2）改善压缩特性　地基的高压缩性表现在建筑物的沉降和差异沉降大。当地基在上部结构的自重及附加荷载作用下产生过大的变形时，会影响建筑物的正常使用；当超过建筑物所能允许的不均匀沉降时，结构可能产生开裂；湿陷性黄土遇水湿陷，膨胀土遇水膨胀、失水收缩也属于这类问题。地基的压缩性反映在地基土的压缩模量指标的大小。因此，采取何种措施来提高地基土的压缩模量，以减少地基的沉降或不均匀沉降，是地基处理的目的。

（3）改善透水特性　地基的透水性表现在堤坝等基础产生的地基渗漏；市政开挖工程中，因土层内常夹有薄层粉砂或粉土而产生流砂和管涌。这都是在地下水的运动中所出现的问题。为此，必须研究采取何种地基处理措施使地基土变成不透水或减少其水压力。

（4）改善动力特性　地基的动力特性表现在地震时饱和松散粉细砂（包括部分粉土）将会产生液化。由于交通荷载或打桩等原因，使邻近地基产生振动下沉。为此，需要研究采取何种措施防止地基土液化，并改善其振动特性以提高地基的抗震性能。

（5）改善特殊土的不良地基的特性　主要是指消除或减少黄土的湿陷性和膨胀土的胀缩性等地基处理的措施。

5.1.4　地基处理方法分类

地基处理方法的分类多种多样。按时间分为临时处理和永久处理；按处理深度分为浅层处理和深层处理；按土性对象分为砂性土处理和黏性土处理，饱和土处理和非饱和土处理；也可以按照地基处理的作用机理分类，见表5-1。需要说明的是，一种地基处理方法可能会同时具有几种不同的作用，如砂石桩具有置换、挤密、排水和加筋等多重作用。

表5-1　软弱土地基处理方法分类

分类	处理方法	原理及作用	适用范围
碾压夯实	重锤夯实 机械碾压 振动压实 强夯法	利用压实原理，通过机械碾压夯击，把表层地基土压实，强夯则利用强大的夯击能，在地基中产生强烈的冲击波和动应力，迫使土动力固结密实	适用于碎石、砂石、粉土、低饱和度的黏性土、杂填土等

（续）

分类	处理方法	原理及作用	适用范围
换填垫层	砂石垫层 素土、灰土垫层 矿渣垫层	以砂石、素土、灰土和矿渣等强度较高的材料，置换地基表层软弱土，提高持力层的承载力，扩散应力，减少沉降量	适用于处理浅层软弱土地基，一般只应用于荷载不大的建筑物基础
排水固结	预压法 砂井预压 塑料排水带预压 降水预压	在地基中增设竖向排水体，加速地基的固结和强度增长，提高地基的稳定性；加速沉降发展，使地基沉降提前完成	适用于处理饱和软弱土层；对于渗透性极低的泥炭土，必须慎重对待
振密挤密	振冲桩 灰土挤密桩 砂石桩	采用一定的技术措施，通过振动或挤密，使土体的孔隙减少，强度提高；必要时，在振动挤密的过程中，回填砂、砾石、灰土、素土等，与地基土组成复合地基，从而提高地基的承载力，减少沉降量	适用于处理松砂、粉土、杂填土及湿陷性黄土
置换及拌入	振冲置换 深层搅拌 高压喷射注浆 石灰桩 CFG 桩等	采用专门的技术措施，以砂、碎石等置换软弱土地基中部分软弱土，或在部分软弱土地基中掺入水泥、石灰或砂浆等形成增强体，与未处理部分土组成复合地基，从而提高地基的承载力，减少沉降量	黏性土、冲填土、粉砂、细砂等。振冲置换法对于排水剪强度 c_u < 20 kPa 时慎用
加筋	土工合成材料加筋 树根桩 加筋土	在地基土中埋设强度较大的土工合成材料、钢片等加筋材料，使地基土能够承受拉力，防止断裂，保持整体性，提高刚度，改变地基土体的应力场和应变场，从而提高地基的承载力，改善地基的变形特性	软弱土地基、填土及高填土、砂土

表5-1中的地基处理方法都有各自的特点和作用机理，在不同的土类中产生不同的加固效果，也具有各自的局限性，没有哪一种方法是万能的。具体的工程地质条件是千变万化的，工程对地基的要求也不同，而且材料的来源、施工机具和施工条件也因工程地点的不同又有较大的差别。因此，对于每一个工程，宜按下列步骤确定地基处理方法：

1）根据结构类型、荷载大小及使用要求，结合地形地貌、地层结构、土质条件、地下水特征、环境情况和相邻近建筑的影响等因素进行综合分析，初步选出几种可供考虑的地基处理方案。

2）对初步选出的各种地基处理方案，分别从加固原理、适用范围、预期处理效果、耗用材料、施工机械、工期要求和对环境的影响等方面进行技术经济分析和对比，选择最佳的地基处理方法。

3）对已选定的地基处理方法，宜按建筑物地基基础设计等级和场地复杂程度，在有代表性的场地上进行相应的现场试验或试验性施工，并进行必要的测试，以检验设计参数和处理效果。如达不到设计要求时，应查明原因，修改设计参数或调整地基处理方法。

5.2 换填垫层法

当软弱土地基的承载力或变形满足不了建筑物的要求，而软弱土层的厚度又不很大时，将基础底面以下处理范围内的软弱土层或不均匀土层挖去，然后分层回填坚硬、较粗粒径的材料，并夯压密实至要求的密实度为止，这种地基处理方法称为换填垫层法，简称换填法。

换填法适用于淤泥、淤泥质土、湿陷性黄土、素填土、杂填土地基及暗沟、暗塘等浅层处理，常用于轻型建筑、地坪、堆料场地和道路工程等地基处理。当建筑物荷载不大，软弱土层厚度较小时，采用换填垫层法能取得较好的效果。

5.2.1 换填垫层法的作用

换填垫层法的作用可体现在以下五个方面：

1）提高浅层地基承载力。

2）减少沉降量。

3）加速软弱土层的排水固结。

4）防止冻胀。

5）消除膨胀土的胀缩性。

在各类工程中，垫层所起的作用往往是不同的，如房屋建筑物基础下的垫层主要起提高浅层地基承载力的作用；而在路堤及土坝等工程中的垫层主要起排水固结的作用。

5.2.2 垫层的设计

垫层的设计不但要满足建筑物对地基变形及稳定的要求，而且应符合经济合理的原则。设计时，应根据建筑的体型、结构特点、荷载性质、岩土工程条件，施工机械设备及填料性质和来源等进行综合分析，其设计内容主要是确定断面的合理厚度和宽度。对于垫层，既要有足够的厚度来置换可能被剪切破坏的软弱土层，又要有足够的宽度以防止垫层向两侧挤出。对于有排水要求的垫层来说，除要求有一定的厚度和宽度外，还需形成一个排水面，促进软弱土层的固结，提高其强度，以满足上部荷载的要求。

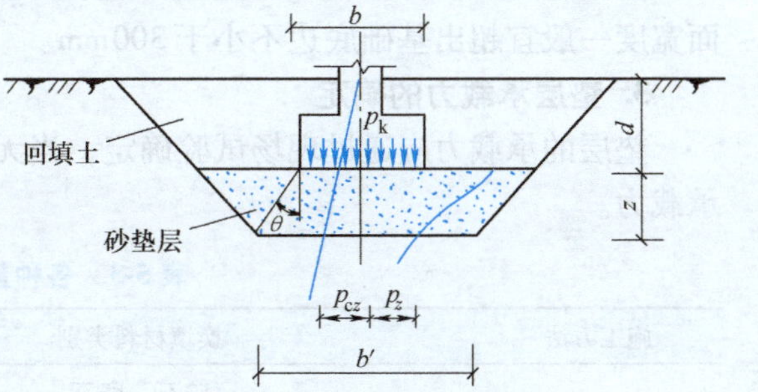

图 5-1 垫层内应力分布

1. 垫层的厚度

垫层的厚度 z 一般应根据需要置换软弱土层的深度或垫层底部下卧土层的承载力确定，垫层内应力的分布如图 5-1 所示，并符合下式要求

$$p_z + p_{cz} \leqslant f_{az} \tag{5-1}$$

式中 p_z——相应于作用的标准组合时，垫层底面处土的附加压力值（kPa）；

p_{cz}——垫层底面处土的自重应力值（kPa）；

f_{az}——垫层底面处软弱土层经深度修正后的地基承载力特征值（kPa）。

垫层底面处的附加压力值 p_z 可按压力扩散角 θ 进行简化计算，即

条形基础
$$p_z = \frac{b(p_k - p_c)}{b + 2z\tan\theta} \tag{5-2}$$

矩形基础
$$p_z = \frac{bl(p_k - p_c)}{(b + 2z\tan\theta)(l + 2z\tan\theta)} \tag{5-3}$$

式中 b——矩形基础或条形基础底面的宽度（m）；

l——矩形基础底面的长度（m）；

p_k——相应于作用的标准组合时，基础底面处的平均压力值（kPa）；

p_c——基础底面处土的自重应力值（kPa）；

z——基础底面下垫层的厚度（m）；

θ——垫层的压力扩散角（°），按表 5-2 选取。

表 5-2 垫层压力扩散角 θ

换填材料 / z/b	中砂、粗砂、砾砂、圆砾、角砾、石屑、卵石、碎石、矿渣	粉质黏土、粉煤灰	灰土
0.25	20°	6°	28°
≥0.50	30°	23°	

注：1. 当 $z/b<0.25$ 时，除灰土仍取 $\theta=28°$ 外，其余材料均取 $\theta=0°$，必要时，宜由试验确定。

2. 当 $0.25<z/b<0.50$ 时，θ 值可内插求得。

3. 土工合成材料加筋垫层的压力扩散角宜由现场静荷载试验确定。

计算时，一般先初步拟定一个垫层厚度，再用式（5-1）验算。如不符合要求，则改变厚度，重新验算，直至满足要求为止。垫层厚度不宜小于 0.5m，也不宜大于 3.0m，太厚施工较困难，太薄则换填垫层的作用不显著。

2. 垫层的宽度

垫层的宽度 b' 除应满足应力扩散的要求外，对条形基础，可按下式计算

$$b' \geqslant b + 2z\tan\theta \tag{5-4}$$

底宽确定后，再根据开挖基坑所要求的坡度延伸至地面，即得垫层的设计断面。垫层顶面宽度一般宜超出基础底边不小于 300mm。

3. 垫层承载力的确定

垫层的承载力应通过现场试验确定，当无试验资料时，可按表 5-3 选用，并验算下卧层承载力。

表 5-3 各种垫层的承载力表

施工方法	换填材料类别	压实系数 λ_c	承载力标准值/kPa
碾压振实或夯实	碎石、卵石	≥0.97	200~300
	砂夹石（其中碎石、卵石占全重的 30%~50%）		200~250
	土夹石（其中碎石、卵石占全重的 30%~50%）		150~200
	中砂、粗砂、砾砂、角砾、圆砾、石屑		150~200
	粉质黏土		130~180
	灰土	≥0.95	200~250
	粉煤灰	≥0.95	120~150

注：1. 压实系数 λ_c 为土的控制干密度 ρ_d 与最大干密度 ρ_{dmax} 的比值，土的最大干密度宜采用击实试验确定，碎石或卵石的 ρ_{dmax} 可取（2.1~2.2）$\times 10^3 kg/m^3$。

2. 表中压实系数 λ_c 是使用轻型击实试验测定土的最大干密度 ρ_{dmax} 时给出的压实控制标准，采用重型击实试验时，对于粉质黏土、灰土、粉煤灰及其他材料压实标准应为压实系数 $\lambda_c \geqslant 0.94$。

4. 沉降计算

对于重要的建筑或垫层下存在软弱下卧层的建筑，还应进行地基变形计算。建筑物基础沉降等于垫层自身的变形量 s_1 与下卧土层的变形量 s_2 之和。

对超出原地面标高的垫层或换填材料的密度高于天然土层密度的垫层，宜早换填并考虑其附加的荷载对建造的建筑物及邻近建筑物的影响。

5.2.3 垫层施工

（1）机械碾压法　机械碾压法是采用各种压实机械来压实地基土。此法常用于基坑底面积宽大开挖土方量较大的工程。

（2）重锤夯实法　重锤夯实法是用起重机将夯锤提升到某一高度，然后自由落锤，不断重复夯击以加固地基。重锤夯实法一般适用于地下水位距地表 0.8m 以上稍湿的黏性土、砂土、湿陷性黄土、杂填土和分层填土。

（3）平板振动法　平板振动法是使用振动压实机来处理无黏性土或黏粒含量少、透水性较好的松散杂填土地基的一种方法。

（4）垫层材料　目前常用的垫层材料有砂石、粉质黏土（均质土）、灰土、粉煤灰、矿渣，可根据换填场地的水文地质条件、荷载要求按表 5-3 选用，施工时注意压实系数的控制。

5.2.4 质量检验

对于粉质黏土、灰土、粉煤灰和砂石垫层的施工质量检验可以用环刀、贯入仪、静力触探、轻型动力触探或标准贯入试验检验，对于砂石、矿渣垫层可用重型动力触探检验，并均应通过现场试验以设计压实系数对应的贯入度为标准检验垫层的施工质量。压实系数也可以用环刀法、灌砂法、灌水法或其他方法检验。

垫层的施工质量检验必须分层进行。应在每层的压实系数符合设计要求后再铺填上层土。

竣工验收采用载荷试验检验垫层承载力时，每个单体工程不宜少于 3 个点；对于大型工程则应按单体工程的数量或工程的面积确定检验点数。

【例 5-1】　某柱下钢筋混凝土矩形基础底面边长为 $b \times l = 1.8\text{m} \times 2.4\text{m}$，埋深 $d = 1.0\text{m}$，所受轴心荷载标准值 $F_k = 800\text{kN}$。地表为厚 0.7m 的粉质黏土层，重度 $\gamma = 17.0\text{kN/m}^3$；其下为淤泥质土，重度 $\gamma = 16.5\text{kN/m}^3$，淤泥质土地基的承载力特征值 $f_{ak} = 92\text{kPa}$。若在基础下用粗砂做厚度为 1.0m 的砂垫层，且已知砂垫层重度 $\gamma = 20\text{kN/m}^3$。试验算基础底面尺寸和砂垫层厚度是否满足要求，并确定砂垫层的底面尺寸。

解：（1）垫层厚度验算　垫层厚度 $z = 1.0\text{m}$，$z/b = 1.0/1.8 > 0.5$，则垫层的压力扩散角 $\theta = 30°$。

基础底面处土的自重应力为

$$p_c = (17.0 \times 0.7 + 16.5 \times 0.3)\text{kPa} = 16.85\text{kPa}$$

基础底面处土的压力值为

$$p_k = \frac{F_k + G_k}{A} = \frac{800 + 20 \times 1.8 \times 2.4 \times 1}{1.8 \times 2.4}\text{kPa} = 205.18\text{kPa}$$

垫层底面处的附加压力值为

$$p_z = \frac{bl(p_k - p_c)}{(b + 2z\tan\theta)(l + 2z\tan\theta)}$$

$$= \frac{1.8 \times 2.4 \times (205.18 - 16.85)}{(1.8 + 2 \times 1.0 \times \tan30°) \times (2.4 + 2 \times 1.0 \times \tan30°)}\text{kPa} = 77.4\text{kPa}$$

垫层底面处土的自重应力为

$$p_{cz} = (17.0 \times 0.7 + 20.0 \times 1.3)\text{kPa} = 37.9\text{kPa}$$

查《建筑地基规范》中承载力修正系数表得 $\eta_d = 1.0$，则经深度修正后淤泥质土的承载力特征值

$$f_{az} = f_{ak} + \eta_d \gamma_{mz}(d + z - 0.5)$$

$$= 92\text{kPa} + [1.0 \times (17.0 \times 0.7 + 16.5 \times 1.3)/2 \times (2 - 0.5)]\text{kPa} = 117.0\text{kPa}$$

$$p_z + p_{cz} = (77.4 + 37.9)\text{kPa} = 115.3\text{kPa} < f_{az}(= 117.0\text{kPa})$$

说明强度满足要求，垫层厚度选定为1m合适。

(2) 确定垫层底面尺寸

$b' \geqslant b + 2z\tan\theta = (1.8 + 2 \times 1 \times \tan30°)\text{m} = 2.95\text{m}$，取 $b' = 3\text{m}$。

$l' \geqslant l + 2z\tan\theta = (2.4 + 2 \times 1 \times \tan30°)\text{m} = 3.55\text{m}$，取 $l' = 3.6\text{m}$。

5.3 强夯法和强夯置换法

强夯法是通过8~40t的重锤（最重可达200t）和8~25m的落距（最高可达40m），对地基土反复施加冲击和振动能量，将地基土夯实的地基处理方法（图5-2）；强夯置换法是将重锤提到高处使其自由落下形成夯坑，并不断夯击坑内回填的砂石、钢渣等硬粒料，使其形成密实的墩体的地基处理方法。强夯法和强夯置换法可提高地基土的强度、降低土的压缩性、改善砂土的抗液化条件、消除湿陷性黄土的湿陷性等。同时，冲击和振动能量还可提高土层的均匀程度，减少将来可能出现的差异沉降。

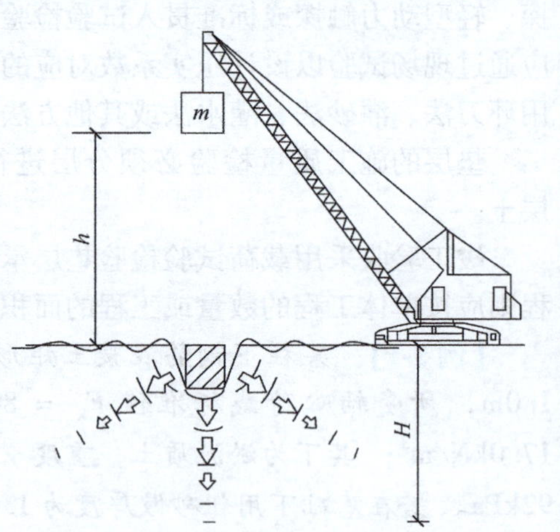

图5-2 强夯法示意图

JGJ 79—2012《建筑地基处理技术规范》（下称《地基处理规范》）规定："强夯法适用于处理碎石土、砂土、低饱和度的粉土与黏性土、湿陷性黄土、素填土和杂填土等地基。强夯置换法适用于高饱和度的粉土与软塑~流塑的黏性土等地基上对变形控制要求不严的工程"。但是强夯法不得用于不允许对工程周围建筑物和设备有振动影响的场地地基加固，必要时应采取防振、隔振措施。强夯置换法在设计前必须通过现场试验确定其适用性和处理效果。

强夯法和强夯置换法具有施工简单、加固效果好、使用经济等优点，因而被世界各国工程界广泛应用于各种土的地基处理中。

5.3.1 强夯法的作用机理

强夯法加固地基有三种不同的加固机理：动力密实、动力固结和动力置换，它取决于地基土的类别和强夯法的施工工艺。

（1）动力密实 采用强夯法加固多孔隙、粗颗粒、非饱和土是基于动力密实的机理，即用冲击型动力荷载，使土体中的孔隙减小，土体变得密实，从而提高地基土强度。非饱和土的夯实过程，就是土中的气相（空气）被挤出的过程，夯实变形主要是由于土颗粒的相对位移引起的。

（2）动力固结 用强夯法处理细颗粒饱和土时，则是借助于动力固结的理论，即巨大的冲击能量在土中产生很大的应力波，破坏土体原有结构，使土体局部发生液化并产生裂隙，从而增加排水通道，加速孔隙水排出，随着超静孔隙水压力的消散，土体逐渐固结。由于软土的触变性，强度得到提高。

（3）动力置换 动力置换是利用夯击时产生的冲击力，强行将砂、碎石等挤填到饱和软土层中，置换原饱和软土，形成“桩柱”或密实砂石层。与此同时，未被置换的下卧层饱和软土，在动力作用下排水固结，变得更加密实，从而使地基承载力提高，沉降减小。

5.3.2 强夯法设计与施工

1. 有效加固深度

有效加固深度既是选择地基处理方法的重要依据，又是反映处理效果的重要参数。强夯法的有效加固深度 H 一般可按下式估算

$$H = \alpha \sqrt{mh} \tag{5-5}$$

式中 m——锤的质量（t）；

h——落距（m）；

α——系数，应根据所处理地基土的性质确定，对软土可取0.5，对黄土可取0.34～0.5；

实际上影响强夯法有效加固深度的因素很多，除了锤重和落距外，还有地基土的性质、不同土层的厚度和埋藏顺序、地下水位以及强夯法的其他设计参数等都与有效加固深度有着密切的关系。因此，强夯法的有效加固深度应根据现场试夯或当地经验确定。在缺少试验资料或经验时也可按表5-4预估。

表5-4 强夯法的有效加固深度 （单位：m）

单击夯击能/kN·m	碎石土、砂土等粗颗粒土	粉土、黏性土、湿陷性黄土等细颗粒土	单击夯击能/kN·m	碎石土、砂土等粗颗粒土	粉土、黏性土、湿陷性黄土等细颗粒土
1000	4.0～5.0	3.0～4.0	6000	8.5～9.0	7.5～8.0
2000	5.0～6.0	4.0～5.0	8000	9.0～9.5	8.0～8.5
3000	6.0～7.0	5.0～6.0	10000	9.5～10.0	8.5～9.0
4000	7.0～8.0	6.0～7.0	12000	10.0～11.0	9.0～10.0
5000	8.0～8.5	7.0～7.5			

注：强夯的有效加固深度应从最初起夯面算起；单击夯击能 E 大于12000kN·m时，强夯的有效加固深度应通过试验确定。

根据经验，为使加固效果较佳，对粗颗粒土单击夯击能一般可取1000～3000kN·m，细颗粒土一般可取1500～4000kN·m。

强夯置换墩的深度由土质条件决定，除厚层饱和粉土外，应穿透软土层，到达较硬土层上。深度不宜超过7m。

2. 夯锤和落距

单击夯击能为夯锤重 M 与落距 h 的乘积。一般说夯击时最好锤重和落距大，则单击能量大，夯击击数少，夯击遍数也相应减少，加固效果和技术经济较好。整个加固场地的总夯击能量（即锤重×落距×总夯击数）除以加固面积称为单位夯击能。强夯和强夯置换的单位夯击能应根据地基土类别、结构类型、荷载大小和要求处理的深度等综合考虑，并可通过试验确定。

对饱和黏性土所需的能量不能一次施加，否则土体会产生侧向挤出，强度反而有所降低，且难于恢复。根据需要可分几遍施加，两遍间可间歇一段时间，这样可逐步增加土的强度，改善土的压缩性。

在设计中，根据需要加固的深度初步确定采用的单击夯击能，然后再根据机具条件因地制宜地确定锤重和落距。

一般国内夯锤可取10～60t。夯锤材质最好用铸钢，也可用钢板为外壳内灌混凝土的锤。夯锤的平面一般为圆形（常见夯锤形状见图5-3）。夯锤确定后，根据要求的单点夯击能量，就能确定夯锤的落距。国内通常采用的落距是8～25m。对相同的夯击能量，常选用大落距的施工方案，这是因为增大落距可获得较大的接地速度，能将大部分能量有效地传到地下深处，增加深层夯实效果，减少消耗在地表土层塑性变形的能量。

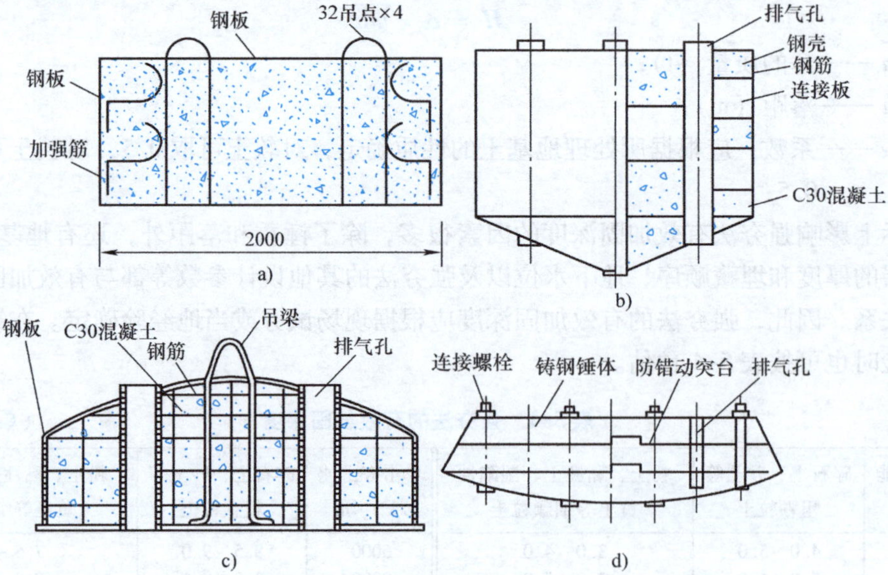

图5-3　夯锤形状

a）平底方形锤　b）锥底圆柱形锤　c）平底圆柱形锤　d）球底圆台形锤

3. 夯击点布置及间距

（1）夯击点布置　强夯夯击点位置可根据基底平面形状，采用等边三角形、等腰三角形或正方形布置。同时夯击点布置时应考虑施工时起重机的行走通道。强夯置换墩位布置宜采用等边三角形或正方形。对独立基础或条形基础可根据基础形状与宽度相应布置。强夯和强夯置换处理范围应大于建筑物基础范围，具体的放大范围，可根据建筑物类型和重要性等因素考虑决定。对一般建筑物，每边超出基础外缘的宽度宜为设计处理深度的1/2～2/3，并不宜小于3m；对可液化地基，基础边缘的处理宽度，不应小于5m；对湿陷性黄土地基，应符合GB 50025—2004《湿陷性黄土地区建筑规范》的有关规定。

（2）夯击点间距　强夯第一遍夯击点间距可取夯锤直径的2.5～3.5倍，第二遍夯击点位于第一遍夯击点之间，以后各遍夯击点间距可适当减小。对处理深度较深或单击夯击能较大的工程，第一遍夯击点间距宜适当增大。夯击点间距（夯距）的确定，一般根据地基土的性质和要求处理的深度而定，以保证使夯击能量传递到深处和保护邻近夯坑周围所产生的辐射向裂隙为基本原则。强夯置换墩间距应根据荷载大小和原土的承载力确定，当满堂布置时可取夯锤直径的2～3倍，对独立基础或条形基础可取夯锤直径的1.5～2.0倍。墩的计算直径可取夯锤直径的1.1～1.2倍。

4. 夯击击数与遍数

（1）夯击击数　强夯夯点的夯击击数，应按现场试夯得到的夯击击数和夯沉量关系曲线确定，且应同时满足下列条件：

1）最后两击的平均夯沉量不宜大于下列数值：当单击夯击能量小于4000kN·m时为50mm；当夯击能为4000～6000kN·m时为100mm；当夯击能为6000～8000kN·m时为150mm；当夯击能为8000～12000kN·m时为200mm；当夯击能大于12000kN·m时，应通过试验确定。

2）夯坑周围地面不应发生过大隆起。

3）不因夯坑过深而发生起锤困难。

强夯置换夯点的夯击次数应通过现场试夯确定，且应同时满足下列条件：① 墩底穿透软弱土层，且达到设计墩长；② 累计夯沉量为设计墩长的1.5～2.0倍；③ 最后两击的平均夯沉量不大于强夯的规定值。

（2）夯击遍数　夯击遍数应根据地基土的性质确定，可采用点夯2～4遍，对于渗透性较差的细颗粒土，必要时夯击遍数可适当增加。最后再以低能量满夯2遍，满夯可采用轻锤或低落距多次夯击，锤印搭接。

5. 垫层铺设

当场地表土软弱或地下水位较高时，施工前要求拟加固的场地须具有一层稍硬的表层，使其能支承起重设备，并便于所施工的"夯击能"的扩散，同时也可加大地下水位与地表面的距离，因此有时必需铺设垫层。对场地地下水位在-2m深度以下的砂砾石土层，可直接强夯，无需铺设垫层。对地下水位较高的饱和黏性土与易液化流动的饱和砂土，都需要铺设砂、砂砾或碎石垫层才能强夯，否则土体会发生流动。垫层厚度随场地的土质条件、夯锤重量及其形状等条件而定。当场地土质条件好，夯锤小或形状构造合理，起吊时吸力小者，也可减少垫层厚度。垫层厚度一般为0.5～2.0m。铺设的垫层不能含有黏土。

6. 间歇时间

对于需要分两遍或多遍夯击的工程，两遍夯击间应有一定的时间间隔。各遍间的间歇时间取决于加固土层中孔隙水压力消散所需要的时间。对砂性土，孔隙水压力的峰值出现在夯完后的瞬间，消散时间只有 2 ~4min，故对渗透性较大的砂性土，两遍夯间的间歇时间很短，即可连续夯击。

对黏性土，由于孔隙水压力消散较慢，故当夯击能逐渐增加时，孔隙水压力也相应地叠加，其间歇时间取决于孔隙水压力的消散情况，一般为 2 ~3 周。目前国内有的工程对黏性土地基的现场埋设了袋装砂井（或塑料排水带），以便加速孔隙水压力的消散，缩短间歇时间。有时根据施工流水顺序先后，两遍间也能达到连续夯击的目的。

7. 注意事项

当强夯施工所引起的振动和侧向挤压对邻近建筑物产生不利影响时，应设置监测点，并采取挖隔振或防振措施。

5.3.3 质量检验

强夯施工结束后应间隔一定时间方能对地基加固质量进行检验。对碎石土和砂土地基，其间隔时间可取 1 ~2 周；对粉土和黏性土地基可取 2 ~4 周。强夯置换地基间隔时间可取 4 周。

质量检验方法有室内试验、十字板试验、动力触探试验（包括标准贯入试验）、静力触探试验、旁压仪试验、载荷试验及波速试验。

强夯处理后的地基竣工验收时，承载力检验应采用原位测试和室内土工试验。强夯置换后的地基竣工验收时，承载力检验除应采用单墩载荷试验检验外，尚应采用动力触探等有效手段查明置换墩着底情况及承载力与密实度随深度的变化，对饱和粉土地基允许采用单墩复合地基载荷试验代替单墩载荷试验。

【例 5-2】 某工程采用强夯法加固，加固面积为 5000m^2，锤重为 100kN，落距为 10m，单点击数为 8 击，夯点数为 200，夯击 5 遍。求单击夯击能、单点夯击能、总夯击能及该场地的单位夯击能。

解： 1) 单击夯击能为单击夯击的能量，即

单击夯击能 = 锤重 × 落距 = (100 ×10) kN · m = 1000kN · m

2) 单点夯击能为每一夯点的夯击能，即

单点夯击能 = 单击夯击能 × 单点击数 = (1000 ×8) kN · m = 8000kN · m

3) 总夯击能为整个场地的总夯击能，即

总夯击能 = 单点夯击能 × 总夯点数 × 遍数 = (8000 ×200 ×5) kN · m = 8000000kN · m

4) 单位夯击能为总夯击能与加固面积之比，即

单位夯击能 = 总夯击能/加固面积 = (8000000/5000) kN · m/m^2 = 1600kN · m/m^2

5.4 排水固结法

排水固结法是利用地基排水固结的特性，通过施加预压荷载，并增设各种排水条件（砂井和排水垫层等排水体），使土体中的孔隙水排出，逐渐固结，地基发生沉降，同时强度逐步提高的一种软土地基处理方法。该法常用于解决软黏土地基的沉降和稳定问题，可使地基的沉降在加载预压期间基本完成或大部分完成，使建筑物在使用期间不致产生过大的沉降和沉降差。同时，可增加地基土的抗剪强度，从而提高地基的承载力和稳定性。

根据所施加的预压荷载不同，排水固结法可分为堆载预压法、真空预压法和联合预压法。

5.4.1 加固原理与应用条件

1. 堆载预压加固机理

预压法是在建筑物建造以前，在建筑场地进行加载预压，使地基的固结沉降基本完成并提高地基土强度的方法。

在饱和软土地基上施加荷载后，孔隙水被缓慢排出，孔隙体积随之逐渐减少，地基发生固结变形。同时，随着超静水压力逐渐消散，有效应力逐渐提高，地基土强度就逐渐增长。在荷载作用下，土层的固结过程就是超静孔隙水压力（简称孔隙水压力）消散和有效应力增加的过程。如地基内某点的总应力增量为 $\Delta\sigma$，有效应力增量为 $\Delta\sigma'$，孔隙水压力增量为 Δu，则三者满足以下关系

$$\Delta\sigma' = \Delta\sigma - \Delta u \tag{5-6}$$

用填土等外加荷载对地基进行预压，是通过增加总应力 $\Delta\sigma$ 并使孔隙水压力 Δu 消散而增加有效应力 $\Delta\sigma'$ 的方法。堆载预压是在地基中形成超静水压力的条件下排水固结，称为正压固结。

土层的排水固结效果和它的排水边界条件有关。当土层厚度相对荷载宽度（或直径）比较小时，土层中孔隙水向上下面透水层排出而使土层发生固结（图 5-4a），称为竖向排水固结。根据固结理论，黏性土固结所需时间与排水距离的平方成正比。因此，为了加速土层的固结，最有效的方法是增加土层的排水途径，缩短排水距离。砂井、塑料排水板等竖向排水体就是为此目的而设置的，如图 5-4b 所示。

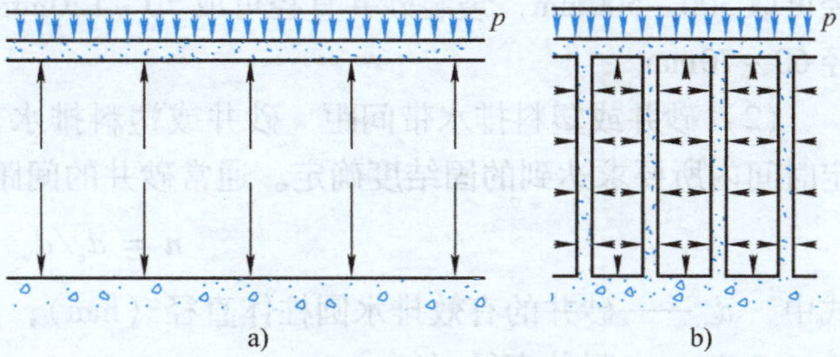

图 5-4 排水法的原理

a）竖向排水情况 b）砂井地基排水情况

2. 真空预压加固机理

真空预压法是在需要加固的软土地基表面先铺设砂垫层，然后埋设垂直排水管道，再用不透气的封闭膜使其与大气隔绝，薄膜四周埋入土中，通过砂垫层内埋设的吸水管道，用真空装置进行抽气，使其形成真空，增加地基的有效应力。当抽真空时，先后在地表砂垫层及竖向排水通道内逐步形成负压，使土体内部与排水通道、垫层之间形成压差。在此压差作用下，土体中的孔隙水不断由排水通道排出，从而使土体固结。

真空预压的原理主要反映在以下几个方面：① 薄膜上面承受等于薄膜内外压差的荷载；② 地下水位降低，相应增加附加应力；③ 封闭气泡排出，土的渗透性加大。

真空预压是将覆盖于地面的密封膜下抽真空，这样膜内外形成气压差，使黏土层产生固结压力，即在总应力不变的情况下，通过减小孔隙水压力来增加有效应力。真空预压和降水预压是在负超静水压力下排水固结的，称为负压固结。

实际上，排水固结法是由排水系统和加压系统两部分组成的。排水系统是一种手段，如没有加压系统，孔隙中的水没有压力差就不会自然排出，地基也就得不到加固。如果只增加

固结压力，不缩短土层的排水距离，则不能在预压期间尽快地完成设计所要求的沉降量，强度不能及时提高，加载也不能顺利进行。所以上述两个系统，在设计时总是联系起来考虑的。

排水固结法适用于处理各类淤泥、淤泥质土及冲填土等饱和黏性土地基。对于砂类土和粉土，因透水性良好，无需用此法处理。对于含水平砂夹层的黏性土，因其具有较好的横向排水性能，所以不用竖向排水体（砂井等）处理，也能获得良好的固结效果。

砂井法特别适用于存在连续薄砂层的地基。但砂井只能加速主固结而不能减少次固结，对有机质土和泥炭等次固结土，不宜只采用砂井法，克服次固结可采用超载的方法。真空预压法适用于能在加固区形成（包括采取措施后形成）稳定负压边界条件的软土地基，真空预压法由于不增加剪应力，地基不会产生剪切破坏，所以适用于很软弱的黏土地基。

5.4.2 堆载预压法设计

堆载预压法处理地基的设计应包括下列内容：① 选择竖向排水井，确定其断面尺寸、间距、排列方式和深度；② 确定预压区范围、预压荷载大小、荷载分级、加载速率和预压时间；③ 计算地基土的固结度、强度增长、抗滑稳定性和变形。

1. 竖向排水井尺寸

（1）竖向排水井直径　竖向排水井分普通砂井、袋装砂井和塑料排水带。普通砂井直径可取 300 ~ 500mm，袋装砂井直径可取 70 ~ 120mm。塑料排水带已标准化，一般相当于直径 60 ~ 70mm。

（2）砂井或塑料排水带间距　砂井或塑料排水带的间距可根据地基土的固结特性和预定时间内所要求达到的固结度确定。通常砂井的间距可按井径比 n 按下式确定

$$n = d_e / d_w \tag{5-7}$$

式中　d_e——砂井的有效排水圆柱体直径（mm）；

d_w——竖井直径（mm）。

普通砂井的间距可按 $n = 6 \sim 8$ 选用；袋装砂井或塑料排水带的间距可按 $n = 15 \sim 22$ 选用。

塑料排水带常用当量直径 d_p 表示，塑料排水带宽度为 b，厚度为 δ，则换算直径可按下式计算

$$d_p = \frac{2(b + \delta)}{\pi} \tag{5-8}$$

目前应用的塑料排水带产品尺寸一般为 100mm × 4mm（图 5-5），成卷包装，每卷长约数百米，用专门的插带机插入软土地基，先在空心套管装入塑料排水带，并将其一端与预制的专用钢靴连接，插入地基下预定标高处，拔出空心套管，由于土对钢靴的阻力，塑料带留在软土中，在地面将塑料带切断，即可移动插带机进行下一个循环作业。

（3）竖井排列方式　竖井的平面布置可采用等边三角形或正方形排列，如图 5-6 所示。一根竖井的有效排水圆柱体的直径 d_e 和竖井间距 l 的关系按下列规定取用：

梅花形布置　$$d_e = 1.05l \tag{5-9}$$

正方形布置　$$d_e = 1.13l \tag{5-10}$$

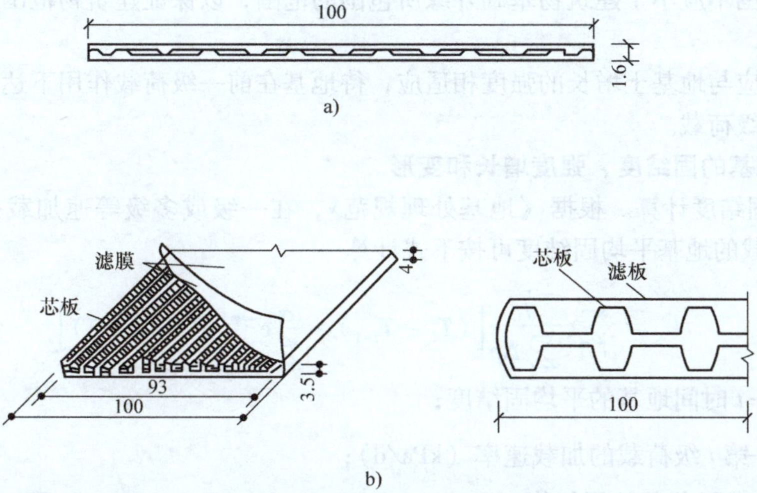

图 5-5　塑料排水带尺寸

a）多孔单一结构型塑料排水带　b）复合结构塑料排水带

由于梅花形排列较正方形紧凑和有效，应用较多。竖井的布置范围应稍大于建筑物基础范围，扩大的范围可由基础轮廓线向外增大 2～4m。

（4）砂井深度　砂井的深度应根据建筑物对地基的稳定性、变形要求和工期确定。对以地基抗滑稳定性控制的工程，砂井深度至少应超过最危险滑动面 2m。对以变形控制的建筑物，如压缩土层厚度不大，砂井宜贯穿压缩土层；对深厚的压缩土层，砂井深度应根据在限定的预压时间内消除的变形量确定，若施工设备条件达不到设计深度，则可采用超载预压等方法来满足工程要求。若软土层厚度不大或软土层含较多的薄粉砂夹层，预计固结速率能满足工期要求时，可不设置竖向排水体。

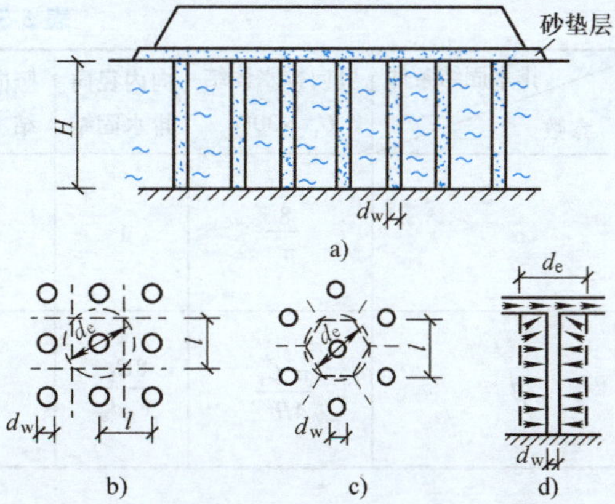

图 5-6　砂井布置图

a）剖面图　b）正方形布置

c）梅花形布置　d）砂井的排水途径

（5）砂垫层　在砂井顶面应铺设排水砂垫层，以连通各个砂井形成通畅的排水面，将水排到场地以外。砂垫层厚度不应小于 0.5m；水下施工时，砂垫层厚度一般为 1.0m 左右。为节省砂料，也可采用连通砂井的纵横砂沟代替整片砂垫层，砂沟的高度般为 0.5～1.0m，砂沟宽度取砂井直径的 2 倍。

2. 确定加载的数量、范围和速率

预压荷载的大小，应根据设计要求确定，通常可与建筑物的基底压力大小相同。对于沉降有严格限制的建筑，应采用超载预压法处理地基，超载数量应根据预定时间内要求消除的变形量通过计算确定，并宜使预压荷载下受压土层各点的有效竖向压力等于或大于建筑荷载所引起的相应点的附加压力。

加载的范围不应小于建筑物基础外缘所包围的范围，以保证建筑物范围内的地基得到均匀加固。

加载速率应与地基土增长的强度相适应，待地基在前一级荷载作用下达到一定的固结度后，再施下一级荷载。

3. 计算地基的固结度、强度增长和变形

1）地基固结度计算。根据《地基处理规范》，在一级或多级等速加载条件下，某一时间 t 对应总荷载的地基平均固结度可按下式计算

$$\overline{U_t} = \sum_{i=1}^{n} \frac{\dot{q}_i}{\sum \Delta p}\left[(T_i - T_{i-1}) - \frac{\alpha}{\beta}e^{-\beta t}(e^{\beta T_i} - e^{\beta T_{i-1}})\right] \tag{5-11}$$

式中 $\overline{U_t}$——t 时间地基的平均固结度；

$\dot{q}_i$——第 i 级荷载的加载速率（kPa/d）；

$\sum \Delta p$——各级荷载的累加值（kPa）；

T_i、T_{i-1}——第 i 级荷载的起始和终止时间（从零点起算）（d），当计算第 i 级荷载过程中某时间 t 的固结度时，T_i 改为 t；

α、β——参数，根据地基土排水固结条件按表 5-5 采用。

表 5-5　α、β 值

排水固结条件 / 参数	竖向排水固结 $\overline{U_t}>30\%$	向内径向排水固结	竖向和向内径向排水固结（砂井贯穿受压土层）	说明
α	$\frac{8}{\pi^2}$	1	$\frac{8}{\pi^2}$	$F_n = \frac{n^2}{n^2-1}\ln(n) - \frac{3n^2-1}{4n^2}$ C_v—土的竖向排水固结系数（cm^2/s） C_h—土的水平排水固结系数（cm^2/s） H—土层竖向排水距离（cm） n—井径比
β	$\frac{\pi^2 C_v}{4H^2}$	$\frac{8C_h}{F_n d_e^2}$	$\frac{8C_h}{F_n d_e^2} + \frac{\pi^2 C_v}{4H^2}$	

2）地基强度和变形计算。预压荷载下，正常固结饱和黏性土地基中某点任意时间的抗剪强度 τ_{ft} 可按下式计算

$$\tau_{ft} = \tau_{f0} + \Delta\sigma_z U_t \tan\varphi_{cu} \tag{5-12}$$

式中 τ_{f0}——地基土的天然抗剪强度（kPa）；

$\Delta\sigma_z$——预压荷载引起的该点的附加竖向应力（kPa）；

U_t——该点土的固结度；

φ_{cu}——三轴固结不排水试验求得的土的内摩擦角（°）；

3）预压荷载下地基的最终竖向变形量可按下式计算

$$s_f = \xi \sum_{i=1}^{n} \frac{e_{0i} - e_{1i}}{1 + e_{0i}} h_i \tag{5-13}$$

式中 s_f——最终竖向变形量（m）；

e_{0i}——第 i 层中点土自重应力所对应的孔隙比，由室内固结试验所得的孔隙比 e-p 曲线查得；

e_{1i}——第 i 层中点土自重应力和附加应力之和所对应的孔隙比，由室内固结试验所得的孔隙比 e-p 曲线查得；

h_i——第 i 层土层厚度（m）；

ξ——经验系数，对正常固结饱和黏性土地基可取 $\xi = 1.1 \sim 1.4$，荷载较大、地基土较软弱时取较大值，否则取较小值。

变形计算时，可取附加压力与自重压力的比值为 0.1 的深度作为受压层的计算深度。

5.4.3 真空预压法设计

真空顶压法设计包括下列内容：

1）竖向排水体尺寸。采用真空预压法处理地基必须设置竖向排水体。竖向排水体可采用直径为 700mm 的袋装砂井，也可采用普通砂井或塑料排水带。其间距可按照加载预压法设计的砂井或塑料排水带间距选用。砂井深度应根据设计要求在预压期间完成的沉降量和拟建建筑物地基稳定性的要求，通过计算确定。砂井的砂粒应采用中粗砂，其渗透系数 k 宜大于 1×10^{-2}cm/s。

2）预压区面积。真空预压区边缘应大于建筑物基础轮廓线，每边增加量不得小于 3.0m。每块预压面积宜尽可能大且呈方形。

3）真空预压的膜内真空度应保持在 650mmHg 以上，相当于 86.7kPa 的真空压力，且应均匀分布；竖井深度范围内土层的平均固结度应大于 90%。

4）沉降计算，先计算加固前建筑物荷载下天然地基的沉降量，后计算真空预压期间所完成的沉降量，两者之差即为预压后在建筑物使用荷载下可能发生的沉降。

5.4.4 现场监测设计

堆载预压法现场监测项目一般包括地面沉降观测、水平位移观测和孔隙水压力观测，如有条件可进行地基中深层沉降和水平位移观测。预压荷载的卸荷时间一般控制在固结度为 85% 左右。

【例 5-3】 某地基土为淤泥质黏土层，固结系数 $C_v = C_h = 1.8\times10^{-3}$ cm/s，受压土层厚度 20m，袋装砂井直径 $d_w = 70$ mm，等边三角形布置，间距 1.4m，深度为 20m。砂井底部为不透水层，砂井打穿受压土层。预压荷载总压力为 100kPa，分两级等速加载。其加载过程为：第一级堆载 60kPa，10d 内匀速加载，之后预压 20d；第二级堆载 40kPa，10d 内匀速加载，之后预压 80d。求加荷后受压土层的平均固结度。

解：总预压时间为 120d［10d（第一级加载时间）+20d（第一级加载预压时间）+10d（第二级加载时间）+80d（第二级加载预压时间）］

平均固结度计算 $$\overline{U}_t = \sum_{i=1}^{n} \frac{\dot{q}_i}{\sum \Delta p}\left[(T_i - T_{i-1}) - \frac{\alpha}{\beta}e^{-\beta t}(e^{\beta T_i} - e^{\beta T_{i-1}})\right]$$

第一级荷载的加载速率 $\dot{q}_1 = (60/10)\text{kPa/d} = 6\text{kPa/d}$

第二级荷载的加载速率 $\dot{q}_2 = (40/10)\text{kPa/d} = 4\text{kPa/d}$

各级荷载的累加值 $\sum \Delta p = 100$ kPa

第一次堆载 $T_0=0$，$T_1=10\text{d}$；第二次堆载 $T_2=30\text{d}$，$T_3=40\text{d}$；总固结时间 $t=120\text{d}$。

有效排水直径　$d_e=1.05\times1400\text{mm}=1470\text{ mm}$

井径比　$n=d_e/d_w=1470/70=21$

α、β 及 F_n 由表 5-5 得

$$F_n=\frac{n^2}{n^2-1}\ln(n)-\frac{3n^2-1}{4n^2}=\frac{21^2}{21^2-1}\times\ln(21)-\frac{3\times21^2-1}{4\times21^2}=2.3$$

$$\alpha=8/\pi^2=0.811$$

$$\beta=\frac{8C_h}{F_n d_e^2}+\frac{\pi^2C_v}{4H^2}=\left(\frac{8\times1.8\times10^{-3}}{2.3\times147^2}+\frac{\pi^2\times1.8\times10^{-3}}{4\times2000^2}\right)\text{s}^{-1}$$

$$=2.908\times10^{-7}\text{s}^{-1}=0.0251\text{d}^{-1}$$

则地基土的平均固结度

$$\overline{U}_t=\frac{6}{100}\left[(10-0)-\frac{0.811}{0.0251}e^{-0.0251\times120}\left(e^{0.0251\times10}-e^{0}\right)\right]+$$
$$\frac{4}{100}\left[(40-30)-\frac{0.811}{0.0251}e^{-0.0251\times120}\left(e^{0.0251\times40}-e^{0.0251\times30}\right)\right]$$
$$=0.93$$

5.5 复合地基理论

5.5.1 复合地基的概念与分类

1. 复合地基的概念

复合地基是指天然地基在地基处理过程中部分土体被增强或被置换形成增强体，由增强体和其周围地基土共同承担荷载的地基。复合地基有两个基本特点：①加固区是由增强体和其周围地基土两部分组成，是非均质和各向异性的；②增强体和其周围地基土体共同承担荷载并协调变形。复合地基与天然地基同属地基范畴，为此，两者间有内在联系，但又有本质区别；复合地基与桩基都是采用以桩的形式处理地基，故两者有其相似之处，但复合地基属于地基范畴，而桩基属于基础范畴，所以两者又有其本质区别。复合地基中桩体与基础往往不是直接相连的，它们之间通过垫层（碎石或砂石垫层）来过渡；而桩基中桩体与基础（承台）直接相连，两者形成一个整体，因此，它们的受力特性也存在着明显差异，如图 5-7 所示。复合地基的主要受力层在加固体内，而桩基的主要受力层是在桩尖以下一定范围内。由于复合地基理论的最基本假定为桩与桩周土的协调变形，因此，从理论而言，复合地基中也不存在类似桩基中的群桩效应。

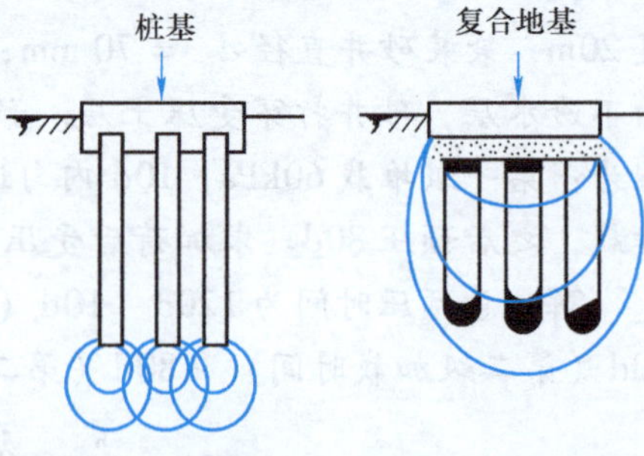

图 5-7　复合地基与桩基受力特征对比

2. 分类

根据地基中增强体的方向可分为水平向增强体复合地基和竖向增强体复合地基，如图

5-8 所示。水平向增强体复合地基主要包括由各种加筋材料，如土工聚合物、金属材料格栅等形成的复合地基。竖向增强体复合地基通常称为桩体复合地基。

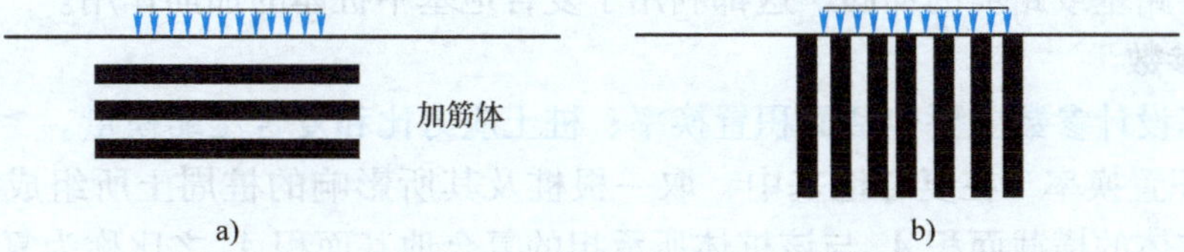

图 5-8 复合地基示意图

a）水平向增强体复合地基 b）竖向增强体复合地基

在桩体复合地基中，桩的作用是主要的，而地基处理中桩的类型较多，性能变化较大。因此，复合地基的类型按桩的类型进行划分较妥。桩又可根据成桩所采用的材料以及成桩后桩体的强度（或刚度）来进行分类。桩体按成桩所采用的材料可分为散体土类桩（如碎石桩、砂桩等）、水泥土类桩（如水泥土搅拌桩、旋喷桩等）、混凝土类桩（如树根桩、CFG 桩等）。桩体按成桩后的桩体的强度（或刚度）可分为柔性桩（如散体土类桩）、半刚性桩（如水泥土类桩）、刚性桩（如混凝土类桩）。半刚性桩中水泥掺入量的大小将直接影响桩体的强度。当掺入量较小时，桩体的特性类似柔性桩，当掺入量较大时，又类似于刚性桩，因此，它具有双重特性。由柔性桩和桩间土所组成的复合地基可称为柔性桩复合地基，其他依次为半刚性桩复合地基、刚性桩复合地基。

5.5.2 复合地基的作用机理及设计参数

1. 作用机理

不论何种复合地基，都具备以下一种或多种作用，它们是：

（1）桩体作用　由于复合地基中桩体的刚度较周围土体大，在刚性基础下等量变形时，地基中应力将按材料模量进行分布。因此，桩体产生应力集中现象，大部分荷载由桩体承担，桩间土上应力相应减小。这样就使得复合地基承载力较原地基有所提高，沉降量有所减少。随着桩体刚度的增加，其桩体作用发挥得更加明显。

（2）垫层作用　桩与桩间土复合形成的复合地基或称复合层，由于其性能优于原天然地基，它可起到类似垫层的换土、均匀地基应力和增大应力扩散角等作用。在桩体没有贯穿整个软土层的地基中，垫层作用尤其明显。

（3）加速固结作用　除碎石桩、砂桩具有良好的透水特性，可加速地基的固结外，水泥土类和混凝土类桩在某种程度上也可加速地基固结。因为地基固结，不但与地基土的排水性能有关，而且还与地基土的变形特性有关。从固结系数 C_v 的计算式反映出来（$C_v = k(1+e_0)/\gamma_w a$）。虽然水泥土类桩会降低地基土的渗透系数 k，但它同样会减小地基土的压缩系数 a，而且通常后者的减小幅度要较前者为大。因此，使加固后水泥土的固结系数 C_v 大于加固前原地基土的系数，同样可起到加速固结的作用。

（4）挤密作用　如砂桩、土桩、石灰桩、砂石桩等在施工过程中由于振动、挤压、排土等原因，可使桩间土起到一定的密实作用。另外，石灰桩、粉体喷射搅拌桩中的生石灰、水泥粉具有吸水、放热和膨胀作用，对桩间土也有一定的挤密效果。

（5）加筋作用　各种桩土复合地基除了可提高地基的承载力外，还可用来提高土体的抗剪强度，增加土坡的抗滑能力。目前深层搅拌桩、粉体喷搅桩和砂桩等已广泛地用于国内的高速公路等路基或路堤的加固，这都利用了复合地基中桩体的加筋作用。

2. 设计参数

复合地基设计参数主要包括面积置换率、桩土应力比和复合压缩模量。

（1）面积置换率　在复合地基中，取一根桩及其所影响的桩周土所组成的单元体作为研究对象。桩体的横截面积 A_p 与该桩体所承担的复合地基面积 A_e 之比称为复合地基面积置换率 m，则

$$m = \frac{A_p}{A_e} = \frac{d^2}{{d_e}^2} \tag{5-14}$$

式中　d——桩身平均直径（m）；

d_e——一根桩分担的处理地基面积的等效圆直径（m）。

根据复合地基桩体的平面布置形式（图 5-9），d_e 可按下列方法计算：等边三角形布桩，$d_e = 1.05s$；正方形布桩，$d_e = 1.13s$；矩形布桩，$d_e = 1.13\sqrt{s_1 s_2}$。

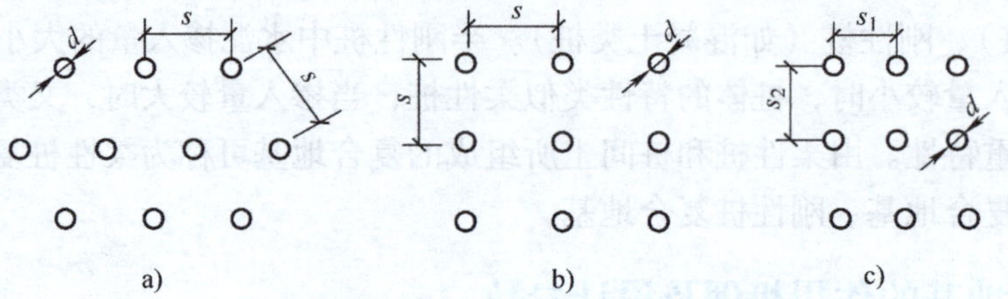

图 5-9　桩体平面布置形式

a）等边三角形布置　b）正方形布置　c）矩形布置

（2）桩土应力比　桩土应力比 n 是指复合地基中桩体的竖向平均应力 σ_p 与桩间土的竖向平均应力 σ_s 之比。桩土应力比是复合地基的一个重要设计参数，它关系到复合地基承载力和变形的计算。假定在刚性基础下，桩体和桩间土的竖向应变相等，于是可得桩土应力比 n 的计算式为

$$n = \frac{\sigma_p}{\sigma_s} = \frac{E_p}{E_s} \tag{5-15}$$

式中　E_p、E_s——桩身和桩间土的压缩模量（MPa）。

影响桩土应力比的因素有荷载水平、桩土模量比、复合地基面积置换率、原地基土强度、桩长、固结时间和垫层情况等。其他条件相同时，桩体材料刚度越大，桩土应力比就越大；桩越长，桩土应力比就越大；面积置换率越小，桩土应力比就越大。

（3）复合压缩模量　复合土层是由桩体和桩间土两部分组成的，是非均质复合土层。在复合地基计算中，为了简化计算，将其视为一均质的复合土层，那么与原非均质复合土层沉降量等价的均质复合土层的压缩模量称为复合压缩模量（E_{sp}），一般可按下式计算

$$E_{sp} = mE_p + (1-m)E_s \tag{5-16}$$

或

$$E_{sp} = [1 + m(n-1)]E_s \tag{5-17}$$

5.5.3 复合地基承载力的确定与修正

1. 复合地基承载力确定

复合地基承载力一般应通过现场复合地基荷载试验确定，应按《地基处理规范》的附录进行。初步设计时也可按复合求和法估算。复合求和法是先分别确定桩体的承载力和桩间土的承载力，再根据一定的原则叠加这两部分承载力得到复合地基的承载力。在这个理论的基础上，针对不同复合地基类型又分为两种计算方式，即应力复合法和变形复合法。

应力复合法认为复合地基在达到其承载力的时候，复合地基中的桩与桩间土也同时达到各自的承载力，因此复合地基承载力可用下式表示

$$f_{spk} = mf_{pk} + (1 - m)f_{sk} \tag{5-18}$$

$$f_{spk} = [1 + m(n - 1)]f_{sk} \tag{5-19}$$

式中 f_{spk}、f_{pk}、f_{sk} ——复合地基、桩体和桩间土承载力特征值（kPa）；

m ——面积置换率；

n ——桩土应力比。

上述两公式在计算原理上完全相同，但在应用上有所不同。应用式（5-18）需要先通过计算或者试验得到单桩承载力特征值，而应用式（5-19）需要先得到桩土应力比。

变形复合法认为复合地基在达到其承载力的时候，复合地基中的桩与桩间土并不同时达到各自的承载力，桩的承载力全部发挥而土的承载力并未全部发挥。由于土的应力与变形有关，因此采用应变复合法求解复合地基承载力的公式为

$$f_{spk} = \lambda m \frac{R_a}{A_p} + \beta(1 - m)f_{sk} \tag{5-20}$$

$$\beta = s_{sp}/s_s \tag{5-21}$$

式中 λ ——单桩承载力发挥系数，可按地区经验取值；

β ——考虑桩间土变形大小的承载力发挥折减系数，在数值上小于1；

s_{sp} ——与复合地基承载力 f_{spk} 对应的复合地基变形（mm）；

s_s ——与桩间土承载力 f_{sk} 对应的地基变形（mm）；

R_a ——单桩竖向承载力特征值（kN）；

A_p ——桩的截面积（m^2）；

单桩竖向承载力特征值的计算

$$R_a = u_p \sum_{i=1}^{n} q_{si} l_{pi} + \alpha_p q_p A_p \tag{5-22}$$

式中 u_p ——桩的周长（m）；

n ——桩长范围内所划分的土层数；

q_{si} ——桩周第 i 层土的侧阻力特征值（kPa）；

l_{pi} ——桩长范围内第 i 层土的厚度（m）；

q_p ——桩端地基土未经修正的承载力特征值（kPa），可按《建筑地基规范》的有关规定确定；

α_p ——桩端天然地基土的承载力折减系数，按地区经验确定。

有黏结强度复合地基增强体桩身强度应满足桩身强度验算公式（5-23）的要求。当复合地基承载力进行基础埋深的深度修正时，增强体桩身强度应满足式（5-24）的要求

$$f_{cu} \geqslant 4\frac{\lambda R_a}{A_p} \tag{5-23}$$

$$f_{cu} \geqslant 4\frac{\lambda R_a}{A_p}\left(1+\frac{\gamma_m(d-0.5)}{f_{spa}}\right) \tag{5-24}$$

式中　f_{cu}——桩体试块标准养护的立方体抗压强度平均值（kPa）；

γ_m——基础底面以上土的加权平均重度（kN/m^3），地下水位以下取有效重度；

d——基础埋置深度（m）；

f_{spa}——深度修正后的复合地基承载力特征值（kPa）。

《地基处理规范》中对于初步设计时各种复合地基的承载力计算方法的选用作了详细规定：对于砂石桩复合地基、石灰桩复合地基等柔性桩复合地基采用应力复合法；对于水泥土搅拌桩、CFG 桩复合地基和旋喷桩复合地基等半刚性、刚性桩复合地基采用变形复合法。《地基处理规范》还给出了其中计算参数如桩土应力比 n 和桩间土折减系数 β 的取值范围，详见后面各章节。

在计算复合地基承载力的时候，还需要确定桩身承载力 f_{pk} 和桩间土承载力 f_{sk}。对于桩身承载力 f_{pk}，可采用单桩承载力计算公式与其桩身截面积比值来计算得到。对于不同类型的桩，计算公式不尽相同，参考各具体复合地基类型的介绍。单桩承载力也可采用现场单桩载荷试验测定。

需要指出的是：桩间土承载力 f_{sk} 为处理后基础持力层桩间土的承载力。当处理前后桩间土的承载力变化不大时，可以直接采用勘察报告中给出的未经修正的承载力特征值。但对于处理前后桩间土的承载力变化较大（如桩身挤压效果明显、施工扰动较大等），则需要确定处理后桩间土的承载力。表 5-6 给出了不同地基处理方式后桩间土承载力的变化趋势，具体数据需根据现场试验确定。

表 5-6　地基处理后桩间土承载力变化趋势

复合地基类型	桩间土类型	处理后桩间土承载力
砂石桩	砂土	增大
	粉土、杂填土、含粗粒较多的素填土	增大
	非饱和黏性土	增大
	饱和黏性土	减小
石灰桩	黄土、低含水量填土	增大
	饱和软土	增大
水泥土搅拌桩	各类土	基本不变
CFG 桩	砂土、粉土、松散填土、粉质黏土、非饱和黏土	增大
	饱和黏土、淤泥质土	减小

2. 复合地基承载力的修正

经处理后的地基，仅根据基础埋深对地基承载力特征值进行修正，见下式

$$f_{spa} = f_{spk} + \eta_d \gamma_m (d-0.5) \tag{5-25}$$

式中　η_d——基础埋置深度的地基承载力修正系数，大面积压实填土地基，对于压实系数大于0.95、黏粒含量$\rho_c \geqslant 10\%$的粉土，可取1.5，对于干密度大于$21kN/m^3$的级配砂石可取2.0，其他地基处理均取1.0。

5.5.4　复合地基变形计算

复合地基变形的计算与天然地基变形计算过程基本相同。计算之前应根据附加应力分布确定变形计算深度z_n。复合地基变形计算深度的确定方法与天然地基相同，按下式计算

$$\Delta s'_n \leqslant 0.025 \sum_{i=1}^{n} \Delta s'_i \tag{5-26}$$

式中　$\Delta s'_i$——在计算深度z_n范围内，第i层土的计算变形值（mm）；

$\Delta s'_n$——在计算深度z_n处向上取厚度为Δz的土层计算变形值（mm），Δz按表5-7确定。

表5-7　Δz的确定

b/m	≤2	2<b≤4	4<b≤8	b>8
Δz/m	0.3	0.6	0.8	1.0

若变形计算深度z_n小于加固深度H_1时，则$z_n = H_1$，地基变形仅需计算加固区变形，即

$$s = s_1 \tag{5-27}$$

若变形计算深度z_n大于加固深度H_1，则地基变形由加固区变形和下卧层变形两部分组成（图5-10），即

$$s = s_1 + s_2 \tag{5-28}$$

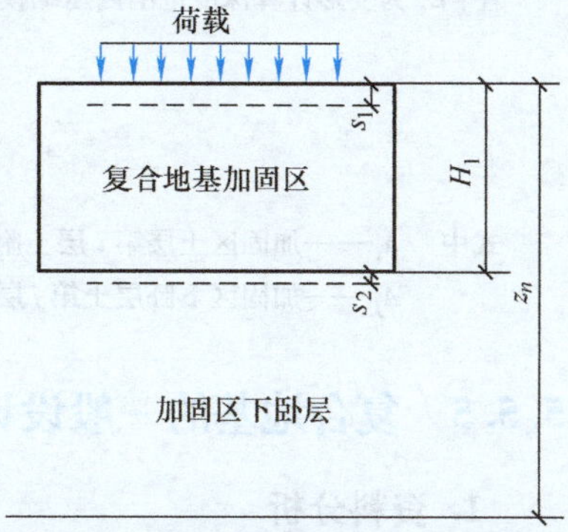

图5-10　复合地基沉降计算模式

式中　s——地基永久变形值（mm）；

s_1——复合地基加固区变形值（mm）；

s_2——下卧层的变形值（mm）。

地基（包括加固区和下卧层）压缩变形量计算通常采用分层总和法或《建筑地基规范》提供的方法，表达式为

$$s = \psi_s s' = \psi_s \left[\sum_{i=1}^{n} \frac{p_0}{E_{spi}}(z_i \bar{\alpha}_i - z_{i-1} \bar{\alpha}_{i-1}) + \sum_{j=1}^{m} \frac{p_0}{E_{sj}}(z_j \bar{\alpha}_j - z_{j-1} \bar{\alpha}_{j-1}) \right] \tag{5-29}$$

式中　s——地基总沉降量（mm）；

s'——按分层总和法计算出来的地基变形量（mm）；

ψ_s——沉降计算经验系数，根据地区沉降观测资料及经验确定，无地区经验时可根据变形计算深度范围内压缩模量的当量值（$\bar{E}_s$）按表5-8取值；

n、m——地基变形计算深度范围内加固区所划分的土层数和下卧层所划分的土层数；

p_0——相应于荷载效应的准永久组合时基础底面的附加压力（kPa）；

E_{spi}——加固区第i层土的复合压缩模量（MPa）；

E_{sj}——下卧层第j层土的压缩模量（MPa）；

z_i、z_{i-1}、z_j、z_{j-1}——基础底面至第 i 层土、第 $i-1$ 层土、第 j 层土、第 $j-1$ 层土底面的距离（m）；

$\overline{\alpha}_i$、$\overline{\alpha}_{i-1}$、$\overline{\alpha}_j$、$\overline{\alpha}_{j-1}$——基础底面计算点至第 i 层土、第 $i-1$ 层土、第 j 层土、第 $j-1$ 层土底面范围内平均附加应力系数，按《建筑地基规范》采用。

加固区土层的复合压缩模量 E_{spi} 按式（5-16）、式（5-17）计算，也可按下式计算

$$E_{spi} = \zeta E_{si} \tag{5-30}$$

$$\zeta = \frac{f_{spk}}{f_{ak}} \tag{5-31}$$

式中 ζ——复合地基承载力提高系数；

E_{si}——加固区第 i 层土的天然压缩模量（MPa）；

f_{spk}——复合地基承载力特征值（kPa）。

f_{ak}——基础底面下天然地基承载力特征值（kPa）。

表 5-8 沉降计算经验系数 ψ_s

$\overline{E}_s$	4.0	7.0	15.0	20.0	35.0
ψ_s	1.0	0.7	0.4	0.25	0.2

注：$\overline{E}_s$ 为变形计算深度范围内压缩模量的当量值，应按下式计算

$$\overline{E}_s = \frac{\sum_{i=1}^{n} A_i + \sum_{j=1}^{m} A_j}{\sum_{i=1}^{n} \frac{A_i}{E_{spi}} + \sum_{j=1}^{m} \frac{A_j}{E_{sj}}} \tag{5-32}$$

式中 A_i——加固区土层第 i 层土附加应力系数沿土层厚度的积分值；

A_j——加固区下卧层土第 j 层土附加应力系数沿土层厚度的积分值。

5.5.5 复合地基的一般设计过程

1. 资料分析

在进行地基处理之前，应进行深入的调查研究，搜集详细的岩土工程勘察资料、上部结构及基础设计资料等；结合工程情况，了解当地地基处理经验和施工条件，对于有特殊要求的工程，尚应了解其他地区相似场地上同类工程的地基处理经验和使用情况等；根据工程的要求和采用天然地基存在的主要问题，确定地基处理的目的和处理后要求达到的各项技术指标等；调查邻近建筑、地下工程、周边道路及有关管线等情况；了解施工场地的周边环境情况。

2. 复合地基处理方案的确定

根据结构类型、荷载大小及使用要求，结合地形地貌、地层结构、土质条件、地下水特征、环境情况和对邻近建筑的影响等因素进行综合分析，初步选出几种可供考虑的复合地基处理方案，包括选择两种或多种地基处理措施组成的综合处理方案；对初步选出的各种复合地基处理方案分别从加固原理、使用范围、预期处理效果、耗用材料、施工机械、工期要求和对环境影响等方面进行技术经济分析和对比，选择最佳的地基处理方法。

3. 选择桩截面尺寸

根据选择的地基处理方案、上部建筑结构类型、荷载大小、穿越土层、地下水位、施工

设备、施工环境、施工经验、制桩材料供应条件等，选择经济合理、安全施工的桩身截面尺寸。

4. 加固深度选择

根据地基处理目的及要求，选择合适的持力层作为桩端持力层，从而确定地基加固深度，一般选择压缩性低而承载力高的较硬土层作为复合地基桩端持力层。

5. 加固范围的确定

根据地基处理方式，选择满足要求的地基处理范围。

6. 桩体承载力的确定

根据工程场地的试桩或式（5-22）确定桩体承载力。

7. 复合地基承载力特征值的确定

修正后复合地基承载力应满足下式的要求

$$f_{spa} \geqslant p_k \tag{5-33}$$

$$p_k = \frac{F_k + G_k}{A} = \frac{F_k}{A} + \gamma_G \overline{d} \tag{5-34}$$

式中　f_{spa}——经深度修正后的复合地基承载力特征值（kPa），按式（5-25）计算；

p_k——相应于荷载效应标准组合时的基底平均压力（kPa）；

F_k——相应于荷载效应标准组合时，上部结构传至基础顶面处的竖向力（kN）；

G_k——基础自重和基础上土重（kN）；

A——基础底面面积（m^2）；

γ_G——基础和基础上覆土的平均重度，地下水位以下取有效重度（kN/m^3）；

$\overline{d}$——基础埋深，取基础底面距离基础两侧设计地面的平均值（m）；

由式（5-25）可计算出未经修正的复合地基承载力特征值的基本要求

$$f_{spk} \geqslant p_k - \eta_d \gamma_m (d - 0.5) \tag{5-35}$$

式中　γ_m——基础底面以上埋深范围内土的加权平均重度，地下水位以下取有效重度（kN/m^3）；

d——基础埋深（m），见式（3-11）；

8. 确定面积置换率

根据复合地基处理的类型可分别按按下式计算面积置换率。

当采用应力复合法计算复合地基承载力时

$$m = \frac{f_{spk} - f_{sk}}{f_{pk} - f_{sk}} = \frac{f_{spk}/f_{sk} - 1}{n - 1} \tag{5-36}$$

当采用变形复合法计算复合地基承载力时

$$m = \frac{f_{spk} - \beta f_{sk}}{\lambda f_{pk} - \beta f_{sk}} = \frac{f_{spk} - \beta f_{sk}}{\lambda \dfrac{R_a}{A_p} - \beta f_{sk}} \tag{5-37}$$

9. 确定复合地基桩的平面布置和桩间距

复合地基桩的平面布置可采用等边三角形或正方形排列，可根据基础尺寸的形状选择布置，一般大面积布桩采用等边三角形布置。根据式（5-36）或式（5-37）计算出的面积置换率 m， 根据式（5-14）可计算出桩间距 s。

10. 复合地基承载力验算

要求复合地基承载力满足以下要求

$$f_{spa} \geqslant p_k \tag{5-38}$$

$$1.2f_{spa} \geqslant p_{kmax} \tag{5-39}$$

处理后的地基，当在受力范围内仍存在软弱下卧层时，应进行软弱下卧层地基承载力验算。

11. 其他验算

按地基变形设计或应做变形验算且需进行地基处理的建筑物或构筑物，应对处理后的地基进行变形验算。

对建造在处理后的地基土上受较大水平荷载或位于斜坡上的建筑物或构筑物，应进行地基稳定性验算。

5.6 砂石桩法

碎石桩和砂桩总称为砂石桩，又称粗颗粒土桩，是指用振动、冲击或水冲等方式在软弱地基中成孔后，再将碎石或砂挤压入已成的孔中，形成大直径的砂石所构成的密实桩体，并和桩周土组成复合地基的地基处理方法。

1. 碎石桩

国内采用振冲挤密法碎石桩较多，本节以振冲法碎石桩为主来介绍。《地基处理规范》中规定："振冲法适用于处理砂土、粉土、粉质黏土、素填土和杂填土等地基。对大型的、重要的或场地地层复杂的工程，以及对于处理不排水抗剪强度不小于 20kPa 的饱和黏性土和饱和黄土地基，应在施工前通过现场试验确定其适用性。不加填料振冲加密适用于处理黏粒含量不大于 10% 的中砂、粗砂地基，在初步设计阶段宜进行现场工艺试验，确定不加填料振密的可行性，确定孔距、振密电流值、振冲水压、振后砂层的物理力学指标等施工参数；30kW 振冲器振密深度不宜超过 7m，75kW 振冲器振密深度不宜超过 15m。"

2. 砂桩

目前国内外砂桩常用的成桩方法有振动成桩法和冲击成桩法。振动成桩法是使用振动打桩机将桩管沉入土层中，并振动挤密砂料。冲击成桩法是使用蒸汽或柴油打桩机将桩管打入土层中，桩管内添加砂料，并用内管夯击密实砂料的沉管法。因此，砂桩的成桩方法，对于砂性土相当于挤密法，对黏性土则相当于排土成桩法。

砂桩适用于挤密松散砂土、粉土、黏性土、素填土、杂填土等地基。对饱和黏土地基上对变形控制要求不严的工程也可采用砂石桩置换处理。砂桩也可用于处理可液化地基。早期砂桩用于加固松散砂土和人工填土地基，如今在软黏土中，国内外都有使用成功的丰富经验。但国内也有失败的教训，对砂桩用来处理饱和软土地基持有不同观点的学者和工程技术人员，认为黏性土的渗透性较小，灵敏度又大，成桩过程中土内产生的超孔隙水压力不能迅速消散，故挤密效果较差，相反却破坏了地基土的天然结构，使土的抗剪强度降低。如果不预压，砂石桩施工后的地基仍会有较大的沉降，因而对沉降要求严格的建筑物而言，就难以满足沉降的要求。所以应按工程对象区别对待，最好能进行现场试验研究以后再确定。

5.6.1　砂石桩的作用原理

1. 松散砂土和粉土中的作用

由于成桩方法不同，在松散砂土和粉土中成桩时对周围砂层产生挤密作用或同时产生振密作用。采用冲击法或振动法往砂土中下沉桩管和一次拔管成桩时，由于桩管下沉对周围砂土产生很大的横向挤压力，桩管就将地基中同体积的砂挤向周围的砂层，使其孔隙比减小，密度增大，这就是挤密作用，有效挤密范围可达3~4倍桩直径。当采用振动法往砂土中下沉桩管和逐步拔出桩管成桩时，下沉桩管对周围砂层产生挤密作用，拔起桩管对周围砂层产生振密作用，有效振密范围可达6倍桩直径左右。此时振密作用比挤密作用更显著，其主要特点是砂桩周围一定距离内地面发生较大的下沉。

2. 软弱黏性土中的作用

密实的砂石桩在软弱黏性土中取代了同体积的软弱黏性土，即起置换作用并形成“复合地基”，使承载力有所提高，地基沉降减小。此外，砂石桩在软弱黏性土地基中可以像砂井一样起排水作用，从而加快地基的固结沉降速率。

5.6.2　砂石桩设计

1. 处理范围

砂石桩处理范围应大于基底范围，处理宽度宜在基础外缘扩大1~3排桩。对可液化地基，在基础外缘扩大宽度不应小于可液化土层厚度的1/2，并不应小于5m。

2. 桩直径及桩位布置

砂石桩直径根据地基土质情况、成桩方式和成桩设备等因素，桩的平均直径可按每根桩所用填料量计算。振冲碎石桩桩径宜为800~1200mm；沉管砂石桩桩径宜为300~800mm。对饱和黏性土地基宜选用较大直径。

砂石桩孔位宜采用等边三角形或正方形布置。对于砂土和粉土地基，因靠砂石桩的挤密提高桩周土的密度，所以采用等边三角形更为有利。对于软黏土地基，主要靠置换，因而选用任何一种均可。

3. 砂石桩桩长

砂石桩桩长可根据工程要求和工程地质条件通过计算确定。

1）当相对硬土层埋深较浅时，可按相对硬层埋深确定。

2）当相对硬土层埋深较大时，应按建筑物地基变形允许值确定。

3）对按稳定性控制的工程，桩长应不小于最危险滑动面以下2m的深度。

4）对可液化的地基，桩长应按要求处理液化的深度确定。

5）桩长不宜小于4m。

4. 砂石桩间距

应通过现场试验确定。对于振冲碎石桩，30kW振冲器布桩间距可采用1.3~2.0m；55kW振冲器布桩间距可采用1.4~2.5m；75kW振冲器布桩间距可采用1.5~3.0m；不加填料振冲挤密孔距可为2.0~3.0m。沉管砂石桩的桩间距，对于粉土和砂土地基不宜大于砂石桩直径的4.5倍，对于黏性土地基不宜大于砂石桩直径的3倍。

由于砂石桩在松散砂土和粉土中与黏性土中的作用机理不同，所以桩间距的计算方法也随之有所不同。

（1）松散砂土和粉土地基桩距确定　桩的间距应通过现场试验确定。初步设计时松散砂土和粉土地基可根据挤密后要求达到的孔隙比 e_1 来确定。

等边三角形布置
$$s = 0.95\xi d\sqrt{\frac{1+e_0}{e_0-e_1}} \tag{5-40}$$

正方形布置
$$s = 0.89\xi d\sqrt{\frac{1+e_0}{e_0-e_1}} \tag{5-41}$$

$$e_1 = e_{max} - D_{r1}(e_{max} - e_{min}) \tag{5-42}$$

式中　s——砂石桩间距（m）；

d——砂石桩直径（m）；

ξ——修正系数，当考虑振动下沉密实作用时，可取 1.1～1.2，不考虑振动下沉密实作用时，可取 1.0；

e_0——地基处理前砂土的孔隙比，可按原状土样试验确定，也可根据动力或静力触探等对比试验确定；

e_1——地基挤密后要求达到的孔隙比；

e_{max}、e_{min}——砂土的最大、最小孔隙比，可按现行《土工试验方法标准》GB/T 50123 的有关规定确定；

D_{r1}——地基挤密后要求砂土达到的相对密实度，可取 0.70～0.85。

（2）黏性土地基中桩距确定　对于黏性土地基，桩距的初步设计应先通过式（5-18）或（5-19）确定复合地基的面积置换率 m，根据已选的桩径 d 和式（5-14）可计算出一根桩分担的处理地基面积的等效圆直径为

$$d_e = \frac{d}{\sqrt{m}} \tag{5-43}$$

根据等边三角形布桩 $d_e = 1.05s$，正方形布桩 $d_e = 1.13s$，矩形布桩 $d_e = 1.13\sqrt{s_1 s_2}$，可计算出不同布桩形式下的桩间距。

需要指出的是，由于在此步计算过程中砂石桩的承载力并未确定，可先根据当地施工经验初选桩身承载力进行试算，如试算的桩间距不满足下一步的复合地基承载力验算，则应重选选择桩间距，直到满足设计要求为止。

5. 承载力计算

砂石桩复合地基承载力初步设计可按式（5-18）、式（5-19）估算，处理后桩间土承载力特征值，可按地区经验确定，如无经验时，对于松散砂土和粉土可取原天然地基承载力特征值的 1.2～1.5 倍，对于黏性土可取天然地基承载力特征值；复合地基桩土应力比 n，宜采用实测值确定，如无实测资料时，对于砂土、粉土可取 1.5～3.0，对黏性土可取 2.0～4.0。

6. 沉降计算

砂石桩的沉降计算主要包括复合地基加固区的沉降和加固区下卧层的沉降。加固区下卧层的沉降可按《建筑地基规范》计算，此处不再赘述。

地基土加固区的沉降计算也按《建筑地基规范》的有关规定执行，而复合土层的压缩模量可按下式计算

$$E_{sp}=[1+m(n-1)]E_s \tag{5-44}$$

式中 E_{sp} ——复合土层的压缩模量（MPa）；

E_s ——桩间土的压缩模量（MPa）。

目前尚未形成砂石桩复合地基的沉降计算经验系数 ψ_s。韩杰（1992年）通过对5幢建筑物的沉降观测资料分析得到，$\psi_s=0.43\sim1.20$，平均值为0.93，在没有统计数据时可假定 $\psi_s=1.0$。

7. 砂石垫层

砂石桩顶部宜铺设一层厚度为300~500mm的砂石垫层。

5.6.3 砂石桩施工

目前施工方法多种多样，主要介绍两种施工方法，即振冲法和沉管法。

1. 振冲法

振冲法是碎石桩的主要施工方法之一，它是以起重机吊起振冲器（图5-11），潜水电机起动后，带动偏心块，使振冲器产生高频振动，同时开动水泵，使高压水通过喷嘴喷射高压水流，在边振边冲的联合作用下，将振冲器沉到土中的设计深度。经过清孔后，就可从地面向孔中逐段填入碎石，每段填料均在振动作用下被振挤密实，达到所要求的密实度后提升振冲器，如此重复填料和振密，直至地面，从而在地基中形成一根大直径、很密实的桩体。振冲施工过程如图5-12所示。

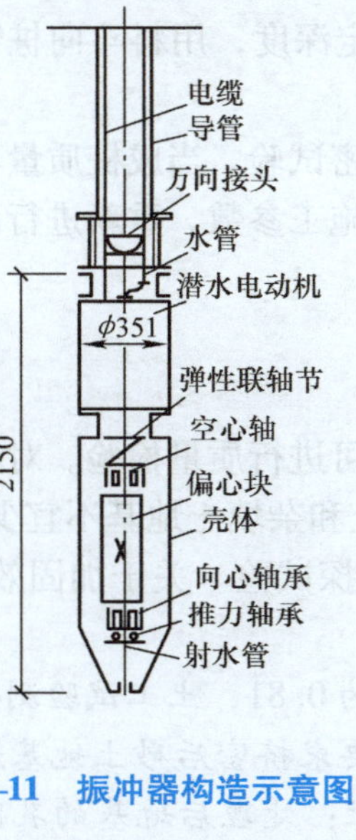

图5-11 振冲器构造示意图

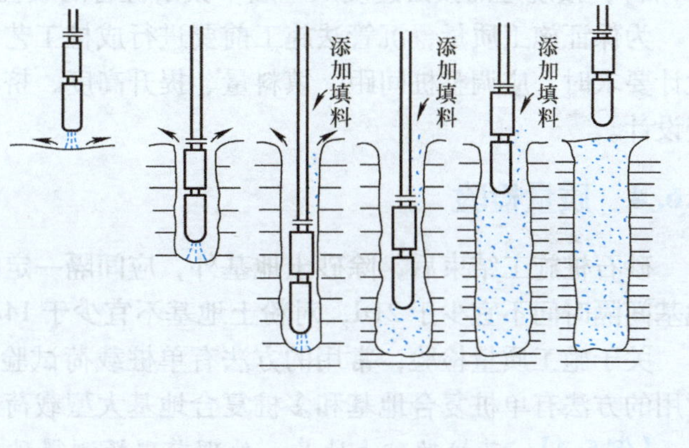

图5-12 振冲施工过程

起重机械一般采用履带式起重机、汽车式起重机、自行井架式专用起重机。起重能力和提升高度均应满足施工要求，并需符合起重规定的安全值，一般起重能力为100~150kN。

（1）施工顺序 对砂土地基，其施工顺序宜从外围或两侧向中间进行。对黏性土地基，其施工顺序一般可采用“由里向外”或“一边向另一边”的顺序进行，以保证到达设计要求的置换率。在地基强度较低的软黏土地基中施工时，要考虑减少对地基土的扰动影响，因而可采用“间隔跳打”的方法。当加固区附近有其他建筑物时，必须先从邻近建筑物一边的桩开始施工，然后逐步向外推移。整个加固区施工完后，桩体顶部向下1m左右这一土层，由于上覆压力小，桩的密实度难以保证，应予挖除另作垫层，也可另用振动或碾压等密实方法处理。

(2) 施工操作要求　在黏性土层中制桩，孔中的泥浆水太稠时，碎石料在孔内下降的速度将减慢，且影响施工速度，所以要在成孔后，留有一定时间清孔，使回水把稠泥浆带出地面，降低泥浆的密度。若土层中夹有硬层时，应适当进行扩孔，振冲器应上下往复多次，使孔径扩大，以便于加碎石料。

(3) 施工质量控制　施工时质量检验的关键是填料量、密实电流和留振时间，这三者实际上是相互联系和保证的。只有在一定的填料量的情况下，才能把填料挤密振密。一般来说，在粉性较重的地基中制桩，密实电流容易达到规定值，这时要注意掌握好留振时间和填料量。反之，在软黏土地基中制桩，填料量和留振时间容易达到规定值，这时要注意掌握好密实电流。

2. 沉管法

沉管法过去主要用于制作砂桩，近年来已开始用于制作碎石桩，这是一种干法施工。沉管法包括振动成桩法和冲击成桩法两种。

(1) 振动成桩法　振动成桩法是用振动打桩机将下端装有活瓣钢桩靴的桩管沉入土层中到设计深度，将料斗插入桩管，向桩管内灌砂（碎石），边振动边拔出桩管到地面的成桩工艺。

(2) 冲击成桩法　冲击成桩法是用蒸汽打桩机或柴油打桩机将下端带有活瓣钢桩靴或预制钢筋混凝土锥形桩尖（留在土中）的桩管打入土层中到规定深度，用料斗向桩管内灌砂（碎石），按规定的拔出速度从土层中拔出桩管的成桩工艺。

为保证施工质量，沉管法施工前要进行成桩工艺和成桩挤密试验。当成桩质量不能满足设计要求时，应调整桩间距、填料量、提升高度、挤密时间等施工参数，重新进行试验或改变设计。

5.6.4 质量检验

砂石桩施工结束后，除砂土地基外，应间隔一定时间后方可进行质量检验。对粉质黏土地基间隔时间不宜少于21d，对粉土地基不宜少于14d，对砂土和杂填土地基不宜少于7d。

关于施工质量检验，常用的方法有单桩载荷试验和动力触探试验。关于加固效果检验，常用的方法有单桩复合地基和多桩复合地基大型载荷试验。

【例5-4】 某松散砂土地基，处理前现场测得砂土孔隙比为0.81，土工试验测得砂土的最大、最小孔隙比分别为0.90和0.60。现拟采用砂石桩法，要求挤密后砂土地基达到的相对密度为0.80。砂石桩的桩径为0.70m，等边三角形布置。求：处理后地基的孔隙比及砂石桩的桩距（不考虑振动下沉挤密作用）。

解：1）计算挤密后的砂土孔隙比。由式（5-42）得

$$e_1 = 0.90 - 0.8(0.90 - 0.60) = 0.66$$

2）计算桩距。由式（5-40）得

$$s = 0.95\xi d\sqrt{\frac{1+e_0}{e_0-e_1}} = \left(0.95 \times 1.0 \times 0.7 \times \sqrt{\frac{1+0.81}{0.81-0.66}}\right)\mathrm{m} = 2.31\mathrm{m}$$

【例5-5】一小型工程，黏性土场地，采用振冲碎石桩处理。碎石桩桩径为0.6m，等边三角形布桩，桩距1.5m。现场无载荷试验资料，桩间土天然地基承载力特征值为120kPa。求该复合地基的面积置换率及复合地基承载力特征值（桩土应力比取$n=3$）。

解：等边三角形布桩 $d_e = 1.05s = (1.05 \times 1.5)\text{m} = 1.575\text{m}$

置换率 $m = \dfrac{d^2}{{d_e}^2} = \dfrac{0.6^2}{1.575^2} = 0.145$

复合地基承载力特征值：由式（5-19）得

$$f_{spk} = [1 + m(n-1)]f_{sk} = [1 + 0.145 \times (3-1)] \times 120\text{kPa} = 154.8\text{kPa}$$

5.7 水泥土搅拌法

水泥土搅拌法是用于加固饱和黏性土地基的一种新方法。它是利用水泥（或石灰）等材料作为固化剂，通过特制的搅拌机械，在地基深处就地将软土和固化剂（浆液或粉体）强制搅拌，由固化剂和软土间所产生的一系列物理—化学反应，使软土硬结成具有整体性、水稳定性和一定强度的水泥加固土，从而提高地基强度和增大变形模量。

水泥土搅拌法分为深层搅拌法（以下简称湿法）和粉体喷搅法（以下简称干法）。水泥土搅拌法适用于处理正常固结的淤泥、淤泥质土、素填土、黏性土（软塑、可塑）、粉土（稍密、中密）、粉细砂（松散、中密）、中粗砂（松散、稍密）、饱和黄土等土层，不适合用于含大孤石或障碍物较多且不易清除的杂填土、欠固结的淤泥和淤泥质土、硬塑及坚硬的黏性土、密实的砂类土，以及地下水渗流影响成桩质量的土层。当用于处理泥炭土、有机质土、pH值小于4的酸性土、塑性指数大于25的黏土，或在腐蚀性环境中以及无工程经验的地区使用时，必须通过现场和室内试验确定其适用性。冬期施工时，应注意负温对处理效果的影响。

水泥加固土的室内试验表明，有些软土的加固效果较好，而有的不够理想。一般认为含有高岭石、多水高岭石、蒙脱石等黏土矿物的软土加固效果较好，而含有伊里石、氯化物和水铝石英等矿物的黏性土及有机质含量高、酸碱度（pH值）较低的黏性土的加固效果较差。

5.7.1 加固机理

水泥土搅拌法加固机理包括对天然地基土的加固硬化机理（微观机理）和形成复合地基以加固地基土、提高地基土强度、减少沉降量的机理（宏观机理）。

（1）水泥土硬化机理（微观机理）　当水泥浆与土搅拌后，水泥颗粒表面的矿物很快与黏土中的水发生水解和水化反应，在颗粒间形成各种水化物。这些水化物有的继续硬化，形成水泥石骨料，有的则与周围具有一定活性的黏土颗粒发生反应。通过离子交换和团粒化作用使较小的土颗粒形成较大的土团粒；通过硬凝反应，逐渐生成不溶于水的稳定的结晶化合物，从而使土的强度提高。此外，水泥水化物中的游离Ca（OH）$_2$能吸收水中和空气中的CO_2，发生碳酸化反应，生成不溶于水的$CaCO_3$，这种碳酸化反应也能使水泥土增加强度。通过以上反应，使软土硬结成具有一定整体性、水稳性和一定强度的水泥加固土。

（2）复合地基加固机理（宏观机理）　通过水泥搅拌法的施工，在土中形成一定直径的桩体，与桩间土形成复合地基，承担基础传来的荷载，可提高地基承载力和改善地基变形特性。有时，当地基土较软弱、地基承载力和变形要求较高时，也采用壁式加固，形成纵横交错的水泥土墙，形成格栅形复合地基。甚至直接将拟加固范围内土体全部进行处理，形成块式加固实体。

5.7.2 水泥土搅拌桩的设计要点

1. 对地质勘察的要求

确定处理方案前应搜集拟处理区域内详尽的岩土工程资料，包括：①填土层的厚度和组成；②软土层的分布范围、分层情况；③地下水位及酸碱度（pH 值）；④土的含水率、塑性指数和有机质含量等。

2. 布桩形式的选择

布桩形式可根据上部结构特点及对地基承载力和变形的要求，采用柱状、壁状、格栅状或块状等不同形式。桩可只在基础平面范围内布置，独立基础下的桩数不宜少于 3 根。柱状加固可采用正方形、等边三角形等布桩形式。

3. 桩长和桩径的确定

竖向承载搅拌桩的长度应根据上部结构对承载力和变形的要求确定，并宜穿透软弱土层到达承载力相对较高的土层；为提高抗滑稳定性而设置的搅拌桩，其桩长应超过危险滑弧面以下 2m。湿法的加固深度不宜大于 20m，干法的加固深度不宜大于 15m。水泥土搅拌桩的桩径不应小于 500mm。

4. 单桩竖向承载力的设计计算

单桩竖向承载力特征值应通过现场载荷试验确定。初步设计时也可按式（5-45）估算，并应同时满足式（5-46）的要求，应使由桩身材料强度确定的单桩承载力大于（或等于）由桩周土和桩端土的抗力所提供的单桩承载力

$$R_a = u_p \sum_{i=1}^{n} q_{si} l_{pi} + \alpha_p q_p A_p \tag{5-45}$$

$$R_a = \eta f_{cu} A_p \tag{5-46}$$

式中 f_{cu} ——与搅拌桩桩身水泥土配比相同的室内加固土试块（边长为 70.7mm 的立方体）在标准养护条件下 90d 龄期的立方体抗压强度平均值（kPa）；

η ——桩身强度折减系数，干法可取 0.20～0.25；湿法可取 0.25；

u_p ——桩的周长（m）；

n ——桩长范围内所划分的土层数；

q_{si} ——桩周第 i 层土的侧阻力特征值（kPa），对淤泥可取 4～7kPa，对淤泥质土可取 6～12kPa，对软塑状态的黏性土可取 10～15kPa，对可塑状态的黏性土可以取 12～18kPa；

l_{pi} ——桩长范围内第 i 层土的厚度（m）；

q_p ——桩端地基土未经修正的承载力特征值（kPa），可按现行《建筑地基规范》的有关规定确定；

α_p ——桩端端阻力发挥系数，可取 0.4～0.6，承载力高时取低值。

5. 复合地基的设计计算

加固后搅拌桩复合地基承载力特征值应通过现场复合地基载荷试验确定，也可按下式计算

$$f_{spk} = \lambda m \frac{R_a}{A_p} + \beta(1 - m)f_{sk} \tag{5-47}$$

式中 f_{spk}——复合地基承载力特征值（kPa）；

λ——单桩承载力发挥系数，取1.0；

m——面积置换率；

A_p——桩的截面积（m^2）；

f_{sk}——桩间天然地基土承载力特征值（kPa），可取天然地基承载力特征值；

β——桩间土承载力折减系数，对于淤泥、淤泥质土和流塑状软土等处理土层，可取0.1~0.4，对其他土层可取0.4~0.8，差值大时或设置褥垫层时均取高值。

R_a——单桩竖向承载力特征值（kN）。

根据设计要求的单桩竖向承载力特征值R_a和复合地基承载力特征值f_{spk}计算搅拌桩的置换率m和总桩数n

$$m = \frac{f_{spk} - \beta f_{sk}}{\lambda \frac{R_a}{A_p} - \beta f_{sk}} \tag{5-48}$$

$$n = \frac{mA}{A_p} \tag{5-49}$$

式中 A——地基加固的面积（m^2）。

竖向承载搅拌桩复合地基应在基础和桩之间设置褥垫层。褥垫层厚度可取200~300mm。其材料可选用中砂、粗砂、级配砂石等，最大粒径不宜大于20mm，褥垫层的夯填度不应大于0.9。

当搅拌桩处理范围以下存在软弱下卧层时，应按现行《建筑地基规范》的有关规定进行下卧层承载力验算。

6. 水泥土搅拌桩沉降验算

竖向承载搅拌桩复合地基的变形包括搅拌桩复合土层的平均压缩变形s_1与桩端下未加固土层的压缩变形s_2，按式（5-29）计算。

5.7.3 施工工艺

水泥土搅拌法施工步骤由于湿法和干法的施工设备不同而略有差异。其主要步骤应为：

1）搅拌机械就位、调平（图5-13a）。

2）预搅下沉至设计加固深度（图5-13b）。

3）边喷浆（粉）、边搅拌提升直至预定的停浆（灰）面（图5-13c）。

4）重复搅拌下沉至设计加固深度（图5-13d）。

5）根据设计要求，喷浆（粉）或仅搅拌提升直至预定的停浆（灰）面（图5-13e）。

6）施工完毕，关闭搅拌机械（图5-13f）。在预（复）搅下沉时，也可采用喷浆（粉）的施工工艺，但必须确保全桩长上下至少再重复搅拌一次。

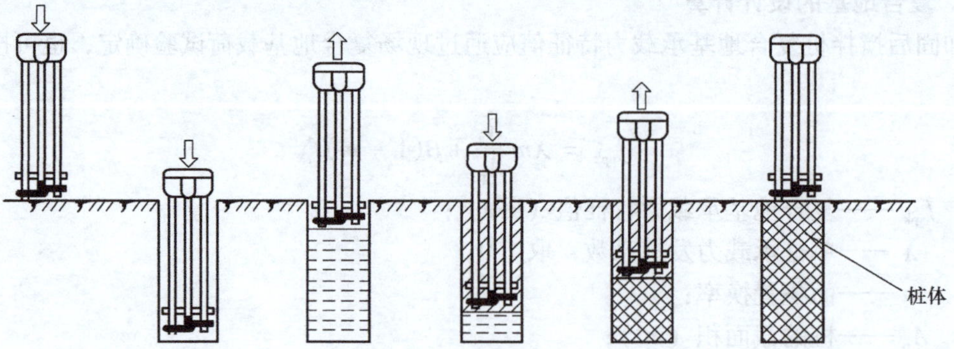

图 5-13　水泥土搅拌法（湿法）施工过程

5.7.4　质量检验

水泥土搅拌桩的质量控制应贯穿在施工的全过程，并应坚持全程的施工监理。施工过程中必须随时检查施工记录和计量记录，并对照规定的施工工艺对每根桩进行质量评定。检查重点是：水泥用量、桩长、搅拌头转数和提升速度、复搅次数和复搅深度、停浆处理方法等。

水泥土搅拌桩的施工质量检验可采用以下方法：

1）成桩后 3d 内，可用轻型动力触探（N_{10}）检查每米桩身的均匀性。检验数量为施工总桩数的 1%，且不少于 3 根。

2）成桩 7d 后，采用浅部开挖桩头［深度宜超过停浆（灰）面下 0.5m］，目测检查搅拌的均匀性，量测成桩直径。检查量为总桩数的 5%。

竖向承载水泥土搅拌桩地基竣工验收时，承载力检验应采用复合地基载荷试验和单桩载荷试验。

基槽开挖后，应检验桩位、桩数与桩顶质量，如果不符合设计要求，应采取有效的补强措施。

【例 5-6】　有一独立柱基础，其上部结构传至基础顶面的竖向力标准值 F_k = 1340kN，基础及其工程地质剖面图如图 5-14 所示。由于建筑场地的限制，基底指定设计成正方形，基底边长为 3.5m，天然地基承载力不能满足设计要求，需对地基进行处理，采用水泥土搅拌桩法处理柱基下淤泥质土，形成复合地基，使其承载力满足设计要求。已知：桩直径 D = 0.5m，桩长 L = 8m；桩身试块无侧限抗压强度平均值 f_{cu} = 1800 kPa；桩身强度折减系数 η = 0.4；桩周土的平均摩擦力 q_s = 10 kPa；桩端天然地基土的承载力折减系数 α = 0.5；桩间土承载力折减系数 β = 0.3，单桩承载力发挥系数 λ = 1.0；基础及其台阶上回填土的平均重 γ = 20 kN/m³。试计算面积置换率 m、桩距及所需搅拌桩的桩数 n。

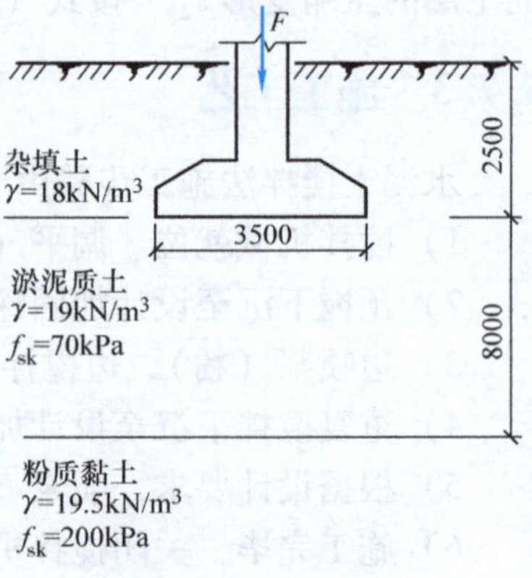

图 5-14　例 5-6 图

解：桩周长 $u_p = (3.14 \times 0.5)\text{m} = 1.57\text{ m}$

桩身截面积 $A_p = (3.14 \times 0.5^2)\text{m}^2/4 = 0.196\text{ m}^2$

由桩周土和桩端土抗力提供的单桩承载力特征值按下式计算

$$R_a = u_p \sum_{i=1}^{n} q_{si} l_i + \alpha q_p A_p = (1.57 \times 10 \times 8 + 0.5 \times 200 \times 0.196)\text{kPa} = 145.2\text{kPa}$$

由桩身强度计算的单桩承载力特征值按下式计算

$$R_a = \eta f_{cu} A_p = (0.4 \times 1800 \times 0.196)\text{kPa} = 141.12\text{kPa}$$

两者取小值计算复合地从承载力特征值，即取 $R_a = 141.12\text{ kPa}$。

而 $p_k = \dfrac{F_k + G_k}{A} = \dfrac{1340 + 20 \times 3.5 \times 3.5 \times 2.5}{3.5 \times 3.5}\text{kPa} = 159.4\text{kPa}$

由式（5-35）得

$$f_{spk} \geqslant p_k - \eta_d \gamma_m (d - 0.5) = [159.4 - 1.0 \times 18 \times (2.5 - 0.5)]\text{kPa} = 123.4\text{kPa}$$

由图 5-14 知 $f_{sk} = 70\text{ kPa}$，由 $f_{spk} = \lambda m \dfrac{R_a}{A_p} + \beta(1-m) f_{sk}$ 得 $123.4 = 1.0 \times \dfrac{141.12}{0.196} m + 0.3 \times (1 - m) \times 70$，解此方程，可得 $m = 0.167$。

一根桩承担的处理地基面积的等效圆直径 $d_e = \dfrac{d}{\sqrt{m}} = \dfrac{0.5}{\sqrt{0.167}}\text{m} = 1.223\text{m}$

采用正方形布桩，则桩距为 $s = d_e/1.13 = 1.223\text{m}/1.13 = 1.08\text{m}$

所需搅拌桩的桩数为 $n = \dfrac{mA}{A_p} = \dfrac{0.167 \times 3.5 \times 3.5}{0.196} = 10.4$ 根，考虑到布桩方便，取 12 根桩。

5.8 水泥粉煤灰碎石桩法

水泥粉煤灰碎石桩简称 CFG 桩，是在碎石桩基础上加进一些石屑、粉煤灰和少量水泥，加水拌和制成的一种具有一定黏结强度的桩。通过调整水泥掺量及配比，可使桩体强度等级在 C5 ~ C30 之间变化。这种地基加固方法吸取了振冲碎石桩和水泥土搅拌桩的优点。第一，施工工艺与普通振动沉管灌注桩一样，工艺简单，与振冲碎石桩相比，无场地污染，振动影响也较小；第二，所用材料仅需少量水泥，便于就地取材；第三，受力特性与水泥土搅拌桩类似。

水泥粉煤灰碎石桩（CFG 桩）法适用于处理黏性土、粉土、砂土和已自重固结的素填土地基。水泥粉煤灰碎石桩应选择承载力相对较高的土层作为桩端持力层。

5.8.1 加固机理

CFG 桩加固软弱地基，桩和桩间土一起通过褥垫层形成 CFG 桩复合地基，如图 5-15 所示。其加固软弱地基主要有三种作用：桩体作用、挤密作用、褥垫层作用。

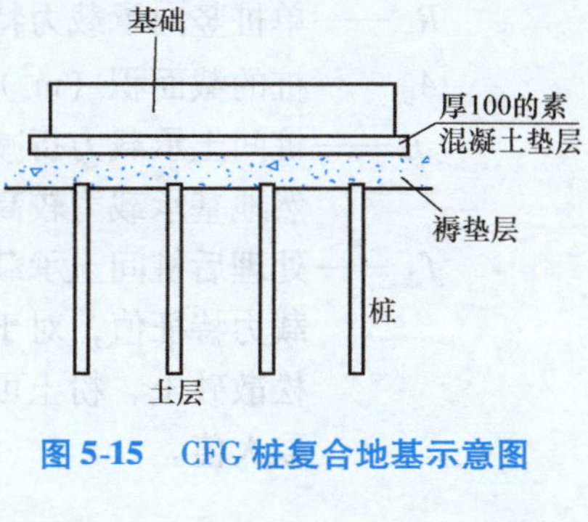

图 5-15　CFG 桩复合地基示意图

1. 桩体作用

CFG 桩不同于碎石桩，是具有一定黏结强度的混合料。在荷载作用下 CFG 桩的压缩性明显比其周围软土小，因此基础传给复合地基的附加应力随地基的变形逐渐集中到桩体上，出现应力集中现象，复合地基的 CFG 桩起到了桩体作用。

2. 挤密与置换作用

当 CFG 桩用于挤密效果好的土时，CFG 桩可采用振动沉管法等挤土施工工艺，其振动和挤压作用使桩间土得到挤密，复合地基承载力的提高既有挤密又有置换；当 CFG 桩用于不可挤密的土时，CFG 桩可采用长螺旋钻中心压灌法等非挤土施工工艺，其承载力的提高只是置换作用。

3. 褥垫层作用

褥垫层不是基础施工时通常做的 100mm 厚的素混凝土垫层，而是由粒状材料组成的散体垫层。由于 CFG 桩是高黏结强度桩，褥垫层是桩和桩间土形成复合地基的必要条件，也就是 CFG 桩复合地基不可缺少的一部分。CFG 桩复合地基中的褥垫层具有保证桩土共同承担荷载、调整桩土荷载分担比例、减少基础底面应力集中、降低桩承担的水平荷载等作用。

5.8.2 CFG 桩的设计

1. 桩径尺寸及桩的布置

水泥粉煤灰碎石桩可只在基础范围内布置。长螺旋钻中心压灌、干成孔和振动沉管成桩桩径可取 350 ~ 600mm；泥浆护壁钻孔成桩宜为 600 ~ 800mm。桩距应根据设计要求的复合地基承载力、所处理场地地基土性、施工工艺等因素确定，采用非挤土成桩工艺和部分挤土成桩工艺，桩间距宜为 3 ~ 5 倍桩径；采用挤土成桩工艺和墙下条形基础单排布桩的桩间距宜为 3 ~ 6 倍桩径；桩长范围内有饱和粉土、粉细砂、淤泥、淤泥质土层，采用长螺旋钻中心压灌成桩施工中可能发生串孔时宜采用较大桩距。对于独立基础、箱形基础、筏形基础，基础边缘到边桩的中心距一般不小于一个桩径或基础边缘到桩边缘的最小距离不宜小于 150mm，对于条形基础边缘到桩边缘的最小距离不宜小于 75mm。

2. 承载力计算

水泥粉煤灰碎石桩复合地基承载力特征值，应通过现场复合地基载荷试验确定，初步设计时也可按下式估算

$$f_{spk} = \lambda m \frac{R_a}{A_p} + \beta(1 - m)f_{sk} \tag{5-50}$$

式中 f_{spk} ——复合地基承载力特征值（kPa）；

λ ——单桩承载力发挥系数，按地区经验取值，无经验时可取 0.8 ~ 0.9；

m ——面积置换率；

R_a ——单桩竖向承载力特征值（kN）；

A_p ——桩的截面积（m^2）；

β ——桩间土承载力折减系数，宜按地区经验取值，如无经验时可取 0.9 ~ 1.0，天然地基承载力较高时取大值；

f_{sk} ——处理后桩间土承载力特征值（kPa），对于非挤土成桩工艺，可取天然地基承载力特征值，对于挤土成桩工艺，一般黏性土可取天然地基承载力特征值，松散砂土、粉土可取天然地基承载力特征值的 1.2 ~ 1.5 倍，原土强度低的取大值。

单桩竖向承载力特征值 R_a 如采用单桩载荷试验确定时，取单桩极限承载力的一半，初步设计时也可按式（5-22）估算，桩端端阻力发挥系数可取 1.0。

桩体试块抗压强度平均值应满足式（5-23）、式（5-24）要求。

3. 褥垫层

褥垫层厚度宜为桩径的 40% ~60%。褥垫层材料宜用中砂、粗砂、级配砂石或碎石等，最大粒径不宜大于 30mm。

4. 沉降计算

地基处理后的变形计算应按现行《地基处理规范》的有关规定执行。

5.8.3 施工方法

水泥粉煤灰碎石桩的施工，应根据现场条件选用下列施工工艺：

1）长螺旋钻孔灌注成桩，适用于地下水位以上的黏性土、粉土、素填土、中等密实以上的砂土地基。

2）长螺旋钻中心压灌成桩，适用于黏性土、粉土、砂土和素填土地基，对噪声或泥浆污染要求严格的场地可优先选用；穿越卵石层夹层时应通过试验确定适用性。

3）振动沉管灌注成桩，适用于粉土、黏性土及素填土地基；挤土造成地面隆起量较大时，应采用较大桩距施工。

4）泥浆护壁成孔灌注成桩，适用于地下水以下的黏性土、粉土、砂土、填土、碎石土及风化岩层等地基；桩长范围和桩端有承压水的土层应通过试验确定其适用性。

5.8.4 质量检验

CFG 桩施工结束后，应间隔一定时间方可进行质量检验。一般养护龄期可取 28d。

1）桩间土检验。桩间土质量检验可用标准贯入、静力触探和钻孔取样等试验对桩间土进行处理前后的对比试验。对砂性土地基可采用标准贯入或动力触探等方法检测挤密程度。

2）单桩和复合地基检验。可采用单桩载荷试验、单桩或多桩复合地基载荷试验进行处理效果检验。试验数量不少于总桩数的 1%，且每个单体工程的试验数量不应少于 3 点。

3）桩身完整性检验。采用低应变动力试验检测桩身完整性，检查数量不低于总装数的 10%。

【例 5-7】 某高层住宅楼，设计地上 26 ~28 层，地下 2 层，基础埋深 9.6m，基础底面以上土的有效加权平均重度为 12.8kN/m³。设计要求地基承载力特征值（不做深度修正）f_{ak} 为 450kPa，建筑物的绝对沉降量小于等于 60mm，差异沉降量符合国家现行规范要求。基础底面设计褥垫层以下各土层的物理力学指标见表 5-9。

表 5-9 土层的物理力学指标

土层编号 \ 指标	孔隙比 e	液性指数 I_L	压缩模量 E_s /MPa	标贯击数 N	动力触探击数 $N_{63.5}$	土的侧阻力特征值/kPa	土的端阻力特征值/kPa	地基承载力特征值 f_{ak} /kPa	土层平均厚度/m
粉质黏土④	0.65	0.50	7.18	11		25		180	2.4
细中砂⑤						25		210	3.3
黏质粉土⑥	0.52	0.24	9.2	23		28		210	3.6

（续）

土层编号 \ 指标	孔隙比 e	液性指数 I_L	压缩模量 E_s /MPa	标贯击数 N	动力触探击数 $N_{63.5}$	土的侧阻力特征值/kPa	土的端阻力特征值/kPa	地基承载力特征值 f_{ak} /kPa	土层平均厚度/m
细中砂⑦						28		220	局部夹层
粉质黏土⑧	0.62	0.36	9.3	36		32	1300	210	6.8
细中砂⑨				41		35	1500	220	0.6
粉质黏土⑩	0.68	0.27	10.6	43		33	1500	230	5.6
细中砂				42		35	2000	220	3.3
重粉质黏土	0.61	0.11	20.5			35		240	3.0
中粗砂				37		38		230	2.1
卵石					46	55		400	>8m

地基处理方案采用CFG桩复合地基，CFG桩桩径400mm，桩长16.5m，正方形布桩，桩距1.55m，设计桩身强度等级C30，单桩承载力发挥系数$\lambda=0.9$，桩间土承载力折减系数$\beta=0.95$。

（1）试验算该CFG桩复合地基承载力是否满足要求？

（2）求该CFG桩复合地基第④层复合土层的压缩模量。

解：正方形布桩，$d=0.4\text{m}$，$d_e=1.13s=(1.13\times1.55)\text{m}=1.75\text{m}$

则CFG桩置换率为$m=\dfrac{d^2}{d_e^2}=\dfrac{0.4^2}{1.75^2}=0.0523$

根据式（5-22）计算CFG桩单桩承载力特征值

$$
\begin{aligned}
R_a &= u_p\sum_{i=1}^{n}q_{si}l_i+\alpha_p q_p A_p \\
&= [0.4\times\pi(25\times2.4+25\times3.3+28\times3.6+32\times6.8+35\times0.4)+ \\
&\quad 1.0\times0.2^2\times\pi\times1500]\text{kN} \\
&= (587.1+188.5)\text{kN}=785\text{kN}
\end{aligned}
$$

根据式（5-23）进行CFG桩混合料材料强度等级初步验算

$$4\frac{\lambda R_a}{A_p}=4\times\frac{0.9\times785}{0.2^2\times\pi}\text{kPa}=22500\text{kPa}<f_{cu}=30000\text{kPa}$$

初步确定桩体强度验算安全。

由式（5-50）知CFG桩复合地基估算承载力特征值为

$$
\begin{aligned}
f_{spk} &= \lambda m\frac{R_a}{A_p}+\beta(1-m)f_{sk} \\
&= \left[0.9\times0.0523\times\frac{785}{0.2^2\times\pi}+0.95\times(1-0.0523)\times180\right]\text{kPa} \\
&= 456.2\text{kPa}>450\text{kPa}
\end{aligned}
$$

根据式（5-24）再次复核桩体强度

$$
\begin{aligned}
4\frac{\lambda R_a}{A_p}\left(1+\frac{\gamma_m(d-0.5)}{f_{spa}}\right) &= \left\{4\times\frac{0.9\times785}{0.2^2\times\pi}\times\left[1+\frac{12.8\times(9.6-0.5)}{456.2}\right]\right\}\text{kPa} \\
&= 28244.8\text{kPa}<f_{cu}=30000\text{kPa}
\end{aligned}
$$

满足承载力设计要求。

沉降计算时，分别将处理深度内的各层土的压缩模量乘以$\zeta=\dfrac{f_{spk}}{f_{ak}}=\dfrac{456.2}{f_{ak}}$，由式（5-30）可得第④层复合土层的压缩模量为：

$$E_{sp4}=\zeta E_{s4}=\left(\frac{456.2}{180}\times 7.18\right)\text{MPa}=18.2\text{MPa}$$

[本章小结]

1. 软土的主要特征是含水量高、抗剪强度低、压缩性高、渗透性小，并具有显著的结构性、明显的流变性及不均匀性。

2. 换填垫层法主要是通过置换软弱土层来提高地基土的强度、减少地基的变形量。当软弱土层厚度不很大时，此方法效果较好。设计时注意正确确定垫层断面的厚度和宽度，施工中注意材料的选择，特别要保证达到设计要求的密实度。

3. 强夯通过重锤的冲击和振动能量来加固地基土，强夯置换法则是在夯坑内回填砂石等填料并不断夯实使其形成密实墩体的地基处理方法。强夯法和强夯置换法具有施工简单、加固效果好、使用经济等优点。设计时应正确选择夯击能从而满足地基的有效加固深度，施工时应注意夯击点的布置、间距和间歇时间的合理选择。

4. 排水固结是通过在软弱地基上施加预压荷载，并增设各种排水通道，使土体中的孔隙水排出，从而加速软土固结，逐步提高地基的强度。加载方法有堆载预压法、真空预压法和联合预压法。适用于处理各类淤泥、淤泥质土及冲填土等饱和黏性土地基。设计时应正确选定竖向排水井，控制好加载的数量、范围和速率。

5. 复合地基的两个基本特点：① 加固区是由基体（天然地基土体）和增强体两部分组成，是非均质和各向异性的；② 在荷载作用下，基体和增强体共同承担荷载的作用。这两点使得复合地基有别于一般浅基和桩基。复合地基设计时，注意选取合理的面积置换率，恰当的荷载分担比。应根据桩的不同类型分别选用不同的公式计算复合地基承载力特征值。在复合地基的沉降计算时，可将复合地基视为双层地基，由加固区内土体的压缩变形和加固区以下土层的压缩变形共同构成。

6. 砂石桩、水泥土搅拌桩、水泥粉煤灰碎石桩与桩间土，分别依次组成柔性桩复合地基、半刚性桩复合地基和刚性桩复合地基。具有桩体作用、垫层作用、加速固结作用、挤密作用及加筋作用等。砂石桩处理范围应大于基底范围，而水泥土搅拌桩、水泥粉煤灰碎石桩可只在基础范围内布桩。褥垫层是桩和桩间土形成复合地基的必要条件，因此以上三种复合地基都应在桩顶部铺设一层砂石垫层。其承载力特征值及变形计算应按复合地基理论进行。

[思考题]

5-1 何谓软弱地基？试简述构成软弱地基的软弱土的特性。

5-2 试述常见的软弱土地基处理方法。

5-3 何谓换填垫层法？其适用范围是什么？如何确定垫层的厚度和宽度？

5-4 何谓强夯法和强夯置换法？试述其加固机理。

5-5 砂石桩在处理砂土地基和黏性土地基的作用机理有何异同？在上述两种地基中的的设计计算是否相同？

5-6 砂石桩的施工方法有哪几种？请分别简述其施工特点。

5-7 试述水泥土搅拌法的特点。

5-8 试述水泥土搅拌桩的施工过程。

5-9 何谓水泥粉煤灰碎石桩复合地基？它与碎石桩和水泥土搅拌桩有何区别？

5-10 简述水泥粉煤灰碎石桩的加固机理。

5-11 什么叫复合地基？与浅基和桩基有何区别？

5-12 试述复合地基中褥垫层的作用。

[习 题]

5-1 某条形基础，宽1.2m，埋深为1.0m，作用于基础的荷载为125kN/m，基础及回填土平均重度为$20kN/m^3$。表层土为粉质黏土，厚1.0m，重度为$18kN/m^3$；第二层土为淤泥质黏土，厚10m，重度为$17.5kN/m^3$，$f_{ak}=60kPa$；第三层为粗砂层。地下水距地表为1.0m。拟采有砂层换填法，试设计砂垫层的厚度和宽度。

5-2 某建筑场地为淤泥质土，固结系数为$C_h = C_v = 2.5\times10^{-3}cm^2/s$，受压土层厚度为10m，袋装砂井直径为70mm，袋装砂井等边三角形布置，间距为1.4m，深度为10m，砂井底部为透水层，砂井打穿受压土层，采用预压荷载总压力为100kPa，一次等速加载，加荷速度为每天10kPa。求：

(1) 加荷后50d，受压土层平均固结度是多少？

(2) 如使受压土层平均固结度达到90%，需要多少天？

5-3 某均质砂土场地中采用砂桩处理，等边三角形布桩，砂桩直径为0.5m，桩体承载力为300kPa，场地土层天然孔隙比为0.92，最大孔隙比为0.96，最小孔隙比为0.75，天然地基承载力为120kPa，要求加固后砂土的相对密实度不小于0.7，采用振动沉管施工法，修正系数$\xi=1.1$，场地土层加固后承载力为160kPa，试求桩间距s和复合地基承载力。

5-4 某软土地基采用直径为1.0m的振冲碎石桩加固，载荷试验测得桩体承载力特征值$f_{pk}=250kPa$，桩间土承载力特征值$f_{sk}=90kPa$，要求处理后的复合地基承载力达到150kPa，采用等边三角形满堂布桩，求振冲碎石桩的置换率m和桩间距s。

5-5 沿海某软土地基拟建一幢六层住宅楼，天然地基土承载力特征值为70kPa，采用搅拌桩处理。根据地层分布情况，设计桩长10m，桩径0.5m，正方形布桩，桩距1.1m。求复合地基承载力特征值（桩周土的平均摩阻力$\bar{q}_s=15kPa$，桩端天然地基土承载力特征值$q_p=60kPa$，桩端天然地基土的承载力折减系数取0.5，桩间土承载力折减系数取0.85，水泥搅拌桩试块的无侧限抗压强度平均值取1.5MPa，强度折减系数取0.3）。

5-6 已知CFG桩复合地基桩间土承载力特征值为120kPa，折减系数为0.85，采用正方形布桩，桩径为0.40m，桩间距为1.67m，单桩承载力特征值为1100kN，单桩承载力发挥系数取0.9。求该CFG桩复合地基承载力。

第 6 章　特殊土地基

[本章提要]

本章介绍了几种在我国分布较广的，具有与一般土体显著不同工程性质的岩土地基，包括湿陷性黄土地基、膨胀土地基、山区地基、红黏土地基、盐渍土地基及地震区地基等。由于沉积过程的地理环境、气候条件、地质成因的不同，这些土体呈区域性分布，并具有特殊的工程性质，称为特殊土地基，也称为区域性特殊土地基。当特殊土地基作为建筑物的地基时，如忽略了这类土体的特殊工程性质时，极易造成工程事故。本章介绍了特殊土地基的分布、特殊的工程性质、评价方法及工程处理措施。

[教学要求]

了解各类特殊土的分布区域、形成原因和工程特性，掌握湿陷性黄土的湿陷性等级的评价、膨胀土地基胀缩性的判别、冻土地基融陷性的判别以及地震区地基液化的判别原则和计算方法。熟悉各类特殊土地基的地基处理措施，重点掌握湿陷性黄土地基、膨胀土地基和可液化地基的工程处理措施。

6.1 概述

由于地理环境、沉积历史和地质成因等不同，某些区域的地基土的工程性质具有明显的特殊性，主要包括湿陷性黄土地基、膨胀土地基、山区地基、冻土地基、盐渍土及地震区地基等。这类地基土除具有特殊的工程性质和成因外，还具有一定的区域性。如我国西北和华北部分区域分布有湿陷性黄土；东北、西北和青藏高原的部分区域分布有多年冻土；西南部的广大山区、丘陵地带，广泛分布有复杂的山区地基，常形成崩塌、岩溶和土洞等现象；西南部分区域还分布有高塑性红黏土。此外，我国是一个多地震的国家，当地基土强度经受不住地震振动变形所产生的内力时，会引起坍塌、液化、震陷等灾害。因此，必须充分认识区域性地基土的特性及其变化规律，才能够正确地设计和处理好地基土问题，保证建筑物安全和正常使用。

6.2 湿陷性黄土地基

6.2.1 湿陷性黄土特征与分布

1. 黄土的特征与分布

黄土是一种产生于第四纪地质历史时期干旱和半干旱气候条件下的一种特殊沉积物，典型的黄土具有以下特征：

1）外观颜色较杂乱，主要呈黄色、灰黄色或褐黄色。

2）颗粒组成以粉粒（其中尤其以粗粉粒为主，粒径为 0.01～0.05mm）为主，占60%～70%，大于 0.25mm 以上的颗粒少见。

3）富含碳酸钙盐类。

4）含水量小，8%～20%。

5）具有肉眼可见的大孔隙，孔隙比变化大多在 1.0～1.1 之间。

黄土按照其成因分为原生黄土和次生黄土。一般认为具备以上特征的风成黄土为原生黄土，原生黄土经过流水冲刷、搬运和重新沉积而形成的黄土称为次生黄土或黄土状土，它常具有层理，含砂粒和细砾夹层，并有垂直节理发育，常呈直立的天然边坡。

黄土在天然含水量时一般呈坚硬或硬塑状态，具有较高的强度、低或中等的压缩性。湿陷性黄土是一种非饱和的欠压密土，具有大孔和垂直节理。湿陷性黄土在天然湿度下，压缩性较低，强度较高，但遇水浸湿时，土的强度显著降低，在自重应力或附加压力与自重压力共同作用下，引起土的湿陷变形。湿陷性变形是一种下沉量大、下沉速度快的失稳性变形，对建筑物危害性大。

图 6-1 湿陷性黄土地貌

我国黄土分布非常广泛，面积约 64 万 km²，其中湿陷性黄土约占四分之三。湿陷性黄土地貌如图 6-1 所示。由于各地气候、地质条件的差别，湿陷性黄土的特征和物理力学性质也因地而异，GB 50025—2004《湿陷性黄土地区建筑规范》（以下简称《黄土规范》），根据湿陷性黄土的工程地质特征，将中国湿陷性黄土工程地质分为七个区（细分为十二个亚区）：Ⅰ——陇西地区，Ⅱ——陇东-陕北-晋西地区，Ⅲ——关中地区，Ⅳ——山西—冀北地区，Ⅴ——河南地区，Ⅵ——冀鲁地区，Ⅶ——边缘地区。规范也同时列出各区湿陷性黄土的物理性质指标和特征描述。

2. 湿陷性黄土的物理、力学性质

湿陷性黄土土质较为均匀，结构疏松，肉眼可见的大孔隙发育。颗粒以粉粒颗粒为主，一般占 60% 以上，且 0.01～0.05mm 的粗粉粒较多，小于 0.005mm 的黏粒和大于 0.1mm 的细颗粒含量较少。黄土中含有大量碳酸盐、硫酸盐和氯化物等可溶性盐类。黄土中主要矿物成分是石英、长石和中等亲水性的伊利石。

由于湿陷性黄土的物质组成和结构特征，决定其物理、力学性质也有别于一般土体。

1）土的天然含水量与湿陷性相关。含水量低，湿陷性强烈，随含水量的增大，湿陷性逐渐减弱。

2）当液限小于30%时，湿陷性一般较强；当液限在30%以上时，黄土的湿陷性较弱，且液限越高，黄土的承载力也越高。

3）湿陷性黄土压缩系数为0.1～1.0MPa^{-1}。中更新世（Q_2）形成的，年代久远的老黄土土质密实，颗粒均匀，无大孔或略具大孔结构，其压缩性多为中等偏低或低压缩性，一般不具有湿陷性或仅具轻微湿陷性。晚更新世（Q_3）及全新世（Q_4）形成年代较晚的新黄土，土质均匀，多为中等偏高压缩性，有较强烈的湿陷性。新近堆积黄土一般具有高压缩性，压缩系数最大值达1～2MPa^{-1}。

4）当黄土的含水量低于塑限时，水分变化对强度的影响较大，随含水量的增加，土的内摩擦角和黏聚力都降低较多；但当含水量大于塑限时，含水量对抗剪强度的影响减小，而超过饱和含水量时，抗剪强度的变化不明显。

5）遇水强烈崩解，膨胀量较小，但失水收缩比较明显。

6）透水性较强。

6.2.2　黄土湿陷性的成因和影响因素

1. 黄土湿陷性的成因和机理

黄土湿陷性的成因和机理有多种理论解释，归纳起来可以分为外因和内因两方面。黄土的结构特征及物质成分是产生湿陷性的内因，黄土受水浸湿和荷载作用是产生湿陷性的外因。

黄土的结构是在整个地质历史过程中形成的，季节性的短期降雨把松散的粉粒黏聚起来，当在长期干旱、少雨气候下，黄土沉积过程中水分不断蒸发，少量的水分及溶于其中的盐类便集中在粗粉粒的接触点处形成胶结物，黄土中的粗粉粒和少量分布的大砂粒由可溶性盐浓缩沉淀的胶结体联结，构成了由几个颗粒包围的大空隙。另外，含水量的减少使得土颗粒靠近，土粒间的盐类析出，胶体凝固，形成固化黏聚力，增强了土粒间抗滑移能力，也形成了具有大量架空孔隙的多孔隙结构（图6-2）。当黄土浸水较深时，盐类溶于水中，连接点破坏，固化黏聚力消失，骨架强度降低，在上覆土自重压力或自重压力与附加压力共同作用下，整个结构体系失去稳定，导致大量附加沉陷。

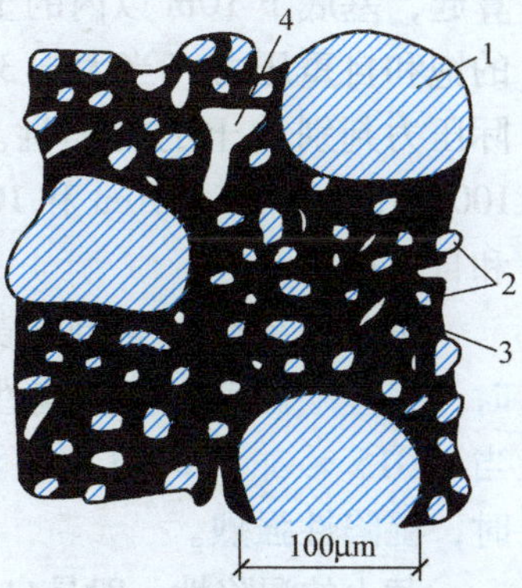

图6-2　黄土的大孔隙结构

1、2—黄土颗粒

3—胶凝物质　4—孔隙

2. 影响黄土湿陷性的因素

影响黄土湿陷性的因素来自组成黄土的物质成分和其特殊结构。在组成黄土的物质成分中，胶结物质的多少、成分，以及颗粒的组成和分布，对黄土结构性和湿陷性强弱有着重要影响。胶结物质含量大，可把骨架颗粒包围起来，结构致密，湿陷性减弱。黏粒含量对湿陷性有一定影响，黏粒含量越多，填充在土体孔隙中起一定胶结作用，湿陷性降低。另外，黄土中盐类及其存在状态对湿陷性有直接影响，如以较难溶解的碳酸钙为主，则湿陷性减弱，而其他碳酸盐、硫酸盐和氯化物等易溶盐含量越多，则湿陷性越强。

黄土的湿陷性与孔隙比和含水量以及所受的压力大小有关。天然孔隙比越大，湿陷性越强。在天然孔隙比和含水量不变的情况下，随着压力的增大，黄土的湿陷量增加，但当压力超过某一数值时，再增加压力，湿陷量反而减少。在天然含水量相同时，黄土的湿陷变形随湿度的增加而增大。

6.2.3 湿陷性黄土地基的评价

黄土的湿陷性计算与评价内容主要有：① 判别黄土在一定压力作用下是否具有湿陷性；② 判别湿陷性黄土场地的湿陷类型，是自重湿陷性黄土还是非自重湿陷性黄土；③ 判别湿陷等级，湿陷性强弱程度。黄土湿陷性评价标准，各国不同，以下介绍《黄土规范》的相关规定。

1. 黄土湿陷性判别

测定黄土湿陷性的试验，分为室内压缩试验、现场静载荷试验和现场试坑浸水试验三种。黄土的湿陷性可利用现场采集的不扰动土试样，按室内压缩试验在一定压力下测定的湿陷系数 δ_s 来判定，其计算式为

$$\delta_s = \frac{h_p - h'_p}{h_0} \tag{6-1}$$

式中 h_p ——保持天然的湿度和结构的土样，加压至一定压力 p 时，下沉稳定后的高度（mm）；

h'_p ——上述加压稳定后的土样，在浸水作用下，下沉稳定后的高度（mm）；

h_0 ——土样的原始高度（mm）。

测定湿陷系数的试验压力 p，应自基础底面（如基础底面不确定，应自地面下 1.5m）算起，基底下 10m 以内的土层应为 200kPa；10m 以下至非湿陷性土层顶面，应用其上覆土的饱和自重压力（当大于 300kPa 时，仍应用 300kPa）。如基底压力大于 300kPa 时，宜用实际压力判别黄土的湿陷性。对压缩性较高的新近堆积黄土，基底下 5m 以内的土层宜用 100～150kPa，5～10m 和 10m 以下至非湿陷性黄土层顶面，应分别用 200kPa 和上覆土的饱和自重压力。

按湿陷系数 δ_s 来判断黄土的湿陷性，当 $\delta_s < 0.015$ 时，为非湿陷性黄土，当 $\delta_s \geqslant 0.015$ 时，为湿陷性黄土。湿陷性黄土的湿陷程度，可根据湿陷系数 δ_s 值的大小分为下列三种：当 $0.015 \leqslant \delta_s \leqslant 0.03$ 时，湿陷性轻微；当 $0.03 < \delta_s \leqslant 0.07$ 时，湿陷性中等；当 $\delta_s > 0.07$ 时，湿陷性强烈。

黄土的湿陷性一般是自地表以下逐渐减弱，埋深 7～8m 以上的黄土湿陷性较强。不同地区不同时代的黄土湿陷性是不同的，这与土的成因、固结成岩作用及所处的环境等条件有关。

2. 湿陷起始压力 p_{sh} 确定

采用室内压缩试验测定黄土湿陷性系数方法，只能测某一规定压力下的湿陷系数。有时工程上要确定湿陷起始压力 p_{sh}，当黄土受的压力低于这个数值，即使浸了水也只产生压缩变形，而不会出现湿陷现象。

测定湿陷性起始压力，可选用单线法压缩试验或双线法压缩试验。现场载荷试验法测定湿陷性黄土的湿陷起始压力时，可采用单线法静载试验或双线法静载试验。在 p-s_s（压力与浸水下沉量）曲线上，取其转折点所对应的压力作为湿陷起始压力值。当曲线上的转折点

不明显时，可取浸水下沉量 s_s 与承压板宽度或直径 b 之比小于0.017所对应的压力作为湿陷起始压力值。

按室内压缩试验单、双线法确定时，在 p-δ_s 曲线上宜取 $\delta_s=0.015$ 所对应的压力作为湿陷起始压力值。其中采用单线法时，应在同一个取土点的同一深度处，至少用环刀取5个试样，各试样均在天然湿度下分级加载，分别加至不同的规定压力，下沉稳定后测 h_p，再浸水，至湿陷稳定为止，测试样高度 h'_p，按式（6-1）绘制 p-δ_s 曲线，确定 p_{sh} 值。采用双线法时，应在同一个取土点的同一深度处，以环刀取2个试样，一个在天然湿度下分级加载，另一个在天然湿度下加第一级荷载，下沉稳定后浸水，至湿陷稳定，再分级加载。分别测定这两个试样在各级压力下，下沉稳定后的试样高度 h_p 和浸水下沉稳定后的试样高度 h'_p，绘制不浸水试样的 p-h_p 曲线和浸水试样的 p-h'_p 曲线，按式（6-1），绘制 p-δ_s 曲线（图6-3），确定 p_{sh} 值。

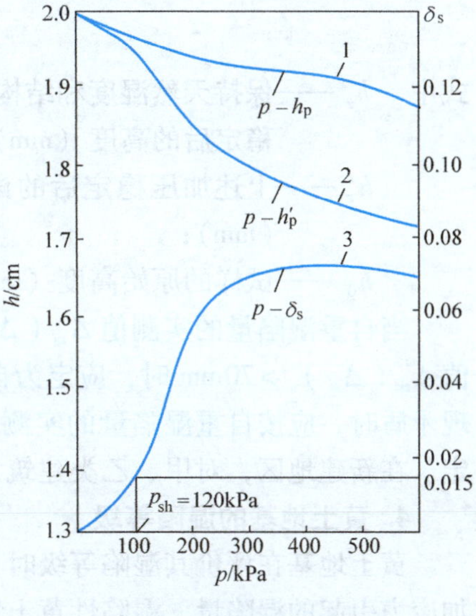

图6-3 双曲线压缩曲线（双线法）
1—不浸水试样 p-h_p 曲线
2—浸水试样的 p-h'_p 曲线
3— p-δ_s 曲线

3. 湿陷性黄土场地的湿陷类型划分

湿陷性黄土按湿陷类型分为自重湿陷性黄土与非自重湿陷性黄土两类。自重湿陷性黄土是指当某一深处的黄土层被水浸湿后，仅在其上覆土层的饱和自重压力（饱和度 $S_r=85\%$）下产生湿陷变形的黄土。非自重湿陷性黄土是指当某一深度处的黄土层浸水后，除上覆土的饱和自重外，尚需要一定的附加压力才发生湿陷的，称非自重湿陷性黄土。在工程上，自重湿陷性黄土产生的湿陷事故比非自重湿陷性黄土要多，两种类型湿陷性黄土地基采取的设计和施工措施也不同。

湿陷性黄土场地的湿陷类型应按自重湿陷量的实测值 Δ'_{zs} 或计算值 Δ_{zs} 判定。实测自重湿陷量应根据现场试坑浸水试验确定，室内压缩试验是在室内固结仪上进行，即分级加荷至上覆土层的饱和自重压力，当下沉稳定后，使土样浸水湿陷达稳定为止。

湿陷性黄土场地自重湿陷量的计算值 Δ_{zs} 按下式计算

$$\Delta_{zs}=\beta_0\sum_{i=1}^{n}\delta_{zsi}h_i \tag{6-2}$$

式中 h_i——第 i 层土的厚度（cm）；

n——总计算土层内湿陷土层数目，应自天然地面（当挖、填方厚度较大时，应自设计地面）算起，至其下非湿陷性黄土层的顶面为止，其中自重湿陷系数 $\delta_{zs}<0.015$ 的土层不累计。

δ_{zsi}——第 i 层土的自重湿陷系数。

β_0——因土质地区而异的修正系数。

湿陷性黄土地基的湿陷变形量大，下沉速度快，且影响因素复杂，按室内试验计算的结果与现场试验结果往往有一定差异，故在式（6-2）中增加一项修正系数 β_0，以调整其差异，使湿陷量的计算值接近实测值。在缺乏实测资料时，可按下列规定取值：对陇西地区可取1.5；对陇东-陕北-晋西地区可取1.2；对关中地区可取0.9；对其他地区可取0.5。

自重湿陷系数 δ_{zs} 按下式计算

$$\delta_{zs} = \frac{h_z - h'_z}{h_0} \tag{6-3}$$

式中 h_z——保持天然湿度和结构的试样，加压至该试样上覆土的饱和自重压力时，下沉稳定后的高度（mm）；

h'_z——上述加压稳定后的试样，在浸水（饱和）作用下，附加下沉稳定后的高度（mm）；

h_0——试样的原始高度（mm）。

当自重湿陷量的实测值 Δ'_{zs}（Δ_{zs}）$\leqslant$70mm 时，应定为非自重湿陷性黄土场地；当实测值 Δ'_{zs}（Δ_{zs}）>70mm 时，应定为自重湿陷性黄土场地。当自重湿陷量的实测值和计算值出现矛盾时，应按自重湿陷量的实测值来判断。实测自重湿陷量应根据现场试坑浸水试验确定。在新建地区，对甲、乙类建筑，宜采用试坑浸水试验。

4. 黄土地基的湿陷等级

黄土地基在评价其湿陷等级时，除了要考虑自重引起的湿陷量以外，还要考虑地基中附加应力引起的湿陷量。湿陷性黄土地基受水浸湿达到完全饱和时的可能湿陷量为总湿陷量，也是最大湿陷量。

总湿陷量的计算值 Δ_s 按下式计算

$$\Delta_s = \sum_{i=1}^{n} \beta \delta_{si} h_i \tag{6-4}$$

式中 δ_{si}——第 i 层土的湿陷系数；

h_i——第 i 层土的厚度（mm）；

β——考虑基底下地基土的受水浸湿可能性和侧向挤出等因素的修正系数，在缺乏实测资料时，可按以下规定取值：基底下 0～5m 深度内取 $\beta=1.5$；基底下 5～10m 深度内取 $\beta=1.0$，基底下 10m 以下至非湿陷性黄土层顶面，在自重湿陷性黄土场地可取工程所在地区的 β_0 值。

总湿陷量的计算值 Δ_s 的计算深度，应自基础底面（如基底标高不确定时自地面下 1.5m）算起；在非自重湿陷性黄土场地，累计至基底下 10m（或地基压缩层）深度止；在自重湿陷性黄土场地，累计至非湿陷黄土层的顶面止。其中湿陷系数 δ_s（10m 以下为 δ_{zs}）小于 0.015 的土层不累计。

根据总湿陷量 Δ_s 的计算值和自重湿陷量 Δ_{zs} 的计算值的大小，黄土的湿陷性等级按表 6-1 判定。

表 6-1 湿陷性黄土地基的湿陷等级

自重湿陷量/mm \ 湿陷量/mm	非自重湿陷性场地	自重湿陷性场地	
	$\Delta_{zs} \leqslant 70$	$70 < \Delta_{zs} \leqslant 350$	$\Delta_{zs} > 350$
$\Delta_s \leqslant 300$	Ⅰ（轻微）	Ⅱ（中等）	—
$300 < \Delta_s \leqslant 700$	Ⅱ（中等）	Ⅱ或Ⅲ	Ⅲ（严重）
$\Delta_s > 700$	Ⅱ（中等）	Ⅲ（严重）	Ⅳ（很严重）

注：当湿陷量的计算值 $\Delta_s > 600$mm、自重湿陷量的计算值 $\Delta_{zs} > 300$mm 时，可判断为Ⅲ级，其他情况可判为Ⅱ级。

【例6-1】 陇西地区某湿陷性黄土场地的地层情况为：0~12.5m为湿陷性黄土，12.5m以下为非湿陷性土，探井资料见表6-2，假设场地地层水平、均匀，地面标高与±0.000标高相同，试判断湿陷性黄土地基的湿陷等级。

表6-2 湿陷系数一览表

取样深度/m	1	2	3	4	5	6	7
δ_s	0.076	0.070	0.065	0.055	0.050	0.045	0.043
δ_{zs}	0.011	0.013	0.016	0.017	0.018	0.019	0.020
取样深度/m	8	9	10	11	12	13	14
δ_s	0.037	0.022	0.036	0.018	0.014	0.006	0.002
δ_{zs}	0.022	0.010	0.025	0.027	0.016	0.010	0.005

解：(1) 计算场地的自重湿陷量

$$\begin{aligned}\Delta_{zs} &= \beta_0 \sum_{i=1}^{n} \delta_{zsi} h_i \\ &= 1.5 \times (0.016 \times 1000 + 0.017 \times 1000 + 0.018 \times 1000 + 0.019 \times 1000 + \\ &\quad 0.020 \times 1000 + 0.022 \times 1000 + 0.025 \times 1000 + 0.027 \times 1000)\text{mm} \\ &= 246\text{mm}\end{aligned}$$

$\Delta_{zs} > 70\text{mm}$，场地为自重湿陷性场地。

(2) 计算场地的湿陷量Δ_s 地面下1.5~6.5m，$\beta = 1.5$；6.5~11.5m，$\beta = 1.0$；11.5m以下，$\beta = 1.5$。

$$\begin{aligned}\Delta_s &= \sum_{i=1}^{n} \beta \delta_{si} h_i \\ &= 1.5 \times (0.070 \times 1000 + 0.065 \times 1000 + 0.055 \times 1000 + 0.050 \times 1000 + \\ &\quad 0.045 \times 1000)\text{mm} + 1 \times (0.043 \times 1000 + 0.037 \times 1000 + 0.022 \times 1000 + \\ &\quad 0.036 \times 1000 + 0.018 \times 1000)\text{mm} \\ &= 583.5\text{mm}\end{aligned}$$

(3) 湿陷等级判别 由$70\text{mm} < \Delta_{zs} \leqslant 350\text{mm}$，$300\text{mm} < \Delta_s \leqslant 700\text{mm}$，可判断场地为Ⅱ级或Ⅲ级，由$\Delta_{zs} < 300\text{mm}$；$\Delta_s < 600\text{mm}$，可判断场地湿陷等级为Ⅱ级。

6.2.4 湿陷性黄土地基的设计

在湿陷性黄土地区进行建设，地基应满足承载力、湿陷变形、压缩变形和稳定性的要求。计算方法与一般浅基础相同，应符合现行国家标准的有关规定。当湿陷性黄土地基需要进行变形验算时，其中沉降计算经验系数φ_s，应按表6-3取值。

表6-3 沉降计算经验系数

$\overline{E}_s$/MPa	3.30	5.00	7.50	10.00	12.50	15.00	17.50	20.00
φ_s	1.80	1.22	0.82	0.62	0.50	0.40	0.35	0.30

$\overline{E}_s$ 为变形计算深度范围内压缩模量的当量值，按下式计算

$$\overline{E}_s = \frac{\sum A_i}{\sum \frac{A_i}{E_{si}}} \tag{6-5}$$

式中　A_i——第 i 层土附加应力系数曲线沿土层厚度的积分值；

E_{si}——第 i 层土的压缩模量值（MPa）。

当乙、丙类建筑的地基处理厚度小于新近堆积黄土层的厚度时，除应验算下卧层的承载力外，还应计算下卧层的压缩变形，以免因地基处理深度不够，导致建筑物产生有害变形。

湿陷性黄土地基的稳定性计算，除应符合现行《建筑地基规范》的有关规定外，还应符合两点要求：① 确定滑动面时，应考虑湿陷性黄土地基中可能存在的竖向节理和裂隙；② 对有可能受水浸湿的湿陷性黄土地基，土的强度指标应按饱和状态的试验结果确定。

6.2.5　湿陷性黄土地基的工程措施

大量工程实践表明，在Ⅲ～Ⅳ级自重湿陷性黄土场地上，未经处理的地基在使用期间受水浸湿，湿陷事故难以避免。所以在湿陷性黄土地区的建设中，应根据湿陷性黄土的特点和工程要求，采取以地基处理为主的综合措施，消除地基的全部湿陷量，使处理后的地基不具湿陷性或者是消除部分湿陷量，控制下部未处理土层的湿陷量不超过规范规定的数值。防止黄土地基湿陷的综合措施，可分为地基处理、防水措施和结构措施三种。

1. 地基处理措施

地基处理措施是通过破坏湿陷性黄土的大孔隙结构，改善土的物理力学性质来减小或消除地基的湿陷变形。湿陷性黄土地基常用的处理方法见表 6-4。图 6-4 所示为用强夯法消除黄土的湿陷性。

表 6-4　湿陷性黄土地基常用的处理方法

名称	适用范围	可处理的湿陷性黄土层厚度/m
垫层法	地下水位以上，局部或整片处理	1～3
强夯法	地下水位以上，$S_r \leqslant 60\%$ 的湿陷性黄土，局部或整片处理	3～12
挤密法	地下水位以上，$S_r \leqslant 65\%$ 的湿陷性黄土	5～15
预浸水法	自重湿陷性黄土场地，地基湿陷等级为Ⅲ级或Ⅳ级，可消除地面下 6m 以下湿陷性黄土层的全部湿陷性	6m 以上，尚应采用垫层或其他方法处理
其他方法	经试验研究或工程实践证明行之有效	

选择垫层法和挤密法处理湿陷性黄土地基时，不得使用盐渍土、膨胀土、冻土、有机质土等不良土料和粗颗粒的透水性（如砂、石）材料作填料。

2. 防水措施

防水措施主要用于防止或减少地基受水浸湿。基本防水措施要求在建筑布置、地面排水、宽散水等方面，防止雨水或生产生活用水渗入地基。对经常受水浸湿或可能积水的地面，应按防水地面设计。建筑物的周围必须设置散水，其坡度不得小于 0.05，散水外缘应略高于平整后的场地，散水的宽度根据《黄土规范》规定采用，一般为 1.0～2.5m。高耸结构的散水宜超出基础底边缘 1.0m，并不得小于 5.0m。图 6-5 所示为散水结构示意图。

图 6-4　强夯消除黄土湿陷性

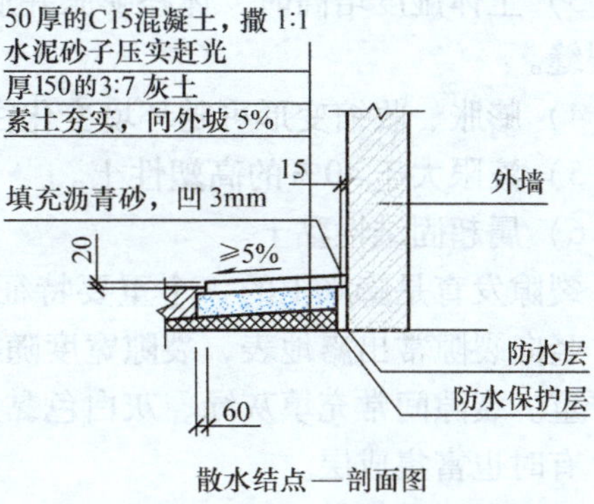

图 6-5　散水结构示意图

3. 结构措施

结构措施主要用于减小和调整建筑物的不均匀沉降，使其具有适应或抵抗湿陷变形的能力。建筑物的体型力求简单，长高比不宜大于3。当建筑物的平面、立面布置复杂时，宜采用沉降缝将建筑物分成若干个简单、规则的独立单元；高层建筑的设计，应优先选用轻质高强材料，并应加强上部结构刚度和基础刚度；当有地下管道或管沟穿过建筑物的基础或墙时，应预留适应沉降的净空。

4. 桩基措施

当地基的湿陷性大，要求处理的土层深，技术上困难或经济上不合理时，可采用桩基础或深基础穿越湿陷性土层，将上部荷载直接传到非湿陷土层或基岩中。在非自重湿陷性黄土场地，桩端应穿透湿陷性黄土层，支撑在压缩性较低的非湿陷性黄土层中。在自重湿陷性黄土场地，桩端应支撑在可靠的岩土层中。

在以上处理措施中，消除地基的全部湿陷量或采用桩基础穿透全部湿陷性黄土层，主要用于甲类建筑；消除地基的部分湿陷量，主要用于乙、丙类建筑；丁类属次要建筑，地基可不处理。防水措施和结构措施，一般用于地基不处理或消除地基部分湿陷量的建筑，以弥补地基处理的不足。对于地基湿陷等级高或厚度大的新近堆积黄土、高压缩性的饱和黄土等地段，地基处理的难度大，工程造价高，所以应避免将重要建设项目布置在上述地段。

6.3　膨胀土地基

6.3.1　膨胀土的特征及对建筑物的危害

1. 膨胀土的一般特征

膨胀土是土中黏粒成分主要由亲水性矿物组成，同时具有显著的吸水膨胀和失水收缩两种变形特性的高液限黏土。膨胀土在我国分布广泛，多出现于二级及二级以上的阶地、山前丘陵和盆地边缘，以黄河流域及其以南地区较多。

它的主要特征是：

1）粒度组成中黏粒（粒径≤2μm）的含量大于30%。

2）矿物成分中伊利石、蒙脱石等强亲水性矿物占主导地位。

3）土体湿度增高时，体积膨胀并形成膨胀压力；土体干燥失水时，体积收缩并形成收缩裂缝。

4）膨胀、收缩变形可随环境变化往复发生，导致土的强度衰减。

5）液限大于40%的高塑性土。

6）属超固结性黏土。

裂隙发育是膨胀土的一个重要特征，裂隙有竖向、斜交和水平三种，常见光滑面或擦痕。竖向裂隙常出露地表，裂隙宽度随深度增加而逐渐尖灭；斜交剪切裂隙越发育，胀缩性越严重。裂隙间常充填灰绿、灰白色黏土矿物。膨胀土还含钙质结核和铁锰结核，呈零星分布，有时也富集成层。

2. 膨胀土的危害

膨胀土的膨胀—收缩—再膨胀的往复变形特性非常显著。膨胀土分布地区在旱季常出现长达数十米至百米、深数米的地裂缝（图6-6），雨季则闭合。建造在膨胀土地基上的建筑物，随季节气候变化会反复不断地产生不均匀的抬升和下沉，而使建筑物破坏。

膨胀土地区的建筑物裂缝，具有成群出现的特点，而且以低层轻型、砖混结构损坏最为严重。房屋首先在转角处开裂（图6-7），墙上出现对称或不对称的倒八字形、X形裂缝，室内地坪和楼板常出现纵向隆起开裂。因为这类房屋质量轻、整体性较差，且基础埋置浅，地基土易受外界环境变化的影响而产生胀缩变形。地基在膨胀过程中产生的竖向切力和侧向水平推力的作用，造成基础移动而产生水平裂缝和位移。

图6-6　膨胀土地表龟裂

图6-7　膨胀土地基房屋墙面开裂

膨胀土的胀缩特性除使房屋发生开裂、倾斜外，还会使公路路基发生破坏（图6-8），堤岸、路基产生滑坡（图6-9），涵洞、桥梁等刚性结构物产生不均匀沉降导致开裂等。另外，膨胀土地区在流水冲刷作用下的水沟、水渠易发生崩塌、滑动而淤塞。

图6-8　膨胀土路面破坏

图6-9　膨胀土滑坡后缘裂缝

6.3.2 膨胀土的工程特性指标

膨胀土的矿物成分主要是次生黏土矿物蒙脱石（微晶高岭土）和伊利石（水云母），具有较高的亲水性，当失水时土体收缩出现干裂，遇水时膨胀隆起。土中含有上述矿物的多少直接决定土的膨胀性的大小。膨胀土的胀缩性与土中黏粒含量有关，黏粒颗粒小，比表面积大，颗粒负电场与极性水分子间的吸引作用大。所以黏粒含量越高，吸水能力越强，胀缩变形就越大。膨胀土中含水量的变化也对胀缩变形也有影响，当初始含水量与胀后含水量越接近，土收缩的可能性和收缩值就越大；如二者差值越大，土膨胀可能性及膨胀值就越大。

1. 自由膨胀率 δ_{ef}

人工制备的烘干土经充分吸水膨胀稳定后，在水中增加的体积与原体积的比称为自由膨胀率，按下式计算

$$\delta_{ef}=\frac{V_w-V_0}{V_0}\times 100\% \tag{6-6}$$

式中 V_w——土样在水中膨胀稳定后的体积（mL）；

V_0——土样原有体积（mL）。

自由膨胀率 δ_{ef} 表示膨胀土在无结构力影响下和无压力作用下的膨胀特性，反映土的矿物成分及含量，是判断膨胀土的指标，但不能反映原状土的胀缩变形，也不能用来定量评价地基土的胀缩幅度。

2. 膨胀率 δ_{ep}

原状土在侧限压缩仪中，在一定压力下，浸水膨胀稳定后，试样增加的高度与原高度之比为膨胀率，按下式计算

$$\delta_{ep}=\frac{h_w-h_0}{h_0}\times 100\% \tag{6-7}$$

式中 h_w——土样浸水膨胀稳定后的高度（mm）；

h_0——土样的原始高度（mm）。

膨胀率 δ_{ep} 可用来评价地基的胀缩等级，是膨胀土地基设计计算变形的主要指标。

3. 收缩系数 λ_s

原状土样在直线收缩阶段，含水量减少1%时的竖向线缩率，按下式计算

$$\lambda_s=\frac{\Delta\delta_s}{\Delta w} \tag{6-8}$$

式中 $\Delta\delta_s$——收缩过程中与两点含水量之差对应的竖向线缩率之差（%）；

Δw——收缩过程中直线变化阶段两点含水量之差（%）。

4. 膨胀力 p_e

原状土样在体积不变时，由于浸水膨胀产生的最大内应力。以各级压力下的膨胀率 δ_{ep} 为纵坐标，压力 p 为横坐标，将试验结果绘制成 p-δ_{ep} 关系曲线，该曲线与横坐标轴的交点即为膨胀力 p_e，如图6-10所示。

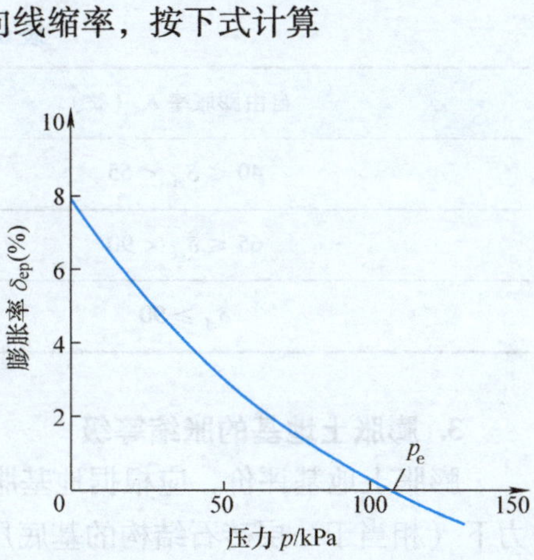

图6-10 膨胀率与压力关系曲线图

6.3.3 膨胀土场地与地基评价

1. 膨胀土场地的判别

进行膨胀土场地的评价，应查明建筑场地内膨胀土的分布及地形地貌条件，根据工程地质特征、土的膨胀潜势和地基胀缩等级等指标，对建筑场地进行综合评价。

GB 50112—2013《膨胀土地区建筑技术规范》（简称《膨胀土规范》）在膨胀土场地类别划分上采用的是平坦场地和坡地场地。地形坡度小于5°，或地形坡度为5°~14°且距坡肩水平距离大于10m的坡顶地带，为平坦场地；地形坡度大于等于5°，或地形坡度小于5°且同一建筑范围内局部地形高差大于1m的场地，为坡地场地。

平坦场地地形地貌简单，地基土相对较均匀，地基水分蒸发是单向的，地基的处理措施相对经济。在膨胀土地区自然坡度超过14°，在坡脚处易形成剪应力集中区，促使蠕动和滑坡形成，同时大于5°的坡上建筑物变形受坡的影响，沉降量较大，处理费用较高，一般建议在大于14°的坡地上应采取避让。

《膨胀土规范》规定，具有下列工程地质特征及建筑物破坏形态，且自由膨胀率 δ_{ef} 大于等于40%的黏性土，应判定为膨胀土：

1）土的裂隙发育，常有光滑面和擦痕，有的裂隙中充满着灰白、灰绿色等杂色黏性土。在自然条件下呈坚硬或硬塑状态。

2）多出露于二级或二级以上阶地、山前和盆地边缘的丘陵地带。地形平缓，无明显自然陡坎。

3）常见有浅层滑坡、地裂。新开挖（槽）壁易发生坍塌等现象。

4）建筑物裂多呈“倒八字”“X”或水平裂缝，裂缝随气候变化而张开和闭合。

2. 膨胀潜势

为了进一步确定膨胀土胀缩性的强弱。《膨胀土规范》按自由膨胀率 δ_{ef} 大小划分膨胀潜势，即反映土体内部积储的膨胀势能大小，来判别土的胀缩性高低。膨胀土的膨胀潜势分为三类，见表6-5。一般情况下，膨胀潜势较弱的膨胀土，建筑物损坏轻微，膨胀潜势较强的膨胀土，建筑物损坏严重。

表6-5 膨胀土的膨胀潜势分类

自由膨胀率 δ_{ef}（%）	膨胀潜势
$40 \leqslant \delta_{ef} < 65$	弱
$65 \leqslant \delta_{ef} < 90$	中
$\delta_{ef} \geqslant 90$	强

3. 膨胀土地基的胀缩等级

膨胀土地基评价，应根据地基胀缩变形对低层砌体房屋的影响程度进行评价。50kPa压力下（相当于一层砖石结构的基底压力）测定土的膨胀率，计算地基分级变形量 s_c，作为划分胀缩等级的标准，可按表6-6分为三级。

表 6-6 膨胀土的胀缩等级

地基分级变形量 s_c /mm	膨胀等级	破坏程度
$15 \leqslant s_c < 35$	Ⅰ	轻微
$35 \leqslant s_c < 70$	Ⅱ	中等
$s_c \geqslant 70$	Ⅲ	严重

6.3.4 膨胀土地基设计

1. 膨胀土地基设计等级

膨胀土场地上的建筑物，根据建筑物的重要性、规模、功能要求和工程特征以及土中水分变化可能造成建筑物破坏影响正常使用的程度，将地基基础分为三个等级，见表 6-7。

表 6-7 膨胀土场地地基基础设计等级

设计等级	建筑物和地基类型
甲级	1）覆盖面积大、重要的工业与民用建筑物； 2）使用期间用水量较大的湿润车间、长期承受高温的烟囱、炉、窑以及负温的冷库等建筑物； 3）对地基变形要求严格或对往复升降变形敏感的高温、高压、易燃、易爆的建筑物； 4）位于坡地上的重要建筑物； 5）胀缩等级为Ⅲ级的膨胀土地基上的低层建筑物； 6）高度大于 3m 的挡土结构，深度大于 5m 的深基坑工程
乙级	除甲、丙级以外的工业与民用建筑物
丙级	1）次要的建筑物； 2）场地平坦、地基条件简单且在均匀的膨胀地基为Ⅰ级的膨胀土地基上的建筑物

膨胀土场地地基基础设计，应满足承载力计算的要求；对甲、乙级建筑物均应按地基变形设计；建造在坡地或斜坡附近的建筑物以及受水平荷载作用的高层建筑、高耸构筑物和挡土结构、基坑工程，尚应进行稳定性验算，验算时应计入水平膨胀力的作用。

2. 膨胀土的基础埋深

膨胀土地基上建筑物的基础埋置深度不应小于 1m。当坡地坡脚为 5°~14°，基础外边缘至坡肩的水平距离为 5~10m 时，基础埋深按下式确定

$$d = 0.45d_a + (10 - l_p)\tan\beta + 0.30$$

式中 d——基础埋置深度（m）；

d_a——大气影响深度（m）；

β——设计斜坡坡脚（°）；

l_p——基础外边缘至坡肩的水平距离（m）；

3. 地基变形计算

膨胀土地基变形量，按以下三种情况分别计算：当离地表 1m 处地基土的天然含水量等于或接近最小值时，或地面有覆盖且无蒸发可能时，以及建筑物在使用期间，经常有水浸湿的地基，可按膨胀变形量计算；当离地表 1m 处地基土的天然含水量大于 1.2 倍塑限

含水量时，或直接受高温作用的地基，可按收缩变形量计算；其他情况下可按胀缩变形量计算。

1）膨胀变形量计算

$$s_e = \psi_e \sum_{i=1}^{n} \delta_{epi} h_i \tag{6-9}$$

式中 s_e——地基土的膨胀变形量（mm），应取基础某点的最大膨胀上升量；

ψ_e——计算膨胀变形量的经验系数，宜根据当地经验确定，若无可依据经验时，三层及三层以下建筑物，可采用0.6；

δ_{epi}——基础底面下第 i 层土，在该层土的平均自重压力与对应于荷载效应准永久组合时的平均附加压力之和作用下的膨胀率，由室内试验确定；

h_i——第 i 层土的计算厚度（mm）；

n——自基础底面至计算深度内所划分的土层数（图6-11a），膨胀变形深度 z_{en} 应根据大气影响深度确定，有浸水可能时，可按浸水影响深度确定。

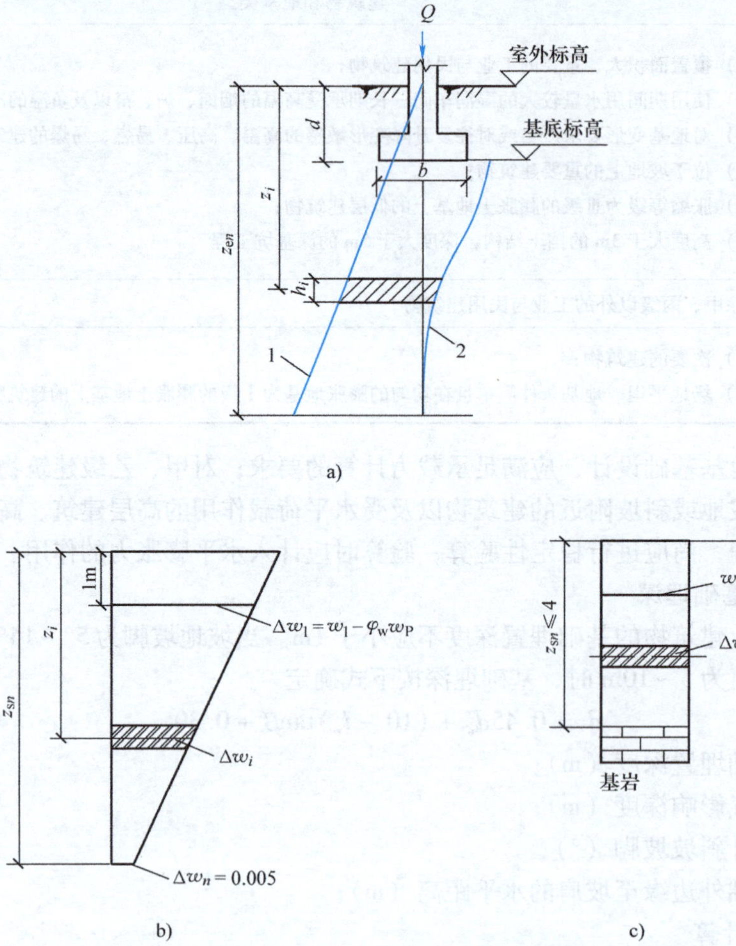

图6-11 地基土膨胀变形计算示意图

a）变形计算示意图 b）一般情况 c）地表下4m深度内存在不透水基岩

1—自重压力曲线 2—附加压力曲线

2）收缩变形量计算

$$s_s = \varphi_s \sum_{i=1}^{n} \lambda_{si} \Delta w_i h_i \tag{6-10}$$

$$\Delta w_i = \Delta w_1 - (\Delta w_1 - 0.01) \frac{z_i - 1}{z_{sn} - 1} \tag{6-11}$$

$$\Delta w_1 = w_1 - \varphi_w w_P \tag{6-12}$$

式中 s_s——地基土的收缩变形量（mm）；

φ_s——计算收缩变形量的经验系数，宜根据当地经验确定，若无可依据经验时，三层及三层以下建筑物，可采用0.8；

λ_{si}——第 i 层土的收缩系数，应由室内试验确定；

n——自基础底面至计算深度内所划分的土层数（图6-11b）；

Δw_i——地基土收缩过程中，第 i 层土可能发生的含水量变化值（以小数表示）；

w_1、w_P——地表下1m处土的天然含水量和塑限含水量（以小数表示）；

z_i——第 i 层土的深度（m）；

z_{sn}——收缩变形计算深度（m），可取大气影响深度，见表6-8，当有热源影响时，应按热源影响深度确定。（在地表下4m土层深度内，存在不透水基岩时，可假定含水量变化值为常数（图6-11c）；在计算深度内有稳定地下水位时，可计算至水位以上3m）；

表6-8 大气影响深度 （单位：m）

土的湿度系数 φ_w	大气影响深度 d_a	土的湿度系数 φ_w	大气影响深度 d_a
0.6	5.0	0.8	3.5
0.7	4.0	0.9	3.0

φ_w——土的湿度系数，应根据当地10年以上的土的含水量变化及有关气象资料统计求出，无资料时，按下式计算

$$\varphi_w = 1.152 - 0.726\alpha - 0.00107c \tag{6-13}$$

其中 α——当地9月至次年2月蒸发力之和与全年蒸发力比值，按《膨胀土规范》附录H取值；

c——全年干燥度大于1.0且月平均气温大于0℃月份的蒸发力与降水量差值的总和。

3）胀缩变形量计算

$$s_{es} = \varphi_{es} \sum_{i=1}^{n} (\delta_{epi} + \lambda_{si} \Delta w_i) h_i \tag{6-14}$$

式中 φ_{se}——计算胀缩变形量的经验系数，根据当地经验确定，无经验时，三层及三层以下可取0.7。

胀缩变形量应取基础某点的最大膨胀上升量与最大收缩下沉量之和。

膨胀地基土的地基变形量计算值 s_j，不应大于地基变形允许值 $[s_j]$，即 $s_j \leqslant [s_j]$。s_j 为天然地基或人工地基及采用其他处理措施后的变形量计算值。$[s_j]$ 应符合表6-9的规定。

表 6-9　膨胀土地基上地基变形允许值

结构类型		相对变形		变形量/mm
		种类	数值	
砌体结构		局部倾斜	0.001	15
房屋长度三到四开间及四角有构造柱或配筋砌体承重结构		局部倾斜	0.0015	30
工业与民用建筑相邻柱基	框架结构无填充时	变形差	0.001l	30
	框架结构有填充时	变形差	0.0005l	20
	当基础不均匀升降时不产生附加应力的结构	变形差	0.003l	40

6.3.5　工程措施

膨胀土地基上建筑物的设计应采取预防为主、综合治理的原则。在膨胀土地基上进行工程建设，应根据当地的气候条件、地基胀缩等级、场地工程地质和水文地质条件，结合当地建筑施工经验，因地制宜采取综合措施。

1. 建筑措施

建筑体型力求简单，场址宜选在膨胀土层厚度均匀，地形坡度小的地段。避让胀缩性相差较大的土层，避开地裂带，不宜建在地下水位升降变化大的地段。无法避免时，采取设置沉降缝。沉降缝宜设置在挖方与填方交界处或地基土显著不均匀处，建筑平面转折处、高度或荷载有显著差异部位，以及建筑结构或基础类型不同部位。此外，加强隔水、排水措施。屋面排水宜采用外排水，雨水管不得设在沉降缝处。建筑物四周应设散水（图6-12），平坦场地胀缩等级为Ⅰ级、Ⅱ级的膨胀土地基，采用宽散水时，构造如图6-13所示。胀缩等级为Ⅰ级的地基散水宽度不应小于2m，胀缩等级为Ⅱ级的地基散水宽度不应小于3m，雨水管下端距散水面不应大于300mm。对于大面积地面应分格设置变形缝，变形缝内填嵌柔性防水材料。

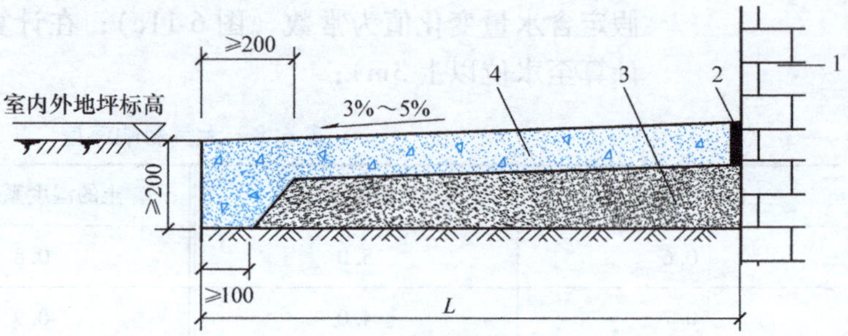

图 6-12　散水构造示意图

1—外墙　2—交接缝　3—垫层　4—面层

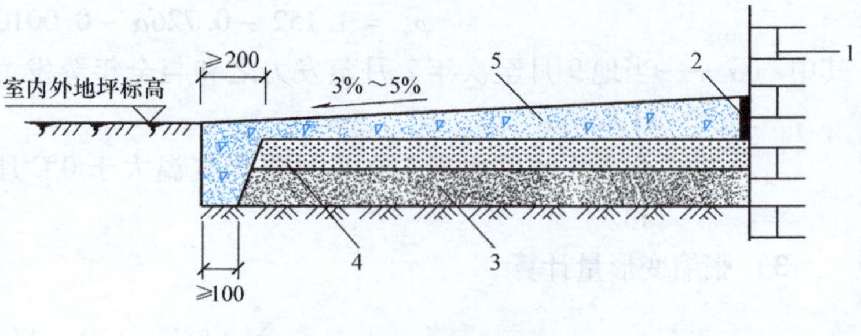

图 6-13　宽散水构造示意图

1—外墙　2—交接缝　3—垫层　4—隔热保温层　5—面层

2. 结构措施

建筑物结构设计应加强基础和上部结构的整体强度和刚度。砌体结构承重墙可采用拉结较好的实心砖墙，不得采用空斗墙、砌块墙或无砂混凝土砌体，墙体厚度不应小于240mm，砌体强度等级不应低于MU10，砂浆强度等级不宜低于M5。墙体尽端至门窗洞口有效宽度不小于1m。楼梯间不宜设在建筑物端部。

房屋顶层和基础顶部宜设置圈梁，对Ⅰ级、Ⅱ级的膨胀土地基上的多层房屋可隔层设置，对于Ⅲ级膨胀土地基上的多层房屋可层层设置。对于Ⅰ级、Ⅱ级的膨胀土地基上的单层厂房应沿墙高每隔4m增设一道圈梁，Ⅲ级膨胀土地基应沿墙高每隔3m增设一道圈梁，且圈梁在同一平台内闭合。

砌体结构还应设置构造柱。门窗洞口宽度大于600mm时应采用钢筋混凝土过梁，在底层窗台处宜设置60mm厚的钢筋混凝土带，并与构造柱拉接。

框、排架结构的围护墙体与柱应采取可靠拉接，且宜砌置在基础梁上，基础梁下宜预留100mm空隙，并应进行防水处理。吊车梁应采用简支梁，吊车梁与起重机轨道之间应采用便于调整的连接方式。起重机顶面与屋架下弦的净空不宜小于200mm。

地下管道及其附属构筑物的基础，宜设置防渗垫层。地下管道或管沟穿过建筑物的基础或墙时，应设预留孔洞，洞与管道的上下净空不小于100mm，洞边与管沟壁应脱开，缝隙内应采用不透水柔性材料封堵。

3. 地基处理措施

膨胀土地基可采用非膨胀性土、灰土或改良土进行换土，换土厚度可通过变形计算确定。平坦场地上Ⅰ、Ⅱ级膨胀土的地基处理，宜采用砂、碎石垫层，垫层厚度不应小于300mm，垫层宽度应大于基底宽度，两侧宜采用与垫层相同的材料回填，并做好防水处理。

胀缩等级为Ⅰ级的膨胀土地基，可采用条形基础，基础埋深较大或基底压力较小时，宜采用墩基础；对胀缩等级为Ⅲ级或设计等级为甲级的膨胀土地基，或膨胀土层较厚选用地基加固或墩式基础施工有困难时，宜采用桩基础。膨胀土中桩基础的桩尖应锚固在非膨胀土层或伸入大气影响急剧层深度（大气影响急剧层深度为大气影响特别显著的深度，一般为大气影响深度的45%，取值为大气影响深度值乘以0.45）以下的土层中，其伸入长度应满足《膨胀土规范》要求。

4. 施工措施

在施工中应尽量减少地基土层中含水量的变化。进行开挖工程时，应快速作业，避免基坑岩土体受暴晒或泡水。地基基础工程宜避开雨期施工。开挖基坑发生地裂、局部上层滞水或土层有较大变化时，应及时处理后，方能继续施工。由于膨胀土坡地具有多向失水性及不稳定性，坡地上的建筑破坏比平坦场地上严重，应尽量避免在坡坎上建筑。如无法避开，则应首先通过采取排水措施，设置支挡和设置护坡，如坑壁（边坡）支护、喷浆、锚固等方法，防止坑壁或边坡坍塌。如不能及时护面，应预留30～50cm的保护（岩）土层。基坑挖土接近基底设计标高时，宜在其上预留20～50cm土层，待下一工序开始前继续挖除。工程施工完毕后，应立即回填土；回填土时严禁灌水操作，基槽回填土宜选用非膨胀土，弱膨胀土或掺6%石灰的膨胀土。

6.4 山区地基和红黏土地基

山区地基覆盖层厚薄不均匀，下卧基岩面起伏较大。山区地基常见土岩组合地基、可溶性岩层岩溶发育地基、土洞等。红黏土也常分布在岩溶地区，成为基岩的覆盖层，由于地表水和地下水的运动引起冲蚀和潜蚀作用，红黏土中也常有土洞。

在山区对建筑物有潜在威胁或直接危害的滑坡、泥石流、崩塌以及岩溶、土洞强烈发育地段，不应选作建设场地。建设工程应充分利用和保护天然排水系统和山地植被。当必须改变排水系统时，应在易于导流或拦截的部位将水引出场外。在受山洪影响的地段，应采取相应的排洪措施。

6.4.1 土岩组合地基

建筑地基的主要受力层范围内，存在下卧基岩表面坡度较大、石芽密布并有出露、大块孤石或个别石芽出露的地基，均属于土岩组合地基。

1. 土岩组合地基的工程特性

（1）下卧基岩表面坡度较大的地基（图6-14） 由于基岩表面倾斜，使基底下土层厚薄不均，以致使地基的承载力和压缩性相差悬殊而引起建筑物不均匀沉降。上覆土层也有可能沿倾斜基岩表面滑动造成失稳。

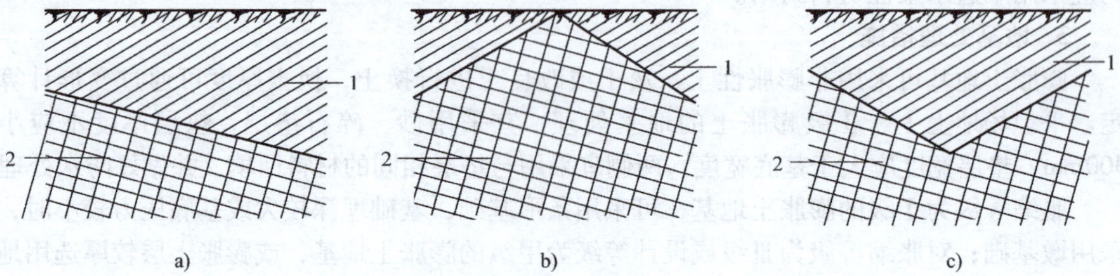

图6-14 基岩面与倾斜情况

a）基岩表面倾斜 b）基岩表面相背倾斜 c）基岩表面相向倾斜

1—土层 2—岩层

（2）石芽密布并有出露的地基 这类地基一般是在岩溶地区出现，其特点是基岩表面起伏较大，石芽间多被红黏土所填充，即使采用很密集的勘探点，也不易查清岩面起伏变化的全貌（图6-15、图6-16）。

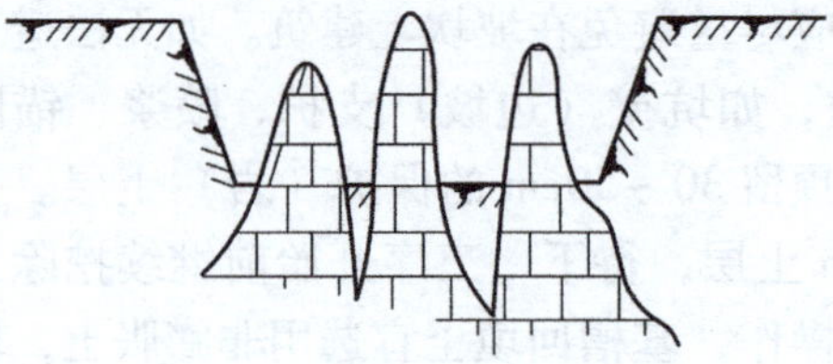

图6-15 石芽地基示意图

图6-16 石芽密布地基

（3）地基中夹杂着大块孤石的地基 这类地基多出现在山前洪积层中或冰碛层中，类似于岩层面相背倾斜和个别石芽出露的地基，其变形条件最为不利，建筑物极易开裂。

2. 土岩组合地基的工程处理措施

对于石芽密布并有出露的地基，当石芽间距小于2m，其间为硬塑或坚硬状态的红黏土时，对于房屋为六层和六层以下的砌体结构、三层和三层以下的框架结构或具有150kN和150kN以下起重机的单层排架结构，其基底压力小于200kPa，可不作地基处理。如不能满足上述要求时，可利用经检验稳定性可靠的石芽作支墩式基础，也可在石芽出露部位作褥垫，如图6-17所示。当石芽间有较厚的软弱土层时，可用碎石、土夹石等进行置换，如图6-18所示。

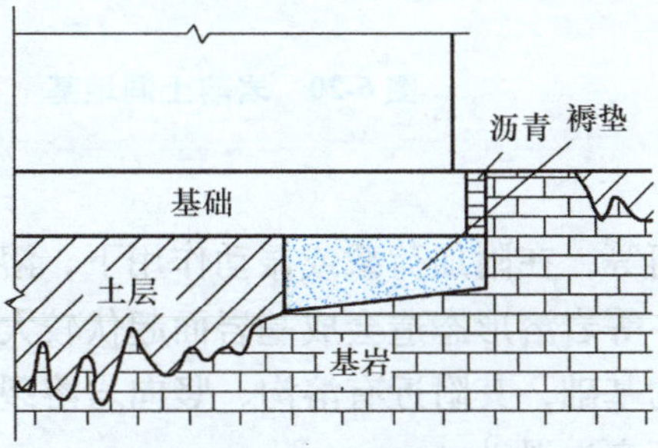

图6-17 褥垫构造图

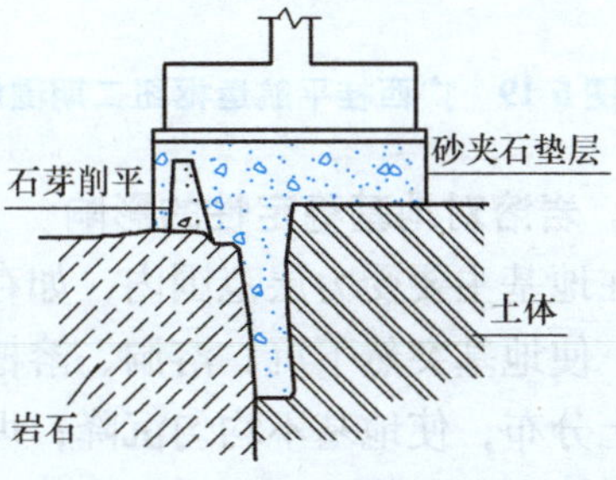

图6-18 削平、填缝构造图

对于大块孤石或个别石芽出露的地基，当土层的承载力特征值大于150kPa、房屋为单层排架结构或一、二层砌体承重结构时，宜在基础与岩石接触的部位采用褥垫进行处理。褥垫可采用炉渣、中砂、粗砂、土夹石等材料，其厚度宜取300~500mm，夯填度应根据试验确定。当无资料时，夯填度可按表6-10所列数值进行设计。

表6-10 地基夯填度

土 层	夯 填 度
中砂、粗砂	0.87±0.05
土夹石（其中碎石含量为20%~30%）	0.70±0.05

注：夯填度为褥垫夯实后的厚度与虚铺厚度的比值。

当建筑物对地基变形要求较高或地质条件比较复杂时，不宜进行地基处理时，可调整建筑平面位置，或采取桩基或梁、拱跨越等处理措施。在地基压缩性相差较大的部位，宜结合建筑平面形状、荷载条件设置沉降缝。沉降缝宽度宜取30~50mm，在特殊情况下可适当加宽。

6.4.2 岩溶和土洞

岩溶（又称喀斯特）是指可溶性岩层，如石灰岩、白云岩、石膏、岩盐等受水长期溶蚀作用，在岩层中形成沟槽、裂隙、石芽、石林和空洞，以及由于空洞顶板塌落使地表产生陷穴、洼地等现象和作用的总称。土洞是岩溶地区可溶性岩层的上覆土层在地表水冲蚀或地下水潜蚀作用下所形成的洞穴。我国岩溶分布较广，尤其是碳酸盐类岩溶，西南地区、东南地区都有分布，贵州、云南、广西等省最为集中。当存在岩溶（溶洞、溶蚀裂隙等）、土洞等现象时，如图6-19、图6-20所示，应考虑其对地基稳定的影响。

图 6-19　广西桂平航运枢纽二期围堰岩溶地基图

图 6-20　岩溶土洞地基

1. 岩溶对地基稳定性的影响

在地基主要受力层范围内，如存在溶洞、暗河等，在附加荷载或振动作用下，溶洞顶板塌陷，使地基突然下沉；溶洞、溶槽、石芽、漏斗等岩溶形态造会成基岩面起伏较大，凹槽内软土分布，使地基不均匀沉降；埋置在基岩上的基础，其附近有溶沟、竖向岩溶裂隙、落水洞时，有可能使基础下岩层沿临空的软弱结构面产生滑动。

2. 岩溶地基稳定性评价

对岩溶地基的评价和处理，首先要了解岩溶的发育规律、分布情况和稳定程度。岩溶场地可根据岩溶发育程度划分为三个等级，设计时应根据具体情况按表 6-11 选用。

表 6-11　岩溶发育程度

等　级	岩溶场地条件
岩溶强发育	地表有较多岩溶塌陷、漏斗、洼地、泉眼 溶沟、溶槽、石芽密布，相邻钻孔间存在临空面、且基岩面高差大于 5m 地下有暗河、伏流 钻孔见洞隙率大于 30% 或线岩溶率大于 20% 溶槽或串珠状竖向溶洞发育深度达 20m 以上
岩溶中等发育	介于强发育和微发育之间
岩溶微发育	地表无岩溶塌陷、漏斗 溶沟、溶槽较发育 相邻钻孔间存在临空面、且基岩面相对高差小于 2m 钻孔见洞隙率小于 10% 或线岩溶率小于 5%

地基基础设计等级为甲级、乙级的建筑物主体宜避开岩溶强发育地段。存在下列情况之一且未经处理的场地，不应作为建筑物地基：① 浅层溶洞成群分布，洞径大，且不稳定的地段；② 漏斗、溶槽等埋藏浅，其中充填物为软弱土体；③ 土洞或塌陷等岩溶强发育的地段；④ 岩溶水排泄不畅，有可能造成场地暂时淹没的地段。

地基基础设计等级为丙级且荷载较小的建筑物，当符合下列条件之一时，可不考虑岩溶对地基稳定性的影响：① 基础底面以下的土层厚度大于独立基础宽度的 3 倍或条形基础宽度的 6 倍，且不具备形成土洞的条件时；② 基础底面与洞体顶板间土层厚度小于独立基础宽度的3倍或条形基础宽度的6倍，洞隙或岩溶漏斗被沉积物填满，其承载力特征值超过150kPa，且无被水冲蚀的可能性时；③ 基底岩石面积满足上部荷载要求，但基础底面存在面积小于基础底面积25%的垂直洞隙。

3. 岩溶、土洞地基的处理措施

对地基稳定性有影响的岩溶洞隙，应根据其位置、大小、埋深、围岩稳定性和水文地质条件综合分析，因地制宜采取下列处理措施：

1）对较小的岩溶洞隙，可采用嵌塞与跨越等方法处理。

2）对较大的岩溶洞隙，可采用梁、板和拱等结构跨越，也可采用浆砌块石等堵塞措施以及洞底支撑或调整柱距等方法处理。跨越结构应有可靠的支承面，梁式结构在稳定岩石上的支承长度应大于梁高1.5倍。

3）基底有不超过25%基底面积的溶洞（隙）且充填物难以挖除时，宜在洞隙部位设置钢筋混凝土底板，底板宽度应大于洞隙，并采取措施保证底板不向洞隙方向滑移。也可在洞隙部位设置钻孔桩进行穿越处理。

4）对于荷载不大的低层和多层建筑，围岩稳定，如溶洞位于条形基础末端，跨越工程量大，可按悬臂梁设计基础，若溶洞位于单独基础重心一侧，可按偏心荷载设计基础。

5）由地表水形成的土洞或塌陷，应采取地表截流、防渗或堵塞等措施进行处理。应根据土洞埋深，分别选用挖填、灌砂等方法进行处理；由地下水形成的塌陷及浅埋土洞，应清除软土，抛填块石作反滤层，面层用黏土夯填；深埋土洞宜用砂、砾石或细石混凝土灌填。在上述处理的同时，尚应采用梁、板或拱跨越。对重要的建筑物，可采用桩基处理。

6.4.3 红黏土地基

红黏土（含原生与次生红黏土）颜色为棕红或褐黄，覆盖于碳酸盐岩系之上，液限大于或等于50%的高塑性黏土。原生红黏土经搬运、沉积后仍保留其基本特征，且其液限大于45%的黏土，可判定为次生红黏土。红黏土的分布在我国以贵州、云南、广西等省最为广泛和典型，通常堆积在山坡、山麓、盆地或洼地中，主要为残积、坡积类型。红黏土常为岩溶地区的覆盖层，因受基岩起伏影响，厚度变化较大。

1. 红黏土的物理力学特点

红黏土的特点主要是天然含水量、孔隙比、饱和度、液性指数及塑性指数都很高。其孔隙比在1.1~1.7之间，饱和度大于85%，却具有较高的力学强度和较低的压缩性。

2. 红黏土地基的工程地质特征

红黏土的各种指标变化幅度很大，具有高分散性，一般具有表面收缩、上硬下软、裂隙发育的特征。红黏土地层从地表向下由硬变软，上部坚硬、硬塑状态的土占红黏土层的75%以上，厚度一般都大于5m；可塑状态的占10%~20%，接近基岩处；软塑、流塑状态的土小于10%，位于基岩凹部溶槽内。地层从地表向下，土的强度逐渐降低，压缩性逐渐增大。

3. 红黏土地基评价

红黏土地基的建筑物应避免跨越地裂密集带或深长地裂地段；轻型建筑物的基础埋深应大于大气影响急剧层的深度；炉窑等高温设备的基础应考虑地基土的不均匀收缩变形；在开

挖明渠时应考虑土体干湿循环的影响；在石芽出露的地段，应考虑地表水下渗形成的地面变形；当红黏土的网状裂隙及土层的胀缩性对边坡和地基均有不利影响时，评价时应决定是否按膨胀土地基考虑；当下卧基岩岩溶现象发育，覆于其上的红黏土层中有土洞存在时，土洞对建筑物地基的稳定性极为不利。

4. 红黏土地基工程措施

（1）基础浅埋　在选择适宜的持力层和基础形式的前提下，充分利用红黏土上硬下软分布的特征，基础宜浅埋，利用浅部硬壳层，并进行下卧层承载力的验算。当基础浅埋、外侧地面倾斜、有临空面或承受较大水平荷载时，应结考虑土体结构和裂隙对承载力的影响，以及开挖面长时间暴露、裂隙发展和浸水对土质的影响。

（2）地基处理措施　红黏土的厚度随下卧基岩面起伏而变化，常引起不均匀沉降。对不均匀地基的处理，应优先考虑地基处理为主的措施。对外露石芽，可用煤渣、中细砂等可压缩材料作褥垫进行处理。对土层厚度、状态不均匀的地段可用低压缩材料作置换处理，也可采用改变基宽，调整相邻地段基底压力，增减基础埋深，使基底下可压缩土层厚度相对均匀。对基岩面起伏大、岩质坚硬的地基，可采用大直径嵌岩桩或墩基。同时，基坑开挖时宜采取保湿措施，边坡应及时维护，防止失水干缩。

6.5 冻土地基

6.5.1 冻土地基的特点

在寒冷季节温度低于零摄氏度，土中水冻结成冰，此时土称为冻土。作为建筑地基的冻土，根据持续时间可分为季节冻土、隔年冻土与多年冻土。季节性冻土是指冬季冻结夏季全部融化的冻土，若冬季冻结，一两年内不融化的土称为隔年冻土，凡冻结状态持续三年或以上的土称为多年冻土。多年冻土的表土层，有时夏季融化，冬季再结冰，也属于季节性冻土。此外，根据所含盐类与有机物的不同可分为盐渍化冻土与冻结泥炭化土；根据其变形特性可分为坚硬冻土、塑性冻土与松散冻土；根据冻土的融沉性与土的冻胀性又可分成若干亚类。

我国多年冻土主要分布在青藏高原、天山、阿尔泰山地区和东北大小兴安岭等纬度或海拔较高的严寒地区。东部和西部的一些高山顶部也有分布。多年冻土占我国领土的20%以上，占世界多年冻土面积的10%。

6.5.2 冻土的工程危害

冻土地基具有冻胀和冻融现象。冻胀是随着土中水的冻结，土体产生体积膨胀的现象。土发生冻胀的原因是因为冻结时土中水分向冻结区迁移和积聚的结果。冻胀会使地基土隆起，使建造在其上的建筑物被抬起，引起开裂、倾斜甚至倒塌，使得路面鼓包、开裂、错缝或折断等。对工程危害最大的是季节性冻土地区，当土层解冻融化后，土层软化、强度降低、体积收缩。这种冻融现象使得房屋、桥梁和涵管等发生大量沉降和不均匀沉降，道路出现翻浆冒泥等危害。

6.5.3 冻土的力学性质

土的冻胀作用常以冻胀量、冻胀强度、冻胀力和冻结力等指标来衡量。

1. 冻土的融化压缩

冻土融化过程中在无外荷载作用的情况下，所产生的沉降称为融化下沉（简称为融陷），用相对融陷量——融沉系数（也称为融化系数）δ_0 表示

$$\delta_0 = \frac{e_1 - e_2}{1 + e_1} \times 100\% \tag{6-15}$$

式中 e_1、e_2——冻土试样融化前后的孔隙比。

2. 冻胀量

天然地基的冻胀量有两种情况，无地下水源补给和有地下水源补给。对于无地下水源补给的，冻胀量等于在冻结深度 H 范围内的自由水在冻结时的体积，冻胀量 h_n 可按下式计算

$$h_n = 1.09 \frac{\rho_s}{\rho_w}(w - w_P)H \tag{6-16}$$

式中 w、w_P——土的含水量和土的塑限含水量（%）；

ρ_s、ρ_w——土粒和水的密度（g/cm^3）。

对于有地下水源补给的情况，冻胀量与冻胀时间有关，应该根据现场测试确定。

单位冻胀深度的冻胀量称为冻胀强度或冻胀率 η，按下式计算

$$\eta = \frac{h_n}{H} \times 100\% \tag{6-17}$$

式中 H——冻结深度（m）。

3. 法向和切向冻胀力

地基土冻结时，随着土体的冻胀，作用于基础底面向上的抬起力，称为基础底面的法向冻胀力，简称为法向冻胀力；平行向上作用于基础侧表面的抬起力，称为基础侧面的切向冻胀力，简称为切向冻胀力。基础侧面总的长期冻结力按下式计算

$$Q_d = \sum_{i=1}^{n} S_{di} F_{di} \tag{6-18}$$

式中 Q_d——基础侧面总的长期冻结力（kN）；

S_{di}——第 i 层冻土与基础侧面的接触面积（m^2）；

n——冻土与基础侧面接触的土层数；

F_{di}——第 i 层冻土的冻结力（kPa）。

4. 冻结力

冻土与基础表面通过冰晶胶结在一起，这种胶结力称为基础与冻土间的冻结强度，简称冻结力。在实际使用和量测中通常以这种胶结的抗剪强度来衡量。

5. 冻土的抗剪强度

冻土的抗剪强度是指其在外力作用下抵抗剪切滑动的极限强度。冻土的抗剪强度不仅与外压力有关，还与土温及荷载作用历时有密切关系。

【例 6-2】 某季节性冻土地基实测冻土厚度为 2.0m，冻前原地面标高 186.128m，冻后实测地面标高 186.288m，试求该土层平均冻胀率。

解：地表冻胀量为

$$\Delta h = (186.288 - 186.128)\text{m} = 0.16\text{m}$$

平均冻胀率为

$$\eta = \frac{\Delta h}{H} = \frac{0.16}{2 - 0.16} \times 100\% = 8.69\%$$

6.5.4 冻土的融陷性分级与评价

我国多年冻土地区，建筑物基底融化深度为3m左右，所以将多年冻土融陷性分级评价也按3m考虑。根据计算融陷量及融陷系数δ_0，可将冻土的融陷性可分成5级，见表6-12。

表6-12 多年冻土按融陷量的划分

融陷性分级	Ⅰ	Ⅱ	Ⅲ	Ⅳ	Ⅴ
融陷系数δ_0（%）	<1	1~5	5~10	10~25	>25
按3m计算的融陷量/mm	<5	30~150	150~300	300~750	>750

表中Ⅰ~Ⅴ级地基土的工程特性如下：

Ⅰ级——少冰冻土（不融陷土）：为基岩以外最好的地基土，一般建筑物可不考虑冻融问题。

Ⅱ级——多冰冻土（弱融陷土）：为多年冻土中较良好的地基土，一般可直接作为建筑物的地基，当最大融化深度控制在3m以内时，建筑物均未遭受明显破坏。

Ⅲ级——富冰冻土（中融陷土）：不但有较大的融陷量和压缩量，而且在冬天回冻时有较大的冻胀性。作为地基，一般应采取专门措施，如深基、保温、防止基底冻土融化等。

Ⅳ级——饱冰冻土（强融陷土）：作为天然地基，由于融陷量大，常造成建筑物的严重破坏。这类土作为建筑地基，原则上不允许发生融化，宜采用保持冻结原则设计，或采用桩基、架空基础等。

Ⅴ级——含土冰层（极融陷土）：含有大量的冰，当直接作为地基时，发生融化，将产生严重融陷，造成建筑物极大破坏。这类土如受长期荷载将产生流变作用，所以作为地基应专门处理。

对于Ⅰ~Ⅴ级的具体划分标准见表6-13：

表6-13 多年冻土融陷性分级

多年冻土名称	土的类别	总含水量w_n（%）	融化后的潮湿程度	融陷性分级
少冰冻土	粉黏粒含量≤15%（或粒径小于0.1mm的颗粒≤25%，以下同）的粗颗粒土（其中包括碎石类土、砾砂、中砂。以下同）	$w_n \leq 10$	潮湿	Ⅰ
	粉黏粒含量>15%（或粒径小于0.1mm的颗粒>25%，以下同）的粗颗粒土、细砂、粉砂	$w_n \leq 12$	稍湿	
	黏性土、粉土	$w_n \leq w_P$	半干硬	

（续）

多年冻土名称	土的类别	总含水量 w_n（%）	融化后的潮湿程度	融陷性分级
多冰冻土	粉黏粒含量≤15%的粗颗粒土	$10 < w_n \leqslant 16$	饱和	Ⅱ
	粉黏粒含量>15%的粗颗粒土、细砂、粉砂	$12 < w_n \leqslant 18$	潮湿	
	黏性土、粉土	$w_P < w_n \leqslant w_P + 7$	硬塑	
富冰冻土	粉黏粒含量≤15%的粗颗粒土	$16 < w_n \leqslant 25$	饱和出水（出水量小于10%）	Ⅲ
	粉黏粒含量>15%的粗颗粒土、细砂、粉砂	$18 < w_n \leqslant 25$	饱和	
	黏性土、粉土	$w_P + 7 < w_n \leqslant w_P + 15$	软塑	
饱冰冻土	粉黏粒含量≤15%的粗颗粒土	$25 < w_n \leqslant 44$	饱和大量出水（出水量10%~20%）	Ⅳ
	粉黏粒含量>15%的粗颗粒土、细砂、粉砂		饱和出水（出水量小于10%）	
	黏性土、粉土	$w_P + 15 < w_n \leqslant w_P + 35$	流塑	
含土冰层	碎石类土、砂类土	$w_n > 44$		Ⅴ
	黏性土、粉土	$w_n > w_P + 35$		

【例6-3】 某多年冻土地区一层粉质黏土，塑限含水量 $w_P = 18.2$，总含水量 $w_n = 26.8$，平均融陷系数 $\delta_0 = 5$，请判别其融陷类别。

解：根据多年冻土按融陷量的划分表6-12，由于融陷系数 $\delta_0 = 5$，则判定该粉质黏土融陷类别为Ⅱ或Ⅲ级。

根据多年冻土融陷性分级表6-13，$w_P = 18.2$，$w_n = 26.8$

$w_P + 7 = 18.2 + 7 = 25.2$，$w_P + 15 = 18.2 + 15 = 33.2$

$w_P + 7 < w_n \leqslant w_P + 15$，判定为Ⅲ级中融陷。

6.5.5 建筑物冻害的防治措施

在防冻害措施中最好是选择冻胀性小的场地作地基，或对现有地基采取降低冻胀性的某些措施，如疏导地表水，降低地下水或提高地面，采用强夯法将冻层之内地基土的干密度压实到大于或等于 $1.7g/cm^3$，采用苯板保温等。

季节性冻土地基常采用浅基础、桩基础。多年冻土地基常采用通风基础、热泵基础，也采用桩基础。选择基础类型应考虑建筑物的安全等级、类型、冻土地基的热稳定性及所采用的设计状态。

冻土地区浅基础的设计除应符合现行《建筑地基规范》的规定外，尚应按 JGJ 118—2011《冻土地区建筑地基基础设计规范》的规定，进行冻胀力作用下基础的稳定性验算。季节性冻土地区的桩基础除应符合现行《建筑地基规范》和《桩基技术规范》的有关规定外，尚应进行桩基础冻胀稳定性与桩身抗拔承载力验算。

6.6 盐渍土地基

6.6.1 概述

盐渍岩土是指在干旱半干旱地区，大量蒸发和毛细作用强烈，盐分在地表聚集形成的含有较多易溶盐类的岩土。对易溶盐含量大于0.5%，且具有吸湿、松胀特性的土称盐渍土；对含有较多的石膏、芒硝、岩盐等硫酸盐或氯化物的岩层，则称盐渍岩。盐渍岩按主要含盐矿物成分分为石膏盐渍岩、芒硝盐渍岩等。

盐渍土一般分布在地势比较低而且地下水位较低地段，如内陆洼地，盐湖和河流两岸的漫滩、低阶地以及三角洲洼地、山涧等地段。内陆盆地因地势低洼，周围封闭，排水不畅，地下水位高，利于水分蒸发盐类聚集。农田洗盐、压盐、灌溉退水，渠道渗漏等进入土层也会促使盐渍化。盐渍土在我国主要分布在东北的松辽平原以及华北的黄河、淮河、海河平原。

盐渍土按其含盐的性质和盐渍化程度分类见表6-14、表6-15。

表6-14 盐渍土按含盐成分分类

盐渍土名称 / 含盐成分	氯盐渍土	亚氯盐渍土	亚硫酸盐土	盐酸盐渍土	碳酸盐渍土
$\frac{Cl^-}{SO_4^{2-}}$	>2	1~2	0.3~1	<0.3	—
$\frac{CO_3^{2-}+HCO_3^{1-}}{Cl^-+SO_4^{2-}}$	—	—	—	—	<0.3

表6-15 盐渍土按盐渍化程度分类

盐渍土名称		弱盐渍土	中盐渍土	强盐渍土	过盐渍土
土层的平均含盐量（质量百分数）	氯盐渍土及亚氯盐渍土	0.3~1	1~5	5~8	>8
	硫酸盐渍土及亚硫酸盐渍土	0.3~0.5	0.5~2	2~5	>5

6.6.2 盐渍土地基特点

盐渍土在浸水后因盐溶解而产生地基溶陷，溶陷量大小主要取决于易溶盐的含量，盐渍土层的厚度、土的类别和原始结构状态、浸水和渗水条件等。在盐类溶滤过程中，土的物理力学性质会发生变化，其强度指标显著降低。含硫酸钠的盐渍土，在温度和湿度变化时会产生体积膨胀，对建筑物和地面设施造成危害。土中的盐溶液也会导致建筑物基础或地下设施的材料腐蚀。

6.6.3 盐渍土工程地质评价

盐渍土地基的评价，主要考虑溶陷性、盐胀性和腐蚀性三个方面。

1. 溶陷性

天然状态的盐渍土在自重应力或附加应力下，受水浸湿时所产生的附加变形称为盐渍土的溶陷变形。符合下列条件之一的盐渍土地基，可初步判别为非溶陷性土或不考虑溶陷性对建筑物的影响：① 碎石类盐渍土中洗盐后粒径大于2mm 的颗粒超过全重70%时，可判为非溶陷性土；② 碎石类、砂类盐渍土的湿度为很湿至饱和、粉土类盐渍土的湿度为很湿、黏性土类盐渍土的状态为软塑至流塑时，可判为非溶陷性土。

当需进一步进行溶陷性判别时，应根据现场和土质条件，由室内压缩试验方法确定的溶陷系数δ来衡量

$$\delta = \frac{h_p - h'_p}{h_0} \tag{6-19}$$

式中 h_p——原状土样的压力p作用下沉降稳定后的高度（mm）；

h'_p——在同一压力下，浸水溶滤下沉降稳定后的高度（mm）；

h_0——土样的原始高度（mm）。

室内压缩试验适用于土质比较均一的黏性土、粉土和含少量黏土的砂土及不含粗砾，能采取原状土的黏性土、粉土和含少量黏土的砂土。对于不能采取原状土的碎石土，必须采用现场浸水载荷试验来确定。

$$\delta = \frac{\Delta_s}{h} \tag{6-20}$$

式中 Δ_s——荷载板压力为p时，盐渍土浸水后的溶陷量（mm）；

h——荷载板下盐渍土的湿润深度（mm）。

盐渍土地基的分级溶陷量s按下式计算

$$s = \sum_{i=1}^{n} \delta_i h_i \tag{6-21}$$

式中 δ_i、h_i——第i层土的溶陷系数及其厚度；

i——基础底面上地基溶陷范围内的土层数目。

根据溶陷量可把盐渍土地基分为三个等级，见表6-16。

表6-16 盐渍土地基的溶陷等级

溶陷等级	分级溶陷量s/cm
Ⅰ	$7 < s \leqslant 15$
Ⅱ	$15 < s \leqslant 40$
Ⅲ	>40

注：当s <7cm时，可不考虑地基的溶陷性。

2. 盐胀性评价

盐渍土地基的盐胀性是指整平地面以下2m 深度范围内土的盐胀性。盐渍土地基的盐胀性因难以取到原状土进行室内试验，通常根据现场试验测定的有效盐胀区厚度及总盐胀量确定。当盐渍土地基中的硫酸钠含量不超过1%时，可不考虑其盐胀性。

3. 腐蚀性

盐渍土的腐蚀性是一个十分复杂的问题。盐渍土中含有大量的无机盐，它使土具有明显的腐蚀性，从而对建筑物基础和地下设施构成一种严重的腐蚀环境，影响其耐久性和安全使用。盐渍土中的氯盐，是易溶盐，在水溶液中全部离解为阴、阳离子，属于电解质，具有很强的腐蚀作用，对于金属类的管线、设备以及混凝土中的钢筋等都会造成严重损坏。盐渍土

中的硫酸盐，主要是指钠盐、镁盐和钙盐，这些都属于易溶盐和中溶盐；硫酸盐对水泥、黏土制品等腐蚀非常严重。

6.6.4 盐渍土地基的工程措施

盐渍土由于它具有溶陷性、盐胀性和腐蚀性，在进行总平面设计时，应尽可能使建筑避开强溶陷性、盐胀性或腐蚀性的地段，以降低造价。

1. 无溶陷性和盐胀性的盐渍地基

不同地区或不同条件下的盐渍土，除了都具有不同程度的腐蚀性外，其溶陷性和盐胀性不一定都存在。地势低、地下水位高的不具有溶陷性和盐胀性的盐渍土，除了应根据腐蚀性等级采取相应的防护措施，防止基础材料和其他地下设施的腐蚀外，按一般非盐渍土地基来设计。

2. 溶陷性盐渍土地基

建造在溶陷性盐渍土上的建筑物，地基基础设时应采用浸水后的地基承载力设计值并考虑浸水后的地基溶陷量。对溶陷量较大的地基，难以满足变形要求时，采取相应的设计措施。

（1）基础设计及地基处理　选择含盐类型单一和含盐量低的地层作为地基主要持力层。盐渍土地区的各类基础均应采取防腐措施。产砂石较多的盐渍土地区可采用换土法，用不含盐的砂、石或如灰土等替换盐渍土层。对于含盐量很高，土层很厚，难以用其他经济的方法处理时，可以考虑用“以盐治盐”的方法，在地基中注入饱和或过饱和盐溶液，形成一定厚度的不透水的饱盐土层，既保持原土层较高的结构强度，又使遇到浸水时，也不会产生太大的溶陷量。对易溶盐含量较高的盐渍土地基，采用预溶法是有效的，可以在建造房屋和构筑物之前消除大部分或一部分溶陷量，改善地基的溶陷等级。当采用桩基础时，桩的埋入深度应大于松胀性盐渍土（硫酸盐渍土）的松胀临界深度（松胀深度一般在地表以下 30cm，有时可达 1m）。对蜂窝状的淋滤层或溶蚀洞穴，可采用抗硫酸盐水泥的钻孔灌注桩穿透。

（2）地基防护措施　对盐渍土来说，防水是最基本的措施。做好竖向排水设计，防止大气降水、洪水、工业及生活用水淹没浸湿地基及附近场地。建筑物下及其周围的地下管道应设置具有一定坡度的管沟，并采取防腐措施。基槽开挖后，应立即进行基础施工，严禁施工用水渗入地基内。应采取对有害毛细水上升的隔断措施，如可以采用一定厚度的粗颗粒（砂、石）土隔开。对湿润厂房应设防渗层，室外散水坡和绿化带与建筑物距离应适当加宽和放大。隧道中盐渍岩层膨胀严重地段，宜提高水泥强度等级和加强衬砌强度。

6.7 地震区的地基基础

6.7.1 地震震害

由于地区特点和地形地质条件的复杂性，强烈地震造成的地面和建筑物的破坏类型多种多样。典型的地基震害有地基土液化、震陷、山石崩裂、地震滑坡和地裂等几种。

1. 地基土液化

当发生地震时，由于地震荷载作用的时间十分短，饱和砂土中的孔隙水来不及排出，孔隙水压力加大，同时有效应力减小。当有效应力减小到零时，土体强度完全丧失，呈现出类似于液体的状态，即所谓砂土液化。除砂土之外，含砂粒成分较多的低塑性土和粉土也有可能发生类似的液化现象。砂土液化时，作用其上的建筑物将产生较大的沉降、倾斜和水平位移，可引起建筑物开裂、破坏甚至倒塌。在大地震中，砂土液化现象相当普遍，是造成地震灾害的重要原因，如图6-21、图6-22所示。

图6-21 日本阪神地震砂土液化地面沉陷

图6-22 日本阪神地震砂土液化地面开裂

2. 震陷

震陷是指地基土由于地震作用而产生的明显的竖向变形。此种现象多发生在松散砂土和软弱黏性土中，还有溶洞发育和地下存在大面积采空区的地区。砂土的液化也往往引起地表较大范围的震陷。震陷不仅使建筑物产生过大沉降，而且产生较大的差异沉降和倾斜，影响建筑物的安全和使用。

3. 山石崩裂、地震滑坡和地裂

地震造成的山石崩裂的塌方量可达近百万方，崩塌的石块可阻塞公路，中断交通。在陡坡附近还会发生滑坡。地震时往往出现地裂缝，地裂缝的数量、长短、深浅等与地震强度、地表情况、受力特征等有关，有规模较大的构造裂缝和较小的非构造裂缝。

4. 建筑物损坏

建筑物破坏情况与结构类型、抗震措施有关。主要由于承重结构强度不足而造成的破坏，如墙体裂缝，钢筋混凝土柱剪断或混凝土被压碎，房屋倒塌等（图6-23）；由于节点强度不足，延性不够，锚固不够等使结构丧失整体性而造成破坏。

5. 引发次生灾害

地震往往伴随次生灾害，如水灾、火灾、毒气污染、滑坡、泥石流、海啸等。2008年汶川地震后，滑坡、泥石流、危岩崩塌以及堰塞湖成为震后主要次生灾害（图6-24），造成的破坏异常严重，损失巨大。

图6-23 玉树地震废墟

图6-24 汶川地震后泥石流灾害

6.7.2 场地因素

建筑场地的地形条件、地质构造、地下水位及场地土覆盖层厚度、场地类别等对地震灾害的程度有显著影响。一般选择建筑场地时，应按表6-17划分对建筑抗震有利、一般、不利和危险的地段。

表6-17 有利、一般、不利和危险地段的划分

地段类别	地质、地形、地貌
有利地段	稳定基岩，坚硬土，开阔、平坦、密实、均匀的中硬土等
一般地段	不属于有利、不利和危险的地段
不利地段	软弱土，液化土，条状凸出的山嘴，高耸孤立的山丘，陡坡，陡坎，河岸和边坡的边缘，平面分布上成因、岩性、状态明显不均匀的土层（含古河道、疏松的断层破碎带、暗埋的塘浜沟谷和半填半挖地基），高含水量的可塑黄土，地表存在结构性裂缝等
危险地段	地震时可能发生滑坡、崩塌、地陷、地裂、泥石流等及发震断裂带上可能发生地表位错的部位

当场地内存在发震断裂时，应对断裂的工程影响进行评价。对符合下列规定之一的情况，可忽略发震断裂错动对地面建筑的影响：①抗震设防烈度小于8度；②非全新世活动断裂；③抗震设防烈度为8度和9度时，隐伏断裂的土层覆盖厚度分别大于60m和90m。对不符合以上规定的情况，应避开主断裂带。避让距离不小于发震断裂最小避让距离，见表6-18。

表6-18 发震断裂的最小避让距离

烈度	建筑抗震设防类别			
	甲	乙	丙	丁
8	专门研究	200m	100m	—
9	专门研究	400m	200m	—

GB 50011—2010《建筑抗震设计规范》（简称《抗震设计规范》）采用以土层等效剪切波速和场地覆盖层厚度划分场地的类别，见表6-19，共划分为四类，其中Ⅰ类分为I_0、I_1两个亚类。当有可靠的剪切波速和覆盖层厚度且其值处于表6-19所列场地类别分界线附近时，应允许按插值方法确定地震作用计算所用的特征周期。

表6-19 各类建筑场覆盖层厚度 （单位：m）

岩石的剪切波速或土的等效剪切波速/（m/s）	场地类别				
	I_0	I_1	Ⅱ	Ⅲ	Ⅳ
$v_{se}>800$	0				
$800\geqslant v_{se}>500$		0			
$500\geqslant v_{se}>250$		<5	≥50		
$250\geqslant v_{se}>150$		<3	3~50	>50	
$v_{se}\leqslant 150$		<3	3~15	15~80	>80

土层的等效剪切波速 v_{se} 应按下式计算

$$v_{se} = d_0/t$$

$$t = \sum_{i=1}^{n} (d_i/v_{si}) \tag{6-22}$$

式中 d_0 ——计算深度（m），取覆盖层厚度和20m二者的较小值；

t ——剪切波在地面至计算深度之间的传播时间（s）；

d_i ——计算深度范围的第 i 土层的厚度（m）；

v_{si} ——计算深度范围内第 i 土层的剪切波速（m/s）；

n ——计算深度范围内土层的分层数。

坚硬场地土、稳定岩石的Ⅰ$_0$、Ⅰ$_1$类场地，震害较轻，是抗震最理想的地基；中硬场地土和Ⅱ类场地，为较好的抗震地基；软弱场地土的Ⅳ类场地，震害最严重。

6.7.3 天然地基基础抗震设计

1. 抗震设防原则

2008年汶川地震后，《抗震设计规范》规定严禁在危险地段建造甲、乙类建筑物。在避让距离的范围内确有需要建造分散的、低于三层的丙、丁类建筑时，应按提高一度采取抗震措施，并提高基础和上部结构的整体性，且不得跨越断层线。

2. 天然地基基础抗震验算

天然地基基础抗震验算时，应采用地震作用效应标准组合，且地基抗震承载力应取地基承载力特征值乘以地基抗震承载力调整系数计算。

地基抗震承载力应按下式计算

$$f_{aE} = \xi_a f_a \tag{6-23}$$

式中 f_{aE} ——调整后的地基抗震承载力（kPa）；

ξ_a ——地基抗震承载力调整系数，应按表6-20采用；

f_a ——深宽修正后的地基承载力特征值（kPa），应按现行《建筑地基规范》采用。

表6-20 地基抗震承载力调整系数

岩土名称和性状	ξ_a
岩石，密实的碎石土，密实的砾、粗、中砂，$f_{ak} \geq 300$kPa的黏性土和粉土	1.5
中密、稍密的碎石土，中密和稍密的砾、粗、中砂，密实和中密的细、粉砂，150kPa $\leq f_{ak} <$ 300kPa的黏性土和粉土，坚硬黄土	1.3
稍密的细、粉砂，100kPa $\leq f_{ak} <$ 150kPa的黏性土和粉土，可塑黄土	1.1
淤泥，淤泥质土，松散的砂，杂填土，新近堆积黄土及流塑黄土	1.0

验算天然地基地震作用下的竖向承载力时，按地震作用效应标准组合的基础底面平均压力和边缘最大压力应符合下式要求

$$p_{kE} \leq f_{aE} \tag{6-24}$$

$$p_{kEmax} \leq 1.2 f_{aE} \tag{6-25}$$

式中 p_{kE} ——地震作用效应标准组合的基础底面平均压力（kPa）；

p_{kEmax}——地震作用效应标准组合的基础边缘的最大压力（kPa）。

高宽比大于4的高层建筑，在地震作用下基础底面不宜出现脱离区（零应力区）；其他建筑，基础底面与地基土之间脱离区（零应力区）面积不应超过基础底面面积的15%。

下列建筑可不进行天然地基及基础的抗震承载力验算：

1）《抗震设计规范》规定可不进行上部结构抗震验算的建筑。

2）地基主要受力范围内不存在软弱黏性土层（指7度、8度和9度时，地基承载力特征值分别小于80kPa、100kPa和120kPa的土层）的下列建筑：①一般单层厂房和单层空旷房屋；②砌体房屋；③不超过8层且高度在24m以下的一般民用框架和框架-抗震墙房屋；④基础荷载与③相当的多层框架厂房和多层混凝土抗震墙房屋。

6.7.4 液化土和软土地基

在地基失效破坏中，由土的液化造成的结构破坏在数量上占有很大的比例，因此各国规范中均有关于砂土或粉土液化判别和处理的规定。

1. 液化判别和处理的一般原则

1）饱和砂土和饱和粉土（不含黄土）的液化判别和地基处理，6度时，一般情况下可不进行判别和处理，但对液化沉陷敏感的乙类建筑可按7度的要求进行判别和处理，7~9度时，乙类建筑可按本地区抗震设防烈度的要求进行判别和处理。

2）地面下存在饱和砂土和饱和粉土时（不含黄土、粉质钻土），除6度外，应进行液化判别；存在液化土层的地基，应根据建筑的抗震设防类别、地基的液化等级，结合具体情况采取相应的措施。

2. 液化判别

对于地震区地基的饱和砂土和饱和粉土（不含黄土）的液化判别可按初判和细判两步进行。

（1）初判　以地质年代、黏粒含量、地下水位以及上覆盖非液化土层厚度等作为判断条件，初步判断土体是否具有液化性。地质年代为第四纪晚更新世以及其以前，7、8度时可判为不液化。粉土的黏粒（粒径小于0.005mm的颗粒）含量百分率，7度、8度和9度分别不小于10、13和16时，可判为不液化土。（液化判别的黏粒含量采用六偏磷酸钠作为分散剂测定，采用其他方法时应按有关规定换算。）

浅埋天然地基的建筑，当上覆盖非液化土层厚度和地下水位深度符合下列条件之一时，可不考虑液化影响

$$d_u > d_0 + d_b - 2 \tag{6-26}$$

$$d_w > d_0 + d_b - 3 \tag{6-27}$$

$$d_u + d_w > 1.5d_0 + 2d_b - 4.5 \tag{6-28}$$

式中　d_w——地下水位深度（m），宜按设计基准期内年平均最高水位采用，也可按近期内年最高水位采用；

d_u——上覆盖非液化土层厚度（m），计算时宜将淤泥和淤泥质土层扣除；

d_b——基础埋置深度（m），不超过2m时应采用2m；

d_0——液化土特征深度（m），可按表6-21采用。

表 6-21 液化土特征深度 （单位：m）

饱和土类别	7度	8度	9度
粉土	6	7	8
砂土	7	8	9

（2）细判 当饱和砂土、粉土被判别为液化土时，需进一步通过标准贯入试验法来判别其液化程度。采用标准贯入试验判别法可判别地面下 20m 深度范围内的液化；对于第 6.7.3 节中规定的可不进行天然地基及基础的抗震承载力验算的各类建筑物，可只判别地面下 15m 范围内土的液化。当饱和土标准贯入锤击数 N（未经杆长修正）小于或等于液化判别标准贯入锤击数临界值 N_{cr} 时，应判为液化土。

在地面下 20m 深度范围内，液化判别标准贯入锤击数临界值按下式计算

$$N_{cr} = N_0\beta[\ln(0.6d_s + 1.5) - 0.1d_w]\sqrt{3/\rho_c} \tag{6-29}$$

式中 N_0——液化判别标准贯入锤击数基准值，按表 6-22 采用；

d_s——饱和土标准贯入点深度（m）；

d_w——地下水位深度（m）；

ρ_c——黏粒含量百分率，当小于 3 或为砂土时，应采用 3；

β——调整系数，设计地震第一组取 0.80，第二组取 0.95，第三组取 1.05。

表 6-22 液化判别标准贯入锤击数基准值 N_0

设计地震基本加速度/g	0.10	0.15	0.20	0.30	0.40
液化判别标准贯入锤击数基准值	7	10	12	16	19

3. 地基液化等级评定

对存在液化砂土层、粉土层的地基，应探明各液化土层的深度和厚度，按下式计算每个钻孔的液化指数，并按表 6-23 综合划分地基的液化等级，液化等级和对建筑物的相应危害程度见表 6-24。

$$I_{lE} = \sum_{i=1}^{n}\left[1 - \frac{N_i}{N_{cri}}\right]d_i W_i \tag{6-30}$$

式中 I_{lE}——液化指数；

n——在判别深度范围内每一个钻孔标准贯入试验点的总数；

N_i、N_{cri}——i 点标准贯入锤击数的实测值和临界值，当实测值大于临界值时应取临界值，当只需要判别 15m 范围以内的液化时，15m 以下的实测值可按临界值采用；

d_i——i 点所代表的土层厚度（m），可采用与该标准贯入试验点相邻的上、下两标准贯入试验点深度差的一半，但上界不高于地下水位深度，下界不深于液化深度；

W_i——i 土层单位土层厚度的层位影响权函数值（单位为 m^{-1}）。当该层中点深度不大于 5m 时应采用 10，等于 20m 时应采用零值，5～20m 时应按线性内插法取值。

表 6-23　液化等级与液化指数的对应关系

液化等级	轻微	中等	严重
液化指数 I_{lE}	$0 < I_{lE} \leqslant 6$	$6 < I_{lE} \leqslant 18$	$I_{lE} > 18$

表 6-24　液化等级和对建筑物的相应危害程度

液化等级	液化指数（20m）	地面喷水冒砂情况	对建筑的危害情况
轻微	<6	地面无喷水冒砂，或仅在洼地、河边有零星的喷水冒砂点	危害性小，一般不至引起明显的震害
中等	6~18	喷水冒砂可能性大，从轻微到严重均有，多数属中等	危害性较大，可造成不均匀沉陷和开裂，有时不均匀沉陷可能达到200mm
严重	>18	一般喷水冒砂都很严重，地面变形很明显	危害性大，不均匀沉陷可能大于200mm，高重心结构可能产生不容许的倾斜

【例 6-4】　某拟建场地震烈度为第一组 8 度，设计基本地震加速度为 0.20g，基础埋深 1.0m，地下水位在地表下 1.0m。场地地层、标准贯入点的位置及锤击数见表 6-25。根据《抗震设计规范》的要求进行液化判别。

表 6-25　土层及标准贯入试验值

地层	深度/m	标贯点深度/m	标贯值 N	标贯点代表的土层	
				上边界/m	下边界/m
细砂（可液化）	1~2.1	1.4	4	1.0	2.1
砂砾石	3.0				
细砂（可液化）	8.0	4	15	3.0	4.5
		5	8	4.5	5.5
		6	16	5.5	6.5
		7	12	6.5	8.0
粉质黏土	15.3				

解：(1) 用标准贯入试验判别液化　根据《抗震设计规范》，将不同深度处的标准贯入锤击数（不经杆长修正）代入规范公式中，求出临界标贯值。由于标准贯入点在地面下20m 深度范围内，液化判别标准贯入锤击数临界值按式（6-29）计算。由于地震 8 度区，设计基本地震加速度为 0.20g，根据表 6-22，标准贯入锤击数基准值 N_0 取 12，计算得：

$d_s = 1.4\text{m}$，$N_{cr} = 12 \times 0.8 \times [\ln(0.6 \times 1.4 + 1.5) - 0.1 \times 1.0]\sqrt{3/3} = 7.2 > N = 4$，可液化；

$d_s = 4\text{m}$，$N_{cr} = 12 \times 0.8 \times [\ln(0.6 \times 4 + 1.5) - 0.1 \times 1.0]\sqrt{3/3} = 12.1 < N = 15$，不液化；

$d_s=5\text{m}$，$N_{cr}=12\times0.8\times[\ln(0.6\times5+1.5)-0.1\times1.0]\sqrt{3/3}=13.5>N=8$，可液化；

$d_s=6\text{m}$，$N_{cr}=12\times0.8\times[\ln(0.6\times6+1.5)-0.1\times1.0]\sqrt{3/3}=14.7<N=16$，不液化；

$d_s=7\text{m}$，$N_{cr}=12\times0.8\times[\ln(0.6\times7+1.5)-0.1\times1.0]\sqrt{3/3}=15.7>N=12$，可液化；

以上计算说明，d_s 为1.4m、5m和7m的三个标贯点处的细砂土均属可液化土。

(2) 判别液化等级 只需计算 d_s 为1.4m、5m和7m的三个标贯点的液化指数，根据式(6-30)计算。

$$d_s=1.4\text{m},\ d_{1.4}=1.1\text{m},\ h_{1.4}=\left(\frac{2.1-1.0}{2}+1\right)\text{m}=1.55\text{m},\ W_{1.4}=10$$

$$d_s=5\text{m},\ d_5=1.0\text{m},\ h_5=\left(\frac{5.5-4.5}{2}+4.5\right)\text{m}=5.0\text{m},\ W_5=10$$

$$d_s=7\text{m},\ d_7=1.5\text{m},\ h_7=\left(\frac{8-6.5}{2}+6.5\right)\text{m}=7.25\text{m},\ W_7=8.5$$

则各层土的液化指数为

$$d_s=1.4\text{m},I_{lE}=\left[1-\frac{4}{7.2}\right]\times1.1\times10=4.89$$

$$d_s=5.0\text{m},I_{lE}=\left[1-\frac{8}{13.5}\right]\times1.0\times10=4.07$$

$$d_s=7.0\text{m},I_{lE}=\left[1-\frac{12}{15.7}\right]\times1.5\times8.5=3.00$$

总液化指数：$I_{lE}=4.89+4.07+3.00=11.96$，由表6-23查得液化等级为中等。

4. 软弱黏性土的震陷判别

饱和粉质黏土震陷的危害性和抗震陷措施，应根据沉降和横向变形大小等因素综合研究确定。8度（0.30g）和9度时，当塑性指数小于15且符合下式规定的饱和粉质黏土可判为震陷性软土。

$$w_s\geqslant0.9w_L \tag{6-31}$$

$$I_L\geqslant0.75 \tag{6-32}$$

式中 w_s——天然含水量；

w_L——液限含水量，采用液、塑限联合测定法测定；

I_L——液性指数。

5. 地基的抗液化措施及选择

液化是地震中造成地基失效的主要原因，要减轻这种危害，应根据地基液化等级和结构特点选择相应措施。目前常用的抗液化措施是在总结大量震害经验的基础上提出的，即综合考虑建筑物的重要性和地基液化等级，再根据具体情况确定。

1)《抗震设计规范》对于地基的抗液化措施及其选择。当液化土层较平坦且均匀时，宜按表6-26选用地基抗液化措施；尚可计入上部结构重力荷载对液化危害的影响，根据液化沉陷量的估计适当调整抗液化措施。不宜将未经处理的液化土层作为天然地基持力层。

表 6-26 抗液化措施

设防类别 \ 地基的液化等级	轻微	中等	严重
乙类	部分消除液化沉陷，或对基础和上部结构处理	全部消除液化沉陷，或部分消除液化沉陷且对基础和上部结构处理	全部消除液化沉陷
丙类	基础和上部结构处理，也可不采取措施	基础和上部结构处理，或更高要求的措施	全部消除液化沉陷，或部分消除液化沉陷且对基础和上部结构处理
丁类	可不采取措施	可不采取措施	基础和上部结构处理或其他经济的措施

表 6-26 不适用于坡度大于 10°的倾斜场地和液化土层严重不均的情况。水平场地土层液化的后果一般只造成建筑物的不均匀下沉和倾斜，倾斜场地的土层液化往往带来大面积土体滑动。

液化等级属于轻微者，除甲、乙类建筑物由于其重要性需确保安全外，一般不作特殊处理，因为这类场地可能不发生喷水冒砂，即使发生也不致造成建筑的严重震害。在液化层深厚的情况下，采用消除部分液化沉陷的措施，即处理深度不一定要达到液化下界，可残留部分未经处理的液化层。

2）全部消除地基液化沉陷的措施。全部消除地基的液化性措施主要采用桩基础穿过液化土层、加密地基土和用非液化土替换全部液化土层，或增加上覆非液化土层的厚度。采用桩基时，桩端伸入液化深度以下稳定土层中的长度（不包括桩尖部分）应按计算确定，且对碎石土、砾、粗中砂、坚硬黏性土和密实粉土尚不应小于 0.8m，对其他非岩石土尚不宜小于 1.5m。采用其他深基础时，基础底面应埋入液化深度以下的稳定土层中，其深度不应小于 0.5m。采用地基处理加密法（如振冲、振动加密、挤密碎石桩、强夯等）加固时，应处理至液化深度下界；振冲或挤密碎石桩加固后，桩间土的标准贯入锤击数不宜小于前述液化判别标准贯入锤击数临界值。采用加密法或换土法处理时，在基础边缘以外的处理宽度，应超过基础底面下处理深度的 1/2 且不小于基础宽度的 1/5。

3）部分消除地基液化沉陷的措施。消除部分地基的液化沉陷量，使处理后的地基液化指数减少。减小后的液化指数值不宜大于 5；大面积筏形基础、箱形基础的中心区域（中心区域指位于基础外边界以内沿长宽方向距外边界大于相应方向 1/4 长度的区域），处理后的液化指数可比上述规定降低 1；对独立基础和条形基础，不应小于基础底面下液化土特征深度和基础宽度的较大值。采用振冲或挤密碎石桩加固后，桩间土的标准贯入锤击数不宜小于前述液化判别标准贯入锤击数临界值。基础边缘以外的处理宽度，应超过基础底面下处理深度的 1/2 且不小于基础宽度的 1/5。

4）减轻液化影响的基础和上部结构处理。加强基础的整体性和刚度，如采用箱形基础、筏形基础或钢筋混凝土交叉条形基础，加设基础圈梁等。减轻荷载、增强上部结构的整体刚度和均匀对称性，合理设置沉降缝，避免采用对不均匀沉降敏感的结构形式等。管道穿过建筑处应预留足够尺寸或采用柔性接头等。此外，选择合适的基础埋置深度，调整基础底面积，减少基础偏心。

5）液化等级为中等液化和严重液化的古河道、现代河滨、海滨，当有液化侧向扩展或流滑可能时，不宜修建永久性建筑，否则应进行抗滑动验算，采取防止土体滑动的措施或结构抗裂措施。

6）为了减小地裂对结构影响，建筑物的主轴应沿平行河流放置，使建筑的长高比小于3；采用筏形基础或桩基础，基础板内应根据需要配抗拉钢筋，筏形基础内的抗弯钢筋可兼作抗拉钢筋，抗拉钢筋可由中心向基础边缘段逐渐减少。

7）地基主要受力层范围内如存在软弱黏性土层和高含水量的可塑性黄土时，应结合具体情况综合考虑，采用桩基础、地基加固处理，也可根据软土震陷量的估计，采取相应措施。鉴于震陷量的评价方法目前还不够成熟，因此必要时可以根据液化震陷量的评价结果适当调整抗液化措施的规定。

6.7.5 桩基础抗震设计

桩基础的抗震性能普遍优于其他类型基础，但桩端直接支撑于液化土层和桩间有较大地面堆载时抗震性能减弱。此外，当桩承受有较大水平荷载时仍会遭受较大的地震破坏作用。为了减轻桩基础的震害，《抗震设计规范》增加了桩基础进行抗震验算和构造要求。

1. 桩基础抗震验算

对于承受竖向荷载为主的低承台桩基础，当地面下无液化土层，且桩承台周围无淤泥、淤泥质土和地基承载力特征值不大于100kPa的填土时，下列建筑可不进行桩基础的抗震承载力验算：

1）砌体房屋。

2）《抗震设计规范》规定的可不进行上部结构抗震验算的建筑。

3）抗震设防烈度为7度和8度时，一般的单层厂房和单层空旷房屋，不超过8层且高度在24m以下的一般民用框架房屋及基础荷载与其相当的多层框架厂房和多层混凝土抗震墙房屋。

2. 非液化土中的低承台桩基础抗震验算

非液化土中的低承台桩基础，单桩的竖向和水平向抗震承载力特征值，均可比非抗震设计的承载力特征值提高25%。考虑到一定条件下承台周围的填土有明显分担地震荷载的作用，故规定当承台周围回填土夯实至干密度不小于《建筑地基规范》对填土的要求时，可由承台正面填土与桩共同承担水平地震作用，但不应计入承台底面与地基土间的摩擦力。

3. 存在液化土层时的低承台桩基础抗震验算

当桩基础的承台埋深较浅时，不宜计入承台周围土的抗力或刚性地坪对水平地震作用的分担作用。当桩承台底面上、下分别有厚度不小于1.5m、1.0m的非液化土层或非软弱土层时，按不利情况设计，并按下列两种情况进行桩的抗震验算：

1）桩承受全部地震作用，桩承载力按非液化土中的低承台桩基础取用，液化土的桩周摩阻力及桩水平抗力均应乘以表6-27的折减系数。

表 6-27 土层液化影响折减系数

实际标贯锤击数/临界标贯锤击数	深度 d_s /m	折减系数
≤0.6	$d_s \leqslant 10$	0
	$10 < d_s \leqslant 20$	1/3
>0.6～0.8	$d_s \leqslant 10$	1/3
	$10 < d_s \leqslant 20$	2/3
>0.8～1.0	$d_s \leqslant 10$	2/3
	$10 < d_s \leqslant 20$	1

2）地震作用按水平地震影响系数最大值的10%采用，桩承载力仍按非液化土中的低承台桩基础取用，但应扣除液化土层的全部摩阻力及桩承台下2m深度范围内非液化土的桩周摩阻力。

对于打入式预制桩及其他挤土桩，当平均桩距为2.5～4倍桩径且桩数不少于5×5时，可计入打桩对土的加密作用及桩身对液化土变形限制的有利影响。当打桩后桩间土的标准贯入击数值达到不液化的要求时，单桩承载力可不折减，但对桩尖持力层作强度校核时，桩群外侧的应力扩散角应取为零。打桩后桩间土的标准贯入击数宜由试验确定，也可按下式计算

$$N_1 = N_p + 100\rho(1 - e^{-0.3N_p}) \tag{6-33}$$

式中 N_1——打桩后的标准贯入击数；

ρ——打入式预制桩的面积置换率；

N_p——打桩前的标准贯入击数。

4. 桩基础抗震构造措施

由于在地震作用下，桩基在软、硬土层交界面处最易受到剪、弯损害。在采用 m 法进行桩身内力计算方法中无法反映。虽然桩土相互作用的地震反应分析可以较好地反映桩身受力情况，但还没有简便实用的计算方法保证桩在地震作用下的安全，因此必须采取有效的构造措施。《抗震设计规范》对液化土中桩的构造作了如下规定：

1）液化和震陷软土中桩的配筋范围，应自桩顶至液化深度以下符合全部消除液化沉陷所要求的深度，其纵向钢筋应与桩顶部相同，箍筋应加粗和加密。

2）在有液化侧向扩展的地段，桩基础除应满足本节中的其他规定外，尚应考虑土流动时的侧向作用力，且承受侧向推力的面积应按边桩外缘间的宽度计算。

3）处于液化土中的桩基础承台周围，宜用密实干土填筑夯实，若用砂土或粉土则应使土层的标准贯入击数不小于液化判别标准贯入击数的临界值 N_{cr}。

[本章小结]

1. 湿陷性黄土的类型通过自重湿陷量的实测值 Δ'_{zs} 或计算值 Δ_{zs} 来判定的。湿陷性黄土类型分为自重湿陷性黄土与非自重湿陷性黄土两类。自重湿陷性黄土是指当某一深处的黄土层被水浸湿后，仅在其上覆土层的饱和自重压力（饱和度 S_r =85%）下产生湿陷变形的黄土；非自重湿陷性黄土是指当某一深度处的黄土层浸水后，除上覆土的饱和自重外，尚需要一定的附加压力才发生湿陷的，称非自重湿陷性黄土。

2. 黄土地基在评价其湿陷等级时，除了要考虑自重引起的湿陷量以外，还要考虑地基中附加应力引起的湿陷量。根据总湿陷量Δ_s的计算值和自重湿陷量Δ_{zs}的计算值的大小，按表6-1判断。

3. 湿陷性黄土地区的建设中，应根据湿陷性黄土的特点和工程要求，采取以地基处理为主的综合措施，消除地基的全部湿陷量，或者是消除部分湿陷量。防止黄土地基湿陷的综合措施，可分为地基处理、防水措施和结构措施三种。

4. 膨胀土具有显著的吸水膨胀和失水收缩两种变形特性的高液限黏土。进行膨胀土场地的评价，应查明建筑场地内膨胀土的分布及地形地貌条件，根据工程地质特征、土的膨胀潜势和地基胀缩等级等指标，对建筑场地进行综合评价。

5. 膨胀土地基变形量分为三种：

1）当离地表1m处地基土的天然含水量等于或接近最小值时，或地面有覆盖且无蒸发可能时，以及建筑物在使用期间，经常有水浸湿的地基，可按膨胀变形量计算。

2）当离地表1m处地基土的天然含水量大于1.2倍塑限含水量时，或直接受高温作用的地基，可按收缩变形量计算。

3）其他情况下可按胀缩变形量计算。

6. 在膨胀土地基上进行工程建设，应根据当地的气候条件、地基胀缩等级、场地工程地质和水文地质条件，结合当地建筑施工经验，因地制宜采取综合措施。建筑物四周应设散水，房屋顶层和基础顶部宜设置圈梁，采用非膨胀性土、灰土或改良土换土，采用桩基础穿越。施工时应快速作业，避免基坑岩土体受暴晒或泡水。

7. 石芽出露的地基，可采用碎石、土夹石等置换，或利用经检验稳定性可靠的石芽作支墩式基础。对岩溶洞隙，可采用嵌塞与跨越等方法处理；对较大的岩溶洞隙，可采用梁、板和拱等结构跨越；对重要的建筑物，可采用桩基处理。

8. 盐渍土由于它具有溶陷性、盐胀性和腐蚀性，在进行总平面设计时，尽可能使建筑避开强溶陷性、盐胀性或腐蚀性的地段。对盐渍土来说，防水是最基本的措施。做好竖向排水设计，防止大气降水、洪水、工业及生活用水淹没浸湿地基及附近场地。

9. 砂土液化是地震中地基破坏的主要原因。砂土液化的判别分为初判和细判。

1）初判是根据地质年代为第四纪晚更新世以及其以前土层，7、8度时可判为不液化。粉土的黏粒（粒径小于0.005mm的颗粒）含量百分率，7度、8度和9度分别不小于10、13和16时，可判为不液化土。浅埋天然地基的建筑根据式（6-26）~式（6-28）判定。

2）通过标准贯入试验法对其液化程度细判，当饱和土标准贯入击数N（未经杆长修正）小于或等于液化判别标准贯入击数临界值N_{cr}时，应判为液化土。通过液化指数评定地基液化等级评。

10. 采用桩基础穿过液化土层措施全部消除地基的液化性；采用振冲或挤密碎石桩加固方法部分消除地基的液化性；通过增强上部结构的整体刚度和对称性，减少偏心，合理设置沉降缝等措施减轻地基的液化影响。

[思考题]

6-1 如何判定黄土的湿陷性？如何划分黄土地基的湿陷性等级？

6-2 什么是自重湿陷黄土和非自重湿陷黄土？什么是黄土湿陷起始压力？

6-3 在湿陷性黄土场地进行建设时，应遵循哪些设计原则？湿陷性黄土地基的工程措施有哪些？

6-4 什么是膨胀土？膨胀土的胀缩性机理是什么？

6-5 如何判别膨胀土？膨胀土地基胀缩等级如何划分的？

6-6 红黏土的工程特性主要表现在哪些方面？

6-7 冻土的融陷等级如何划分的？什么是冻土的平均冻胀率？

6-8 土的液化机理是什么？为什么饱和松砂容易液化，而密砂不易液化？

6-9 液化土地基抗震设计中，如何判定地基土是否可能液化？

6-10 什么是地基的液化指数？如何按液化指数进行液化等级评定？

[习 题]

6-1 某湿陷性黄土场地，自重湿陷量的计算值 $\Delta_{zs}=315\text{mm}$，湿陷量的计算值 $\Delta_s=652\text{mm}$，评价该场地湿陷性黄土地基的湿陷等级。

6-2 在甘肃陇东地区某场地探井土工试验资料见表6-28，试确定该场地的湿陷类型和黄土地基的湿陷等级。

表 6-28 湿陷系数表

取土深度/m	1.5	2.5	3.5	4.5	5.5	6.5	7.5	8.5	9.5	10.5
δ_s	0.075	0.057	0.073	0.028	0.086	0.085	0.072	0.037	0.002	0.039
δ_{zs}	0.0018	0.014	0.020	0.013	0.027	0.055	0.050	0.013	0.001	0.025

6-3 对某膨胀土进行自由膨胀率试验，已知土样原体积为10mL，膨胀稳定后测得土样体积为14.5mL，求土的自由膨胀率。

6-4 某场地震烈度为第一组8度，设计基本地震加速度为0.20g。地层分布如下：0~2.5m为粉质黏土、2.5~8.6m为粉砂土、8.6~15m为黏土，标准贯入资料见表6-29。试计算场地的液化指数。

表 6-29 土层标准贯入值

点号	深度/m	实测击数	临界击数	中点深度/m	土层厚度/m
1	3	9	11	3.0	1.0
2	4	11	12	4.0	1.0
3	5	15	13	—	—
4	6	12	14	6.0	1.0
5	7	18	15	—	—

附　　录

附录 A　柱下独立基础课程设计

A.1　柱下独立基础课程设计任务书

A.1.1　设计资料

1）地形。拟建场地平整，无不良地质现象。

2）工程地质资料。自上而下依次为：

① 杂填土：厚约0.5m，含部分建筑垃圾，承载力特征值f_{ak} =70kN/m^2。

② 粉土：厚1.2m，软塑，潮湿，承载力特征值f_{ak} =130kN/m^2。

③ 黏土：厚1.5m，可塑，稍湿，承载力特征值f_{ak} =180kN/m^2。

④ 粉砂：厚2.7m，承载力特征值f_{ak} =195kN/m^2。

⑤ 砾砂：厚3.0m，承载力特征值f_{ak} =240kN/m^2。

⑥ 稍密卵石：厚4.0m，承载力特征值f_{ak} =440kN/m^2。

⑦ 中密卵石：厚3.5m，承载力特征值f_{ak} =700kN/m^2。

表 A-1　地基岩土物理力学参数表

地层代号	土名	天然地基土							
		重度 γ/(kN/m^3)	孔隙比 e	液性指数 I_L	凝聚力 c /kPa	内摩擦角 φ (°)	压缩模量 E_s /MPa	变形模量 E_0 /MPa	承载力特征值 f_{ak} /kPa
①	杂填土	18				10	4.0		90
②	粉土	20.0	0.65	0.8	25	14	8.2		130
③	黏土	19.4	0.58	0.78	34	10	12.6		180
④	粉砂	18.3				18		13.5	195
⑤	砾砂	20.0				24		15	240
⑥	稍密卵石	21.0				30		25	440
⑦	中密卵石	21.5				35		35	700

3）水文资料。地下水对混凝土无侵蚀性。地下水位于地表下 1.5m。

4）上部结构资料。上部结构为多层全现浇框架结构，横向承重。框架柱截面尺寸为 500mm×500mm，室外地坪标高同自然地面，室内外高差 450mm。柱网布置如图 A-1 所示。

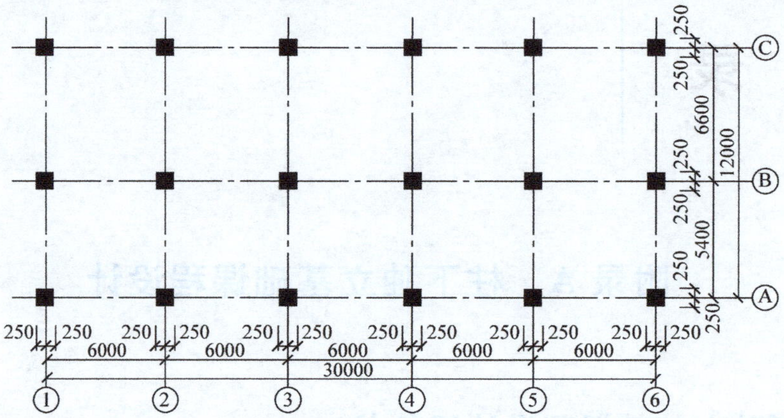

图 A-1　柱网平面图

5）上部结构作用在柱底的荷载效应标准组合值见表 A-2，上部结构作用在柱底的荷载效应基本组合值见表 A-3。

表 A-2　柱底荷载效应标准组合值

题号	F_k /kN			M_k /kN·m			V_k /kN		
	A 轴	B 轴	C 轴	A 轴	B 轴	C 轴	A 轴	B 轴	C 轴
1	975	1548	1187	140	100	198	46	48	44
2	1032	1615	1252	164	125	221	55	60	52
3	1090	1730	1312	190	150	242	62	66	57
4	1150	1815	1370	210	175	271	71	73	67
5	1218	1873	1433	235	193	297	80	83	74
6	1282	1883	1496	257	218	325	86	90	83
7	1339	1970	1560	284	242	355	96	95	89
8	1402	2057	1618	231	266	377	102	104	98
9	1534	2140	1677	335	288	402	109	113	106
10	1598	2205	1727	365	309	428	120	117	114

表 A-3　柱底荷载效应基本组合值

题号	F /kN			M /kN·m			V /kN		
	A 轴	B 轴	C 轴	A 轴	B 轴	C 轴	A 轴	B 轴	C 轴
1	1268	2012	1544	183	130	258	60	62	58
2	1342	2100	1627	214	163	288	72	78	67
3	1418	2250	1706	248	195	315	81	86	74
4	1496	2360	1782	274	228	353	93	95	88

（续）

题号	F /kN			M /kN · m			V /kN		
	A 轴	B 轴	C 轴	A 轴	B 轴	C 轴	A 轴	B 轴	C 轴
5	1584	2435	1863	306	251	386	104	108	96
6	1667	2448	1945	334	284	423	112	117	108
7	1741	2562	2028	369	315	462	125	124	116
8	1823	2674	2104	391	346	491	133	136	128
9	1995	2783	2181	425	375	523	142	147	138
10	2078	2866	2245	455	402	557	156	153	149

6）材料。混凝土等级 C25 ~ C30，钢筋 HPB300、HRB335 或 HRB400 级。

A.1.2 设计分组

根据以上所给资料及学生人数，可划分为若干个组，如：

第 1 组共 10 人，基础持力层选用③土层，设计 A 轴柱下独立基础；

第 2 组共 10 人，基础持力层选用④土层，设计 B 轴柱下独立基础；

第 3 组共 10 人，基础持力层选用③土层，设计 C 轴柱下独立基础。

A.1.3 设计要求

每人根据所在组号和题号，完成各自要求的轴线基础设计。对另外两根轴线的基础，只要求根据所给荷载确定基础底面尺寸，以便画出整体基础平面图。

A.1.4 设计内容

设计柱下独立基础，包括确定基础埋深、基础底面尺寸，对基础进行结构内力分析、强度计算，确定基础高度、进行配筋计算并满足构造设计要求，编写设计计算书。

绘制基础施工图，包括基础平面布置图、基础大样图，并提出必要的技术说明。

A.1.5 设计成果

1. 设计计算书

1）确定地基持力层和基础埋置深度。

2）确定基础底面尺寸，验算地基承载力。

3）对基础进行抗冲切承载力验算，确定基础高度。

4）对基础进行正截面受弯承载力验算，确定基础底板配筋。

2. 设计图

1）基础平面布置图。

2）独立基础大样图。

3）设计说明。

要求分析过程详细，计算步骤完整，设计说明书的编写应具有条理性，图样整洁清晰。

A.1.6 参考资料

1）《基础工程》，陈小川等编著，机械工业出版社，2013。
2）《基础工程简明设计手册》，郭继武主编，机械工业出版社，2008。
3）GB 50009—2012《建筑结构荷载规范》，中国建筑工业出版社，2012。
4）GB 50007—2011《建筑地基基础设计规范》，中国建筑工业出版社，2011。
5）GB 50010—2010《混凝土结构设计规范》，中国建筑工业出版社，2010。

A.2 柱下独立基础课程设计实例

取任务书中题号9的A轴荷载作为实例，说明柱下独立基础的设计步骤和方法。

A.2.1 设计资料

9号题A轴柱底荷载：

① 柱底荷载效应标准组合值 F_k = 1534kN，M_k = 335kN · m，V_k = 109kN

② 柱底荷载效应基本组合值 F = 1995kN，M = 425kN · m，V = 142kN

持力层选用③号黏土层，承载力特征值 f_{ak} = 180kPa，框架柱截面尺寸为500mm × 500mm，室外地坪标高同自然地面，室内外高差450mm。

A.2.2 独立基础设计

1. 选择基础材料

基础材料选择C25混凝土，HRB335钢筋。

2. 基础埋深选择

根据任务书要求和工程地质资料，可知：

第一层土：杂填土，厚0.5m，含部分建筑垃圾。

第二层土：粉质黏土，厚1.2m，软塑，潮湿，承载力特征值 f_{ak} = 130kPa。

第三层土：黏土，厚1.5m，可塑，稍湿，承载力特征值 f_{ak} = 180kPa。

第四层土：粉砂，厚2.7m，承载力特征值 f_{ak} = 195kPa。

地下水对混凝土无侵蚀性，地下水位于地表下1.5m。

为保证基础完全进入持力层，确定基础埋深时最好取至持力层下0.3~0.5m。本设计取第③层土为持力层，基底进入持力层0.3m，所以基础埋深为（0.5+1.2+0.3）m=2.0m。

初估基础高度0.7m，由此得基础剖面示意图如图A-2所示。

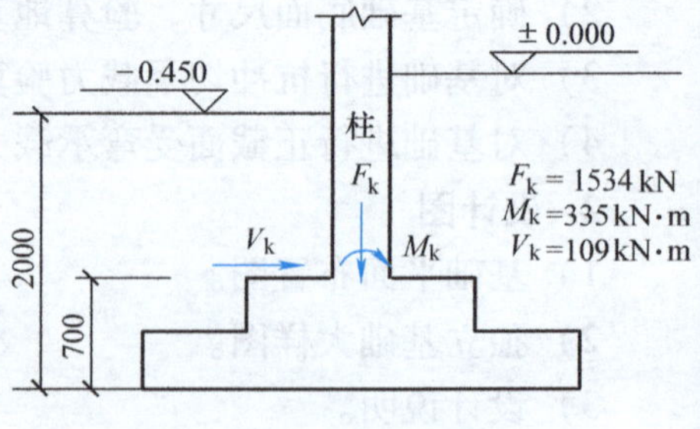

图 A-2 基础剖面示意图

3. 求地基承载力特征值 f_a

根据黏土 e = 0.58，I_L = 0.78，查表3-9得，η_b = 0.3，η_d = 1.6。

基底以上土的加权平均重度

$$\gamma_m = \frac{18 \times 0.5 + 20 \times 1 + (20 - 10) \times 0.2 + (19.4 - 10) \times 0.3}{2.0} \text{kN/m}^3 = 16.91 \text{kN/m}^3$$

持力层承载力特征值（先不考虑对基础宽度修正，d 按室外地面算起）为

$$f_a = f_{ak} + \eta_d \gamma_m (d - 0.5) = (180 + 1.6 \times 16.91 \times (2.0 - 0.5)) \text{kPa} = 220.58 \text{kPa}$$

4. 初步选择基底尺寸

取柱底荷载标准值 $F_k = 1534\text{kN}$，$M_k = 335\text{kN} \cdot \text{m}$，$V_k = 109\text{kN}$

计算基础和回填土重 G_k 时的基础埋深 $\bar{d} = \frac{1}{2} \times (2.0 + 2.45)\text{m} = 2.225\text{m}$

基础底面积 $A_0 = \frac{F_k}{f_a - \gamma_G \bar{d}} = \frac{1534}{220.58 - 1.725 \times 20 - 0.5 \times 10}\text{m}^2 = 8.47\text{m}^2$

由于偏心不大，基础底面积按 20% 增大，即

$$A = 1.2A_0 = 1.2 \times 8.47\text{m}^2 = 10.16\text{m}^2$$

初步选定基础底面面积 $A = lb = (3.6 \times 2.8)\text{m}^2 = 10.08\text{m}^2 \approx 10.16\text{m}^2$，且 $b = 2.8\text{m} < 3\text{m}$，不需要再对 f_a 进行修正。

5. 验算持力层地基承载力

回填土和基础重

$$G_k = \gamma_G d A = [(1.725 \times 20 + 0.5 \times 10) \times 10.08]\text{kN} = 398.16\text{kN}$$

偏心距 $e_k = \frac{M_k}{F_k + G_k} = \frac{335 + 109 \times 0.7}{1534 + 398.16}\text{m} = 0.213\text{m} < \frac{l}{6} = 0.6\text{m}$，$p_{kmin} > 0$，满足要求。

基底最大压力

$$p_{kmax} = \frac{F_k + G_k}{A}\left(1 + \frac{6e_k}{l}\right) = \frac{1534 + 398.16}{10.08}\text{kPa} \times \left(1 + \frac{6 \times 0.213}{3.6}\right)$$

$$= 259.7\text{kPa} < 1.2f_a (= 264.7\text{kPa})$$

故最后确定基底底面面积长 3.6m，宽 2.8m。

6. 计算基底净反力设计值

取柱底荷载效应基本组合设计值 $F = 1995\text{kN}$，$M = 425\text{kN} \cdot \text{m}$，$V = 142\text{kN}$

净偏心距 $e_{j,0} = \frac{M}{F} = \frac{425 + 142 \times 0.7}{1995}\text{m} = 0.26\text{m}$

基础边缘处的最大和最小净反力

$$p_{j,min}^{j,max} = \frac{F}{lb}\left(\frac{1 \pm 6e_{j,0}}{l}\right) = \frac{1995}{3.6 \times 2.8}\text{kPa} \times \left(1 \pm \frac{6 \times 0.26}{3.6}\right) = \begin{matrix} 283.02\text{kPa} \\ 112.81\text{kPa} \end{matrix}$$

7. 基础高度（采用阶梯形基础）

（1）柱边基础截面抗冲切验算（图 A-3a） $l = 3.6\text{m}$，$b = 2.8\text{m}$，$a_t = b_c = 0.5\text{m}$，$a_c = 0.5\text{m}$。初步选定基础高度 $h = 700\text{mm}$，分两级台阶，每阶高度均为 350mm，$h_0 = [700 - (40 + 10)]\text{mm} = 650\text{mm}$（有垫层）。

$a_b = a_t + 2h_0 = (0.5 + 2 \times 0.65)\text{m} = 1.8\text{m} < b = 2.8\text{m}$，取 $a_b = 1.8\text{m}$。

$$a_m = \frac{a_t + a_b}{2} = \frac{0.5 + 1.8}{2}\text{m} = 1.15\text{m}$$

因偏心受压，p_j 取 $p_{j,max} = 283.02\text{kPa}$

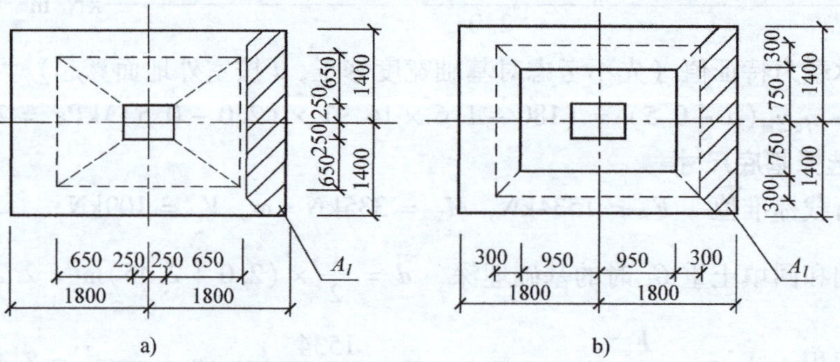

图 A-3 柱边冲切验算简图

a) 柱下冲切 b) 变阶处冲切

冲切力 $F_l = p_{j,\max}\left[\left(\frac{l}{2}-\frac{a_c}{2}-h_0\right)b-\left(\frac{b}{2}-\frac{b_c}{2}-h_0\right)^2\right]$

$$= 283.02\text{kPa}\times\left[\left(\frac{3.6}{2}-\frac{0.5}{2}-0.65\right)\times 2.8-\left(\frac{2.8}{2}-\frac{0.5}{2}-0.65\right)^2\right]\text{m}^2$$

$$= 642.46\text{kN}$$

因为基础高度 $h = 700\text{mm} < 800\text{mm}$，所以截面高度影响系数 $\beta_{hp} = 1.0$。

则抗冲切力为 $0.7\beta_{hp}f_t a_m h_0 = (0.7\times 1.0\times 1.27\times 10^3\times 1.15\times 0.65)\text{kN}$

$$= 664.53\text{kN} > 642.46\text{kN}(\text{满足要求})$$

(2) 变阶处抗冲切验算（图 A-3b）

$a_t = b_1 = 1.5\text{m}, a_1 = 1.9\text{m}, h_{01} = (350-50)\text{mm} = 300\text{mm}$

$a_b = a_t + 2h_{01} = (1.5+2\times 0.30)\text{m} = 2.1\text{m} < b = 2.8\text{m}$，取 $a_b = 2.1\text{m}$

$$a_m = \frac{a_t + a_b}{2} = \frac{1.5+2.1}{2}\text{m} = 1.80\text{m}$$

冲切力 $F_l = p_{j,\max}\left[\left(\frac{l}{2}-\frac{a_1}{2}-h_{01}\right)b-\left(\frac{b}{2}-\frac{b_1}{2}-h_{01}\right)^2\right]$

$$= 283.02\text{kPa}\times\left[\left(\frac{3.6}{2}-\frac{1.9}{2}-0.30\right)\times 2.8-\left(\frac{2.8}{2}-\frac{1.5}{2}-0.30\right)^2\right]\text{m}^2$$

$$= 401.2\text{kN}$$

因为基础高度 $h = 350\text{mm} < 800\text{mm}$，所以截面高度影响系数 $\beta_{hp} = 1.0$。

则抗冲切力为 $0.7\beta_{hp}f_t a_m h_{01} = (0.7\times 1.0\times 1.27\times 10^3\times 1.80\times 0.30)\text{kN}$

$$= 480.06\text{kN} > 401.2\text{kN}(\text{满足要求})$$

8. 配筋计算（图 A-4）

选用 HRB335 级钢筋，$f_y = 300\text{N/mm}^2$。

(1) 基础长边方向

1) Ⅰ—Ⅰ截面（柱边）。

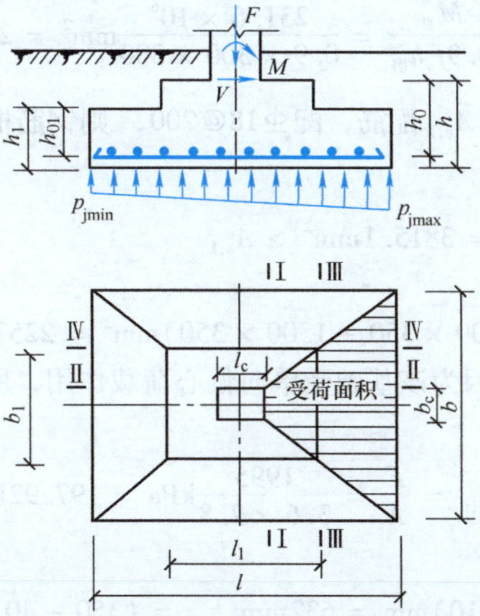

图 A-4 偏心受压作用下基础底板配筋计算简图

柱边净反力 $p_{j,I-I}=p_{jmin}+\dfrac{l+l_c}{2l}(p_{jmax}-p_{jmin})$

$$=\left[112.81+\frac{3.6+0.5}{2\times3.6}\times(283.02-112.81)\right]\text{kPa}$$

$$=209.74\text{kPa}$$

弯矩 $M_I=\dfrac{1}{48}(l-l_c)^2[(2b+b_c)(p_{jmax}+p_{j,I-I})+(p_{jmax}-p_{j,I-I})b]$

$$=\left\{\frac{(3.6-0.5)^2}{48}\times[(2\times2.8+0.5)\times(283.02+209.74)+(283.02-209.74)\times2.8]\right\}\text{kN}\cdot\text{m}$$

$$=642.9\text{kN}\cdot\text{m}$$

$$A_{s,I}=\frac{M_I}{0.9f_yh_0}=\frac{642.9\times10^6}{0.9\times300\times650}\text{mm}^2=3663.2\text{mm}^2$$

2）Ⅲ—Ⅲ截面（变阶处）。

变阶处净反力 $p_{j,III}=p_{jmin}+\dfrac{l+l_1}{2l}(p_{jmax}-p_{jmin})$

$$=\left[112.81+\frac{3.6+1.9}{2\times3.6}\times(283.02-112.81)\right]\text{kPa}$$

$$=242.83\text{kPa}$$

弯矩 $M_{III}=\dfrac{(l-l_1)^2}{48}[(2b+b_1)(p_{jmax}+p_{j,III-III})+(p_{jmax}-p_{j,III-III})b]$

$$=\left\{\frac{(3.6-1.9)^2}{48}\times[(2\times2.8+1.5)\times(283.02+242.83)+(283.02-242.83)\times2.8]\right\}\text{kN}\cdot\text{m}$$

$$=231.6\text{kN}\cdot\text{m}$$

$$A_{s,Ⅲ}=\frac{M_Ⅲ}{0.9f_yh_{01}}=\frac{231.6\times10^6}{0.9\times300\times300}mm^2=2858.8mm^2$$

比较 $A_{s,1}$ 和 $A_{s,Ⅲ}$，应按 $A_{s,1}$ 配筋，配Φ18@200，则钢筋根数 $n=\frac{2800}{200}+1=15$，配筋面积为

$A_s=254.34mm^2\times15=3815.1mm^2>A_{s,1}$

最小配筋率验算

$A_{sⅠ,min}=0.15\%\times(2800\times350+1500\times350)mm^2=2257.5mm^2<A_s$（满足要求）

（2）基础短边方向　因为该基础受单向偏心荷载作用，所以在基础短边方向的基底反力可按均匀分布计算，取

$$p_{j,n}=\frac{F}{A}=\frac{1995}{3.6\times2.8}kPa=197.92kPa$$

基础有效高度为

$h_0=(700-40-18-10)mm=632mm, h_{01}=(350-40-18-10)mm=282mm$

1）Ⅱ—Ⅱ截面（柱边）。

$$\begin{aligned}M_Ⅱ&=\frac{p_{j,n}}{24}(b-b_c)^2(2l+l_c)\\&=\left[\frac{197.92}{24}\times(2.8-0.5)^2\times(2\times3.6+0.5)\right]kN\cdot m\\&=335.9kN\cdot m\end{aligned}$$

$$A_{sⅡ}=\frac{M_Ⅱ}{0.9h_0f_y}=\frac{335.91\times10^6}{0.9\times632\times300}mm^2=1968.5mm^2$$

2）Ⅳ—Ⅳ截面（变阶处）。

$$\begin{aligned}M_Ⅳ&=\frac{p_{j,n}}{24}(b-b_c)^2(2l+l_c)\\&=\left[\frac{197.92}{24}\times(2.8-1.5)^2\times(2\times3.6+1.9)\right]kN\cdot m\\&=126.82kN\cdot m\end{aligned}$$

$$A_{sⅣ}=\frac{M_Ⅳ}{0.9h_{01}f_y}=\frac{126.82\times10^6}{0.9\times282\times300}mm^2=1665.6mm^2$$

比较 $A_{sⅡ}$ 和 $A_{sⅣ}$，应按 $A_{sⅡ}$ 配置钢筋，配Φ12@200，则钢筋根数 $n=\frac{3600}{200}+1=19$，配筋面积为

$$A_s=113.04\times19mm^2=2147.8mm^2>A_{s,Ⅱ}$$

最小配筋率验算

$$A_{sⅡ,min}=0.15\%\times(3600\times350+1900\times350)mm^2=2887.5mm^2$$

$A_s<A_{sⅡ,min}$，按 $A_{sⅡ,min}$ 配置钢筋，实配Φ12@140，则钢筋根数 $n=\frac{3600}{140}+1=27$，配筋面积为

$$A_s=113.04mm^2\times27=3052mm^2>A_{sⅡ,min}\text{（满足要求）}$$

9. 确定 B、C 两轴柱子基础底面尺寸

由任务书得：9 号题 B、C 两柱子基底荷载分别为：

B 轴　$F_k = 2140\text{kN}$，$M_k = 288\text{kN}\cdot\text{m}$，$V_k = 113\text{kN}$

C 轴　$F_k = 1677\text{kN}$，$M_k = 402\text{kN}\cdot\text{m}$，$V_k = 106\text{kN}$

由前面计算得持力层承载力特征值　$f_a = 220.58\text{kPa}$

计算基础和回填土重 G_k 时的基础埋深　$\bar{d} = 2.225\text{m}$

B 轴基础底面积　$A_0 = \dfrac{F_k}{f_a - \gamma_G \bar{d}} = \dfrac{2140}{220.58 - 0.5\times 10 - 1.725\times 20}\text{m}^2 = 11.82\text{m}^2$

基础底面积按 20% 增大，即

$$A = 1.2A_0 = 1.2\times 11.82\text{m}^2 = 14.18\text{m}^2$$

初步选定基础底面面积 $A = lb = (4.8\times 3.0)\text{m}^2 = 14.4\text{m}^2(>14.18\text{m}^2)$，且 $b = 3\text{m}$，不需要再对 f_a 进行修正。

C 轴基础底面积　$A_0 = \dfrac{F_k}{f_a - \gamma_G \bar{d}} = \dfrac{1677}{220.58 - 0.5\times 10 - 1.725\times 20}\text{m}^2 = 9.26\text{m}^2$

基础底面积按 20% 增大，即

$$A = 1.2A_0 = 1.2\times 9.26\text{m}^2 = 11.12\text{m}^2$$

初步选定基础底面面积 $A = lb = (3.8\times 3.0)\text{m}^2 = 11.4\text{m}^2 > 11.12\text{m}^2$，且 $b = 3\text{m}$，不需要再对 f_a 进行修正。

10. B、C 两轴持力层地基承载力验算（略）

根据以上计算，可以绘制出基础平面布置图和 A 轴柱子基础大样图，如图 A-5、图 A-6 所示。由于上部结构为横向框架承重，基础长边应横向布置（图 A-5）。

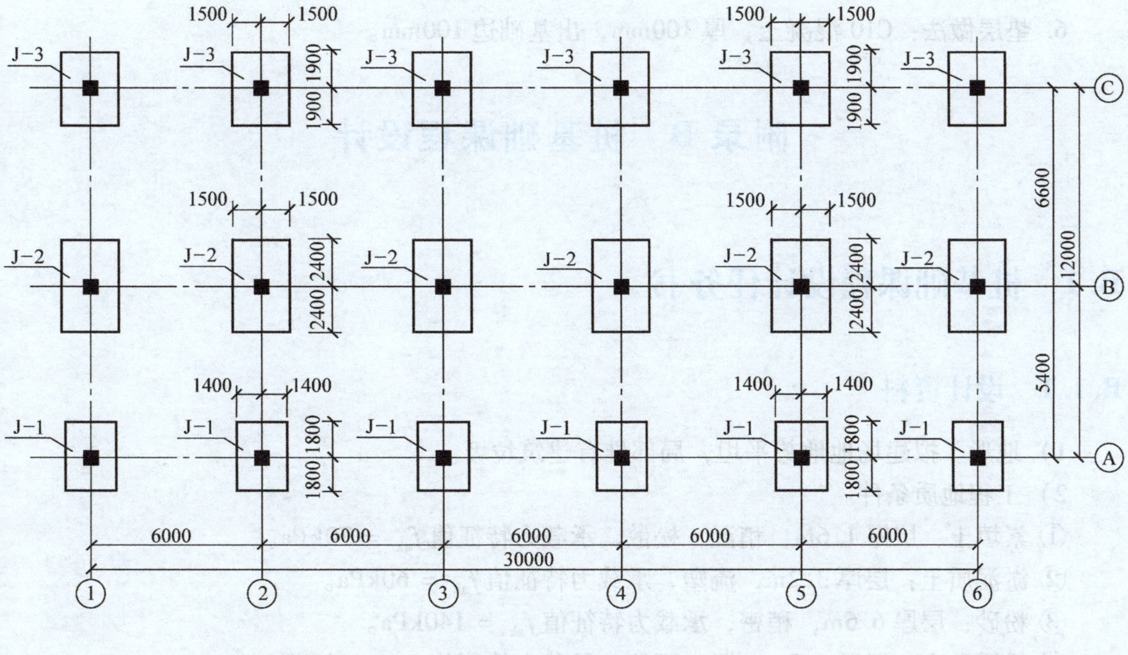

图 A-5　基础平面图

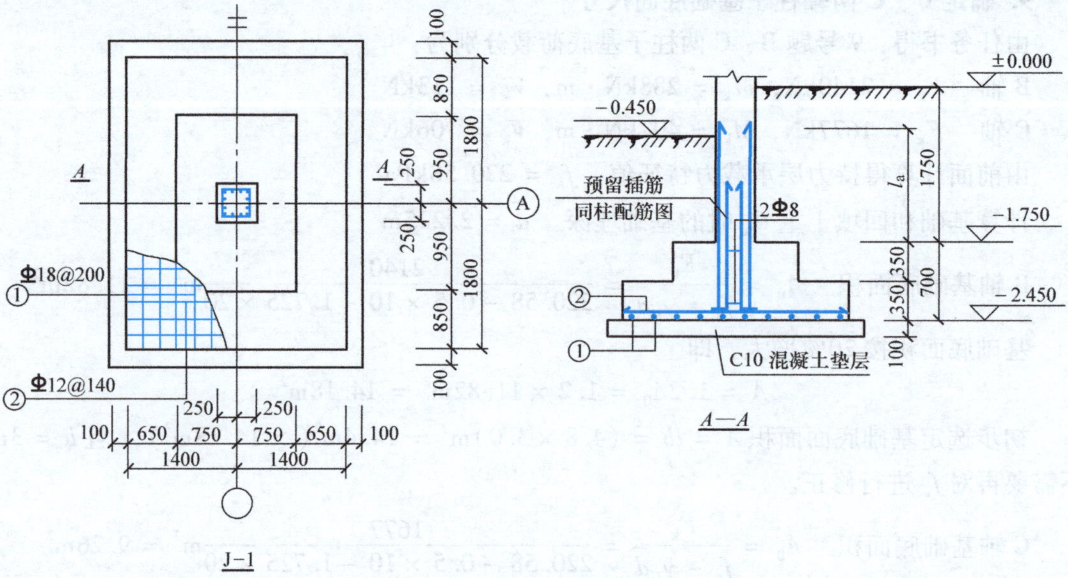

图 A-6　基础大样图

设计说明：

1. ±0.000 相当于绝对标高，见建筑图。
2. 本工程持力层选用③号土层，地基承载力特征值 f_{ak} = 180kPa。
3. 基坑开挖后需通知甲方及勘查单位验槽，符合要求后方可施工垫层及基础。
4. 材料：C25 混凝土，HRB335 级钢筋。
5. 保护层：40mm。
6. 垫层做法：C10 混凝土，厚 100mm，出基础边 100mm。

附录 B　桩基础课程设计

B.1　桩基础课程设计任务书

B.1.1　设计资料

1）地形。拟建场地地势平坦，局部堆有建筑垃圾。

2）工程地质条件。

① 素填土：层厚 1.6m，稍湿，松散，承载力特征值 f_{ak} = 70kPa。

② 淤泥质土：层厚 3.2m，流塑，承载力特征值 f_{ak} = 60kPa。

③ 粉砂：层厚 6.6m，稍密，承载力特征值 f_{ak} = 140kPa。

④ 粉质黏土：层厚 4.2m，湿，可塑，承载力特征值 f_{ak} = 165kPa。

⑤ 细砂层：钻孔未穿透，中密～密实，承载力特征值 f_{ak} = 230kPa。

3）岩土设计技术参数：见表 B-1 及表 B-2。

表 B-1 地基土层物理性质参数一览表

地层代号	土名	厚度/m	性质	孔隙比 e	含水量 ω	液性指数 I_L	标准贯入击数 N	压缩模量 E_s /MPa	承载力特征值 /kPa
①	素填土	1.5	松散	—	—	—	—	—	70
②	淤泥质土	3.2	流塑	1.04	62.4%	1.08	—	2.5MPa	60
③	粉砂	6.6	稍密	0.81	27.6%	—	14	6.5MPa	140
④	粉质黏土	4.2	可塑	0.79	31.2%	0.74	—	7.0MPa	165
⑤	细砂层	未穿透	密实	0.58	—	—	25	20MPa	230

表 B-2 桩的极限侧阻力标准值 q_{sk} 和极限端阻力标准值 q_{pk}

地层代号	土名	桩的侧阻力 q_{sk} /kPa	桩的端阻力 q_{pk} /kPa
①	素填土	22	—
②	淤泥质土	28	—
③	粉砂	45	—
④	粉质黏土	60	900
⑤	细砂层	75	2400

4）水文地质条件。地下水位深度 -3.5m，拟建场区地下水对混凝土结构无腐蚀性。

5）建筑物所处场地抗震设防烈度为 7 度，场地内无可液化砂土、粉土。

6）上部结构资料。拟建建筑物为钢筋混凝土框架结构，长 30m，宽 9.6m。室外地坪标高同自然地面，室内外高差 450mm。柱截面尺寸均为 400mm×400mm，横向承重，柱网布置如图 B-1 所示。

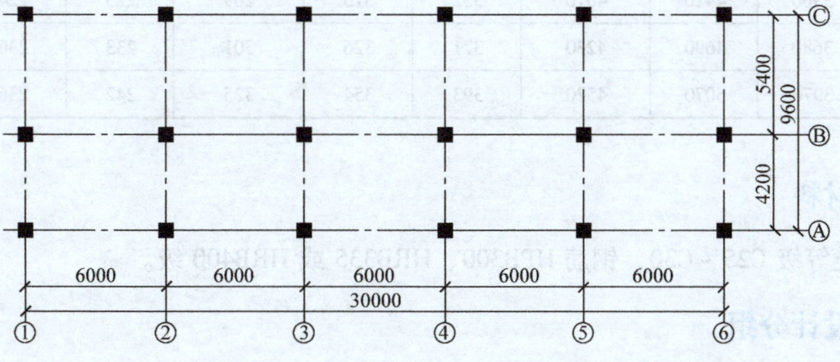

图 B-1 柱网布置图

柱底荷载见表 B-3、表 B-4。表中弯矩 M、水平力 V 均为横向方向。

表 B-3　柱底荷载效应标准组合设计值

题号	F_k /kN			M_k / (kN·m)			V_k /kN		
	A 轴	B 轴	C 轴	A 轴	B 轴	C 轴	A 轴	B 轴	C 轴
1	1256	1765	1564	172	169	197	123	130	112
2	1280	1900	1540	160	192	203	120	135	114
3	1650	2050	1810	191	197	208	132	141	120
4	1875	2160	2080	205	204	213	139	149	134
5	2040	2280	2460	242	223	221	145	158	148
6	2310	2690	2970	275	231	238	165	162	153
7	2568	3225	3170	293	248	247	174	179	165
8	2670	3550	3410	299	264	256	183	190	170
9	2920	3860	3720	304	285	281	192	202	191
10	3130	3970	3950	323	302	316	211	223	230

表 B-4　柱底荷载效应基本组合设计值

题号	F /kN			M / (kN·m)			V /kN		
	A 轴	B 轴	C 轴	A 轴	B 轴	C 轴	A 轴	B 轴	C 轴
1	1580	2630	1910	198	205	241	150	140	138
2	1740	2800	2100	215	210	243	160	145	140
3	2130	3080	2490	210	211	223	164	155	150
4	2320	3310	2780	215	214	238	181	166	174
5	2650	3560	3120	253	228	244	193	175	188
6	2910	3790	3430	286	251	266	204	188	196
7	3230	4180	3750	303	284	274	212	197	208
8	3360	4420	4010	332	315	269	225	224	216
9	3680	4690	4230	371	326	301	233	230	228
10	3970	5070	4520	393	354	325	242	236	238

B.1.2　材料

混凝土等级 C25～C30，钢筋 HPB300、HRB335 或 HRB400 级。

B.1.3　设计分组

先分预制桩和灌注桩两个大组，再根据表 B-3、表 B-4 所给荷载资料及学生人数，划分为若干个小组。

分组示意如下：

预制桩：第 1 组共 10 人，选择题号 1 ~ 10，设计 A 轴柱下桩基础；
第 2 组共 10 人，选择题号 1 ~ 10，设计 B 轴柱下桩基础；
第 3 组共 10 人，选择题号 1 ~ 10，设计 C 轴柱下桩基础。
灌注桩：第 1 组共 10 人，选择题号 1 ~ 10，设计 A 轴柱下桩基础；
第 2 组共 10 人，选择题号 1 ~ 10，设计 B 轴柱下桩基础；
第 3 组共 10 人，选择题号 1 ~ 10，设计 C 轴柱下桩基础。

B.1.4　设计要求

每人根据所在组号和题号，完成指定桩型和指定轴线的桩基础设计。对另外两根轴线的基础，只要求根据所给荷载确定承台尺寸和桩数，以便画出桩基础平面布置图。

B.1.5　设计内容

在综合分析工程背景、工程地质条件、上部结构荷载的基础上确定桩的形状及尺寸，进行桩基础和承台的设计和计算。编写设计说明书（包括计算书），绘制桩基础平面布置图，桩和承台大样图，并附加相关设计说明。要求分析过程详细，计算步骤完整，设计说明书的编写应具有条理性，图样整洁清晰。

B.1.6　设计成果

1. 桩基础设计计算书

1）桩的选型、确定单桩竖向承载力。

2）估算桩的根数、布桩，确定承台尺寸。

3）桩基础验算。

4）桩基础承台设计，包括抗冲切、抗剪切、抗弯的强度计算。

5）桩身设计，对预制桩，进行吊装验算并满足构造配筋要求；对灌注桩，一般按构造配筋。

2. 设计图

1）桩基础平面布置图。

2）承台大样图。

3）桩身大样图。

4）设计说明。

B.1.7　参考书目

1）《基础工程》，陈小川等编著，机械工业出版社，2013。

2）《基础工程简明设计手册》，郭继武主编，机械工业出版社，2008。

3）GB 50009—2012《建筑结构荷载规范》，中国建筑工业出版社，2012。

4）GB 50007—2011《建筑地基基础设计规范》，中国建筑工业出版社，2011。

5）JGJ 94—2008《建筑桩基技术规范》，中国建筑工业出版社，2008。

6）GB 50010—2010《混凝土结构设计规范》，中国建筑工业出版社，2010。

B.2 预制桩基础设计实例

B.2.1 设计资料

1）设计荷载。设计荷载见表B-3、表B-4柱底荷载效应标准组合值和柱底荷载效应基本组合设计值。

题号：2号。

① 柱底荷载效应标准组合值：

A轴荷载 $F_k = 1280\text{kN}$；$M_k = 160\text{kN}\cdot\text{m}$；$V_k = 120\text{kN}$

B轴荷载 $F_k = 1900\text{kN}$；$M_k = 192\text{kN}\cdot\text{m}$；$V_k = 135\text{kN}$

C轴荷载 $F_k = 1540\text{kN}$；$M_k = 203\text{kN}\cdot\text{m}$；$V_k = 114\text{kN}$

② 柱底荷载效应基本组合值：

A轴荷载 $F = 1740\text{kN}$；$M = 215\text{kN}\cdot\text{m}$；$V = 160\text{kN}$

B轴荷载 $F = 2800\text{kN}$；$M = 210\text{kN}\cdot\text{m}$；$V = 145\text{kN}$

C轴荷载 $F = 2100\text{kN}$；$M = 243\text{kN}\cdot\text{m}$；$V = 140\text{kN}$

设计B轴柱下桩基础，A、C轴柱下仅设计承台尺寸和估算桩数。

2）地层条件及其参数详见桩基设计任务书。

3）桩基础设计方案。建筑物基础设计方案采用混凝土预制桩，具体设计方案如下：

室外地坪标高为 -0.45m，自然地面标高同室外地坪标高。根据JG 94—2008《建筑桩基技术规范》，该建筑桩基属乙级建筑桩基础，拟采用截面为350mm×350mm的混凝土预制方桩，以第④层粉质黏土为持力层，桩尖伸入持力层1.2m（对于黏性土、粉土不小于 $2d = 700\text{mm}$），设计桩长11.0m，预制桩尖长0.5m。初步设计承台高0.7m，承台埋深取1.60m，则承台底标高 -2.050m。

B.2.2 单桩承载力计算

根据以上设计，承台底标高 -2.050m，桩底标高 -13.050m，桩长11m。

1. 单桩竖向极限承载力标准值

$$Q_{uk} = Q_{sk} + Q_{pk} = u_p \sum q_{sik} l_i + A_p q_{pk}$$

$$Q_{sk} = [4 \times 0.35 \times (28 \times 3.2 + 45 \times 6.6 + 60 \times 1.2)]\text{kN} = 642\text{kN}$$

$$Q_{pk} = (0.35 \times 0.35 \times 900)\text{kN} = 110\text{kN}$$

$$Q_{uk} = (642 + 110)\text{kN} = 752\text{kN}$$

2. 基桩竖向承载力特征值

承台底部地基土为淤泥质土，压缩性大，因此本工程不考虑承台土效应，取 $\eta_c = 0$，则有

$$R = R_a = Q_{uk}/K = 752\text{kN}/2 = 376\text{kN}$$

根据上部荷载初步估计桩数 $n = F_k/R = 1900/376 = 5.05$

则设计桩数为6根。

根据《建筑桩基技术规范》，因桩基础所处场地抗震设防烈度为 7 度，且场地内无可液化砂土、粉土问题，可不进行地震效应的竖向承载力验算。

B. 2. 3 桩基础竖向承载力的验算

根据桩数进行布桩：桩中心距取 $3.5d$，则 $s = 3.5 \times 0.35\text{m} = 1225\text{mm}$，取 $s = 1300\text{mm}$。边桩中心距承台边缘均为 350mm，矩形布桩，则承台平面尺寸为 2.0m × 3.3m，承台平面布置如图 B-2 所示。

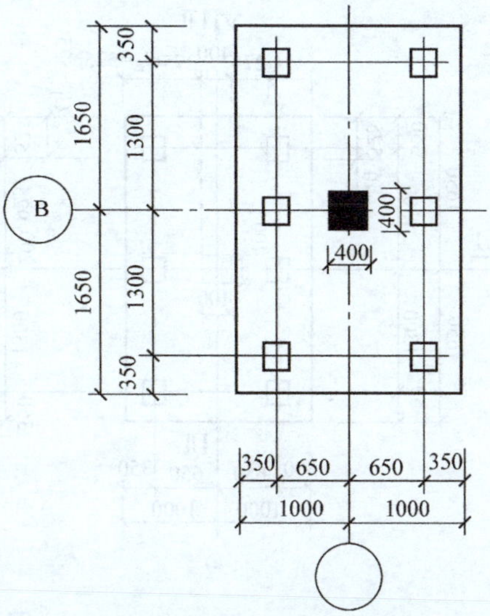

图 B-2 承台平面布置图

承台及其上填土的重力为

$$G_k = (2.0 \times 3.3 \times 2.050 \times 20)\text{kN} = 270.6\text{kN}$$

计算时取荷载效应的标准组合值

$$N_k = \frac{F_k + G_k}{n} = \frac{1900 + 270.6}{6}\text{kN} = 361.8\text{kN} < R(=376\text{kN})$$

$$N_{k\max} = N_k + \frac{M_k y_{\max}}{\sum y^2} = \left[361.8 + \frac{(135 \times 0.7 + 192) \times 1.3}{4 \times 1.3^2}\right]\text{kN}$$

$$= (361.8 + 55.1)\text{kN} = 417\text{kN}$$

$$N_{k\min} = N_k - \frac{M_k y_{\max}}{\sum y^2} = \left[361.8 - \frac{(135 \times 0.7 + 192) \times 1.3}{4 \times 1.3^2}\right]\text{kN}$$

$$= (361.8 - 55.1)\text{kN} = 306.7\text{kN}$$

$$N_{k\max} = 417\text{kN} < 1.2R(1.2 \times 376\text{kN} = 451\text{kN})$$

$$N_{k\min} = 306.7\text{kN} > 0$$

满足设计要求，故初步设计是合理的。

B. 2. 4 承台设计

根据以上桩基础设计及构造要求，承台设计为 2.0m × 3.3m，厚 0.7m，承台混凝土 C25，$f_t = 1.27\text{N/mm}^2$，$f_c = 11.9\text{N/mm}^2$；承台钢筋选用 HRB335 级，$f_y = 300\text{N/mm}^2$。柱对承台的冲切、角桩对承台的冲切示意图如图 B-3 所示。

1. 承台内力计算

计算时采用荷载效应基本组合设计值，则基桩净反力设计值为

$$N_{\max} = \frac{F}{n} + \frac{M_x y_i}{\sum y_i^2} = \frac{2800}{6}\text{kN} + \frac{(210 + 145 \times 0.7) \times 1.3}{4 \times 1.3^2}\text{kN}$$

$$= (466.67 + 59.9)\text{kN} = 526.57\text{kN}$$

$$N_{\min} = \frac{F}{n} - \frac{M_x y_i}{\sum y_i^2} = \frac{2800}{6}\text{kN} - \frac{(210 + 145 \times 0.7) \times 1.3}{4 \times 1.3^2}\text{kN}$$

$$= (466.67 - 59.9)\text{kN} = 406.77\text{kN}$$

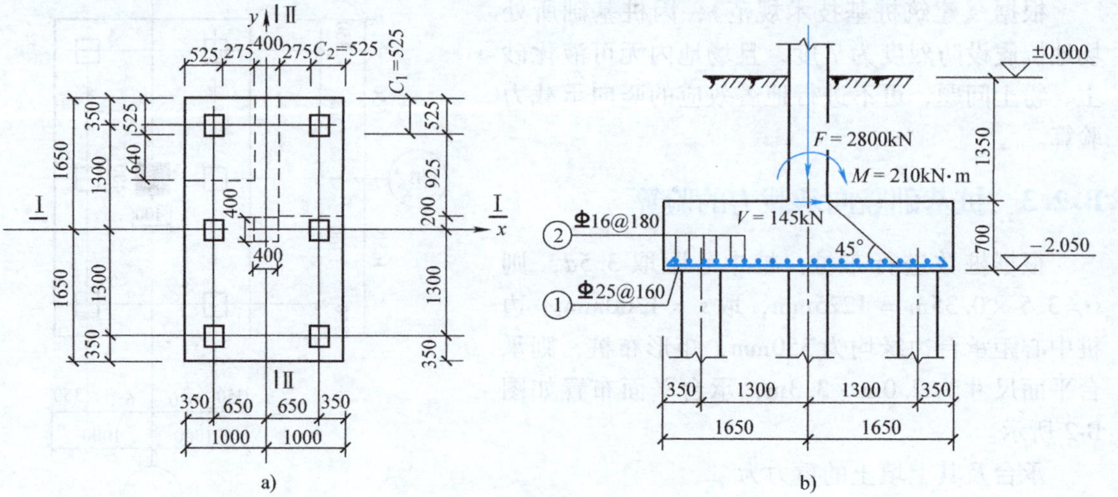

图 B-3　承台计算简图

$$\overline{N} = \frac{F}{n} = \frac{2800}{6}\text{kN} = 466.67\text{kN}$$

2. 承台厚度及受冲切承载力验算

为防止承台产生冲切破坏，承台应具有一定厚度，初步设计承台厚 0.7m，承台底保护层厚 50mm，则 $h_0 = (700-60)\text{mm} = 640\text{mm}$。

(1) 柱对承台冲切承载力验算

应满足 $F_l \leqslant 2[\beta_{0x}(b_c + a_{0y}) + \beta_{0y}(l_c + a_{0x})]\beta_{hp} f_t h_0$

$F_l = F - \sum N_i = 2800\text{kN} - 0 = 2800\text{kN}$

承台高度 $h = 700\text{mm} < 800\text{mm}$，故承台受冲切承载力截面高度影响系数 β_{hp} 取 1.0。

柱边至桩内边在 x、y 方向的水平距离为

$a_{0x} = (0.65 - 0.4/2 - 0.35/2)\text{m} = 0.275\text{m}$，$a_{0y} = (1.3 - 0.4/2 - 0.35/2)\text{m} = 0.925\text{m}$

x、y 方向的冲跨比为

$\lambda_{0x} = a_{0x}/h_0 = 0.275/0.64 = 0.43$（介于 0.25 ~ 1），取 $\lambda_{0x} = 0.43$

$\lambda_{0y} = a_{0y}/h_0 = 0.925/0.64 = 1.44 > 1.0$，取 $\lambda_{0y} = 1.0$

冲切系数为

$$\beta_{0x} = \frac{0.84}{\lambda_{0x} + 0.2} = \frac{0.84}{0.43 + 0.2} = 1.3,\quad \beta_{0y} = \frac{0.84}{\lambda_{0y} + 0.2} = \frac{0.84}{1 + 0.2} = 0.7$$

则承台的抗冲切承载力为

$$\begin{aligned}&2[\beta_{0x}(b_c + a_{0y}) + \beta_{0y}(l_c + a_{0x})]\beta_{hp} f_t h_0\\ &= \{2 \times [1.3 \times (0.4 + 0.925) + 0.7 \times (0.4 + 0.275)] \times 1 \times 1270 \times 0.64\}\text{kN}\\ &= 3568.2\text{kN}\end{aligned}$$

$F_l = 2800\text{kN} < 3568.2\text{kN}$（满足要求）

(2) 角桩对承台承载力验算

应满足 $N_{max} \leqslant [\beta_{1x}(c_2 + a_{1y}/2) + \beta_{1y}(c_1 + a_{1x}/2)]\beta_{hp} f_t h_0$

从角桩内边缘至承台外边缘距离 $c_1 = c_2 = 0.525\text{m}$

$a_{1x} = 0.275\text{m}$，$a_{1y} = 0.64\text{m}$

$$\lambda_{1x} = \frac{a_{1x}}{h_0} = \frac{0.275}{0.64} = 0.43,\ \lambda_{1y} = \frac{a_{1y}}{h_0} = \frac{0.64}{0.64} = 1$$

$$\beta_{1x} = \frac{0.56}{\lambda_{1x} + 0.2} = \frac{0.56}{0.43 + 0.2} = 0.89,\ \beta_{1y} = \frac{0.56}{\lambda_{1y} + 0.2} = \frac{0.56}{1.0 + 0.2} = 0.47$$

则角桩抗冲切承载力为

$$\left[\beta_{1x}\left(c_2 + \frac{a_{1y}}{2}\right) + \beta_{1y}\left(c_1 + \frac{a_{1x}}{2}\right)\right]\beta_{hp}f_t h_0$$

$$= \left\{\left[0.89 \times \left(0.525 + \frac{0.64}{2}\right) + 0.47 \times \left(0.525 + \frac{0.275}{2}\right)\right] \times 1 \times 1270 \times 0.64\right\}\text{kN}$$

$$= 864.5\text{kN} > N_{max} = 526.57\text{kN}（满足要求）$$

3. 承台受剪承载力计算

承台剪切破坏发生在柱边与桩边连线所形成的斜截面处。

（1）对于Ⅰ—Ⅰ截面

$$\lambda_y = \frac{a_y}{h_0} = \frac{0.925}{0.64} = 1.44\ （介于 0.25 \sim 3）$$

剪切系数为 $\alpha = \dfrac{1.75}{\lambda + 1} = \dfrac{1.75}{1.44 + 1} = 0.72$

$h_0 = 640\text{mm} < 800\text{mm}$，则受剪切承载力高度影响系数 $\beta_{hs} = 1$。

Ⅰ—Ⅰ截面剪力为 $V_{\text{I}} = 2 \times N_{max} = 2 \times 526.57\text{kN} = 1053.14\text{kN}$

Ⅰ—Ⅰ截面抗剪切承载力为

$\beta_{hs}\alpha f_t b_0 h_0 = (1 \times 0.72 \times 1.27 \times 10^3 \times 2.0 \times 0.64)\text{kN} = 1170.4\text{kN} > V_{\text{I}}$（满足要求）

（2）对于Ⅱ—Ⅱ截面

$$\lambda_x = \frac{a_x}{h_0} = \frac{0.275}{0.64} = 0.43\ （介于 0.25 \sim 3）$$

剪切系数为 $\alpha = \dfrac{1.75}{\lambda + 1} = \dfrac{1.75}{0.43 + 1} = 1.22$

Ⅱ—Ⅱ截面剪力为 $V_{\text{II}} = 3 \times N = 3 \times 466.67\text{kN} = 1400\text{kN}$

Ⅱ—Ⅱ截面抗剪切承载力为

$\beta_{hs}\alpha f_t b_0 h_0 = (1 \times 1.22 \times 1.27 \times 10^3 \times 3.3 \times 0.64)\text{kN} = 3272\text{kN} > V_{\text{II}}$（满足要求）

4. 承台受弯承载力计算

（1）对于Ⅰ—Ⅰ截面　取基桩净反力最大值 $N_{max} = 526.57\text{kN}$ 进行计算，承台有效高度为 $h_0 = (700 - 60)\text{mm} = 640\text{mm}$，则承台计算截面弯矩为

$$M_x = \sum N_i y_i = [2 \times 526.57 \times (1.3 - 0.4/2)]\text{kN} \cdot \text{m} = 1158.4\text{kN} \cdot \text{m}$$

$$A_{s1} = \frac{M_x}{0.9 f_y h_0} = \frac{1158.4 \times 10^6}{0.9 \times 300 \times 640}\text{mm}^2 = 6704\text{mm}^2$$

承台长边方向选用Φ25@160，则钢筋根数 $n = \dfrac{2000}{160} + 1 = 14$，沿长边方向均匀布置，则

$A_s = 490.625\text{mm}^2 \times 14 = 6868.75\text{mm}^2 > A_{s1}$（满足要求）

配筋率 $\rho_1 = \dfrac{A_{s1}}{bh} = \dfrac{6868.75}{2000 \times 700} = 0.49\% > 0.15\%$（满足要求）

（2）对于Ⅱ—Ⅱ截面　取基桩净反力平均值 $\overline{N}$ = 466.67kN 进行计算，承台有效高度为 h_0 = (700 - 85)mm = 615mm，则承台计算截面弯矩为

$$M_y = \sum N_i x_i = [3 \times 466.67 \times (0.275 + 0.35/2)]\text{kN} \cdot \text{m} = 630\text{kN} \cdot \text{m}$$

$$A_{s2} = \frac{M_y}{0.9 f_y h_0} = \frac{630 \times 10^6}{0.9 \times 300 \times 615}\text{mm}^2 = 3794\text{mm}^2$$

承台短边方向选用⌀16@180，则钢筋根数 $n = \frac{3300}{180} + 1 = 20$，沿短边方向均匀布置，则

$A_s = 201 \times 20\text{mm}^2 = 4020\text{mm}^2 > A_{s2}$（满足要求）

配筋率 $\rho_2 = \frac{A_{s2}}{bh} = \frac{4020}{3300 \times 700} = 0.17\% > 0.15\%$（满足要求）

5. 承台构造设计

根据混凝土桩桩顶伸入承台长度为 50mm。两承台间设置联系梁，梁顶面标高 -1.350m，与承台顶齐平，梁宽 250mm，梁高 400mm，梁内主筋上下 4 Φ12 通长配筋，箍筋采用Φ6@150mm。承台底做 100mm 厚 C10 素混凝土垫层，垫层挑出承台边缘 100mm。

B.2.5 桩身轴向承载力验算

预制桩的桩身混凝土强度选用 C30，钢筋用 HRB335 级。

根据 JGJ 94—2008《建筑桩基技术规范》第 5.8.2 条规定，桩顶轴向压力应符合下列规定 $N_{max} \leqslant \varphi \psi_c f_c A_{ps}$。

$$N_{max} = \frac{F + G}{n} + \frac{M_x y_i}{\sum y_i^2} = \left[\frac{2800 + 1.2 \times 270.6}{6} + \frac{(210 + 145 \times 0.7) \times 1.3}{4 \times 1.3^2}\right]\text{kN}$$

$$= (520.8 + 59.9)\text{kN} = 580.7\text{kN}$$

由于是低承台桩，计算桩身轴心抗压强度时，不考虑压屈影响，取稳定系数 $\varphi = 1$，对于预制桩，基桩施工工艺系数 $\psi_c = 0.85$，C30 混凝土，$f_c = 14.3\text{N/mm}^2$。

$\varphi \psi_c f_c A = (1 \times 0.85 \times 14.3 \times 10^6 \times 0.35^2)\text{N} = 1489\text{kN} > N_{max} (= 580.7\text{kN})$

桩身轴向承载力满足要求。

B.2.6 桩身构造设计

预制桩的桩身混凝土强度选用 C30，桩身按构造要求配筋。选 8 ⌀14 的 HRB335 钢筋通长配筋，箍筋选用 HPB300 钢筋，Φ6@200mm，桩顶 2m 范围内间距 50mm，距桩顶 2～4m 范围内间距 100mm。采用打入法沉桩，桩顶设置三层Φ6@50mm 钢筋网，层距 50mm，桩尖所有主筋应焊接在一根圆钢上，桩尖 0.6m 范围内箍筋加密，间距 50mm，桩身主筋混凝土保护层 30mm。

B.2.7 吊装验算

因桩的长度不大，桩身吊装时采用两点起吊，吊点位置如图 B-4 所示。

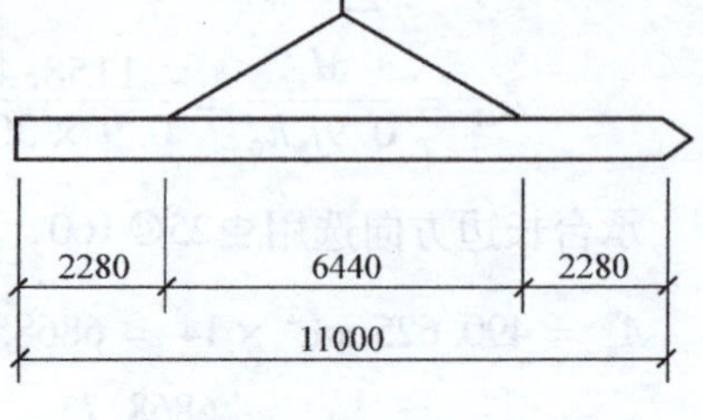

图 B-4　吊点位置

起吊点距桩两端距离 $a = 0.207l = 0.207 \times 11\text{m} = 2.28\text{m}$

则起吊时桩身最大弯矩

$M_1 = 0.0214kql^2 = [0.0214 \times 1.5 \times (0.35^2 \times 25) \times 11^2]\text{kN} \cdot \text{m} = 11.9\text{kN} \cdot \text{m}$

桩身配筋验算：$b = 350\text{mm}; h_0 = (350 - 40)\text{mm} = 310\text{mm}$，每边 3 Φ14，$A_s = 461\text{mm}^2$

混凝土采用 C30，钢筋采用 HRB335 级，则 $f_c = 14.3\text{N/mm}^2$，$f_y = 300\text{N/mm}^2$

$$x = \frac{f_y A_s}{\alpha_1 f_c b} = \frac{300 \times 461}{1.0 \times 14.3 \times 350}\text{mm} = 27.63\text{mm}$$

$$M_u = \alpha_1 f_c bx\left(h_0 - \frac{x}{2}\right) = \left[1.0 \times 14.3 \times 350 \times 27.63 \times \left(310 - \frac{27.63}{2}\right)\right]\text{N} \cdot \text{mm}$$

$$= 40.96 \times 10^6\text{N} \cdot \text{mm} = 40.96\text{kN} \cdot \text{m}$$

$M_u > M_1$，桩身配筋满足吊装要求。

B.2.8 估算 A、C 轴线柱下桩数

1. 桩数估算

设计 A、C 轴线下桩基础与 B 轴线下相同，单桩极限承载力标准值 752kN，基桩竖向承载力特征值 376kN。

A 轴柱下荷载标准 $F_k = 1280\text{kN}$，$M_k = 160\text{kN}$，$V_k = 120\text{kN}$

初步估计 A 轴柱下桩数

$$n = \frac{F_k}{R} = \frac{1280}{376} = 3.4$$

取 A 轴下桩数为 4 根。

C 轴柱下荷载标准值 $F_k = 1540\text{kN}$、$M_k = 203\text{kN} \cdot \text{m}$、$V_k = 114\text{kN}$

初步估计 C 轴柱下桩数

$$n = \frac{F_k}{R} = \frac{1540}{376} = 4.1$$

取 C 轴下设计桩数为 5 根。

2. 承台平面尺寸确定

根据估算的桩数和承台构造要求，桩中心矩为 1.3m，边桩中心与承台边缘距离 0.35m；则 A 轴线承台平面尺寸为 2.0m×2.0m，C 轴线承台平面尺寸为 2.6m×2.6m，A、C 轴承台布置如图 B-5 所示。

3. 桩基础竖向承载力的验算

（1）A 轴　承台及其上填土的重力为

$$G_k = \frac{2.0 \times 2.0 \times (1.6 + 2.05)}{2} \times 20\text{kN} = 146\text{kN}$$

$$N_k = \frac{F_k + G_k}{n} = \frac{1280 + 146}{4}\text{kN} = 356.5\text{kN} < R(= 376\text{kN})$$

$$N_{k\max} = N_k + \frac{M_k y_{\max}}{\sum y_i^2} = \left[356.5 + \frac{(120 \times 0.7 + 160) \times 0.65}{4 \times 0.65^2}\right]\text{kN}$$

$$= (356.5 + 93.8)\text{kN} = 450.3\text{kN}$$

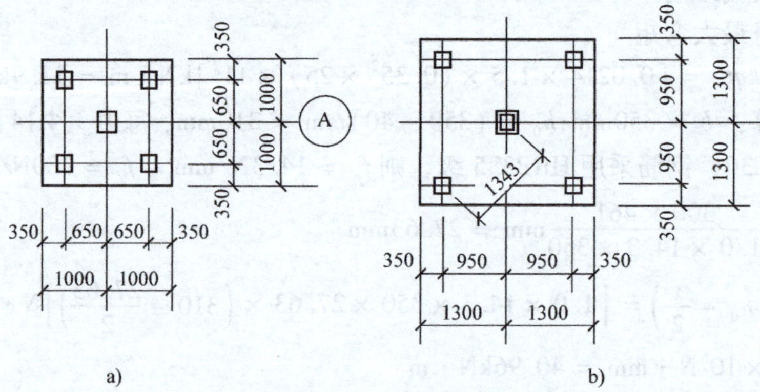

图 B-5　A、C 轴承台布置示意图

a) A 轴承台　b) C 轴承台

$$N_{kmin} = N_k - \frac{M_k y_{max}}{\sum y_i^2} = \left[356.5 - \frac{(120 \times 0.7 + 160) \times 0.65}{4 \times 0.65^2}\right] kN$$

$$= (356.5 - 93.8) kN = 262.7 kN$$

$$N_{kmax} = 450.3 kN < 1.2R(1.2 \times 376 kN = 451.2 kN)$$

$$N_{kmin} = 262.7 kN > 0$$

满足设计要求，故初步设计是合理的。

（2）C 轴　承台及其上填土的重力为

$$G_k = \frac{2.6 \times 2.6 \times (1.6 + 2.05)}{2} \times 20 kN = 246.74 kN$$

$$N_k = \frac{F_k + G_k}{n} = \left(\frac{1540 + 246.74}{5}\right) kN = 357.3 kN < R(= 376 kN)$$

$$N_{kmax} = N_k + \frac{M_k y_{max}}{\sum y_i^2} = \left[357.3 + \frac{(114 \times 0.7 + 203) \times 0.95}{4 \times 0.95^2}\right] kN$$

$$= (357.3 + 74.4) kN = 431.7 kN$$

$$N_{kmin} = N_k - \frac{M_k y_{max}}{\sum y_i^2} = \left[357.3 - \frac{(114 \times 0.7 + 203) \times 0.95}{4 \times 0.95^2}\right] kN$$

$$= (357.3 - 74.4) kN = 282.9 kN$$

$$N_{kmax} = 431.7 kN < 1.2R(1.2 \times 376 kN = 451.2 kN)$$

$$N_{kmin} = 282.9 kN > 0$$

满足设计要求，故初步设计是合理的。

B.2.9　绘制桩基础施工图

预制桩基础施工图如图 B-6 所示。

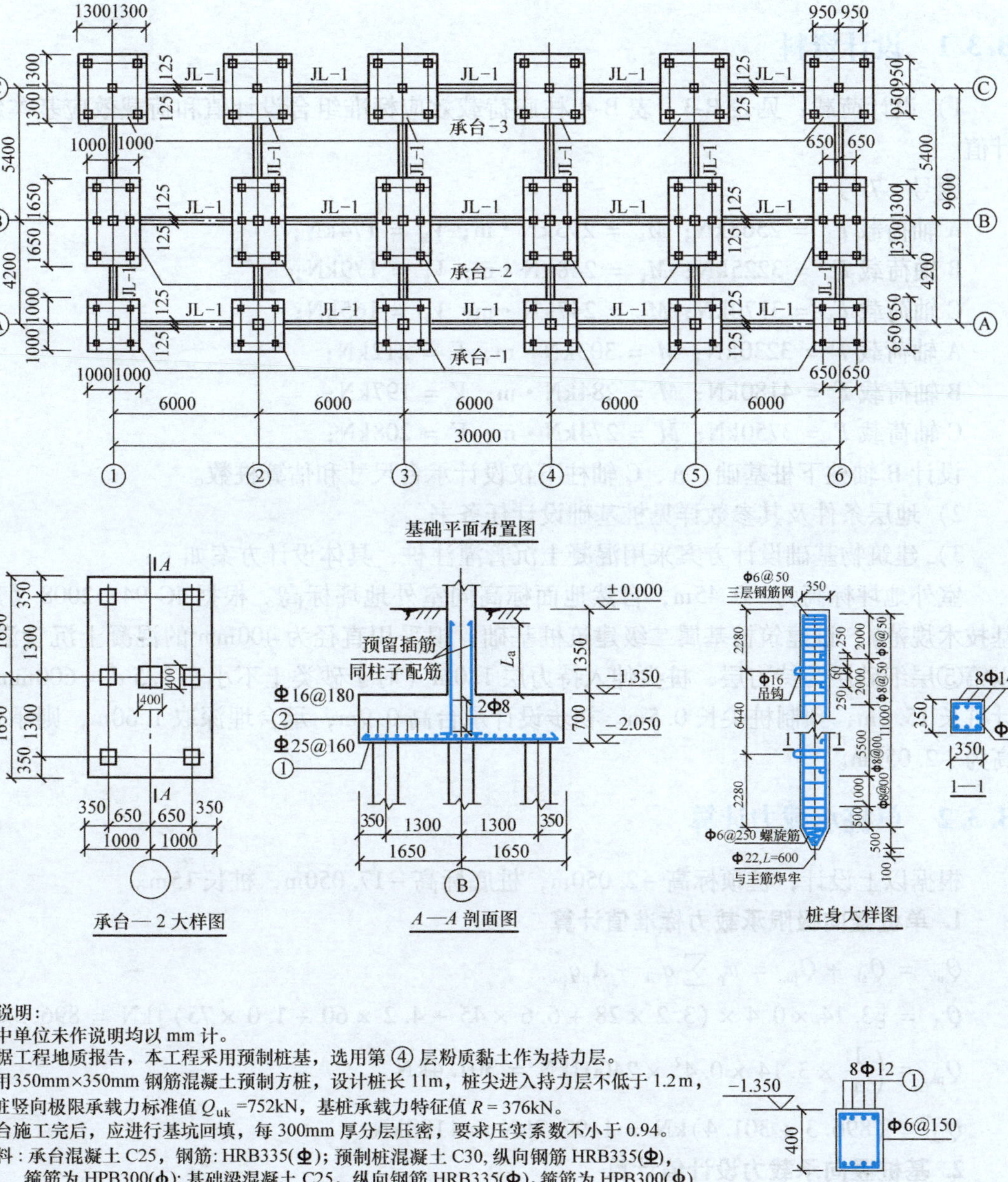

设计说明：

1. 图中单位未作说明均以 mm 计。
2. 根据工程地质报告，本工程采用预制桩基，选用第④层粉质黏土作为持力层。采用350mm×350mm 钢筋混凝土预制方桩，设计桩长 11m，桩尖进入持力层不低于 1.2m，单桩竖向极限承载力标准值 Q_{uk}=752kN，基桩承载力特征值 R=376kN。
3. 承台施工完后，应进行基坑回填，每 300mm 厚分层压密，要求压实系数不小于 0.94。
4. 材料：承台混凝土 C25，钢筋：HRB335(Φ)；预制桩混凝土 C30，纵向钢筋 HRB335(Φ)，箍筋为 HPB300(φ)；基础梁混凝土 C25，纵向钢筋 HRB335(Φ)，箍筋为 HPB300(φ)。
5. 保护层：承台 50mm，预制桩 30mm，基础梁 30mm。
6. 承台下做 100mm 厚 C10 素混凝土垫层，出承台边 100mm。
7. 桩顶嵌入承台 50mm。

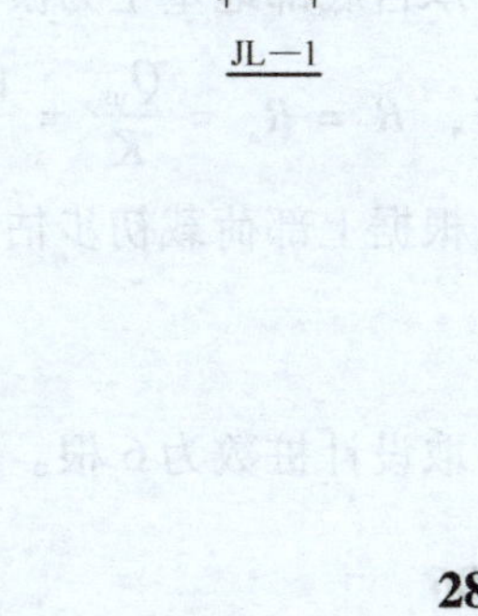

图 B-6 预制桩基础施工图

B.3 灌注桩基础设计实例

B.3.1 设计资料

1）设计荷载：见表 B-3、表 B-4 柱底荷载效应标准组合设计值和荷载效应基本组合设计值。

题号：7 号

A 轴荷载 $F_k = 2568\text{kN}$；$M_k = 293\text{kN}\cdot\text{m}$；$V_k = 174\text{kN}$；

B 轴荷载 $F_k = 3225\text{kN}$；$M_k = 248\text{kN}\cdot\text{m}$；$V_k = 179\text{kN}$；

C 轴荷载 $F_k = 3170\text{kN}$；$M_k = 247\text{kN}\cdot\text{m}$；$V_k = 165\text{kN}$；

A 轴荷载 $F = 3230\text{kN}$；$M = 303\text{kN}\cdot\text{m}$；$V = 212\text{kN}$；

B 轴荷载 $F = 4180\text{kN}$；$M = 284\text{kN}\cdot\text{m}$；$V = 197\text{kN}$；

C 轴荷载 $F = 3750\text{kN}$；$M = 274\text{kN}\cdot\text{m}$；$V = 208\text{kN}$；

设计 B 轴柱下桩基础，A、C 轴柱下仅设计承台尺寸和估算桩数。

2）地层条件及其参数详见桩基础设计任务书。

3）建筑物基础设计方案采用混凝土沉管灌注桩，具体设计方案如下：

室外地坪标高为 -0.45m，自然地面标高同室外地坪标高。根据 JG 94—2008《建筑桩基技术规范》，该建筑桩基属二级建筑桩基础，拟采用直径为 400mm 的混凝土沉管灌注桩，以第⑤层细砂层为持力层，桩尖伸入持力层 1.0m（对于砂类土不小于 $1.5d = 600\text{mm}$），设计桩长 15.0m，预制桩尖长 0.5m。初步设计承台高 0.9m，承台埋深取 1.60m，则承台底标高为 -2.050m。

B.3.2 单桩承载力计算

根据以上设计，桩顶标高 -2.050m，桩底标高 -17.050m，桩长 15m。

1. 单桩竖向极限承载力标准值计算

$$Q_{uk} = Q_{sk} + Q_{pk} = u_p \sum q_{sik} + A_p q_{pk}$$

$$Q_{sk} = [3.14 \times 0.4 \times (3.2 \times 28 + 6.6 \times 45 + 4.2 \times 60 + 1.0 \times 75)]\text{kN} = 896.3\text{kN}$$

$$Q_{pk} = \left(\frac{1}{4} \times 3.14 \times 0.4^2 \times 2400\right)\text{kN} = 301.4\text{kN}$$

$$Q_{uk} = (896.3 + 301.4)\text{kN} = 1197.7\text{kN} \approx 1198\text{kN}$$

2. 基桩竖向承载力设计值计算

承台底部地基土为淤泥质土，压缩性大，因此本工程不考虑承台效应，即取 $\eta_c = 0$，

则有，$R = R_a = \dfrac{Q_{uk}}{K} = \dfrac{1198}{2}\text{kN} = 599\text{kN}$

根据上部荷载初步估计桩数

$$n = \frac{F_k}{R} = \frac{3225}{599} = 5.38$$

取设计桩数为 6 根。

B.3.3 桩基竖向承载力验算

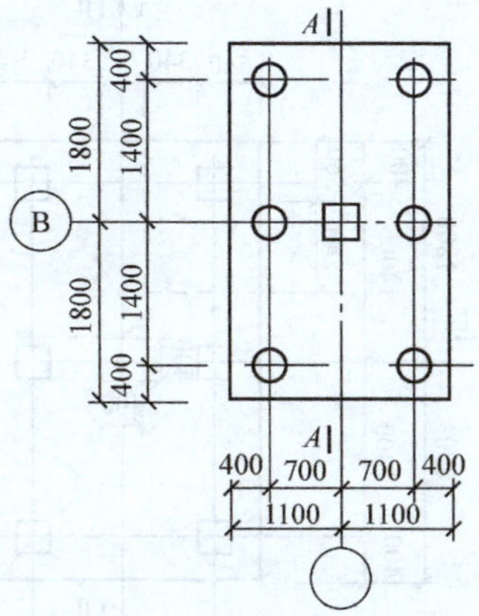

图 B-7 承台平面布置图

根据《建筑桩基技术规范》，当按单桩承载力特征值进行计算时，荷载应取其效应的标准组合值。因桩基础所处场地抗震设防烈度为 7 度，且场地内无可液化砂土、粉土问题，可不进行地震效应的竖向承载力验算。

根据桩数进行布桩：桩中心距取 $3.5d$，则 $s=3.5\times 400\text{mm}=1400\text{mm}$，取 $s=1400\text{mm}$。边桩中心距承台边缘均为 400mm，矩形布桩，则承台平面尺寸为 2.2m×3.6m，承台平面布置如图 B-7 所示。

承台及其上填土的重力为

$$G_k=(2.2\times 3.6\times 2.05\times 20)\text{kN}=234.52\text{kN}$$

计算时取荷载的标准组合

$$N_k=\frac{F_k+G_k}{n}=\frac{3225+234.52}{6}\text{kN}=576.6\text{kN}<R(=599\text{kN})$$

$$N_{k\max}=N_k+\frac{M_x y_{\max}}{\sum y_i^2}=\left[576.6+\frac{(179\times 0.9+248)\times 1.4}{4\times 1.4^2}\right]\text{kN}$$

$$=(576.6+73)\text{kN}=649.6\text{kN}$$

$$N_{k\min}=N_k-\frac{M_x y_{\max}}{\sum y_i^2}=\left[576.6\ \frac{(179\times 0.9+248)\times 1.4}{4\times 1.4^2}\right]\text{kN}$$

$$=(576.6-73)\text{kN}=503.6\text{kN}$$

$$N_{k\max}=649.6\text{kN}<1.2R(1.2\times 599\text{kN}=718.8\text{kN})$$

$$N_{k\min}=503.6\text{kN}>0$$

满足设计要求，故初步设计是合理的。

B.3.4 承台设计

根据以上桩基础设计及构造要求，承台尺寸为 2.2m×3.6m，厚 0.9m，承台混凝土 C25，$f_t=1.27\text{N/mm}^2$，$f_c=11.9\text{N/mm}^2$；承台钢筋选用 HRB335 级，$f_y=300\text{N/mm}^2$。承台计算简图如图 B-8 所示。

1. 承台内力计算

承台内力计算荷载采用荷载效应基本组合设计值，则基桩净反力设计值为

$$N_{\max}=\frac{F}{n}+\frac{M_x y_{\max}}{\sum y_i^2}=\left[\frac{4180}{6}+\frac{(284+197\times 0.9)\times 1.4}{4\times 1.4^2}\right]\text{kN}$$

$$=(696.7+82.4)\text{kN}=779.1\text{kN}$$

$$N_{\min}=\frac{F}{n}-\frac{M_x y_{\max}}{\sum y_i^2}=\left[\frac{4180}{6}-\frac{(284+197\times 0.9)\times 1.4}{4\times 1.4^2}\right]\text{kN}$$

$$=(696.7-82.4)\text{kN}=614.3\text{kN}$$

$$\overline{N}=\frac{F}{n}=\frac{4180}{6}\text{kN}=696.7\text{kN}$$

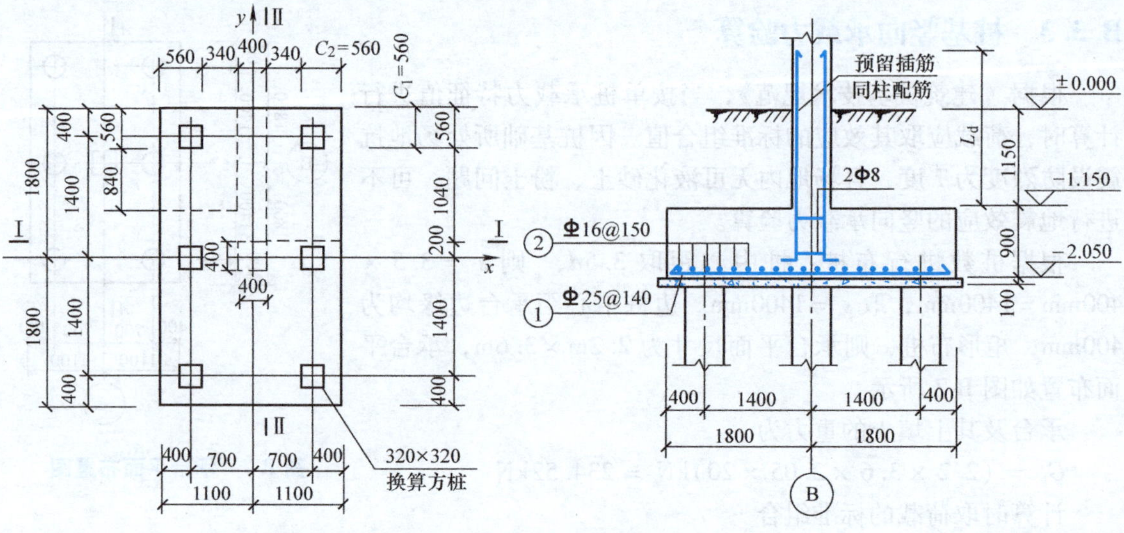

图 B-8　承台计算简图

2. 承台厚度及受冲切承载力验算

为防止承台产生冲切破坏，承台应具有一定厚度，初步设计承台厚 0.9m，承台保护层厚 50mm，则 $h_0=(900-50-10)\mathrm{mm}=840\mathrm{mm}$。现分别对柱边冲切和角桩冲切进行计算，验算承台厚度的合理性。

由于基桩为圆形桩，计算时应将截面换算成方桩，则换算方桩截面边宽为 $b_p=0.8d=0.8\times400\mathrm{mm}=320\mathrm{mm}$。图 B-8 中的基桩即是换算后边长为 320mm 的方形桩。

（1）柱对承台冲切

应满足 $F_l\leqslant2[\beta_{0x}(b_c+a_{0y})+\beta_{0y}(l_c+a_{0x})]\beta_{hp}f_t h_0$

$$F_l=F-\sum N_i=4180\mathrm{kN}-0=4180\mathrm{kN}$$

承台高度 $h=900\mathrm{mm}$，故承台受冲切承载力截面高度影响系数用内插法求得 $\beta_{hp}=0.992$。

柱边至桩内边在 x、y 方向的水平距离为 $a_{0x}=0.34\mathrm{m}$，$a_{0y}=1.04\mathrm{m}$。

x、y 方向的冲跨比为

$$\lambda_{0x}=\frac{a_{0x}}{h_0}=\frac{0.34}{0.84}=0.40\text{（介于 0.25～1.0）},\quad \lambda_{0y}=\frac{a_{0y}}{h_0}=\frac{1.04}{0.84}=1.24>1.0\text{，取 }\lambda_{0y}=1.0\text{。}$$

冲切系数为

$$\beta_{0x}=\frac{0.84}{\lambda_{0x}+0.2}=\frac{0.84}{0.40+0.2}=1.4,\quad \beta_{0y}=\frac{0.84}{\lambda_{0y}+0.2}=\frac{0.84}{1+0.2}=0.7$$

则承台的抗冲切承载力为

$$\begin{aligned}&2[\beta_{0x}(b_c+a_{0y})+\beta_{0y}(l_c+a_{0x})]\beta_{hp}f_t h_0\\&=2\times[1.4\times(0.4+1.04)+0.7\times(0.4+0.34)]\times0.992\times1270\times0.84\mathrm{kN}\\&=5362\mathrm{kN}\end{aligned}$$

$F_l=4180\mathrm{kN}<5362\mathrm{kN}$（满足要求）

(2) 角桩冲切验算　从角桩内边缘至承台外边缘距离 $c_1 = c_2 = 0.56\text{m}$。

$a_{1x} = 0.34\text{m}$，$a_{1y} = 0.84\text{m}$

$\lambda_{1x} = \dfrac{a_{1y}}{h_0} = \dfrac{0.34}{0.84} = 0.40$（介于0.25~1.0），$\lambda_{1y} = \dfrac{a_{1y}}{h_0} = \dfrac{0.84}{0.84} = 1.0$，取 $\lambda_{1y} = 1.0$。

$\beta_{1x} = \dfrac{0.56}{\lambda_{1x} + 0.2} = \dfrac{0.56}{0.40 + 0.2} = 0.93$，$\beta_{1y} = \dfrac{0.56}{\lambda_{1y} + 0.2} = \dfrac{0.56}{1.0 + 0.2} = 0.47$

$[\beta_{1x}(c_2 + a_{1y}/2) + \beta_{1y}(c_1 + a_{1x}/2)]\beta_{hp} f_t h_0$

$= \{[0.93 \times (0.56 + 0.84/2) + 0.47 \times (0.56 + 0.34/2)] \times 0.992 \times 1270 \times 0.84\}\text{kN}$

$= 1328\text{kN} > N_{max} = 779.1\text{kN}$（满足要求）

3. 承台受剪承载力计算

承台剪切破坏发生在柱边与桩边连线所形成的斜截面处。

(1) 对于Ⅰ—Ⅰ截面

$\lambda_y = \dfrac{a_y}{h_0} = \dfrac{1.04}{0.84} = 1.24$（介于0.25~3）

剪切系数为 $\alpha = \dfrac{1.75}{\lambda + 1} = \dfrac{1.75}{1.24 + 1} = 0.78$

$h_0 = 840\text{mm}$，则受剪切承载力高度影响系数为 $\beta_{hs} = \left(\dfrac{800}{840}\right)^{0.25} = 0.988$。

Ⅰ—Ⅰ截面剪力为　$V_{\text{I}} = 2N_{max} = 2 \times 779.1\text{kN} = 1558.2\text{kN}$

Ⅰ—Ⅰ截面抗剪切承载力为

$\beta_{hp}\alpha f_t b_0 h_0 = 0.988 \times 0.78 \times 1.27 \times 10^3 \times 2.2 \times 0.84\text{kN} = 1808.7\text{kN} > V_{\text{I}}$（满足要求）

(2) 对于Ⅱ—Ⅱ截面

$\lambda_x = \dfrac{a_x}{h_0} = \dfrac{0.34}{0.84} = 0.40$（介于0.25~3）

剪切系数为 $\alpha = \dfrac{1.75}{\lambda + 1} = \dfrac{1.75}{0.40 + 1} = 1.25$

Ⅱ—Ⅱ截面剪力为 $V_{\text{II}} = 3\overline{N} = 3 \times 696.7\text{kN} = 2090\text{kN}$

Ⅱ—Ⅱ截面抗剪切承载力为

$\beta_{hs}\alpha f_t b_0 h_0 = 0.988 \times 1.25 \times 1.27 \times 10^3 \times 3.6 \times 0.84\text{kN} = 4743\text{kN} > V_{\text{II}}$（满足要求）

4. 承台受弯承载力计算

(1) 对于Ⅰ—Ⅰ截面　取基桩净反力最大值 $N_{max} = 779.1\text{kN}$ 进行计算，承台有效高度为 $h_0 = (900 - 50 - 10)\text{mm} = 840\text{mm} = 0.84\text{m}$，则承台计算截面弯矩为

$$M_x = \sum N_i y_i = [2 \times 779.1 \times (1.04 + 0.32/2)]\text{kN}\cdot\text{m} = 1869.84\text{kN}\cdot\text{m}$$

$$A_{s1} = \frac{M_x}{0.9 f_y h_0} = \frac{1869.84 \times 10^6}{0.9 \times 300 \times 840}\text{mm}^2 = 8244.4\text{mm}^2$$

承台长边方向选用⏀25@140，则钢筋根数 $n = \dfrac{2200}{140} + 1 = 17$，沿长边方向均匀布置，则 $A_s = 17 \times 490.625\text{mm}^2 = 8340.625\text{mm}^2 > A_{s1}$（满足要求）

配筋率 $\rho_1 = \dfrac{A_{s1}}{bh} = \dfrac{8340.625}{2200 \times 900} = 0.42\% > 0.15\%$（满足要求）

(2) 对于Ⅱ—Ⅱ截面　取基桩净反力平均值 $\overline{N}=696.7\text{kN}$ 进行计算，承台有效高度为 $h_0=(900-50-25-110)\text{mm}=815\text{mm}=0.815\text{m}$，则承台计算截面弯矩为

$$M_y=\sum N_i x_i=[3\times696.7\times(0.7-0.4/2)]\text{kN}\cdot\text{m}=1045.05\text{kN}\cdot\text{m}$$

$$A_{s2}=\frac{M_y}{0.9f_y h_0}=\frac{1045.05\times10^6}{0.9\times300\times815}\text{mm}^2=4749\text{mm}^2$$

承台短边方向选用⌀16@150，则钢筋根数 $n=\frac{3600}{150}+1=25$，沿短边方向均匀布置，则 $A_s=25\times201\text{mm}^2=5025\text{mm}^2>A_{s2}$（满足要求）

配筋率 $\rho_2=\frac{A_{s2}}{bh}=\frac{5025}{3600\times900}=0.16\%>0.15\%$（满足要求）

5. 承台构造设计

两承台间设置连系梁，梁顶面标高 −1.150m，与承台顶齐平，梁宽 250mm，梁高 400mm，梁内主筋上下 4 Φ12 通长配筋，箍筋采用Φ6@150mm。承台底做 100mm 厚 C10 素混凝土垫层，垫层挑出承台边缘 100mm。

B.3.5　桩身设计

沉管灌注桩采用 C25 混凝土，预制桩尖用 C30 混凝土，钢筋用 HRB335 级。

1. 桩身轴向承载力验算

根据《建筑桩基技术规范》第 5.8.2 条规定，桩顶轴向压力应符合下列规定

$$N_{max}\leqslant\varphi\psi_c f_c A_{ps}$$

$$N_{max}=\frac{F+G}{n}+\frac{M_x y_{max}}{\sum y_i^2}=\left[\frac{4180+234.52\times1.2}{6}+\frac{(284+197\times0.9)\times1.4}{4\times1.4^2}\right]\text{kN}$$

$$=(743.6+82.4)\text{kN}=826\text{kN}$$

计算桩身轴心抗压强度时，一般不考虑压屈影响，取稳定系数 $\varphi=1$；对于挤土灌注桩，基桩施工工艺系数 $\psi_c=0.8$；C25 混凝土，$f_c=11.9\text{N/mm}^2$。

$$\varphi\psi_c f_c A=\left(1\times0.8\times11.9\times10^6\times\frac{1}{4}\times3.14\times0.4^2\right)\text{N}$$

$$=1195712\text{N}=1196\text{kN}>N_{max}(=826\text{kN})\text{（满足要求）}$$

2. 桩身水平承载力验算

配筋需满足构造配筋要求，桩身配 8 ⌀12，纵向钢筋，$A_s=904.32\text{mm}^2$，则桩身配筋率为

$$\rho=\frac{A_s}{A}=\frac{904.32}{1/4\times3.14\times400^2}=0.72\%>0.65\%$$

对于配筋率不小于 0.65% 的灌注桩，桩顶水平力应符合下列规定

$$H_{ik}\leqslant\frac{0.75\alpha^3 EI}{\upsilon_x}\chi_{0a}$$

由前面基桩水平力计算得 $H_{ik}=H_k/n=197\text{kN}/6=32.83\text{kN}$

1）桩身抗弯刚度计算。C25 混凝土，$E_c=2.80\times10^4\text{MN/m}^2$，HRB335 级钢筋，$E_s=2.0\times10^5\text{MN/m}^2$。扣除保护层后的桩直径 $d_0=(0.4-0.035\times2)\text{m}=0.33\text{m}$

$$W_0 = \pi d/32[d^2 + 2(\alpha_E - 1)\rho_g d_0^2]$$

$$= \left\{\frac{\pi \times 0.4}{32} \times \left[0.4^2 + 2 \times \left(\frac{2.0 \times 10^5}{2.8 \times 10^4} - 1\right) \times 0.72\% \times 0.33^2\right]\right\}\text{m}^3 = 6.66 \times 10^{-3}\text{m}^3$$

$$I_0 = W_0 d_0/2 = (6.66 \times 10^{-3} \times 0.33)\text{m}^4/2 = 1.1 \times 10^{-3}\text{m}^4$$

$$EI = 0.85E_c I_0 = (0.85 \times 2.8 \times 10^4 \times 1.1 \times 10^{-3})\text{MN} \cdot \text{m}^2 = 26.18\text{MN} \cdot \text{m}^2$$

圆形桩桩身的计算宽度 $b_0 = 0.9 \times (1.5d + 0.5) = 0.9 \times (1.5 \times 0.4 + 0.5)\text{m} = 0.99\text{m}$

2）水平变形系数 α 的计算。$\alpha = \sqrt[5]{\frac{mb_0}{EI}}$，查第4.6节表4-15，由于承台埋深1.6m，基坑回填压密，取 $m = 25\text{MN/m}^4$，则

$$\alpha = \sqrt[5]{\frac{mb_0}{EI}} = \sqrt[5]{\frac{25 \times 0.99}{26.18}} = 0.989\text{m}^{-1}$$

桩顶允许水平位移取 $\chi_{0a} = 10\text{mm}$。

$\alpha h = 0.989 \times 15 = 14.8 > 4.0$，查教材4.6节表4-20取 $\upsilon_x = 2.441$。

则单桩水平承载力特征值 R_{ha} 为

$$\frac{0.75\alpha^3 EI}{\upsilon_x}\chi_{0a} = \frac{0.75 \times 0.989^3 \times 26.18 \times 10^3}{2.441} \times 10 \times 10^{-3}\text{kN} = 77.8\text{kN} > H_{ik}\text{（满足要求）}$$

3. 配筋长度计算

基桩为端承摩擦桩，配筋长度应不小于2/3桩长（$=15\text{m} \times 2/3 = 10\text{m}$），同时不宜小于 $4.0/\alpha = (4.0/0.989)\text{m} = 4.04\text{m}$，则配筋长度取10m。

钢筋锚入承台35倍主筋直径，即 $35 \times 12\text{mm} = 420\text{mm}$。

4. 箍筋配置

采用Φ6@200螺旋式箍筋，由于钢筋笼长度超过4m，每隔2m设一道Φ12焊接加劲箍筋。

B.3.6 估算A、C轴线柱下桩数

1. 桩数估算

设计A、C轴线下桩基础与B轴线下相同，单桩极限承载力标准值1198kN，基桩竖向承载力特征值为599kN。

A轴柱下荷载标准值 $F_k = 2568\text{kN}$；$M_k = 293\text{kN} \cdot \text{m}$；$V_k = 174\text{kN}$

根据A轴荷载初步估计A轴柱下桩数

$$n = \frac{F_k}{R} = \frac{2568}{599} = 4.29$$

则A轴下设计桩数为5根。

C轴柱下荷载设计值 $F_k = 3170\text{kN}$；$M_k = 247\text{kN} \cdot \text{m}$；$V_k = 165\text{kN}$

根据C轴荷载初步估计C轴柱下桩数

$$n = \frac{F_k}{R} = \frac{3170}{599} = 5.29$$

则C轴下设计桩数为6根。

2. 承台平面尺寸确定

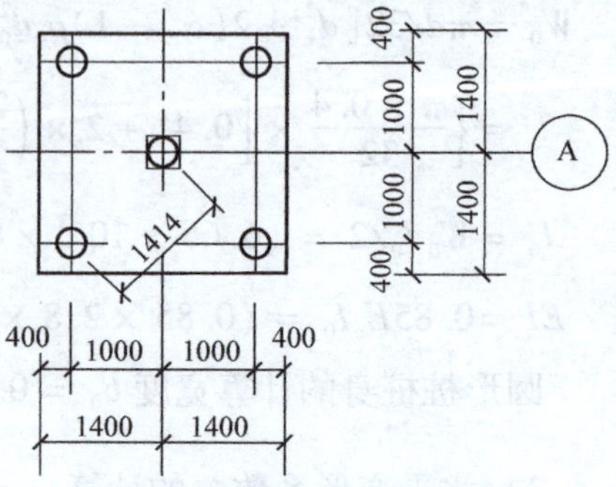

图 B-9　A 轴承台布置示意图

根据估算的桩数和承台构造要求，设计 A 轴线承台平面尺寸为 2.8m × 2.8m，桩最小中心矩为 1.4m，桩心与承台边缘距离 0.4m，预估承台厚 900mm；C 轴桩数与 B 轴相同，因此承台平面尺寸同 B 轴，预估承台厚 800mm。

A 轴承台布置如图 B-9 所示。

3. 桩基竖向承载力的验算

（1）A 轴　承台及其上填土的重力为

$$G_k = \frac{2.8 \times 2.8 \times (1.6 + 2.05)}{2} \times 20\text{kN} = 286.16\text{kN}$$

计算时取荷载的标准组合

$$N_k = \frac{F_k + G_k}{n} = \frac{2568 + 286.16}{5}\text{kN} = 571\text{kN} < R(=599\text{kN})$$

$$N_{kmax} = N_k + \frac{M_k y_{max}}{\sum y_i^2} = \left[571 + \frac{(174 \times 0.6 + 293) \times 1}{4 \times 1^2}\right]\text{kN}$$

$$= (571 + 99.35)\text{kN} = 670.35\text{kN}$$

$$N_{kmin} = N_k - \frac{M_k y_{max}}{\sum y_i^2} = \left[571 - \frac{(174 \times 0.6 + 293) \times 1}{4 \times 1^2}\right]\text{kN}$$

$$= (571 - 99.35)\text{kN} = 471.65\text{kN}$$

$$N_{kmax} = 670.35\text{kN} < 1.2R(1.2 \times 599\text{kN} = 718.8\text{kN})$$

$$N_{kmin} = 471.65\text{kN} > 0$$

满足设计要求，故初步设计是合理的。

（2）C 轴　承台及其上填土的重力为

$$G_k = \frac{3.6 \times 2.2 \times (1.6 + 2.05)}{2} \times 20\text{kN} = 289\text{kN}$$

计算时取荷载的标准组合

$$N_k = \frac{F_k + G_k}{n} = \frac{3170 + 289}{6}\text{kN} = 576.5\text{kN} < R(=599\text{kN})$$

$$N_{kmax} = N_k + \frac{M_k y_{max}}{\sum y_i^2} = \left[576.5 + \frac{(165 \times 0.8 + 247) \times 1.4}{4 \times 1.4^2}\right]\text{kN}$$

$$= (576.5 + 67.7)\text{kN} = 644.2\text{kN}$$

$$N_{kmin} = N_k - \frac{M_k y_{max}}{\sum y_i^2} = \left[576.5 - \frac{(165 \times 0.8 + 247) \times 1.4}{4 \times 1.4^2}\right]\text{kN}$$

$$= (576.5 - 67.7)\text{kN} = 508.8\text{kN}$$

$$N_{kmax} = 644.2\text{kN} < 1.2R(1.2 \times 599\text{kN} = 718.8\text{kN})$$

$$N_{kmin} = 508.8\text{kN} > 0$$

满足设计要求，故初步设计是合理的。

B.3.7 绘制桩基础施工图

灌注桩基础施工图如图 B-10 所示。

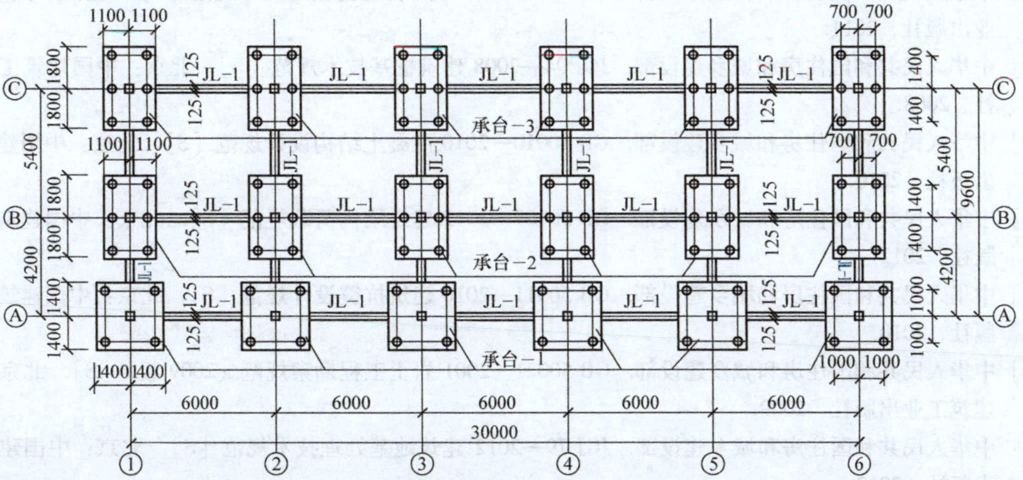

桩基平面布置图

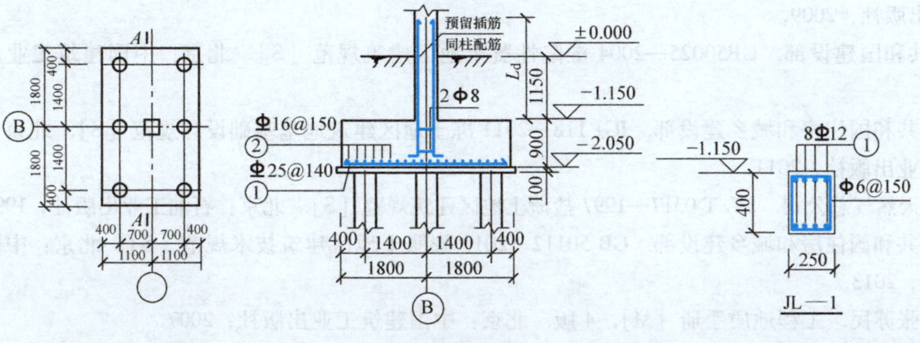

承台—2 平面图　　A—A 剖面图　　JL—1

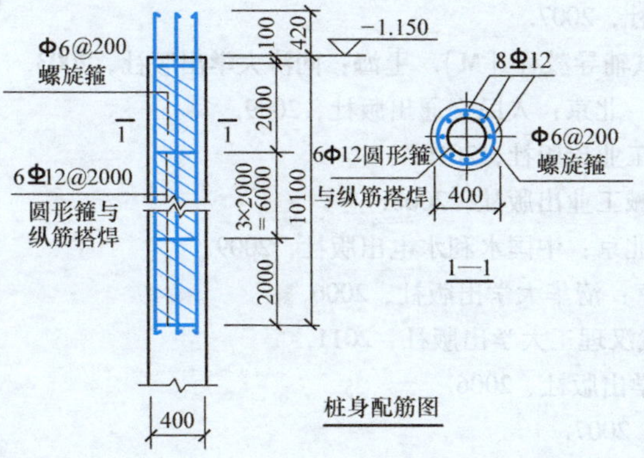

桩身配筋图

设计说明：

1. 根据工程地质报告，本工程采用沉管灌注桩基，桩径 400mm，单打法施工。桩尖进入⑤号持力层 1.0m。桩长自承台底（标高-2.050m）算起 15m，施工时参照工程地质报告及沉管速度控制桩长。
2. 单桩竖向极限承载力标准值 Q_{uk}=1198kN，基桩竖向极限力特征值 R=599kN。
3. 承台施工完后，应进行基坑回填，每 300mm 厚分层压密，要求压实系数不小于 0.94;
4. 材料：承台混凝土 C25，钢筋 HRB335(Φ);灌注桩及 JL-1 混凝土 C25，钢筋 HPB300(Φ),HRB335(Φ)。
5. 保护层：承台 50mm，灌注桩 35mm，基础梁 300mm。
6. 承台下做 10mm 厚 C10 素混凝土垫层，出承台边 100mm。
7. 桩顶嵌入承台 50mm。

图 B-10　灌注桩基础施工图

参考文献

[1] 中华人民共和国住房和城乡建设部. GB 50007—2011 建筑地基基础设计规范 [S]. 北京：中国建筑工业出版社，2011.

[2] 中华人民共和国住房和城乡建设部. JGJ 94—2008 建筑桩基技术规范 [S]. 北京：中国建筑工业出版社，2008.

[3] 中华人民共和国住房和城乡建设部. GB 50010—2010 混凝土结构设计规范 [S]. 北京：中国建筑工业出版社，2010.

[4] 中华人民共和国住房和城乡建设部. GB 50009—2012 建筑结构荷载规范 [S]. 北京：中国建筑工业出版社，2012.

[5] 中华人民共和国住房和城乡建设部. GB 50011—2010 建筑抗震设计规范 [S]. 北京：中国建筑工业出版社，2010.

[6] 中华人民共和国住房和城乡建设部. GB 50021—2001 岩土工程勘察规范（2009 版）[S]. 北京：中国建筑工业出版社，2009.

[7] 中华人民共和国住房和城乡建设部. JGJ 79—2012 建筑地基处理技术规范 [S]. 北京：中国建筑工业出版社，2012.

[8] 中华人民共和国建设部. JGJ167—2009 湿陷性黄土地区建筑基坑工程安全技术规程 [S]. 北京：中国建筑工业出版社，2009.

[9] 中华人民共和国建设部. GB50025—2004 湿陷性黄土地区建筑规范 [S]. 北京：中国建筑工业出版社，2004.

[10] 中华人民共和国住房和城乡建设部. JGJ 118—2011 冻土地区建筑地基基础设计规范 [S]. 北京：中国建筑工业出版社，2011.

[11] 中国石油天然气总公司. SY/T 0317—1997 盐渍土地区建筑规范 [S]. 北京：石油工业出版社，1998.

[12] 中华人民共和国住房和城乡建设部. GB 50112—2013 膨胀土地区建筑技术规范 [S]. 北京：中国建筑出版社，2013.

[13] 常士骠，张苏民. 工程地质手册 [M]. 4 版. 北京：中国建筑工业出版社，2007.

[14] 王贵荣. 岩土工程勘察 [M]. 西安：西北工业大学出版社，2007.

[15] 龚晓南. 地基处理手册 [M]. 3 版. 北京：中国建筑工业出版社，2008.

[16] 叶观宝，高彦斌. 地基处理 [M]. 3 版. 北京：中国建筑工业出版社，2008.

[17] 林彤. 地基处理 [M]. 武汉：中国地质大学出版社，2007.

[18] 高大钊，李镜培. 注册土木工程（岩土）专业考试辅导教程 [M]. 上海：同济大学出版社，2003.

[19] 刘兴录. 注册岩土工程师专业考试案例分析 [M]. 北京：人民交通出版社，2009.

[20] 张雁，刘金波. 桩基手册 [M]. 北京：中国建筑工业出版社，2010.

[21] 郭继武. 地基基础设计简明手册 [M]. 北京：机械工业出版社，2008.

[22] 陈小川，土力学与基础工程课程设计指南 [M]. 北京：中国水利水电出版社，2009.

[23] 周景星，李广信，等. 基础工程 [M]. 2 版. 北京：清华大学出版社，2006.

[24] 赵明华，土力学与基础工程 [M]. 3 版. 武汉：武汉理工大学出版社，2011.

[25] 王协群，章宝华. 基础工程 [M]. 北京：北京大学出版社，2006.

[26] 刘丽萍. 基础工程 [M]. 北京：中国电力出版社，2007.

[27] 陈希哲. 土力学地基基础 [M]. 4 版. 北京：清华大学出版社，2004.

[28] 席永慧. 土力学与基础工程 [M]. 上海：同济大学出版社，2006.